高等职业院校"十五五"土建类专业系列教材

建 筑 材 料

（第 4 版）

主　编　张　黎　祝　叶　陈晓玲
副主编　蔡明俐　王沫涵　吴娟娟　周海峰
主　审　陈　鹏

东南大学出版社
SOUTHEAST UNIVERSITY PRESS
· 南京 ·

内容提要

本书共分为 14 个项目,主要介绍了建筑材料的基本性质、气硬性胶凝材料、水泥、混凝土、砂浆、建筑钢材、木材、墙体与屋面材料、有机材料、石材、绝热材料和吸声材料、玻璃、陶瓷及建筑材料试验等内容。本书以常用的建筑材料的技术性能、检测方法及选用原则等为主线,以项目为驱动,注重学生职业能力和素质的培养。

本书可供职业本科、高职高专等学校的土木工程、建筑工程、市政工程、水利工程、工程监理、工程造价等专业的学生使用,也可供相关专业技术人员参考。

图书在版编目(CIP)数据

建筑材料 / 张黎,祝叶,陈晓玲主编. --4 版.

南京 : 东南大学出版社,2025. 7. -- ISBN 978-7-5766-2269-0

Ⅰ. TU5

中国国家版本馆 CIP 数据核字第 2025EY0604 号

责任编辑:戴坚敏　贺玮玮　责任校对:韩小亮　封面设计:余武莉　责任印制:周荣虎

建筑材料(第 4 版)

Jianzhu Cailiao(Di 4 Ban)

主　　编	张　黎　祝　叶　陈晓玲
出版发行	东南大学出版社
出 版 人	白云飞
社　　址	南京市四牌楼 2 号　邮编:210096
网　　址	http://www.seupress.com
经　　销	全国各地新华书店
印　　刷	兴化印刷有限责任公司
开　　本	787 mm×1 092 mm　1/16
印　　张	21.5
字　　数	530 千字
版　　次	2025 年 7 月第 4 版
印　　次	2025 年 7 月第 1 次印刷
书　　号	978-7-5766-2269-0
定　　价	65.00 元

前　言

　　本书适用于职业本科、高职高专学校建筑工程、工程造价、市政工程、水利水电工程等专业的高技能应用型人才职业能力的培养,符合专业人才培养目标,是土木工程及相关专业必修的专业基础课。

　　本书依据国家及相关行业最新标准和规范进行编写,以水泥、混凝土、钢材等常用建筑材料的技术性能等为项目载体,以建筑材料的质量检测、质量评定及合理选材等职业能力为导向,以满足相关专业的知识需求为任务驱动,根据系统化的工作过程来组织编排内容。

　　本书每个学习项目不仅包括技术性能、质量检测及选用等内容,还设置了能力培养目标和复习思考题,供学生学习和课后练习使用。为加强学生的实操能力,本教材还附有常用建筑材料试验指导书和试验报告,增加了知识的实用性。

　　本书由广东水利电力职业技术学院张黎、武汉职业技术大学祝叶、广东水利电力职业技术学院陈晓玲担任主编,由武汉交通职业学院蔡明俐、武汉船舶职业技术学院王沫涵、荆州学院吴娟娟、吉安职业技术学院周海峰担任副主编,由陈鹏主审,中冶宝钢湛江钢铁技术服务有限公司杨文鸿提供案例和技术支持。本书在编写过程中,得到许多同行的大力支持,在此深表感谢。

　　由于编者水平和经验有限,教材中难免存在疏漏,敬请读者批评指正。

编者

2025 年 6 月

目　录

0 绪　论

0.1　建筑材料的定义与分类

0.1.1　建筑材料的定义

广义的建筑材料是指建筑工程中所有材料的总称，是建筑工程的物质基础，它不仅包括构成建筑物和构筑物自身的材料，而且包括建筑施工过程中的辅助性材料，如脚手架、模板等。本书讲述的是狭义的建筑材料，是建造基础、梁、板、柱、墙体、屋面、地面及装饰所用的材料。

0.1.2　建筑材料的分类

建筑材料的种类繁多,可按多种方法进行分类,其中按化学成分和使用功能分类最为常用。

1）按化学成分分类

按建筑材料的化学成分,可分为无机材料、有机材料和复合材料三大类。见表 0.1。

表 0.1　建筑材料按化学成分分类

分　　类			实　　例
无机材料	金属材料	黑色金属	钢、合金钢、不锈钢、铁等
		有色金属	铜、铝及合金等
	非金属材料	天然石材	砂、石及各类石材制品等
		烧土制品	黏土砖瓦、陶瓷、玻璃等
		胶凝材料及制品	石灰、石膏、水玻璃、水泥及其制品、硅酸盐制品等
		无机纤维材料	玻璃纤维、矿棉纤维等
有机材料	植物类材料		木材、竹材、植物纤维及制品等
	沥青类材料		石油沥青、煤沥青、沥青制品等
	合成高分子材料		塑料、涂料、胶黏剂、合成橡胶等
复合材料	有机材料与无机非金属材料复合		聚合物混凝土、沥青混凝土、玻璃纤维增强塑料等
	金属材料与无机非金属材料复合		钢筋混凝土(包括预应力钢筋混凝土)、钢纤维增强混凝土等
	金属材料与有机材料复合		PVC 钢板、塑钢门窗等

2）按使用功能分类

建筑材料按使用功能可分为结构材料、墙体材料、功能材料三大类。

（1）结构材料。结构材料是指建筑物受力构件和结构所使用的材料,如梁、板、柱、基础、框架所用的材料。常用的主要结构材料有砖、石、钢材、钢筋混凝土(包括预应力混凝土)等。结构材料要求具有良好的强度和耐久性。

（2）墙体材料。墙体材料是指建筑物内、外及分隔墙体所使用的材料,如砌墙砖、砌块、板材等。墙体材料不仅要求具有一定的强度和耐久性,还要求具有防风挡雨、保温隔热、隔声吸声等性能。由于墙体材料在工程中用量比较大,因此合理选用墙体材料,对减轻建筑物自重、降低成本及节能等具有重要意义。

（3）功能材料。功能材料是指在建筑中具有特殊性能的材料,如防水材料、隔声和吸声材料、绝热材料、装饰材料等,它决定了建筑物是否能够按设计要求实现其使用功能。随着技术的不断进步,许多材料具有多功能性。

0.2　建筑材料在建筑工程中的地位和作用

建筑材料是建筑工程的物质基础。在建筑工程中,材料的用量极为庞大,材料的费用占工程总投资的 50%～60%,甚至更高。因此,科学合理地选用材料,不仅可以降低工程造价,也可以明显提高工程的经济效益。

建筑材料的质量直接影响到建筑工程的安全性和耐久性。在工程中,从材料的选择、储运到检测、施工、使用,工程技术人员都要熟练地掌握各种材料的性能及注意事项,才能正确选择、合理使用建筑材料。

建筑材料的发展具有明显的时代性。建筑艺术的发挥,建筑功能的实现,都需要新技术、新材料的发明和应用,每个时期都有这一时代材料所独有的特点,新型建筑材料的出现推动了建筑形式的变化、施工技术的进步、建筑物多功能性的实现。

目前,建筑材料正向着轻质、高性能、多功能的方向阔步前行,低碳、绿色、环保的理念也渐入人心。新型复合材料、节能环保材料、利用工农业废料生产的再生材料等在科学的生产工艺、检测手段的促进下,正向着技术创新和可持续发展的方向发展。

0.3　建筑材料的技术标准

建筑材料的技术标准是生产、流通和使用单位检验产品质量是否合格的技术性文件。

产品标准化是现代工业发展的产物,是组织现代化大生产的重要手段,也是科学管理的重要组成部分。世界各国对材料的标准化都很重视,均制定了各自的标准。例如,我国的国家标准"GB"和"GB/T"、美国的材料实验协会标准"ASTM"、英国标准"BS"、德国工业标准"DIN"等,还有在世界范围使用的国际标准"ISO"等。

为了确保建筑材料的质量、进行现代化生产和管理,必须对建材产品的技术要求制定统一的执行标准,其主要内容包括产品的规格、分类、技术要求、检验方法、验收规则、包装及标志、运输、储存、注意事项等。

我国建筑材料的技术标准分为国家标准、行业标准、地方标准和企业标准四级。各级标准均有相应的代号,见表 0.2。

表 0.2　我国各级标准代号

序号	标准种类		代号	表示方法(例)
1	国家标准	国家强制性标准	GB	由标准名称、部门代号、标准编号、颁布年份等组成。例如:国家强制性标准《通用硅酸盐水泥》(GB 175—2023);国家推荐性标准《建筑石膏》(GB/T 9776—2022)
		国家推荐性标准	GB/T	
2	行业标准	建筑材料行业标准	JC	
		建筑工程行业标准	JGJ	
		冶金行业标准	YB	
		交通标准	JT	
		水电标准	SD	
3	地方标准	地方强制性标准	DB	
		地方推荐性标准	DB/T	
4	企业标准	仅适用于本企业	QB	

（1）国家标准。中华人民共和国国家标准简称国标，分为强制性国家标准（代号 GB）和推荐性国家标准（代号 GB/T），例如国家强制性标准《烧结多孔砖和多孔砌块》（GB 13544—2011），国家推荐性标准《普通混凝土小型砌块》（GB/T 8239—2014）。国务院标准化行政主管部门负责强制性国家标准的立项、编号和对外通报，强制性国家标准由国务院批准发布或者授权批准发布。对满足基础通用、与强制性国家标准配套、对有关行业起引领作用等需要的技术要求，可以制定推荐性国家标准，推荐性国家标准由国务院标准化行政主管部门制定。

（2）行业标准。行业标准是在全国某个行业范围内统一技术要求所制定的标准，例如《建筑生石灰》（JC/T 479—2013）。

（3）地方标准。为满足地方自然条件、风俗习惯等特殊技术要求，可以制定地方标准。地方标准是由省、自治区、直辖市人民政府标准化行政主管部门制定，报国务院标准化行政主管部门备案，是在某一地区范围内的统一标准。

（4）企业标准。企业可以根据需要自行制定企业标准。或者与其他企业联合制定企业标准。

企业生产的产品没有国家标准和行业标准的，应当制定企业标准，作为组织生产的依据。已有国家标准或者行业标准的，国家鼓励企业制定严于国家标准或者行业标准的企业标准，在企业内部适用。

推荐性国家标准、行业标准、地方标准、企业标准的技术要求不得低于强制性国家标准的相关技术要求。制定标准应当有利于科学合理利用资源，推广科学技术成果，增强产品的安全性、通用性、可替换性，提高经济效益、社会效益、生态效益，做到技术上先进、经济上合理。

0.4　本课程的内容和任务

建筑材料是一门实践型的专业技术基础课，普遍应用于建筑工程、水利工程以及相关行业。本课程的主要内容包括：常用建筑材料的原材料、生产方法（加工工艺）、品种（规格）、技术性质、质量标准、检验方法、应用、储运等。其中，建筑材料的技术性质、质量标准、检验方法和应用是本课程的重要内容，学生应予以重视。

本课程的主要任务是使学生掌握常用建筑材料的技术性质，能够正确使用仪器检测材料的性能，并能对试验结果进行合理分析。通过理论的学习和试验的操作，可以加强学生对材料性能的理解，提高学生动手和分析、解决实际问题的能力，强化学生正确选择材料的判断能力，培养学生认真的学习态度和严谨的工作作风。

0.5　总结

我国人口基数大，能源及耕地等重要资源的人均占有量只有世界平均水平的四分之一。为满足我国国民经济发展的需要，新型建筑材料的发展直接影响我国建筑业在未来的发展方向,其中耐久性、环保型、生态型、智能化建筑材料等是主要趋势。加大科研开发的投资力度,提高建筑材料的技术含量,提高新型建筑材料的市场竞争力,增强对建筑材料的监督和管理,是我国建材行业持续发展的必要条件。

2022 年 1 月 20 日,中国建筑材料联合会在北京举行的新闻发布会上表明,我国已成为世界最大的建材消费市场,我国主要建材产品年产量稳居世界首位。这足以说明我国建材行业的专业化、精细化在国际建材行业相关产业链、供应链中的重要地位,我国建材部分产业技术装备、工艺水平已经位于世界先进行列。

2023 年 12 月 29 日,由工业和信息化部、国家发展改革委等十部门共同颁布的《绿色建材产业高质量发展实施方案》(简称《实施方案》)明确了绿色建材在 2026 年和 2030 年的发展目标。《实施方案》解读中指出:发展绿色建材是建材工业转型升级的主要方向和供给侧结构性改革的必然选择,是城乡建设绿色发展和美丽乡村建设的重要路径,是贯彻落实党中央、国务院关于碳达峰碳中和重大战略决策的具体举措。

1 建筑材料的基本性质

知识点 📚

（1）材料与质量有关的性质：实际密度、表观密度、堆积密度、孔隙率、空隙率等。

（2）材料与水有关的性质：亲水性、憎水性、吸水性、吸湿性、抗渗性、抗冻性、耐水性等。

（3）材料的热工性质：导热性、热容量、温度变形性等。

（4）材料的力学性质：抗拉强度、抗压强度、抗剪强度、抗弯强度、弹性、塑性、脆性、韧性等。

（5）材料的耐久性。

能力目标 🔗

（1）理解材料内部结构组成，掌握材料的实际密度、表观密度、堆积密度、孔隙率、空隙率的概念以及计算公式、检测和评定方法。

（2）掌握材料的亲水性、憎水性、吸水性、吸湿性、抗渗性、抗冻性、耐水性的概念及表示方法和改善方法。

（3）掌握材料的导热性、热容量、温度变形性等。

（4）掌握材料的抗拉、抗压、抗剪、抗弯强度的概念以及强度的计算方法，理解弹性、塑性、脆性、韧性的异同。

（5）理解材料耐久性的内涵和影响因素。

素质目标 📋

（1）能够熟练运用材料的基本性质评估建筑材料相关性能，为准确合理选择材料做好准备工作，强化学生的责任意识，培养学生的职业能力。

（2）通过工程案例，引导学生进行实例分析，提升学生分析问题、解决问题的能力。

建筑材料在使用过程中，由于所处位置的不同，需要承受复杂的环境作用，因而需要其具有相应的技术性质和使用功能。例如，结构材料应具备良好的力学性能；墙体材料应具有一定的强度，以及保温隔热、隔声吸声等性能；屋面材料应具备良好的防水、绝热等性能；装饰材料应具备一定的美观效果和实用功能。此外，建筑物还经常受到风吹、日晒、雨淋、冰冻等环境作用，因此还要求建筑材料应具备良好的耐久性。

建筑材料的基本性质包括物理性质、化学性质、热工性质、力学性质、耐久性等，本项目只讨论材料基本性质中的共性问题，材料的特性将在相关章节中讲解。

1.1 材料的基本物理性质

1.1.1 材料与质量有关的性质

自然界的材料都是由固体物质和内部孔隙(材料内部的空间)组成的。由于其内部所含孔隙的数量和孔隙特征的不同,因而性能也有明显差别。孔隙按尺寸大小可分为微孔、细孔和大孔三类;孔隙按孔隙特征又可分为闭口孔(自身封闭且常温常压下水分无法进入的孔隙)和开口孔(与外界连通且常温常压下水分能够进入的孔隙)两类,如图 1.1 所示。若用 V、V_p、V_k 和 V_b 分别表示材料内部固体物质的体积、孔隙体积、开口孔体积和闭口孔体积,则 $V_p = V_k + V_b$。此外,堆积状态下的散粒状材料,颗粒之间还存在着空隙。

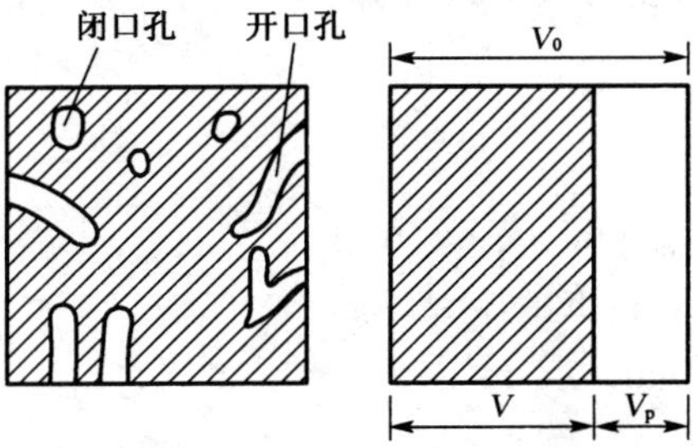

图 1.1 有孔材料体积组成示意图

1) 密度(也称绝对密度)

密度是指材料在绝对密实状态下单位体积的质量。按下式计算:

$$\rho = \frac{m}{V} \tag{1-1}$$

式中:ρ——材料的密度,g/cm^3 或 kg/m^3;

    m——材料在干燥状态下的质量(即烘干质量),g 或 kg;

    V——材料在绝对密实状态下的体积(即固体物质的体积),cm^3 或 m^3。

材料在绝对密实状态下的体积是指不包括材料孔隙在内的固体物质的实际体积。在建筑材料中,除钢材、玻璃、沥青等少数材料可以认为是不含内部孔隙之外,绝大多数材料内部都存在着孔隙。在测定有孔固体材料的密度时,须将材料磨成细粉(粒径小于 0.2 mm),以便除去内部孔隙,经干燥后用密度瓶(李氏瓶)通过排液法测得固体物质的体积。材料磨得越细,测得的固体物质的体积越接近真实情况,密度值也就越精确。

材料的密度与 4 ℃纯水密度之比称为相对密度,是一个无量纲的物理量。

2) 表观密度

表观密度是指材料在自然状态下单位体积的质量。按下式计算:

$$\rho_0 = \frac{m}{V_0} \tag{1-2}$$

式中：ρ_0——材料的表观密度，g/cm^3 或 kg/m^3；

　　　m——材料在干燥状态下的质量，g 或 kg；

　　　V_0——材料在自然状态下的体积，即自然体积，cm^3 或 m^3。

材料在自然状态下的体积 V_0 是指材料固体物质的体积 V 与材料内部孔隙的体积 V_p 之和，即 $V_0 = V + V_p$。对于形体规则的材料，其自然体积可以直接测量计算得出（如砖、砌块等）；对于形体不规则的材料，可在其表面用薄蜡密封后，用排水法测定。

材料的表观密度与含水量有关，因此在测定时，必须注明其含水情况。通常所指的表观密度，是指干燥状态下的表观密度，其他含水情况需注明。

在工程中，一些常用的较为致密的散粒状材料，如拌制混凝土的砂、石等，一般直接采用排水法测定其体积 V'（即固体物质体积 V 与封闭孔隙体积 V_b 之和），此时测定的密度也称为表观密度，旧称近似密度或视密度。由于砂、石比较密实，孔隙体积很小，这样测得的表观密度已经满足工程精度需求。近似密度可按下式计算：

$$\rho' = \frac{m}{V'} \tag{1-3}$$

式中：ρ'——材料的近似密度，g/cm^3 或 kg/m^3；

　　　m——材料在干燥状态下的质量，g 或 kg；

　　　V'——材料的近似体积，cm^3 或 m^3。

3）堆积密度

堆积密度是指粉末状、散粒状材料在堆积状态下单位体积的质量。按下式计算：

$$\rho_0' = \frac{m}{V_0'} \tag{1-4}$$

式中：ρ_0'——材料的堆积密度，g/cm^3 或 kg/m^3；

　　　m——散粒材料的质量，g 或 kg；

　　　V_0'——散粒材料在堆积状态下的体积，又称堆积体积，cm^3 或 m^3。

材料的堆积体积 V_0' 是指包括材料内部孔隙在内的颗粒的自然体积 V_0 与颗粒之间的空隙体积 $V_空$ 之和，即 $V_0' = V_0 + V_空$，通常用材料所充满的容量筒的容积来表示。堆积密度受材料堆积的疏密程度的影响，在自然堆积状态下测得的是松散堆积密度；按标准方法在振实状态测得的是紧密堆积密度。此外，材料的含水程度也会影响堆积密度，通常指的堆积密度是在气干状态下测得的，称为气干堆积密度，简称堆积密度，其他含水情况需注明。

【学中做】

1. 同一种工程用砂，其松散堆积密度与紧密堆积密度的大小关系是（　　）。

　　A. ＞　　　　　　　　B. ≥　　　　　　　　C. ＜　　　　　　　　D. ≤

　　答案：C

2. 以下物理量,没有量纲的是( )。

A. 密度　　　　　　　B. 相对密度　　　　　C. 表观密度　　　　D. 堆积密度

答案:B

材料的堆积体积通常用盛满材料的容器的容积来表示,在试验室通常用容量筒的容积来表示,容量筒的容积有 1 L、5 L、10 L 和 20 L 等,依据材料颗粒的大小来选取。例如,测量砂的堆积体积用的是 1 L 的容量筒,石子的堆积体积选用的是 10 L 的容量筒。

常见建筑材料的密度、表观密度、堆积密度的关系如表 1.1 所示。

表 1.1　密度、表观密度、堆积密度的关系

序号	体积	公式	应用	大小关系(同一种材料)
密度	固体物质体积	$\rho = \dfrac{m}{V}$	判断材料自身性质	
表观密度	自然体积	$\rho_0 = \dfrac{m}{V_0}$	材料用量计算、材料堆放占地面积、构件自身重量等	$\rho > \rho_0 > \rho_0'$
堆积密度	堆积体积	$\rho_0' = \dfrac{m}{V_0'}$		

4)密实度与孔隙率

(1)密实度

密实度是指块状材料自然体积内被固体物质填充的程度,用 D 表示。按下式计算:

$$D = \frac{V}{V_0} \times 100\% = \frac{\rho_0}{\rho} \times 100\%$$　　　　　　　(1-5)

(2)孔隙率

孔隙率是指块状材料内部孔隙体积占自然体积的百分率,用 P 表示。按下式计算:

$$P = \frac{V_0 - V}{V_0} \times 100\% = \left(1 - \frac{V}{V_0}\right) \times 100\% = \left(1 - \frac{\rho_0}{\rho}\right) \times 100\%$$　　　(1-6)

密实度与孔隙率的关系:　　　　　　　$P + D = 1$

孔隙率又分为开口孔隙率和闭口孔隙率。开口孔隙率是指材料内部开口孔隙的体积占材料自然体积的百分率,即材料吸水饱和时的开口孔隙的体积所占的百分率,按下式计算:

$$P_k = \frac{V_k}{V_0} \times 100\% = \frac{m_2 - m_1}{V_0} \times \frac{1}{\rho_w} \times 100\%$$　　　　　(1-7)

或　　　$$P_k = \frac{V_k}{V_0} \times 100\% = \frac{V_0 - V'}{V_0} \times 100\% = \left(1 - \frac{V'}{V_0}\right) \times 100\% = \left(1 - \frac{\rho_0}{\rho'}\right) \times 100\%$$　(1-8)

闭口孔隙率 P_b 与开口孔隙率 P_k 的关系:$P = P_b + P_k$

式中:P_k——材料的开口孔隙率,%;

$\quad P_b$——材料的闭口孔隙率,%;

$\quad m_1$——材料在干燥状态下的质量,g 或 kg;

$\quad m_2$——材料在吸水饱和状态下的质量,g 或 kg;

ρ_w——水的密度，g/cm^3 或 kg/m^3，常温下 $\rho_w = 1\ g/cm^3 = 1\ 000\ kg/m^3$。

材料的密实度与孔隙率均反映了块状材料自身的致密程度。孔隙率和孔隙特征会影响材料诸多性质，如强度、吸水性、抗渗性、抗冻性、导热性、吸声性等。

5）填充率与空隙率

（1）填充率

填充率是指散粒材料的堆积体积中，被颗粒填充的程度（即颗粒体积所占的百分率），用 D' 表示。按下式计算：

$$D' = \frac{V_0}{V_0'} \times 100\% = \frac{\rho_0'}{\rho_0} \times 100\% \tag{1-9}$$

（2）空隙率

空隙率是指散粒材料的堆积体积中，颗粒之间的空隙体积所占的百分率，用 P' 表示。按下式计算：

$$P' = \frac{V_0' - V_0}{V_0'} \times 100\% = \left(1 - \frac{V_0}{V_0'}\right) \times 100\% = \left(1 - \frac{\rho_0'}{\rho_0}\right) \times 100\% \tag{1-10}$$

填充率与空隙率的关系为：$P' + D' = 1$

填充率与空隙率均反映了散粒材料堆积时颗粒之间相互填充的疏密程度。空隙率是配制混凝土时控制骨料级配及计算砂率的依据。

1.1.2　材料与水有关的性质

1）亲水性与憎水性

材料与水接触时，材料表面能够被水润湿的性质称为亲水性，这种材料称为亲水性材料，如图 1.2（a）所示；材料表面不能被水润湿的性质称为憎水性，这种材料称为憎水性材料，如图 1.2（b）所示。

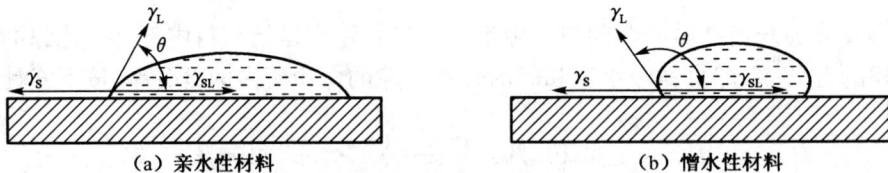

（a）亲水性材料　　　　　　　　　　　（b）憎水性材料

图 1.2　材料的润湿示意图

当材料在空气中与水接触时，在材料、空气、水三相物质交点处，沿水滴表面作切线与水和材料接触面所成的夹角称为润湿角，用 θ 表示。则若材料分子与水分子之间的相互作用力大于水分子之间的作用力，材料表面就会被水湿润则显现出亲水性，此时 $\theta \leqslant 90°$，如石材、木材、混凝土、砖、砂浆等材料；反之，若材料分子与水分子之间的相互作用力小于水分子之间的作用力，则认为材料表面不易被水湿润，显现出的是憎水性，此时 $\theta > 90°$ 时，如沥青、石蜡、塑料、玻璃等。憎水性材料具有良好的防水性，常用作防水、防潮材料，也可用作亲水性材料表面的憎水处理。显然，润湿角 θ 越小，材料的亲水性就越好，$\theta = 0°$ 时说明材料表面完全被水湿润。

例如砂、石这类亲水性材料，其含水状态可分为干燥、气干、饱和面干和表面湿润4种基本状态，如图1.3所示。

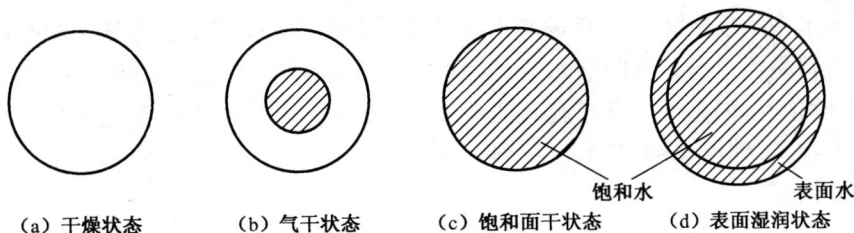

（a）干燥状态　　（b）气干状态　　（c）饱和面干状态　　（d）表面湿润状态

图1.3　材料的含水状态

【学中做】

以下不属于亲水性材料表面做憎水处理的是（　　　）。

A. 木材表面刷油漆　　　　　　　　B. 混凝土楼板粘贴地面砖

C. 聚合物浸渍混凝土　　　　　　　D. 金属栏杆刷油漆

答案：D

2）吸水性

材料在水中吸收水分的性质称为吸水性，通常用吸水率W表示。吸水率有两种：质量吸水率和体积吸水率。

（1）质量吸水率　材料在水中吸水饱和时，所吸收水的质量占材料干质量的百分率，用W_m表示。按下式计算：

$$W_m = \frac{m_饱 - m_干}{m_干} \times 100\% \tag{1-11}$$

式中：W_m——材料的质量吸水率，%；

$m_饱$——材料在吸水饱和状态下的质量，g；

$m_干$——材料在干燥状态下的质量，g。

（2）体积吸水率　材料在吸水饱和时，所吸收水的体积占干燥材料自然体积的百分率，即材料自然体积内被水充实的程度，用W_v表示。按下式计算：

$$W_v = \frac{m_饱 - m_干}{V_0} \cdot \frac{1}{\rho_w} \times 100\% \tag{1-12}$$

式中：W_v——材料的体积吸水率，%；

V_0——干燥材料在自然状态下的体积，cm³；

ρ_w——水的密度，g/cm³。

质量吸水率与体积吸水率的关系：$W_v = W_m \cdot \frac{\rho_0}{\rho_w} = W_m \cdot \rho_0$ \tag{1-13}

式中：ρ_0——材料在干燥状态下的表观密度，g/cm³。

材料的吸水率通常用质量吸水率表示。但是对于某些轻质材料,如加气混凝土、软木等,由于有很多微小的开口孔隙,水饱和状态下材料所吸收的水分的质量要大于其干质量,因此其质量吸水率往往超过 100%,在这种情况下,一般用体积吸水率来表示。

材料的吸水率不仅取决于材料是亲水性的还是憎水性的,而且还与材料的孔隙率和孔隙特征有关。材料是通过开口孔隙吸水的,通常来讲,孔隙率越大,开口孔隙越多,材料的吸水率就越大,吸水性越好;但是如果开口孔隙比较粗大,虽然水分容易渗入,但是只能湿润孔壁表面而不易在孔内存留,即使孔隙率较大,材料的吸水率也会比较小;密实材料以及只有封闭孔隙的材料是不吸水的。

材料吸水后会影响其诸多性质,如导热性、强度、硬度等,该内容将在相关项目中讲解。

3)吸湿性

材料在潮湿空气中吸收水分的性质称为吸湿性,通常用含水率 W_h 表示。按下式计算:

$$W_h = \frac{m_含 - m_干}{m_干} \times 100\% \tag{1-14}$$

式中:W_h——材料的含水率,%;

　　$m_含$——材料含水时的质量,即湿质量,g;

　　$m_干$——材料在干燥状态下的质量,g。

材料的含水率不仅与材料自身的特性有关,还受周围环境的温度、湿度的影响。当环境湿度改变时,材料既能吸收空气中的水分,又能向环境中释放水分,当材料中的水分与周围空气的湿度达到平衡时,这个含水率就称为平衡含水率。材料吸水达到饱和状态时的含水率即为质量吸水率。材料吸湿后对其性能有显著影响,如材料吸湿后,导热性能明显增强,绝热性能下降,强度和耐久性也会下降;木结构吸湿后,会因体积膨胀而影响其使用。

材料吸水性和吸湿性的区别如表 1.2 所示。

表 1.2　材料吸水性和吸湿性

	吸水性	吸湿性
吸水环境	在水中吸水	在空气中吸水
性能参数	质量吸水率(或体积吸水率)	含水率
吸水程度	饱和	不一定饱和

【例 1-1】　某长方体材料的干质量为 16.2 kg,吸水饱和后质量为 18 kg,自然状态时的质量为 16.8 kg,其外观尺寸为 150 mm×150 mm×300 mm,其绝对密实状态下的体积为 5 535 cm³,近似体积为 5 750 cm³,求该材料的密度、表观密度、近似密度、密实度、开口孔隙率、闭口孔隙率、质量吸水率、体积吸水率、含水率。

【解】　密度

$$\rho = \frac{m}{V} = \frac{16.2 \times 10^3}{5\ 535} = 2.927\ \text{g/cm}^3$$

表观密度

$$\rho_0 = \frac{m}{V_0} = \frac{16.2 \times 10^3}{15 \times 15 \times 30} = 2.4 \text{ g/cm}^3$$

近似密度

$$\rho' = \frac{m'}{V'} = \frac{16.2 \times 10^3}{5750} = 2.818 \text{ g/cm}^3$$

密实度

$$D = \frac{V}{V_0} = \frac{5\,535}{15 \times 15 \times 30} \times 100\% = 82\%$$

开口孔隙率

$$P_k = \frac{V_k}{V_0} = \frac{15 \times 15 \times 30 - 5\,750}{15 \times 15 \times 30} \times 100\% = 14.8\%$$

闭口孔隙率

$$P_b = \frac{V_b}{V_0} = \frac{5\,750 - 5\,535}{15 \times 15 \times 30} \times 100\% = 3.2\%$$

质量吸水率

$$W_m = \frac{m_饱 - m_干}{m_干} \times 100\% = \frac{18 - 16.2}{16.2} \times 100\% = 11.1\%$$

体积吸水率

$$W_v = \frac{m_饱 - m_干}{V_0} \cdot \frac{1}{\rho_w} \times 100\% = \frac{18\,000 - 16\,200}{15 \times 15 \times 30 \times 1} \times 100\% = 26.7\%$$

含水率

$$W_h = \frac{m_含 - m_干}{m_干} \times 100\% = \frac{16\,800 - 16\,200}{16\,200} \times 100\% = 3.7\%$$

4）耐水性

材料长期在饱和水作用下不破坏，强度也不显著降低的性质，称为耐水性。材料耐水性用软化系数表示，按下式计算：

$$K_软 = \frac{f_饱}{f_干} \tag{1-15}$$

式中：$K_软$——材料的软化系数；

$f_饱$——材料在水饱和状态下的抗压强度，MPa；

$f_干$——材料在干燥状态下的抗压强度，MPa。

软化系数是用来反映材料吸水饱和后强度降低的程度的。通常来讲，材料吸水后，水分削弱了材料分子之间的作用力，导致材料强度下降，因此软化系数在0~1之间。软化系数越小，材料吸水饱和后的强度降低得就越多，耐水性越差。

一般来讲，$K_软 \geqslant 0.8$ 的材料属于耐水性材料。对于经常位于水中或受潮严重的重要结构，应选用 $K_软 \geqslant 0.85$ 的耐水性材料；对于受潮较轻或次要结构，应选用 $K_软 \geqslant 0.75$ 的材料。

5）抗渗性

材料抵抗有压液体渗透的能力称为抗渗性，即液体受压力作用在材料毛细孔内迁移的过程。材料的抗渗性用渗透系数和抗渗等级来表示。

（1）渗透系数

渗透系数是指单位面积、单位厚度的材料，在单位压力水头作用下，单位时间内的渗水量（达西定律）。按下式计算：

$$K = \frac{Qd}{AtH} \tag{1-16}$$

式中：K——渗透系数，$cm^3/(cm^2 \cdot s)$或 cm/s；

Q——渗水量，cm^3；

d——材料的厚度，cm；

A——渗水面积，cm^2；

t——渗水时间，s；

H——静水压力水头，cm。

渗透系数反映了材料抵抗有压水渗透的能力。渗透系数越大，材料的透水能力越好，抗渗性越差。

（2）抗渗等级

材料的抗渗等级是指用标准方法进行透水试验时，规定的试件在透水前所能承受的最大水压力，用符号 P 和材料所能承受的最大水压力数值（以 0.1 MPa 为 1 个单位）表示，如 P2、P4、P6、P8、P10、P12 等，分别表示材料在标准试验条件下可以抵抗 0.2 MPa、0.4 MPa、0.6 MPa、0.8 MPa、1.0 MPa、1.2 MPa 的水压力作用而不渗水。抗渗等级通常用来表示混凝土和砂浆这类材料的抗渗性。

材料的抗渗性不仅与材料本身的亲水性和憎水性有关，还与其孔隙率和孔隙特征有关。材料的孔隙率越小，闭口孔隙越多，抗渗性越好。封闭孔隙不透水，即使孔隙率较大，其抗渗性也会很好。对于经常受压力水作用的地下工程和水工构筑物等，要选择抗渗性能良好的材料；对于防水材料，则要求其具有更好的抗渗性。

6）抗冻性

材料在吸水饱和状态下，能够经受多次冻融循环作用而不破坏，强度也不显著降低的性质，称为抗冻性。材料的抗冻性用抗冻等级表示。

抗冻等级是指吸水饱和状态下的试件，经标准试验方法测得其质量损失和强度降低不超过规定值时的最大冻融循环次数，用符号 F 和最大冻融循环次数表示，如 F25、F50、F100、F150、F200、F250、F300 等，分别表示材料在标准试验条件下所能经受的最大冻融循环次数为25 次、50 次、100 次、150 次、200 次、250 次、300 次。

材料发生冻融破坏的主要原因是材料内部孔隙里的水，因低温结冰时，体积膨胀（约 9%）对孔隙壁产生很大的压力，使材料内部产生较大的拉应力，当拉应力超过材料的抗拉强度（抗拉极限）时，孔壁发生开裂。随着冻融循环次数的增加，裂缝逐渐开展、连接形成通缝，直至材料完全破坏。

影响材料抗冻性的因素有很多，如孔隙率、孔隙特征、强度、耐水性、吸水饱和程度等。孔隙率越小、闭口孔越多，抗冻性越好；材料的强度越高、耐水性越好，抗冻性越好；保水程度越高，冻融破坏越严重。寒冷地区的建筑物或构筑物，必须考虑材料的抗冻性。

抗冻性经常作为衡量材料耐久性的一个指标。抗冻性良好的材料,抵抗温度变化、干湿交替、风化作用的能力也较强。因此,温暖地区的建筑物,虽然没有冰冻作用,但是为抵抗大气作用,确保建筑物美观、耐久,通常对材料也有一定的抗冻性要求。

【学中做】

下列可以反映水分侵入导致材料强度受到影响的参数是( )。

A. 渗透系数   B. 抗渗等级

C. 耐水性   D. 抗冻性

答案:C

1.1.3 材料的热工性质

为确保建筑物室内温度适宜,同时又要降低建筑物的使用能耗,因此要求材料具有良好的热工性质。

1)导热性

当材料两侧存在温差时,热量从温度高的一侧传递到温度低的一侧,这种传导热量的性质称为导热性,用导热系数(热导率)λ 表示。按下式计算:

$$\lambda = \frac{Qd}{At(T_2 - T_1)} \tag{1-17}$$

式中:λ——导热系数,W/(m·K);

Q——传导的热量,J;

d——材料的厚度,m;

A——传热面积,m^2;

t——导热时间,s;

$T_2 - T_1$——材料两侧的温差,K。

导热系数的物理意义:在稳定传热条件下,1 m 厚度的材料,当两侧温差为 1 K 时,1 s 的时间内,1 m^2 面积通过的热量即为导热系数。

材料的保温隔热性能统称为绝热。材料的导热系数越小,绝热性能就越好。通常把 $\lambda < 0.23$ W/(m·K)的材料称为绝热材料。

材料的导热性与材料的组成结构、孔隙率、孔隙特征、含水率和温度等有关。金属材料的导热系数大于非金属材料。孔隙率越大,封闭的孔隙越多,材料的导热系数越小;粗大、开口的连通孔隙,易形成对流,反而增大其导热性。由于水的导热系数[0.58 W/(m·K)]和冰的导热系数[2.2 W/(m·K)]都比空气的导热系数[0.23 W/(m·K)]大很多,故当材料受潮后,导热性能会明显提高。通常所说的导热系数是指干燥状态下的导热系数。因此,绝热材料只有在干燥环境中才能充分发挥其绝热作用。一般情况下,温度越高,材料的导热性能就越好。水在 0 ℃时,导热系数为 0.55 W/(m·K);在 4 ℃时,导热系数为 0.58 W/(m·K);在 20 ℃时,导热系数为 0.599 W/(m·K);在 100 ℃时,导热系数为 0.683W/(m·K)。

【学中做】

1. 以下与材料的导热性能有关的是（　　）。

A. 材料组成　　　　　　　　　　B. 温度

C. 含水率　　　　　　　　　　　D. 孔隙特征

答案：ABCD

2. 以下说法对的是（　　）。

A. 随着温度的升高，分子热运动速度加快，材料导热性能会提升

B. 随着温度的升高，会促进孔隙内流体对流传热

C. 水（液态）温越高，水的导热系数越大

D. 导热系数越大，材料导热性能越好

答案：ABCD

2）热容量和比热容

材料在受热时吸收的热量，冷却时放出的热量，称为材料的热容量。用比热容 C 表示。比热容是指单位质量的材料，温度升高或降低 1 K 时所吸收或放出的热量。按下式计算：

$$C = \frac{Q}{m(T_2 - T_1)} \tag{1-18}$$

式中：C——材料的比热容也叫比热，J/(g·K)；

　　　Q——材料吸收或放出的热量，J；

　　　m——材料的质量，g；

　　　$T_2 - T_1$——材料两侧的温差，K。

对于墙体、屋面等围护结构材料，应选用导热系数小、热容量大（或者比热容大）的材料。这是因为热容量越大（或者说比热容越大），材料在温度变化时吸收或放出的热量就越多，能在热流变动或采暖设备供热不均时缓和室内温度波动，减少热损失，有利于环境温度的稳定，并且可以节约能源。常用材料的导热系数和比热容见表1.3。

3）温度变形性

材料温度升高或降低时体积变化的性质（即热胀冷缩），称为材料的温度变形性。用线膨胀系数 α 表示。按下式计算：

$$\alpha = \frac{\Delta L}{L(T_2 - T_1)} \tag{1-19}$$

式中：α——材料的线膨胀系数，1/K；

　　　ΔL——材料的线膨胀或线收缩量，mm；

　　　L——材料原来的长度，mm；

　　　$T_2 - T_1$——材料受热或冷却前后的温差，K。

线膨胀系数越大，材料在温度改变时的变形就越明显。土木工程中的建筑材料，要求其温度变形要小；而温度变形大的材料，如金属材料，易受温度变化的影响，导致构件连接出现问题，所以在设计和施工中都要引起足够的重视。常见材料的热工参数见表1.3。

表 1.3　常见材料的热工参数

材料名称	导热系数/[W/(m·K)]	比热容/[J/(g·K)]	线膨胀系数/(10^{-6}/K)
钢材	58.2	0.48	10～20
花岗岩	3.49	0.92	5.5～8.5
大理石	2.91	0.875	4.41
钢筋混凝土	1.74	0.92	5.8～15
烧结普通砖	0.4～0.8	0.84	5～7
松木(横纹)	0.15	1.63	—
玻璃棉板	0.04	0.88	—
泡沫塑料	0.03	1.30	—
密闭空气	0.023	1.00	—
水	0.58	4.186	—
冰	2.20	2.093	—

1.2　材料的力学性质

材料受到外力作用会产生变形,当变形超过一定限度时就会发生破坏。材料的力学性质是指材料在外力作用下的变形能力和抵抗破坏的性质。

1.2.1　材料的强度

1)材料的强度

材料在荷载(外力)作用下抵抗破坏的能力称为材料的强度。

材料在外力作用下,内部会产生应力,随着外力的增加,所产生的应力也逐渐增大,直到材料内部质点间的结合力不能抵抗外力作用产生的应力时,材料随即发生破坏,此时的极限应力就是材料的强度(即极限强度)。根据外力作用形式的不同,材料的强度有抗压强度、抗拉强度、抗剪强度、抗弯(抗折)强度等。如表 1.4 所示。

表 1.4 材料的抗压、抗拉、抗剪及抗弯强度

强度/MPa	受力示意图	计算公式	附 注
抗压强度 f_c		$f_c = \dfrac{F}{A}$	
抗拉强度 f_t		$f_t = \dfrac{F}{A}$	F——破坏荷载,N A——受荷面积,mm^2 l——跨度,mm b——试件宽度,mm h——试件高度,mm
抗剪强度 f_v		$f_v = \dfrac{F}{A}$	
抗弯强度 f_m		$f_m = \dfrac{3Fl}{2bh^2}$	

材料的强度是利用标准方法通过静力实验来测定的,属于破坏性实验。

(1)材料的抗压强度、抗拉强度、抗剪强度

材料的抗压强度 f_c、抗拉强度 f_t、抗剪强度 f_v 按下式计算:

$$f = \frac{F}{A} \tag{1-20}$$

式中:f——材料的强度,MPa;

F——材料破坏时的最大荷载,N;

A——试件的受力面积,mm^2。

(2)材料的抗弯强度(抗折强度)

材料的抗弯强度与试件的受力情况、截面形状以及支承条件有关。将矩形截面的条形试件放在支座上,中间作用一集中荷载时,其抗弯强度按下式计算:

$$f_m = \frac{3Fl}{2bh^2} \tag{1-21}$$

若在矩形截面条形试件的三分点上施加两个等值的集中荷载时,其抗弯强度按下式计算:

$$f_m = \frac{Fl}{bh^2} \tag{1-22}$$

式中：f_m——材料的抗弯强度，MPa；

F——试件破坏时的最大荷载，N；

l——支座之间的距离，mm；

b——试件截面的宽度，mm；

h——试件截面的高度，mm。

2）强度等级

大多数建筑材料根据其极限强度划分强度等级。脆性材料主要根据其抗压强度来划分，如混凝土、砂浆、石材、黏土砖等。普通混凝土按照立方体抗压强度标准值可以划分为 C15、C20、C25、C30、C35、C40、C45、C50、C55、C60 等强度等级。塑性材料和韧性材料主要根据其抗拉强度来划分强度等级，如钢材、木材。碳素结构钢按屈服强度可以划分为 Q195、Q215、Q235、Q275，共 4 个牌号。掌握材料的力学性质，对于合理选择和正确使用材料具有重要意义。

3）影响强度的因素

（1）材料的组成及构造

不同材料由于其组成及构造不同，其强度也不相同；即使是组成成分相同的材料，其构造越密实，强度越高。对于非均质材料来讲，各个方向的强度也不尽相同，如木材顺纹方向的抗拉强度远大于其横纹方向的抗拉强度；混凝土的抗压强度远大于其抗拉强度等。在工程中选用材料时，要注意扬长避短。

（2）试验条件

材料的强度与试验条件有关，如试件形状、尺寸、表面状态、含水率、环境温度、试验时加荷速度、试验设备的精确度及操作人员的技术水平等。通常来讲，当材料相同时，试件越大，测得的强度越低；试验的加荷速度越快，测得的强度越高。

（3）材料的含水情况及温度

一般情况下，材料吸水后，强度都会下降，如木材；温度升高时，强度会有所降低，如沥青混凝土。

为使实验结果准确且具有可比性，国家对材料的试验方法有明确的规定，试验时，必须严格按照规定的标准方法进行。

【例 1-2】 用直径为 20 mm 的低碳钢做抗拉强度试验，测得拉断时的极限拉力为 128.9 kN，求该钢筋的抗拉强度。

【解】 $f = \dfrac{N}{A} = \dfrac{128.9 \times 10^3}{3.14 \times 10^2} = 410.5 \text{ MPa}$

4）比强度

材料的强度与其表观密度之比，称为比强度。它是衡量材料轻质高强的一项重要指标。比强度越大，材料轻质高强的性能越好。几种主要材料的比强度见表 1.5 所示。

表 1.5　几种主要材料的比强度值

材　料	表观密度/(kg/m³)	强度/MPa	比强度
普通混凝土	2 400	30	0.013
低碳钢	7 850	420	0.054
松木(顺纹抗拉)	500	34.3	0.069
烧结普通砖	1 700	10	0.006
铝材	2 700	170	0.063
铝合金	2 800	450	0.161
玻璃钢	2 000	450	0.225

【学中做】

以下影响材料强度测定值因素的是(　　　)。

A. 材料组成　　　　　B. 加荷速度　　　　　C. 含水率　　　　　D. 表面状态

答案:ABCD

1.2.2　弹性和塑性

1)弹性

材料在外力作用下产生变形,当外力撤去后,能够恢复原来形状和尺寸的性质称为弹性,这种材料称为弹性材料,这种能够完全恢复的变形称为弹性变形(或瞬时变形)。由胡克定律可知,弹性变形大小与外力成正比(即应力与应变成正比),比例系数为弹性模量,即

$$E = \frac{\sigma}{\varepsilon} \tag{1-23}$$

式中:E——材料的弹性模量,Pa 或 MPa;

σ——材料的应力,Pa 或 MPa;

ε——材料的应变,无量纲。

弹性模量反映材料抵抗弹性变形的能力。E 值越大,材料在外力作用下的变形就越小。几种常见建筑材料的弹性模量值如表 1.6 所示。

表 1.6　常见建筑材料的弹性模量值

材　料	普通混凝土	低碳钢	烧结普通砖	木材(顺纹)	花岗岩	大理石
弹性模量 $E/10^5$ MPa	0.22~0.38	2.0~2.1	0.06~0.12	0.098~0.12	0.48	0.55

2)塑性

材料在外力作用下产生变形,当外力撤去后,仍保持变形后的形状和尺寸的性质称为塑性,这种材料称为塑性材料,这种不能恢复的变形称为塑性变形(或残余变形)。

在建筑材料中是没有完全的弹性材料的。有些材料受力不大时只产生弹性变形,当外力超过一定限度后即开始产生塑性变形,如低碳钢;有些材料在受到外力时,弹性变形和塑性变形同时产生,当外力撤去后,弹性变形完全恢复,塑性变形保留了下来,通常将这种材料称为弹塑性材料,如混凝土。

1.2.3　脆性和韧性

1）脆性

材料在外力作用达到一定限度时突然发生破坏,在破坏前并没有明显的塑性变形的性质称为脆性,这种材料称为脆性材料。脆性材料的特点是变形小、抗冲击、抗振动能力差,抗压强度远大于其抗拉强度。由于脆性材料的破坏发生得很突然,因此危害性很大,多用于承受静压力作用的结构或构件中,如柱子、桩等。大多数无机非金属材料均属于脆性材料,如混凝土、砂浆、天然石材、烧结普通砖、玻璃、陶瓷等。

2）韧性

材料在冲击或振动荷载作用下,能吸收较大的能量,产生较大的变形而不破坏的性质称为韧性(或冲击韧性),这种材料称为韧性材料。韧性材料的特点是塑性变形明显,抗拉强度、抗压强度都较高。低碳钢、木材、橡胶、玻璃钢等均属于韧性材料。对于承受冲击或振动荷载作用的结构,如吊车梁、桥梁、路面以及有抗震要求的结构,均应选用冲击韧性良好的材料。

1.2.4　硬度和耐磨性

1）硬度

硬度是指材料表面的坚硬程度,是抵抗硬物刻划、压入其表面的能力。不同材料的硬度测定方法不同,有刻划法、压入法、回弹法等。

天然矿物的硬度是按刻划法确定的,可分为 10 级,硬度递增顺序为滑石、石膏、方解石、萤石、磷灰石、正长石、石英、黄玉、刚玉、金刚石。压入法是以一定的试验荷载将一定直径的淬硬钢球或硬质合金钢球压入材料表面,保持一定的时间后,单位面积压痕上的压力即为布氏硬度(HB)。钢材、木材、混凝土的硬度,常采用钢球压入法测定。回弹法是利用测定的材料表面硬度,间接推算出其强度的方法,常用来测定混凝土、砂浆、烧结普通砖的强度。

2）耐磨性

材料受外界物质的摩擦作用而导致其质量和体积均减小的现象称为磨损。材料受到摩擦、剪切及冲击的综合作用而导致其质量和体积均减小的现象称为磨耗。

材料表面抵抗磨损和磨耗的能力称为耐磨性,用磨损率表示,按下式计算:

$$N = \frac{m_1 - m_2}{A} \tag{1-24}$$

式中:N——材料的磨损率,g/cm^2;

　　　m_1——材料磨损前的质量,g;

m_2——材料磨损后的质量,g;

A——材料的磨损面积,cm^2。

工程中的道路路面、台阶、过水路面及涵管墩台等,经常受到车轮摩擦、水流及夹带泥沙的冲击作用而遭受损失和破坏,应适当考虑材料抵抗磨损和磨耗能力。一般说来,强度和硬度越高、密实度越大的材料,抵抗磨损和磨耗的能力越强。

1.3 材料的耐久性

材料在使用过程中,受到周围环境各种介质的侵蚀作用而不破坏,能够长久地保持其原有性质的能力,称为耐久性。

材料在使用过程中,除受到各种外力作用外,还长期受到周围环境和各种自然因素的破坏作用。这些破坏作用可以归纳为物理作用、化学作用、生物作用和机械作用,或是几种作用共同存在。

物理作用包括干湿变化、温度变化、冻融循环等。这些作用会引起材料体积的膨胀、收缩或产生内应力,长期的反复作用,使材料内部裂缝不断扩展,导致材料逐渐破坏。

化学作用包括酸、碱、盐等物质的水溶液和气体或其他有害物质以及日光、紫外线等对材料的侵蚀作用。化学作用会改变材料的组成成分,如水泥石的腐蚀、钢筋的锈蚀等。

生物作用包括菌类、昆虫等的侵害作用,导致材料发生腐朽、虫蛀等破坏,如木材的腐蚀。

机械作用包括持续荷载、交变荷载等对材料作用,会使材料受到冲击、磨损等作用,也会引起材料的疲劳。

耐久性是材料的一项综合性质,它包括如抗冻性、抗渗性、抗风化性、耐酸性、耐热性、耐腐蚀性等内容。不同材料,耐久性的内容也不尽相同。一般情况下,矿物质材料如石材、混凝土、砂浆等直接暴露在大气中,受到大气中风霜雨雪的作用,耐久性主要体现为抗冻性、抗渗性、抗碳化、抗风化等性能;金属性材料如钢材在大气或潮湿环境中,易遭受电化学腐蚀;沥青、塑料等高分子材料在阳光、空气、水的作用下易老化而变得脆硬。

材料的耐久性需要对其在使用环境中的性质进行长时间的观察和测定而得出,通常采用快速检验法。在试验室模拟实际使用条件,进行有关的快速试验,根据试验结果对材料的耐久性作出判定。在试验室进行快速实验的项目主要有冻融循环、干湿循环、碳化等。

提高材料的耐久性,对保证建筑物能够长期正常使用、减少维修费用、延长使用寿命等,具有重要意义。

知识拓展

上海中心大厦——上海之巅

上海中心大厦坐落在上海市浦东新区陆家嘴金融贸易区,主体采用"巨型框架—核心筒—

伸臂桁架"复合结构,建筑总高度 632 m,地上 127 层,地下 5 层,总建筑面积 57.8 万 m²,其中地上 41 万 m²,地下 16.8 万 m²,占地面积 30 368 m²,绿化率 33%,总投资 148 亿元,2008 年 11 月 29 日开工,2016 年 3 月 12 日完成施工,耗时八年建成,是目前已建成项目中中国第一、世界第三高楼。

一、建筑造型设计

设计灵感以中国传统文化中的"龙"为核心,外观采用独特的 120°螺旋上升设计,建筑整体呈现螺旋上升的"龙型"姿态,象征力量与动态美感,通过风洞试验优化外立面流线型设计,降低风荷载 24%,节省建筑材料成本 3.6 亿元。其流态的外形设计与周边东方明珠、环球金融中心等形成错落有致的天际线。

二、基础混凝土底板

上海是长江三角洲冲积平原的一部分,地下有 280 多 m 的土壤是软土。上海中心大厦的重量为 80 万 t 以上,基础采用的是钻孔灌注桩(955 根深桩基,单桩长 87 m),通过直径 121 m(底板面积达 1.6 个标准足球场大小,约 11 000 m²)、厚度为 6 m(约两层楼的高度)的圆形钢筋混凝土底板与上海中心 121 层主体建筑连接。

采用 C80 高强混凝土,该混凝土融合使用碎石、砂子、煤灰粉等材料,还加入了镀锌钢丝以增强抗压强度与耐久性。该底板使用混凝土总量为 6.1 万 m³,需一次性连续浇筑完成,施工团队共组织 580 辆搅拌车,在 63 h 内完成全部浇筑,日均浇筑量超 1 万 m³,是世界民用建筑中体积最大的基础底板。超大体积混凝土浇筑需解决水化热控制、裂缝防治等问题,团队通过预冷骨料、埋设冷却水管、分层分段浇筑技术及实时温控监测,确保成品混凝土的质量。

三、柔性玻璃幕墙

采用了 13 万 m² 的高性能低辐射双层透明玻璃幕墙,其中有 8 万 m² 的玻璃幕墙都处于 600 m 左右的高空,外层为流线型玻璃幕墙,内层为功能性空间,这种双曲面玻璃,采用冷弯工艺实现平板玻璃的柔性变形,满足复杂立面造型需求。

幕墙安装中大量使用陶熙 993 N 结构装配硅酮密封胶、陶熙 791 硅酮耐候密封胶,陶熙 993 N 结构装配硅酮密封胶,为玻璃单元与框架接口提供弹性结构固定,增强抗风压与抗震能力;陶熙 791 硅酮耐候密封胶用于密封接缝,无需底漆即可黏接多种材料,确保幕墙在极端气候下的耐久性。二者联合使用,使得上海中心大厦整体结构能够更好地抵御地震、阳光、台风的危害,保证室内环境和谐舒适。

四、阻尼器技术

采用全球首创的电涡流摆式调谐质量阻尼器,该阻尼器位于第 125～126 层,由 12 根钢丝吊索、质量块、阻尼系统和主体结构保护系统 4 个部分组成,重达 1 000 多 t,是目前世界上最重的摆式阻尼器。根据上海建工集团提供的数据,这种阻尼器可以降低风致峰值加速度,降低的幅度超过 43%,可以令大厦内绝大多数使用者感受到比较舒适。从设计角度分析,即便是 500 年一遇的大风(约 15 级以上的大风)也不会让阻尼器摆动到最大幅度。阻尼器装置平日是静止的,只有当台风来袭时才开始工作。2019 年的超强台风"利奇马"让阻尼器的摆幅达到 50 cm(瞬时峰值一度达到了 70 cm),是目前为止最大的记录,远低于其 2 m 的极限摆幅。

建设团队通过 5 年连续奋战,突破 20 余项技术瓶颈,实现 580 m 主体结构封顶,他们攻坚克难的敬业精神让人钦佩。上海中心大厦从地基浇筑到幕墙安装,全程采用高精度传感器与机器人施工,确保 80 万 t 建筑总重的平衡与稳定,体现了团队精益求精的工匠精神。作为正在学习土木工程施工的各位同学,理应努力学习,时刻准备着投入到我们国家伟大的建设浪潮中去。

复习思考题

1. 填空题

(1) 材料的实际密度是指材料在_____状态下单位体积的质量。

(2) 材料的表观密度是指材料在_____状态下单位体积的质量;该体积由两部分组成,分别是_____和_____。

(3) 材料的孔隙按照孔隙特征可分为_____孔和_____孔两类。通常材料的孔隙率越大,其实际密度_____,表观密度_____,强度_____,绝热性_____;开口孔隙率越大,材料的吸水性和吸湿性_____,抗冻性和抗渗性_____。

(4) 材料的导热性用_____来表示,该值越大,材料的导热性越_____,保温隔热性能越_____。

（5）材料在吸水饱和状态下不破坏，强度也不显著降低的性质称为_____，用_____来表示。

（6）材料的吸水性是指材料在_____吸水的性质；吸湿性是指材料在_____吸水的性质。

（7）脆性材料以_____强度划分强度等级，如混凝土；韧性和塑性材料以_____强度划分强度等级，如钢材。

2. 简述题

（1）材料的吸水率和含水率有何不同？两者之间存在什么关系？

（2）材料的孔隙率和孔隙特征对材料的吸水性、吸湿性、抗渗性、抗冻性、强度及绝热性等性能有何影响？

（3）为何新建房屋的绝热性能差，尤其是在冬季？

3. 计算题

（1）某块状材料的烘干质量为 108 g，自然状态下的体积为 40 cm³，绝对密实状态下的体积为 35 cm³，近似体积为 38 cm³，试求该材料的密度、表观密度、近似密度、密实度、孔隙率、开口孔隙率和闭口孔隙率。

（2）某材料的密度为 2.50 g/cm³，视密度为 2 200 kg/m³，表观密度为 2 000 kg/m³。试求该材料的孔隙率、开口孔隙率和闭口孔隙率。

（3）石子的表观密度为 2.65 g/cm³，堆积密度为 1 680 kg/m³，则该石子的空隙率是多少？

（4）某钢材的相对密度为 7.85，求该钢材的实际密度。

（5）已知某烧结普通砖的标准尺寸为 240 mm×115 mm×53 mm，孔隙率为 35%，烘干后称量质量为 2 510 g，浸水待其饱和后，擦干表面水分后称量质量为 2 947 g，试求该砖的密度、表观密度和质量吸水率。

（6）某岩石在气干状态、绝干状态、水饱和状态下测得的抗压强度分别为 172 MPa、178 MPa、168 MPa，试问该岩石可否用于水下工程？

（7）某混凝土试件尺寸为 150 mm×150 mm×150 mm，受压破坏时测得其极限荷载为 630 kN，试计算其抗压强度（精确至 0.1 MPa）。

2 气硬性胶凝材料

（1）胶凝材料的定义及分类。

（2）石灰、石膏、水玻璃、镁质胶凝材料的硬化机理。

（3）石灰、石膏、水玻璃、镁质胶凝材料的技术性质及应用。

（1）理解胶凝材料的内涵和分类。

（2）掌握石灰、石膏、水玻璃、镁质胶凝材料的硬化机理、技术性质、质量标准、检测方法等。

（3）熟悉石灰、石膏、水玻璃、镁质胶凝材料的工程应用，能够合理选用。

（1）通过对气硬性胶凝材料的学习，引导学生分辨石灰、石膏、水玻璃、镁质胶凝材料性能的异同，依据标准规范评定质量，严格开展品质管控。

（2）通过生活经验和工程案例，提升学生的专业能力，树立工匠意识。

胶凝材料是指在一系列复杂的物理、化学作用下，能够产生胶凝性物质，将散粒状材料（如砂、石子）或块状材料（如砖、石块）黏结成为具有一定强度的整体的一类材料的统称。胶凝材料根据其化学成分可分为无机胶凝材料和有机胶凝材料两类。如表 2.1 所示。

表 2.1 胶凝材料根据其化学成分分类

胶凝材料	无机胶凝材料	气硬性胶凝材料	如：石灰、石膏、水玻璃、镁质胶凝材料等
		水硬性胶凝材料	如：各种水泥
	有机胶凝材料		如：沥青、树脂、橡胶等

无机胶凝材料按照凝结硬化条件不同又可分为气硬性胶凝材料和水硬性胶凝材料。气硬性胶凝材料只能在空气中凝结硬化、保持并发展强度，一般仅适用于干燥环境。水硬性胶凝材料不仅能够在空气中凝结硬化，而且能够更好地在水中凝结硬化、保持并发展强度；水硬性胶凝材料既适用于干燥环境，又适用于潮湿环境或水下工程。

2.1 石灰

2.1.1 石灰的生产

石灰是一种古老的建筑材料,是不同化学组成和物理形态的生石灰、消石灰的统称。由于原材来源广泛、生产工艺简单、产品成本低廉、使用简捷方便,所以广泛用于建筑工程中。

1) 石灰的原料

生产石灰的原材料是石灰岩、白垩或白云质石灰岩等天然岩石,其主要化学成分是碳酸钙($CaCO_3$)。

2) 石灰的生产

将原料在 $900 \sim 1\,100\ ℃$ 进行高温煅烧,得到的白色块状材料即为生石灰,其主要成分为氧化钙(CaO)。煅烧反应式为:

$$CaCO_3 \longrightarrow CaO + CO_2 \uparrow$$

生产石灰的原料中都会含有少量碳酸镁($MgCO_3$),在煅烧时会生成 MgO。

$$MgCO_3 \longrightarrow MgO + CO_2 \uparrow$$

由于煅烧窑内温度不均匀,煅烧后的产物除了正火石灰以外,还含有少量的欠火石灰和过火石灰。见表 2.2。

表 2.2 煅烧原料得到的石灰产物

分类	成 因	特 点
正火石灰	严格控制煅烧温度和煅烧时间而得到的	多孔结构,孔隙率大,表观密度小($800 \sim 1\,000\ kg/m^3$),自重轻,与水反应速度快,且颜色均匀(白色或灰白色)
欠火石灰	煅烧温度过低或煅烧时间不足而生成的	原料石灰石分解不完全,降低了石灰的质量,使得产物利用率低,胶凝能力差
过火石灰	煅烧温度过高或煅烧时间过长而生成的,是由石灰岩中的 SiO_2 和 Al_2O_3 等杂质与 CaO 反应生成的物质,包裹在石灰表面形成的	内部结构致密,晶粒粗大,与水反应速度慢,且产物体积膨胀,使得已经硬化的砂浆产生"崩裂"或"鼓泡"现象,工程中称之为"爆灰",严重影响工程质量

3) 石灰的熟化

(1) 熟化过程

生石灰与水反应生成 $Ca(OH)_2$ 的过程称为熟化,也称为消化。熟化产物 $Ca(OH)_2$ 称为熟石灰或消石灰。熟化反应式如下:

$$CaO + H_2O \longrightarrow Ca(OH)_2 + 64.83\ kJ/mol$$

生石灰熟化能力极强,反应速度快,放出大量的热(64.83 kJ/mol),而且伴随着体积膨胀1.0~2.5倍。煅烧良好、CaO含量高、杂质少的生石灰,不仅熟化速度快、放热量大,而且体积膨胀也大。

(2) 熟化方法

根据熟化时加水量的不同,生石灰的熟化方法有两种:淋灰法和化灰法。

淋灰法是将生石灰块分层叠放,每隔半米厚淋入适量的水,水量以生石灰能充分熟化又不过湿成团为度,通常加入生石灰质量60%~80%左右的水(理论需水量为31.2%),熟化后得到颗粒细小、分散的粉状物质,称为熟石灰粉。

化灰法是向化灰池内的生石灰块中加入适量水(生石灰质量的2.5~3倍),得到的浆体为石灰乳。石灰乳过筛后流入储灰池中继续熟化,待其沉淀后滤去表面多余水分即可得到石灰膏(含水量约为50%,体积密度1 300~1 400 kg/m³)。为了消除过火石灰熟化缓慢造成的危害,石灰膏应在储灰池中存放两周以上,使过火石灰充分熟化,这一过程称为"陈伏"。陈伏期间,石灰膏表面应覆盖一定厚度的水,以隔绝空气,防止石灰浆表面碳化。

4) 石灰的硬化

石灰浆在空气中逐渐干燥变硬的过程,称为石灰的硬化。硬化可分为3个过程:干燥、结晶和碳化。

(1) 干燥过程

石灰浆体中的水分蒸发或被砌体吸收后,$Ca(OH)_2$形成胶粒,胶粒比表面积极大,在范德华力的作用下紧密排列。

(2) 结晶过程

随着水分的不断减少,$Ca(OH)_2$逐渐从饱和溶液中析出,形成相互交错的$Ca(OH)_2$晶体,并产生一定的强度。

(3) 碳化过程

石灰浆表面的氢氧化钙与空气中的二氧化碳发生碳化反应,生成$CaCO_3$晶体和水。碳化反应式如下:

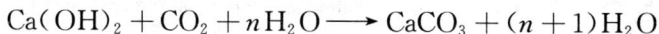

$$Ca(OH)_2 + CO_2 + nH_2O \longrightarrow CaCO_3 + (n+1)H_2O$$

石灰浆体经过物理化学作用生成了$Ca(OH)_2$和$CaCO_3$晶体,二者共同形成的空间结构,并且具备一定强度。

石灰浆的硬化非常缓慢,且强度不高,主要是因为空气中二氧化碳的浓度很低,石灰浆表面发生碳化后会形成坚硬致密的$CaCO_3$外壳,阻碍了外界的二氧化碳的进入,使得碳化仅发生在石灰表面,并且内部的水分很难蒸发出来,所以石灰的硬化过程需要一周左右的时间。碳化生成的$CaCO_3$外壳,强度和硬度都比$Ca(OH)_2$高,故$CaCO_3$外壳也称为$CaCO_3$保护膜。保护膜内部仍然是$Ca(OH)_2$,所以说石灰的耐水性差。

2.1.2 石灰的品种及技术指标

1) 根据生石灰中MgO的含量分类

由于生产生石灰的原料里常含有$MgCO_3$,因此在建筑生石灰中也常含有MgO。根据《建筑生石灰》(JC/T 479—2013)规定,按照生石灰中 MgO 的含量,将建筑生石灰分为钙质石灰(MgO≤5%)和镁质石灰(MgO>5%),钙质生石灰分为 CL90、CL85 和 CL75 三个等级,镁质生石灰分为 ML85 和 ML80 两个等级,如表 2.3 所示。生石灰块用 Q 表示,生石灰粉用 P 表示。生石灰具有规定的标记方法,例如,CL90 - QP JC/T 479—2013 是指符合 JC/T 479—2013 标准的钙质石灰粉 90。

表 2.3　建筑生石灰的分类(JC/T 479—2013)

类别	名称		$CaO+MgO$	MgO	CO_2	SO_3	产浆量/(L/10 kg)
钙质石灰	钙质石灰 90	CL 90 - Q	≥90	≤5	≤4	≤2	≥26
		CL 90 - QP					—
	钙质石灰 85	CL 85 - Q	≥85	≤5	≤7	≤2	≥26
		CL 85 - QP					—
	钙质石灰 75	CL75 - Q	≥75	≤5	≤12	≤2	≥26
		CL 75 - QP					—
镁质石灰	镁质石灰 85	ML 85 - Q	≥85	>5	≤7	≤2	—
		ML 85 - QP					—
	镁质石灰 80	ML 80 - Q	≥80	>5	≤7	≤2	—
		ML 80 - QP					—

根据《建筑消石灰》(JC/T 481—2013)规定,按照扣除游离水和结合水后($CaO+MgO$)的含量,将建筑消石灰分为钙质消石灰(MgO<5%)和镁质消石灰(MgO>5%),钙质消石灰分为 HCL90、HCL85 和 HCL75 三个等级,镁质消石灰分为 HML85 和 HML80 两个等级,如表 2.4 所示。消石灰具有规定的标记方法,例如,HCL90 JC/T 481—2013 是指符合 JC/T 481—2013 标准的钙质消石灰 90。

表 2.4　建筑消石灰的分类(JC/T 481—2013)

类别	名称		$CaO+MgO$	MgO	SO_3	安定性
钙质消石灰	钙质消石灰 90	HCL 90	≥90	≤5	≤2	
	钙质消石灰 85	HCL 85	≥85			
	钙质消石灰 75	HCL 75	≥75			合格
镁质消石灰	镁质消石灰 85	HML 85	≥85	>5	≤2	
	镁质消石灰 80	HML 80	≥80			

2）按成品的加工方法分类

(1) 建筑生石灰。由石灰石(包括钙质石灰石和镁质石灰石)直接焙烧而成,呈块状、粒状或粉状,多为白色或灰色,主要成分 CaO,密度 3.1～3.4 g/cm³,表观密度 800～1 000 kg/m³。

(2) 建筑生石灰粉。由建筑生石灰磨细而成,也称为磨细的生石灰粉。其特点是细度高,表面积大,与水反应速度快,无需"陈伏"即可直接使用,提高了工作效率。过火石灰因磨细后熟化速度大大加快,欠火石灰也因磨细而混合得更为均匀,提高了石灰的质量和利用率。磨细的生石灰粉的熟化和硬化过程同时进行,熟化放热促进其硬化,明显改善石灰硬化慢的缺点。

(3) 建筑消石灰粉。以建筑生石灰为原料,经过水化(即淋灰)和加工而制得的粉状物,主要成分为 $Ca(OH)_2$。消石灰粉在使用之前必须陈伏,以消除过火石灰的危害。

(4) 石灰膏。用约为生石灰体积 3~4 倍的水将生石灰进行熟化(化灰),在储灰池充分沉淀后的膏状物或是将消石灰粉和适量水拌合而成的膏状物,即为石灰膏,主要成分 $Ca(OH)_2$。石灰膏的表观密度为 1 300~1 400 kg/m^3,常用于配制砌筑和抹面用的石灰砂浆和混合砂浆。

(5) 石灰乳。生石灰中加入大量的水拌制而成的乳状物,主要成分 $Ca(OH)_2$。

2.1.3 石灰的特性及应用

1) 石灰的特性

(1) 可塑性和保水性好。生石灰熟化为石灰浆时,氢氧化钙颗粒极为细小(直径约为 1 μm),颗粒表面吸附了一层较厚的水膜,降低了颗粒间的摩擦阻力,因此具有良好的可塑性和保水性。在水泥砂浆中掺入石灰膏,可以显著提高砂浆的可塑性,改善砂浆的保水性,防止在施工过程中发生泌水现象。

(2) 吸湿性强。生石灰吸湿性很强,是传统的干燥剂。

(3) 凝结硬化慢,强度低。石灰在使用过程中会吸收空气中的 CO_2 发生碳化反应,生成致密的 $CaCO_3$ 保护膜,使得内部水分难以蒸发,阻碍了碳化的继续深入,因此石灰凝结硬化慢,强度低。例如 1∶3 的石灰砂浆 28 d 的抗压强度只有 0.2~0.5 MPa,受潮后强度会更低,所以只适用于干燥环境。

(4) 硬化时体积收缩大。石灰浆体含水量高,凝结硬化时需蒸发大量水分而使体积明显收缩。为抑制体积收缩,避免开裂,常在石灰中掺入砂、麻刀、纸筋等,提高其抗裂性。

(5) 耐水性差。石灰熟化产物 $Ca(OH)_2$ 溶于水,若长期受潮或被水浸泡,会使已经硬化的石灰溃散,所以石灰不能用于水工建筑物或潮湿环境中。

2) 石灰的应用

(1) 配制石灰乳。用熟化并陈伏好的石灰膏稀释成石灰乳,广泛用作内墙及顶棚的粉刷涂料。还可根据装饰需求,在石灰乳里掺入碱性颜料,用以调整涂料的颜色。

(2) 配制石灰砂浆。用石灰膏与砂、麻刀、纸筋配制成的石灰砂浆、麻刀灰、纸筋灰广泛用作内墙、顶棚的抹灰砂浆。在水泥、砂配制成的水泥砂浆中掺入石灰膏,即成为混合砂浆,不但可以节约水泥,而且能提高水泥砂浆的保水性和砌筑、抹灰质量,广泛用于砌筑工程中。

(3) 配制灰土和三合土。熟石灰和黏土按比例配制、夯实即为灰土,常用的二八灰土、三七灰土和四六灰土,是指熟石灰和黏土的体积比分别为 2∶8、3∶7 和 4∶6。在灰土中掺入砂、石或炉渣等填料即可得到三合土。夯实后的灰土和三合土广泛用作建筑物的基础、路面或地面的垫层,其强度和耐水性均比石灰和黏土高,这是因为石灰与黏土中的活性 SiO_2、活性 Al_2O_3 反应生成不溶于水的水硬性物质——水化硅酸钙和水化铝酸钙的缘故。

(4) 生产无熟料水泥。石灰与粒化高炉矿渣、粉煤灰、煤矸石等按比例混合、磨细,即为无熟料水泥。生石灰熟化产物 $Ca(OH)_2$ 会激发粒化高炉矿渣、粉煤灰、煤矸石生成水硬性物质,这些水硬性矿物与水泥熟料水化生成的胶凝物质相似。由此可以看出,无熟料水泥具有水硬性。

（5）生产硅酸盐制品和碳化石灰板。将磨细的生石灰粉与硅质材料（砂、粉煤灰、火山灰等）、外加剂、水按比例混合、制作成型，再经常压或高压蒸汽养护，得到的制品统称为硅酸盐制品，如灰砂砖、粉煤灰砖、砌块等。

将磨细的生石灰粉、纤维状填料（如玻璃纤维）或轻质骨料（如矿渣）按比例混合，搅拌成型，然后经12~14 h人工碳化而成的轻质板材，称为碳化石灰板。为减轻自重，提高碳化效果，多制成空心板，其特点是孔隙率大，表观密度小，绝热性能好，方便加工（可锯、刨、钉等），主要用作非承重的室内分隔墙板、顶棚等。

（6）加固含水软土地基。软土地基（指压缩层主要由淤泥、淤泥质土或其他高压缩性土构成的地基，承载能力很低，一般不超过50 kN/m²）可用石灰桩来加固。机械成孔后，将生石灰块压入孔内，生石灰吸水熟化生成消石灰时，体积膨胀会挤密周围土壤，从而提高地基的承载力。

2.1.4　石灰的储存和运输

建筑生石灰不易长时间贮存，在贮存和运输时应注意防水、防潮。生石灰在空气中放置太久，会吸收空气中水分而熟化成熟石灰粉，再与空气中的二氧化碳反应，生成碳酸钙而失去胶凝能力。一般为防止其碳化失效，石灰运到现场后立即熟化成石灰乳（即随到随化），将储存期变成陈伏期。建筑生石灰是自热材料，熟化时放出大量的热，不应与易燃、易爆和液体物品混装。

【学中做】

明代政治家、文学家于谦创作的一首七言绝句《石灰吟》中提到"烈火焚烧"后留下的"清白"之物是（　　）。

石灰吟

千锤万凿出深山，
烈火焚烧若等闲。
粉骨碎身浑不怕，
要留清白在人间。

A. 氢氧化钙　　　　B. 氧化钙　　　　C. 碳酸钙　　　　D. 碳酸镁
答案：B

2.2　石膏

石膏是传统的气硬性胶凝材料，广泛应用于建筑工程中。石膏及石膏制品具有许多优良性能，如轻质、耐火、隔声、吸热、装饰效果好等，多用于内墙和吊顶等。水泥及其制品、硅酸盐制品的生产过程中，石膏作为外加剂也必不可少。

2.2.1　石膏的生产与品种

生产石膏的主要原料是天然二水石膏 $CaSO_4 \cdot 2H_2O$（又称生石膏、软石膏），或是一些含有 $CaSO_4 \cdot 2H_2O$ 的化工副产品或废料，如磷石膏、氟石膏等。

石膏的生产过程是将二水石膏在不同的压力和温度下煅烧、磨细，得到结构和性质均不相同的石膏产品。

1）建筑石膏

天然石膏或工业副产石膏（二水硫酸钙 $CaSO_4 \cdot 2H_2O$）是经一定温度煅烧脱水处理后生成的，主要成分为 β 半水硫酸钙（β-$CaSO_4 \cdot 1/2H_2O$），磨细后的白色粉末即为工程中常用的建筑石膏，密度为 $2.50 \sim 2.80$ g/cm³。反应式如下：

$$CaSO_4 \cdot 2H_2O \longrightarrow \beta - CaSO_4 \cdot 1/2H_2O + 1.5H_2O$$

建筑石膏晶粒细小，将其配制成浆体时需水量较大，因此其制品具有孔隙率大、强度低的特点，主要应用于建筑工程中。建筑石膏按照原材料的种类，可以分成天然建筑石膏（以天然石膏为原料制成的建筑石膏，代号 N）、脱硫建筑石膏（以石灰、氢氧化钙或石灰石湿法脱出烟气中二氧化硫时产生的以二水硫酸钙为主要成分的副产品为原料制成的建筑石膏，代号 S）、磷建筑石膏（以磷矿石湿法制取磷酸时产生的以二水硫酸钙为主要成分的副产品为原料制成的建筑石膏，代号 P）。

质量良好、颜色洁白、杂质少的建筑石膏，磨细后即为模型石膏，主要用来制作建筑装饰制品。

2）高强石膏

将二水石膏在 0.13 MPa、124 ℃ 的饱和水蒸气下蒸炼，则生成 α 型半水石膏，磨细后的白色粉末即为高强石膏，密度为 $2.60 \sim 2.80$ g/cm³。高强石膏晶粒粗大，表面积小，拌制相同稠度浆体时的用水量（$35\% \sim 40\%$）约为建筑石膏的一半，因此硬化后结构致密，强度较高，3 h 的抗压强度可达 $9 \sim 24$ MPa，7 d 的抗压强度可达 $15 \sim 40$ MPa。高强石膏可以用于室内抹灰，制作装饰制品和石膏板。掺入防水剂后可用于潮湿环境，形成高强防水石膏。

3）可溶性石膏

将二水石膏加热至 $170 \sim 360$ ℃，脱水生成结构疏松的无水石膏，即为可溶性石膏。其水化反应需水量大，凝结迅速，强度低，不宜直接使用。但经过一段时间的储存（陈化处理）之后，该石膏会转化为半水石膏，方可使用。

4）不溶性石膏（死烧石膏）

将二水石膏加热至 $400 \sim 750$ ℃，脱水生成的无水石膏，即为不溶性石膏。其特点是难溶于水，不能凝结硬化。若掺入适量激发剂（如石灰等）混合磨细，即为无水石膏水泥，强度为 $5 \sim 30$ MPa，可用于制造石膏板等。

5）高温煅烧石膏

将二水石膏加热至 800 ℃，脱水生成的无水石膏，即为高温煅烧石膏。该石膏在高温下才能稳定存在,常温下无法使用。

2.2.2　建筑石膏的凝结与硬化

建筑石膏与适量水拌合后,开始形成均匀的可塑性浆体,很快石膏浆体失去塑性,这个过程称为石膏的凝结;此后浆体开始产生强度,并逐渐发展成为坚硬的固体,这个过程称为石膏的硬化。其水化反应式如下:

$$CaSO_4 \cdot 0.5H_2O + 1.5H_2O \longrightarrow CaSO_4 \cdot 2H_2O$$

半水石膏遇水溶解,生成不稳定的饱和溶液,溶液中的半水石膏水化成为二水石膏;由于二水石膏在水中的溶解度较半水石膏的溶解度小得多,所以二水石膏很快会从过饱和溶液中析出成为晶体;二水石膏的析出又促使上述过程不断进行,直到半水石膏完全转变成二水石膏为止。浆体中的水分因水化和蒸发而逐渐减少,浆体变稠并失去塑性,强度不断增长直至最大值,完成了石膏的硬化。

石膏的凝结和硬化是一个连续的过程,这个过程既有物理变化又有化学变化。凝结可分为两个阶段:初凝和终凝。石膏浆体开始失去可塑性的状态称为初凝,从加水开始至初凝的这段时间为初凝时间;石膏浆体完全失去可塑性,并开始产生强度称为终凝,从加水开始至终凝的这段时间为终凝时间。

2.2.3　建筑石膏的特性

(1) 凝结硬化快。建筑石膏加水拌合后,3 min 开始失去可塑性(初凝),30 min 内完全失去可塑性并具备一定强度(终凝)。为方便施工,常掺入适量的缓凝剂,如亚硫酸盐酒精废液(1%)、经石灰处理过的动物胶(0.1%～0.2%)、硼砂、聚乙烯醇等。在自然干燥条件下,建筑石膏完全硬化需要约一周的时间。

(2) 凝固时体积微膨胀。建筑石膏在凝结硬化时体积膨胀率为 0.05%～0.15%,这使得成型的石膏制品纹理细致、表面光滑、棱角饱满、轮廓清晰、尺寸准确,干燥时不易开裂。石膏制品质地洁白细腻,适合制作建筑装饰制品。

(3) 孔隙率大。为使石膏浆体满足施工要求的可塑性,通常加入石膏质量 60%～80%的水,而建筑石膏水化反应的理论需水量仅为 18.6%。硬化时多余水分蒸发,形成大量的孔隙,石膏制品的孔隙率可达 40%～60%。因此,建筑石膏制品具有孔隙率大、表观密度小、保温隔热和吸声性能好等优点;同时,也具有强度低、吸水性强、抗渗性差等缺点。

(4) 环境调节性。石膏制品的热容量大,吸湿性强,绝热性能好,可以缓和室内温度和湿度的波动,这种调节作用称为"呼吸"作用。

(5) 耐水性差,抗冻性差。石膏属多孔结构,吸水性强。长期在潮湿环境中,水分子会削弱石膏晶体粒子间的结合力,直至其溃散。因此石膏制品耐水性、抗渗性、抗冻性都很差。

(6) 防火性好,耐火性差。建筑石膏制品的主要成分是二水石膏,结晶水在常温下是稳定的。但是当其遇火后,石膏因吸收大量的热而使两个结晶水蒸发,形成蒸汽幕,可以阻止火势蔓延,防火性能好。但二水石膏脱水后强度明显下降,所以石膏的耐火性差。建筑石膏不宜长期在

65 ℃以上的高温环境中使用。

2.2.4 建筑石膏的技术指标

建筑石膏中有效胶凝材料β半水硫酸钙(β-CaSO4·1/2H$_2$O)与可溶性无水硫酸钙含量之和应不小于60.0%,且二水硫酸钙(CaSO$_4$·2H$_2$O)含量应不大于4.0%,可溶性无水硫酸钙含量由供需双方商定。按2 h湿抗折强度可将其划分为4.0、3.0和2.0三个等级,其产品的标记顺序为产品名称、分类代号、等级、标准编号。例如,建筑石膏 N 2.0 GB/T 9776—2022表示强度等级为2.0的天然建筑石膏。建筑石膏的物理力学性质见表2.5。

表 2.5　建筑石膏技术指标(GB/T 9776—2022)

等级	凝结时间/min		强度/MPa			
			2 h湿强度		干强度	
	初凝	终凝	抗折	抗压	抗折	抗压
4.0			≥4.0	≥8.0	≥7.0	≥15.0
3.0	≥3	≤30	≥3.0	≥6.0	≥5.0	≥12.0
2.0			≥2.0	≥4.0	≥4.0	≥8.0

2.2.5 建筑石膏的应用

建筑石膏在工程中主要用于室内抹灰、粉刷、油漆打底等材料,还可以用来生产石膏板和建筑装饰制品,以及用作水泥原料中的缓凝剂和激发剂等。

1)室内粉刷及抹灰

建筑石膏颜色洁白、质地细腻,与水拌合成石膏浆体,用作室内粉刷涂料,也可以在石膏浆中掺入部分石灰后用于室内粉刷。

建筑石膏加水、砂拌合成石膏砂浆,多用于室内抹灰。用石膏砂浆处理过的墙面和顶棚光滑平整,可直接涂刷涂料或粘贴壁纸。建筑石膏或建筑石膏和不溶性硬石膏混合后再掺入外加剂、细骨料即制成了粉刷石膏,是工程中应用较多的一种内墙抹灰材料。

2)建筑艺术制品

以优质石膏为主要原料,掺入少量的纤维增强材料和胶料,加水拌合成石膏浆体,注模后得到的。利用石膏硬化时体积微膨胀、质轻、隔声、防火性能好等特点,将其制成各式的石膏艺术制品,主要有平板、多孔板、花纹板、浮雕板系列(石膏装饰板),浮雕饰线系列(阴型饰线及阳型饰线),以及艺术顶棚、灯圈、浮雕壁画、画框等。

3)石膏板

石膏板具有轻质、绝热、吸声、不污染、不老化、对人体健康无害等优点,而且施工方便快捷。常用的石膏板主要有以下几种。

(1)纸面石膏板。以建筑石膏为原料,掺入适量特殊功能的外加剂形成芯材,两面粘贴特定的护面纸而成,具有重量轻、隔声、隔热、加工性能强、施工方法简便的特点。纸面石膏板有普通纸面石膏板、耐水纸面石膏板、耐火纸面石膏板和防潮纸面石膏板。普通纸面石膏板适用于办公楼、酒店、影剧院等建筑室内吊顶、墙面隔断的装饰;耐水纸面石膏板主要用于连续相对湿度不超过95％的场所,如厨房、卫生间等潮湿环境的装饰;耐火纸面石膏板适用于防火等级较高的建筑物,如影剧院、展览馆、体育馆等;防潮石膏板用于环境湿度较大的房间吊顶、隔墙和贴面墙。

(2) 纤维石膏板。以建筑石膏为原料,掺入适量纤维增强材料(玻璃纤维、纸筋、矿物棉等)混合均匀,脱水成型而制得。它具有质轻、高强、耐火、隔声、韧性高的性能,可进行锯、钉、刨、粘等,不仅适用于内墙和隔墙,也可替代木材制作家具。

(3) 石膏空心条板。以建筑石膏为主要材料,掺入适量水泥或粉煤灰,同时加入少量增强纤维(如玻璃纤维、纸筋等),也可以加入适量的膨胀珍珠岩及其他掺加料,经料浆拌合、浇注成型、抽芯、干燥等工序制成的轻质板材,形状与混凝土空心楼板类似。石膏空心条板具有重量轻、强度高、隔热、隔声、防水等特点,并且可锯、可刨、可钻、施工简便。与纸面石膏板相比,石膏用量少、不用纸和胶黏剂、不用龙骨,工艺设备简单,所以比纸面石膏板造价低。石膏空心条板主要用于工业与民用建筑的内隔墙,其墙面可做喷浆、涂料、贴瓷砖、贴壁纸等各种饰面。

2.2.6　建筑石膏的储存和运输

建筑石膏可用防潮袋装,也可防潮散装,在运输和储存过程中不应受潮和混入杂物。自生产之日起,在正常运输与储存条件下,储存期为三个月,过期或受潮后,强度会下降,要重新检验并确定等级。

【学中做】

建筑石膏凝固时,体积(　　　)。

A. 缩小　　　　　　B. 微膨胀　　　　　　C. 不变　　　　　　D. 不好确定

答案:B

2.3　水玻璃

2.3.1　水玻璃的组成

水玻璃是一种无色或黄绿色、青灰色的透明或半透明的黏稠液体,是由碱金属氧化物和二氧化硅结合而成的水溶性碱金属硅酸盐,俗称"泡花碱",其化学通式为:$R_2O \cdot nSiO_2$。式中 n 为水玻璃模数,是水玻璃中的二氧化硅和碱金属氧化物的分子比(或摩尔比)。水玻璃模数是水玻璃的重要参数,一般在 2.5～3.5 之间。根据水玻璃模数的不同,又分为"碱性"水玻璃(n < 3)和"中性"水玻璃($n \geqslant 3$),实际上,中性水玻璃和碱性水玻璃的溶液都呈现明显的碱性。水玻璃模数越大,其黏度越大,越难溶于水,但是硬化速度也越快,黏结力与强度也越高。

水玻璃根据碱金属的不同分为钠水玻璃（硅酸钠 $Na_2O \cdot nSiO_2$）和钾水玻璃（硅酸钾 $K_2O \cdot nSiO_2$）。

2.3.2 水玻璃的生产

水玻璃的生产有干法生产和湿法生产两种。主要原料是以含 SiO_2 为主的石英岩、石英砂、砂岩、无定形硅石及硅藻土和含 Na_2O 为主的纯碱（Na_2CO_3）、小苏打、硫酸钠（Na_2SO_4）及烧碱（$NaOH$）等。

干法生产是以石英岩和纯碱（Na_2CO_3）为原料，磨细拌匀后，在 1 300～1 400℃的熔炉内熔化，冷却后即为固体水玻璃，溶解于水后制得液体水玻璃。反应式如下：

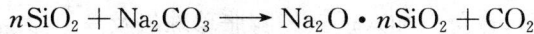

$$nSiO_2 + Na_2CO_3 \longrightarrow Na_2O \cdot nSiO_2 + CO_2$$

湿法生产以石英岩和烧碱（$NaOH$）为原料，在 0.2～0.3 MPa 的高压蒸锅内发生压蒸反应，直接生成液体水玻璃。反应式如下：

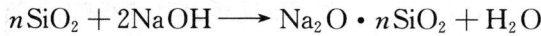

$$nSiO_2 + 2NaOH \longrightarrow Na_2O \cdot nSiO_2 + H_2O$$

2.3.3 水玻璃的凝结硬化

水玻璃吸收空气中的 CO_2 生成无定形硅酸凝胶（$nSiO_2 \cdot mH_2O$），脱水后形成空间网状结构的 SiO_2 晶体，并逐渐干燥而硬化，生成物表面覆盖一层致密的 Na_2CO_3 薄膜。反应式如下：

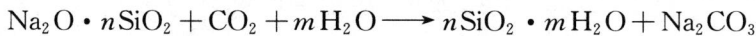

$$Na_2O \cdot nSiO_2 + CO_2 + mH_2O \longrightarrow nSiO_2 \cdot mH_2O + Na_2CO_3$$

由于空气中的 CO_2 浓度较低，因此上述反应进行得很缓慢。为加速硬化，可加热或掺入 12%～15% 的促硬剂氟硅酸钠（Na_2SiF_6），加速硅酸凝胶的析出。反应式如下：

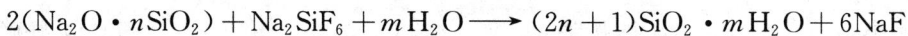

$$2(Na_2O \cdot nSiO_2) + Na_2SiF_6 + mH_2O \longrightarrow (2n+1)SiO_2 \cdot mH_2O + 6NaF$$

促硬剂氟硅酸钠的掺量需要严格控制。掺量太少，不仅硬化慢、强度低，而且未反应的水玻璃易溶于水，耐水性很差；掺量太多，又会引起水玻璃凝结过速、强度下降，以至于难以施工。由于水玻璃具有腐蚀性，会灼伤眼睛和皮肤，氟硅酸钠有毒，因此在使用时应注意安全。

2.3.4 水玻璃的技术性质

1）黏结力强

水玻璃硬化后黏结强度、抗拉强度和抗压强度都比较高，水玻璃胶泥的抗拉强度大于 2.5 MPa，水玻璃混凝土的抗压强度为 15～40 MPa。水玻璃硬化析出的硅酸凝胶还可以堵塞材料的毛细孔隙，防止水分渗透。模数相同的液体水玻璃，稠度越大、密度越大，黏结力越强；模数越大，黏结力越强。

2）耐酸性好

硬化后的水玻璃的主要成分是硅酸凝胶，可以抵抗大多数无机酸和有机酸的作用（除氢氟酸、热磷酸和高级脂肪酸以外），但不耐碱性介质侵蚀。

3）耐热性好

水玻璃硬化后形成的二氧化硅网状骨架，在高温下强度不降低，因此具有良好的耐热性。

2.3.5　水玻璃的应用

1）作为涂料

将液体水玻璃直接涂刷在材料表面或浸渍材料后，其硬化生成的硅酸凝胶能堵塞材料的表面及内部孔隙，提高材料的密实度、强度、抗渗性，从而改善材料的抗风化能力，适用于砖石、混凝土及硅酸盐制品。但水玻璃不得用来涂刷或浸渍石膏制品，这是因为水玻璃与石膏（Ca_2SO_4）会发生化学反应，生成体积膨胀的硫酸钠（Na_2SO_4）晶体，导致石膏制品开裂。

2）加固地基

将液体水玻璃（模数为 2.5～3）与氯化钙溶液交替压入地下，两种溶液发生化学反应生成硅胶，能够填充土壤的孔隙并将其胶结起来，土壤固结使得地基的承载能力和抗渗性明显提高。适用于粉土、砂土和回填土的地基加固，通常称作双液注浆。

3）修补裂缝、堵漏

水玻璃与适量的多种矾（蓝矾、明矾、红矾、紫矾各 1 份）混合，可制成四矾防水剂，属于速凝防水剂，一般 1 min 之内即可凝结，故使用时要做到即配即用，常用于建筑物和构筑物的堵漏、填缝等抢修工程。

4）配制耐酸、耐热混凝土和砂浆

水玻璃能抵抗大多数酸的作用，常用模数为 2.6～2.8 的水玻璃配制耐酸胶泥（水玻璃＋石英砂）、耐酸砂浆和耐酸混凝土等。水玻璃耐热性能良好，可用于配制耐热砂浆和耐热混凝土，耐热温度可达 1 200 ℃。

5）制作保温隔热材料

水玻璃作为胶凝材料，是以膨胀珍珠岩或膨胀蛭石作为骨料，加入适量的赤泥（主要成分为 SiO_2、Al_2O_3、CaO、Fe_2O_3 和 Na_2O 等）或 Na_2SiF_6，经过配料、搅拌、成型、干燥、焙烧等加工工序而得到的制品，具有良好的保温隔热作用。

【学中做】

以下对于水玻璃的说法，正确的是（　　）。

A. 工程中常使用的水玻璃多为钠水玻璃

B. 水玻璃可与水任意比例混合，得到不同密度和黏度的溶液

C. 水玻璃模数越大，黏度越大

D. 将水玻璃、矿渣粉、砂和氟硅酸钠按一定比例配制成砂浆，可用于修补墙体裂缝

答案：ABCD

2.4 镁质胶凝材料

镁质胶凝材料是以 MgO 为主要成分的气硬性胶凝材料。主要有菱苦土（又称苛性苦土，主要成分 MgO）和苛性白云石（主要成分 MgO 和 $CaCO_3$）两种。

2.4.1 镁质胶凝材料的生产

将原材料菱镁矿 $MgCO_3$ 或白云石 $CaMg(CO_3)_2$ 煅烧、磨细即生成镁质胶凝材料。

菱镁矿在 400 ℃开始分解，当温度达到 600～650 ℃时，分解反应非常剧烈，为保证产品质量，在实际生产时的煅烧温度为 800～850 ℃。煅烧反应式如下：

$$MgCO_3 \longrightarrow MgO + CO_2$$

白云石在 600～750 ℃进行煅烧，这个过程可分成两步，首先是复盐的分解，然后是碳酸镁的分解，反应式如下：

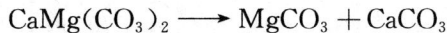

$$CaMg(CO_3)_2 \longrightarrow MgCO_3 + CaCO_3$$
$$MgCO_3 \longrightarrow MgO + CO_2$$

煅烧温度严重影响镁质胶凝材料的质量。煅烧温度过低时，$MgCO_3$ 分解不完全，生烧产物活性差；煅烧温度过高时，MgO 由于过度烧结而变得坚硬，过烧产物胶凝性很差。煅烧良好的菱苦土为白色或浅黄色粉末，苛性白云石为白色粉末。

镁质胶凝材料磨得越细，强度越高；细度相同时，MgO 含量越高，活性越强，胶凝性越好。

2.4.2 菱苦土的水化

菱苦土直接与水拌合生成 $Mg(OH)_2$，疏松无胶凝能力。因此常用氯化镁（$MgCl_2$）、硫酸镁（$MgSO_4$）、氯化铁（$FeCl_3$）或硫酸亚铁（$FeSO_4$）等盐溶液拌合菱苦土，其中以 $MgCl_2$ 最好，拌合后浆体凝结快，硬化后强度高，但吸湿性强，耐水性差；同时加入硫酸亚铁可以提高其耐水性。加热氯化镁溶液，可缩短菱苦土凝结时间，加速硬化。

菱苦土水化后体积略有膨胀，使得制品表面光滑饱满，无裂纹。

2.4.3 菱苦土的应用

菱苦土碱性较弱，对有机物无腐蚀性，但对铝、铁等金属有腐蚀作用，因此菱苦土不能直接接触金属。

1）制作板材

菱苦土掺入木屑、刨花、木丝等制成木屑板、刨花板、木丝板等板材。木屑板适用于内墙、天花板和地板;刨花板、木丝板可以制作成窗台板、门窗框等制品。目前菱苦土板材多用于机械设备的包装,可节省大量木材。

2）制作地面

菱苦土木屑地面有弹性,能防爆(碰撞时不产生火星)、防火、防静电,不起尘而且表面光洁,适用于军工厂、纺织车间、电子车间等。

3）制作菱苦土混凝土

菱苦土混凝土可用来制作空心楼板、小型屋架、檩条、龙骨等,配了芦苇筋的菱苦土混凝土还具有较好的抗裂性能。菱苦土中还可加入一些颜料,制作人造大理石,或者用作人造大理石的基体。

2.4.4　菱苦土的储存和运输

菱苦土在储存和运输过程中应避免受潮,也不易久放,防止因吸收空气中的水分而生成 $Mg(OH)_2$,再碳化成 $MgCO_3$ 而失去胶凝能力。因此,菱苦土及其制品只适用于干燥环境,不可用于潮湿、遇水或有酸性介质的地方。

苛性白云石的性质、用途与菱苦土相似,但质量稍差。

气硬性胶凝材料的性能和应用见表2.6。

表 2.6　气硬性胶凝材料的性能和应用

	石灰	石膏	水玻璃	菱苦土
成分	生石灰 CaO 消石灰 $Ca(OH)_2$ 石灰石 $CaCO_3$	天然石膏 $CaSO_4 \cdot 2H_2O$ 建筑石膏 $\beta\text{-}CaSO_4 \cdot 1/2H_2O$ 无水石膏 $CaSO_4$	钠水玻璃(硅酸钠) $Na_2O \cdot nSiO_2$ 钾水玻璃(硅酸钾) $K_2O \cdot nSiO_2$	MgO
性能	1. 可塑性、保水性好 2. 吸湿性强 3. 凝结硬化慢,强度低 4. 硬化后体积收缩大 5. 耐水性差	1. 凝结硬化快 2. 凝固时体积微膨胀 3. 硬化后孔隙率大、表观密度小、自重轻、保温性好、吸声效果好 4. 具有环境调节性(调温调湿) 5. 防火性好,耐火性差 6. 耐水性差,抗冻性差	1. 黏结力强 2. 耐酸性好 3. 耐热性好	1. 硬化比较快 2. 硬化后强度高 3. 吸湿性强 4. 耐水性差
应用	1. 配制石灰乳 2. 配制石灰砂浆 3. 配置灰土、三合土 4. 生产无熟料水泥 5. 生产硅酸盐制品、碳化石灰板 6. 加固含水软土地基	1. 室内粉刷,抹灰 2. 建筑艺术制品 3. 制作石膏制品:石膏板	1. 涂刷、浸渍材料 2. 加固地基 3. 修补裂缝、堵漏 4. 配制耐酸砂浆和混凝土 5. 配制耐热砂浆和混凝土	1. 制作人造板材,可用作机械设备包装 2. 制作菱苦土混凝土

知识拓展 📖

陈家祠灰塑

　　灰塑是岭南地区传统文化的标志性代表之一,是受岭南文化、民俗、宗教影响的建筑装饰艺术。岭南地区最早关于灰塑的文献记载是《广州市志:卷十六》,记录了南宋增城正果寺已开始使用灰塑龙船脊装饰屋脊。至今为止可考证到的广府地区最早的灰塑是存放于佛山祖庙中的"郡马梁祠"牌坊,建于明代正德年间。明清时期,灰塑成为岭南祠堂、庙宇的重要装饰技艺。广府灰塑在 2007 年被纳入广州市非物质文化遗产保护名录,在 2008 年先后入选广东省和中华人民共和国非物质文化遗产。广州市花都区的民间灰塑匠师邵成村师傅也在 2012 年被认定为广东省非物质文化遗产传承人。陈家祠始建于公元 1890 年(清光绪十六年),于公元 1894 年(清光绪二十年)建成,历时四年。陈家祠灰塑总面积约达 2 448 m²,是现存最具代表性、规模最大的灰塑,被誉为"岭南建筑艺术的明珠"。

　　灰塑也称为灰批,以石灰为核心材料,与稻草、玉扣纸、红糖、糯米浆等辅料混合而成。首先精选含钙量≥90%的石灰岩,经950 ℃高温煅烧,生成高活性氧化钙(CaO),遇水快速水化形成氢氧化钙($Ca(OH)_2$),奠定灰塑的强度基础。再加入 15%～20% 贝壳灰(含碳酸镁),延缓碳化速度,提升抗裂性。通过自然碳化反应($Ca(OH)_2 + CO_2 \rightarrow CaCO_3$),表面形成致密方解石层,抗压强度达 6～8 MPa,硬度接近大理石(莫氏3～4级)。灰塑制品属于碱性的(pH 12～13),可以抑制微生物侵蚀,适应岭南高温高湿气候。

　　将石灰与稻草(5%～8%体积比)混合形成草筋灰,稻草纤维与石灰结晶连接,抗拉强度可提升 4 倍。纸筋灰是石灰与玉扣纸纤维混合,可以减少收缩裂纹,表面细腻。陈家祠采用的是堆塑成型工艺,在屋脊、山墙直接堆砌灰浆,石灰浆可堆高至 50 cm(如陈家祠正脊《八仙过海》浮雕),能够支撑复杂的悬挑结构,不可预制,只能由师傅现场手工制作,先以瓦筒、铜线、钢钉为支撑物,固定造型,然后塑造,待干后再涂绘上各种色彩而成。在使用过程中,经过雨水的洗礼,碳化会加速,使得灰塑越淋雨越坚硬(现代检测显示,130 年碳化深度仅 7～8 mm)。在半干状态下用竹刀雕琢,石灰可雕塑到毫米级纹理。

灰塑将建筑技术与艺术创作有机结合在一起,作为中国传统建筑装饰"三塑"(泥塑、灰塑、陶塑)之一,其历史悠久。陈家祠厅堂正脊上厚重的装饰,上层是陶塑,下层为灰塑,以民间故事为题材,形象生动地展示了人民对美好生活的憧憬和对未来的祈盼。

陈家祠的灰塑艺术不仅展示了传统建筑材料的独特魅力,更体现了中华民族的智慧与匠心。灰塑历经风雨仍色彩鲜艳、造型生动,象征着坚韧不拔的精神。作为新一代工程人,我们应该传承优秀传统文化,增强民族自豪感,培养对传统技艺的尊重与保护意识,将文化自信融入专业学习,强化为传承与创新传统建筑文化贡献力量的责任感。

复习思考题

1. 填空题

(1) 生石灰具有熟化反应速度_____、放热量_____、熟化产物体积_____等特点,石灰硬化时体积_____。生石灰是传统的_____剂。

(2) 建筑石膏的特性:凝结硬化_____、体积_____、孔隙率_____、防火性好,耐火性_____,对环境温湿度的调节作用通常称为_____作用。

(3) 石灰膏"陈伏"的目的是要消除_____的危害。

(4) 水玻璃的黏结力_____,可以用来涂刷和浸渍材料,从而提高材料的抗渗性。

2. 简述题

(1) 什么是欠火石灰和过火石灰?对石灰的使用有何影响?如何消除?

(2) 生石灰在使用时为何要陈伏?有哪些注意事项?

(3) 医用石膏是利用了石膏的哪些特性?

(4) 水玻璃有何特性及用途?

(5) 镁质胶凝材料分几类?各有什么特点?

3 水 泥

知识点 📚

（1）通用硅酸盐水泥的分类。
（2）硅酸盐水泥熟料的矿物组成及特性。
（3）通用硅酸盐水泥的技术性质、质量标准。
（4）其他常用水泥的技术性质。

能力目标 🔗

（1）掌握硅酸盐水泥熟料的矿物组成及特性，及其水化产物性能及水化过程的特征。
（2）掌握通用硅酸盐水泥的技术性质、质量标准、适用条件。
（3）了解其他常用水泥的技术性质、质量标准、适用条件。

素质目标 📋

（1）通过对通用硅酸盐水泥特性、标准规范的学习，提升学生的资源高效利用和绿色选材意识。
（2）能够根据标准规范中水泥性能指标分析实际工程问题，培养学生严谨的工作作风。
（3）关注水泥技术的发展，理解水泥作为基础建材的社会价值，知晓平衡工程需求与公共利益的重要性，树立全局观念。

可与水拌合成均匀的可塑性浆体，既能够在空气中凝结硬化，又能够更好地在水中凝结硬化，而且能将砂、石等材料黏结成为具有一定强度的整体，这种粉末状的水硬性无机胶凝材料即为水泥。水泥不仅可以在干燥的空气中凝结硬化，而且可以更好地在水中或潮湿环境中硬化，保持并发展其强度。

自 1824 年，英国建筑工人约瑟夫•阿斯普丁发明了水泥以来，水泥工业迅猛发展。我国的水泥产量稳居世界首位，2012 年和 2013 年，全球水泥产量分别为 36 亿吨和 40 亿吨，我国分别占 59.3% 和 58.6%，产量逐年增长，品种也乏陈出新。在我国国民经济建设中，水泥及其制品也占据着重要地位，广泛应用于各类工程中，如建筑工程、水利工程、电力工程、交通工程、市政工程等，是三大主要建筑（水泥、钢材、木材）材料之一。

水泥按性能和用途可分为通用硅酸盐水泥、专用水泥和特性水泥 3 类。一般土木工程中使用的水泥为通用硅酸盐水泥，如硅酸盐水泥、普通硅酸盐水泥、矿渣硅酸盐水泥、火山灰质硅酸盐水泥、粉煤灰硅酸盐水泥和复合硅酸盐水泥等；有专门用途的水泥为专用水泥，如砌筑水泥、道路水泥、油井水泥等；某方面的性能比较优越的水泥为特性水泥，如快硬硅酸盐水泥、中热硅酸盐水泥、低热矿渣硅酸盐水泥、白色硅酸盐水泥等。水泥还可以按照主要水硬性矿物进行分类,可分为硅酸盐水泥、铝酸盐水泥、硫铝酸盐水泥、铁铝酸盐水泥等。

本书主要讨论通用硅酸盐水泥,对其他品种水泥只作介绍。

通用硅酸盐水泥是由硅酸盐水泥熟料、规定的混合材料、适量石膏磨细而成的粉末状水硬性胶凝材料。《通用硅酸盐水泥》(GB 175—2023)规定:通用硅酸盐水泥按混合材料的品种和掺量分为硅酸盐水泥、普通硅酸盐水泥、矿渣硅酸盐水泥、火山灰质硅酸盐水泥、粉煤灰硅酸盐水泥和复合硅酸盐水泥。通用硅酸盐水泥的组分和代号见表3.1、表3.2、表3.3。

表 3.1 硅酸盐水泥的组分要求(GB 175—2023)

品种	代号	组分(质量分数)/%		
		熟料＋石膏	粒化高炉矿渣/矿渣粉	石灰石
硅酸盐水泥	P·Ⅰ	100	—	—
	P·Ⅱ	95～100	0～5	—
			—	0～5

表 3.2 普通硅酸盐水泥、矿渣硅酸盐水泥、粉煤灰硅酸盐水泥和火山灰质硅酸盐水泥的组分要求(GB 175—2023)

品种	代号	组分(质量分数)/%				
		熟料＋石膏	主要混合材料			替代混合材料
			粒化高炉矿渣/矿渣粉	粉煤灰	火山灰质混合材料	
普通硅酸盐水泥	P·O	80～94	6～20[a]			0～5[b]
矿渣硅酸盐水泥	P·S·A	50～79	21～50	—	—	0～8[c]
	P·S·B	30～49	51～70	—	—	
粉煤灰硅酸盐水泥	P·F	60～79	—	21～40	—	0～5[d]
火山灰质硅酸盐水泥	P·P	60～79	—	—	21～40	

注:a-主要混合材料由符合本文件规定的粒化高炉矿渣/矿渣粉、粉煤灰、火山灰质混合材料组成。
　　b-替代混合材料为符合本文件规定的石灰石。
　　c-替代混合材料为符合本文件规定的粉煤灰或火山灰质混合材料、石灰石中的一种。替代后P·S·A矿渣硅酸盐水泥中粒化高炉矿渣/矿渣粉含量(质量分数)不小于水泥质量的21%,P·S·B矿渣硅酸盐水泥中粒化高炉矿渣/矿渣粉含量(质量分数)不小于水泥质量的51%。
　　d-替代混合材料为符合本文件规定的石灰石。替代后粉煤灰硅酸盐水泥中粉煤灰含量(质量分数)不小于水泥质量的21%,火山灰质硅酸盐水泥中火山灰质混合材料含量(质量分数)不小于水泥质量的21%。

表 3.3 复合硅酸盐水泥的组分要求(GB 175—2023)

品种	代号	组分(质量分数)/%					
		熟料＋石膏	混合材料				
			粒化高炉矿渣/矿渣粉	粉煤灰	火山灰质混合材料	石灰石	砂岩
复合硅酸盐水泥	P·C	50～79	21～50[a]				

注:a-混合材料由符合本文件规定的粒化高炉矿渣/矿渣粉、粉煤灰、火山灰质混合材料、石灰石和砂岩中的三种(含)以上材料组成。其中,石灰石含量(质量分数)不大于水泥质量的15%。

3.1 硅酸盐水泥

硅酸盐水泥是由硅酸盐水泥熟料、0～5％的混合材料（粒化高炉矿渣/矿渣粉或石灰石）、适量石膏磨细而成的水硬性胶凝材料。硅酸盐水泥分为两种类型，不掺入混合材料的称为Ⅰ型硅酸盐水泥，代号 P·Ⅰ；在硅酸盐水泥熟料粉磨时，掺入不超过水泥质量 5％的粒化高炉矿渣/矿渣粉或石灰石的称为Ⅱ型硅酸盐水泥，代号 P·Ⅱ。硅酸盐水泥是六大通用硅酸盐水泥的基础。

3.1.1 硅酸盐水泥的生产

1）硅酸盐水泥的原料

生产硅酸盐水泥的原料主要为石灰质原料和黏土质原料两种。石灰质原料主要提供 CaO，如石灰石、白垩、石灰质凝灰岩、贝壳等；黏土质原料主要提供 SiO_2、Al_2O_3 及少量的 Fe_2O_3，如黏土、黄土、页岩等。当上述两种原料的化学组成无法满足成分要求时，还要加入校正原料，如用铁矿粉、黄铁矿渣等铁质校正原料补充 Fe_2O_3，用砂岩、石英矿等硅质校正原料补充 SiO_2，用铝矾土、煤矸石等硅质校正原料补充 Al_2O_3。为调整硅酸盐水泥的凝结时间，还需加入适量的石膏（$CaSO_4 \cdot 2H_2O$），如天然石膏、工业副产石膏等，是水泥中 SO_3 的主要来源。根据生产需要，还会掺入水泥质量0～5％的混合材料，如粒化高炉矿渣或石灰石。

2）硅酸盐水泥的生产工艺

硅酸盐水泥的生产过程是将原料按比例配合、磨细得到生料，再将生料在水泥窑（回转窑）内煅烧（约 1 450 ℃）至部分熔融，冷却后得到硅酸盐水泥熟料，然后将其与适量石膏及混合材料共同磨细即可得到硅酸盐水泥。因此，硅酸盐水泥的生产过程可以概括为"两磨一烧"，其生产工艺流程如图 3.1 所示。

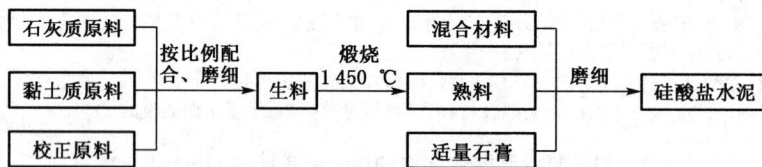

图 3.1 硅酸盐水泥生产工艺流程示意图

3）硅酸盐水泥熟料的矿物组成

硅酸盐水泥熟料是由含 CaO、SiO_2、Al_2O_3、Fe_2O_3 的原材料，按适当比例磨成细粉（生料），烧至部分熔融，得到的以硅酸钙为主要矿物成分的水硬性胶凝物质。其中硅酸钙矿物含量（质量分数）不小于 66％，CaO 和 SiO_2 质量比不小于 2.0。

硅酸盐水泥熟料的主要矿物组成及含量见表 3.4。

表 3.4　硅酸盐水泥熟料的主要矿物组成及含量

序号	矿物名称	化学分子式	分子式简写	含　量	
1	硅酸三钙	$3CaO \cdot SiO_2$	C_3S	$37\% \sim 60\%$	$\geqslant 75\%$
2	硅酸二钙	$2CaO \cdot SiO_2$	C_2S	$15\% \sim 37\%$	
3	铝酸三钙	$3CaO \cdot Al_2O_3$	C_3A	$7\% \sim 15\%$	$\leqslant 25\%$
4	铁铝酸四钙	$4CaO \cdot Al_2O_3 \cdot Fe_2O$	C_4AF	$10\% \sim 18\%$	
5	游离氧化钙	$f \text{-} CaO$		$< 10\%$	
	游离氧化镁	$f \text{-} MgO$			
	三氧化硫	SO_3			
	碱	K_2O、Na_2O			

其中,游离氧化钙($f \text{-} CaO$)、游离氧化镁($f \text{-} MgO$)、三氧化硫(SO_3)和碱(K_2O、Na_2O)的总含量应低于水泥质量的 10%,它们含量超标,会对水泥性能产生不利影响。

【学中做】

硅酸盐水泥熟料中(　　)成分含量最高。

A. C_3A 　　　　　　 B. C_3S 　　　　　　 C. C_2S 　　　　　　 D. C_4AF

答案:B

3.1.2　硅酸盐水泥的水化与凝结硬化

1)硅酸盐水泥的水化

硅酸盐水泥与水拌合后,其熟料矿物会发生水化反应,生成水化产物并放出一定的热量。反应式如下:

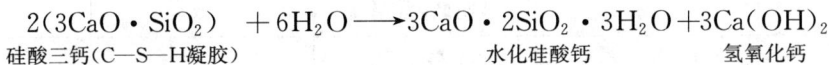

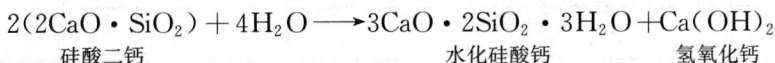

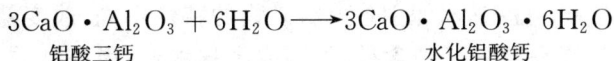

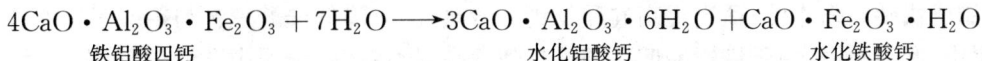

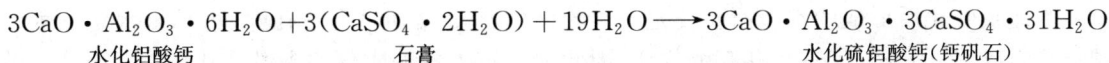

$$2(3CaO \cdot SiO_2) + 6H_2O \longrightarrow 3CaO \cdot 2SiO_2 \cdot 3H_2O + 3Ca(OH)_2$$

硅酸三钙(C—S—H凝胶)　　　　　　　　水化硅酸钙　　　　氢氧化钙

$$2(2CaO \cdot SiO_2) + 4H_2O \longrightarrow 3CaO \cdot 2SiO_2 \cdot 3H_2O + Ca(OH)_2$$

硅酸二钙　　　　　　　　　　水化硅酸钙　　　　氢氧化钙

$$3CaO \cdot Al_2O_3 + 6H_2O \longrightarrow 3CaO \cdot Al_2O_3 \cdot 6H_2O$$

铝酸三钙　　　　　　　　水化铝酸钙

$$4CaO \cdot Al_2O_3 \cdot Fe_2O_3 + 7H_2O \longrightarrow 3CaO \cdot Al_2O_3 \cdot 6H_2O + CaO \cdot Fe_2O_3 \cdot H_2O$$

铁铝酸四钙　　　　　　　　　　水化铝酸钙　　　　　　　水化铁酸钙

$$3CaO \cdot Al_2O_3 \cdot 6H_2O + 3(CaSO_4 \cdot 2H_2O) + 19H_2O \longrightarrow 3CaO \cdot Al_2O_3 \cdot 3CaSO_4 \cdot 31H_2O$$

水化铝酸钙　　　　　　　　石膏　　　　　　　　水化硫铝酸钙(钙矾石)

熟料矿物水化反应的产物不同,其中水化硅酸钙和水化铁酸钙为凝胶体(简称胶体),水化铝酸钙、水化硫铝酸钙和氢氧化钙为晶体。当水泥完全水化时,水化硅酸钙约占 70%,氢氧化钙约占 20%。

2）硅酸盐水泥的凝结硬化

水泥加水拌合后，水泥颗粒表面开始发生水化反应，生成水化物，此时水泥浆的流动性和可塑性都很好。随着反应的持续进行，水泥浆中的自由水越来越少，水化产物越来越多并形成了疏松的空间网格结构，此时，水泥浆失去了流动性和部分可塑性，但还未具备强度，这就是水泥的"初凝"。由于铝酸三钙水化速度非常快，会使水泥短时间内迅速凝结而不方便施工，因此在水泥中掺入了适量的石膏。石膏会与铝酸三钙的水化产物水化铝酸钙发生反应，生成针状的难溶于水的水化硫铝酸钙（即钙矾石），覆盖在没有水化的铝酸三钙表面，阻止其迅速水化，从而延缓了水泥的反应速度，延长了水泥的凝结时间。随着水化反应的继续进行，水化产物凝胶体和晶体交错贯穿，使得空间网格越来越密实，此时水泥浆体完全失去可塑性并且具备一定的强度，这就是水泥的"终凝"。

此后，水化反应不断进行，水化产物不断填充在空间网格内，使得结构越来越致密，强度持续提高直至形成坚硬的水泥石（即水泥浆硬化以后的物质），这个过程称为水泥的"硬化"。实际上，水泥颗粒内部并没有水化完全，当环境条件适宜时，水泥颗粒可以继续反应而使强度缓慢增加，这个过程可以持续几十年，甚至更久。

水泥的水化、凝结、硬化是交错进行的复杂物理、化学变化过程，熟料矿物对水泥石强度发展的贡献也不同：铝酸三钙在 $1\sim3$ d 或稍长的时间内强度发展很快，对水泥石后期强度作用较小；硅酸三钙凝结硬化很快，是 4 周之内水泥强度的主要贡献者；硅酸二钙水化反应很慢，大约 4 周之后才发挥其强度作用，直至 1 年左右，对水泥石的强度作用与硅酸三钙相同；铁铝酸四钙的作用业界还有分歧，当含量较高时，水泥石的抗折强度较好。硅酸盐水泥熟料的矿物特性见表 3.5。

表 3.5　硅酸盐水泥熟料矿物特性

特　性	硅酸三钙	硅酸二钙	铝酸三钙	铁铝酸四钙
水化反应速度	快	慢	最快	较快
水化热	多	少	最多	中
强度	高	早期低,后期高	低	最低
干缩	中	最小	大	小
耐腐蚀性	中	大	小	最大

从表 3.5 中可以看出，硅酸盐水泥中各熟料矿物的特性不同，改变熟料的矿物组成，可制成不同性质的水泥。如提高硅酸三钙含量，可制成高强水泥；提高硅酸三钙和铝酸三钙的含量，可制成快硬高强水泥；适当提高硅酸二钙的含量，同时降低硅酸三钙与铝酸三钙的含量，就可制得中、低热水泥；由于铁铝酸四钙的抗折强度高，故在道路水泥中含量较高。

水泥浆硬化后形成的水泥石主要是由凝胶体（胶体）、晶体、毛细孔隙、水和未水化的水泥颗粒等组成，是固、液、气三相共存的物质，因此水泥石中各种成分的含量及其结构对水泥石的性能有明显的影响。水泥颗粒水化得越充分，凝胶体含量越多，毛细孔隙含量越少，水泥石的强度就越高。

【学中做】

在硅酸盐水泥熟料中,(　　)成分含量对水泥强度贡献最大。

A. C_3A　　　　　　B. C_3S　　　　　　C. C_2S　　　　　　D. C_4AF

答案:B

3）影响硅酸盐水泥凝结硬化的主要因素

（1）熟料矿物组成及细度

水泥熟料矿物与水反应的特点不同,当调整其相对含量时,水泥的凝结硬化的特性也会发生改变。如铝酸三钙水化速度最快,放热量最大,但是强度不高;硅酸二钙水化速度最慢,放热量最小,早期强度低,后期强度发展很快等。

在矿物组成相同的条件下,水泥磨得越细,则水泥颗粒的平均粒径越小,比表面积越大,水化时与水的接触面积就越大,水化速度就越快,相应地凝结硬化速度就快,早期强度就高。

（2）水泥浆的水灰比

水灰比是指水泥浆中水与水泥的质量比。水泥完全水化时需水量约为 25%,在实际施工过程中,为使浆体取得良好的流动性,通常加入较多的水,导致水灰比增大,水泥浆较稀,此时水泥的初期的水化反应能够充分进行,但是水泥颗粒由于水分子的存在而分隔较远,形成空间骨架结构所需的时间比较长,因此水泥浆凝结较慢;而且多余的水分在蒸发的过程中形成大量的孔隙,会明显降低水泥石的强度。

（3）石膏的掺量

水泥在水化时,由于石膏与水化铝酸钙反应生成了钙矾石(难溶于水),抑制了铝酸三钙的反应速度,从而延缓水泥的凝结硬化速度,起到缓凝的作用。石膏掺量少时,缓凝作用不明显;掺量过多时,由于其自身凝结硬化很快,不仅没有缓凝效果,而且还可能对水泥性能造成危害。

（4）环境温度和湿度

在适当的温度下,水泥的水化、凝结和硬化的速度均比较快。温度升高时,水泥的水化反应速度加快,产物凝结硬化很迅速,水化热较高。温度降低时,水泥水化反应减缓,当环境温度低于 0 ℃时,水化反应停止,而且还会使水泥石发生冻胀破坏。温度对水泥早期强度影响较大,高温养护会导致硅酸盐水泥后期强度增长缓慢,甚至下降。

环境湿度越大,水分越不易蒸发,水泥颗粒表面有足够的水分保证其水化,凝结硬化能够充分进行,强度会持续增长。当环境干燥时,水泥浆中的水分蒸发过快,水化作用将无法继续进行,甚至导致凝结硬化停止,严重时还会在水泥石表面产生干缩裂缝。

（5）外加剂的影响

能够调节硅酸三钙和铝酸三钙水化机能的外加剂,均会影响硅酸盐水泥的水化、凝结硬化性能。例如掺入早强剂,会加速水泥的水化、硬化过程,提高早期强度;掺入速凝剂,能使水泥中的石膏失去缓凝作用,水泥短时间内迅速凝结硬化,早期强度高;掺加缓凝剂,会延缓水泥的水化、硬化,从而影响水泥早期强度的发展。

3.1.3 硅酸盐水泥的技术要求

1）通用硅酸盐水泥的化学指标

通用硅酸盐水泥的化学指标应满足《通用硅酸盐水泥》（GB 175—2023）的要求。其中不溶物是指经盐酸处理后的残渣，再用氢氧化钠溶液处理，然后用盐酸中和过滤后所得的残渣再经高温灼烧后剩余的物质，是水泥中的非活性物质，主要是由生料、混合材料和石膏中的杂质产生的；烧失量是指在（950±25）℃的高温炉中灼烧的质量损失除以试样总质量的百分数。硅酸盐水泥的化学指标如表 3.6 所示。

表 3.6　通用硅酸盐水泥的化学指标（GB 175—2023）

品种	代号	不溶物	烧失量	三氧化硫	氧化镁	氯离子
硅酸盐水泥	P·Ⅰ	≤0.75	≤3.0	≤3.5	≤5.0[a]	≤0.06[c]
	P·Ⅱ	≤1.50	≤3.5			
普通硅酸盐水泥	P·O	—	≤5.0			
矿渣硅酸盐水泥	P·S·A	—	—	≤4.0	≤6.0[b]	
	P·S·B	—	—		—	
火山灰质硅酸盐水泥	P·P	—	—	≤3.5	≤6.0	
粉煤灰硅酸盐水泥	P·F	—	—			
复合硅酸盐水泥	P·C	—	—			

注：a-如果水泥压蒸安定性合格，则水泥中氧化镁含量（质量分数）允许放宽至 6.0%。
　　b-如果水泥中氧化镁含量（质量分数）大于 6.0%，需进行水泥压蒸安定性试验并合格。
　　c-当买方有更低要求时，买卖双方协商确定。

2）碱含量

碱含量按 $w(Na_2O)+0.658w(K_2O)$ 计算值来表示。当买方要求提供低碱水泥时，由买卖双方协商确定。

3）细度

细度是指水泥颗粒的粗细程度。颗粒越细，表面积越大，与水接触的面积越大，水化反应速度越快，早期及后期强度均较高，硬化时体积收缩也越明显，易开裂。但颗粒过细，在储运的过程中易吸收空气中的水和二氧化碳发生反应而降低活性，且磨细的成本较高。

国家标准《通用硅酸盐水泥》（GB 175—2023）规定，硅酸盐水泥的细度用比表面积（单位质量水泥的总表面积）表示，应不低于 300 m^2/kg，且不高于 400 m^2/kg。当买方有特殊要求时，由买卖双方协商确定。

4）标准稠度用水量

由于水泥浆（也称为水泥净浆）的稀稠会影响水泥的凝结时间及体积安定性等性能，为使测定结果具有可比性，需将水泥配制成具有一定可塑性的浆体，此时浆体的稠度称为水泥净浆标准稠度。标准稠度用水量是指将水泥配制成标准稠度净浆时所加水的质量与水泥质量之比,以百分数来计,硅酸盐水泥的标准稠度用水量一般为 21％～28％。

【学中做】

1. 以下选项中水泥净浆标准稠度用水量表达形式正确的是(　　)。
A. 1/4　　　　　B. 0.25　　　　　C. 2.5　　　　　D. 25％
答案：D

2. 当水泥标准稠度用水量为 21％时,将水泥配成标准稠度净浆时水的用量是(　　)g。
A. 105　　　　　B. 125　　　　　C. 100　　　　　D. 115
答案：A

5）凝结时间

水泥的凝结时间分为初凝时间和终凝时间。初凝时间是指水泥从加水拌合到水泥浆开始失去可塑性所需的时间;终凝时间是指水泥从加水开始到水泥浆完全失去可塑性,并且具备一定强度时所需的时间。

水泥的凝结时间对施工有重要意义。为使混凝土、砂浆有充足的时间进行搅拌、运输、浇注、振捣等操作,因此要求水泥的初凝时间不宜过早;为了使混凝土能够尽快硬化并产生强度,便于进行下一道工序的施工,又要求水泥的终凝时间不宜过长,以免拖延工期。

《通用硅酸盐水泥》(GB 175—2023)规定:硅酸盐水泥的初凝时间应不小于 45 min,终凝时间不大于 390 min。初凝时间不符合规定的为废品水泥,终凝时间不符合规定的为不合格品。

【学中做】

硅酸盐水泥的凝结时间为(　　)。
A. 初凝时间不大于 45 min,终凝时间不小于 390 min
B. 初凝时间不大于 45 min,终凝时间不大于 390 min
C. 初凝时间不小于 45 min,终凝时间不大于 390 min
D. 初凝时间不小于 45 min,终凝时间不小于 390 min
答案：C

6）体积安定性

体积安定性是指水泥净浆硬化后保持体积稳定状态的能力。水泥体积安定性不良的主要原因是熟料中含有过量的游离氧化钙(f-CaO)、游离氧化镁(也叫方镁石)(f-MgO)或生产时掺入的石膏(主要引入 SO_3)过多。上述物质在水泥凝结硬化之后开始或继续反应,产物体积膨胀不均匀,导致水泥石开裂,甚至崩溃。

《水泥标准稠度用水量、凝结时间与安定性检验方法》(GB/T 1346—2024)规定:用沸煮法检测 f-CaO 过量引起的体积安定性不良,沸煮安定性有两种检测方式,分别是雷氏法和试饼法。雷氏法是用水泥标准稠度净浆在雷氏夹中沸煮后试针的相对位移来表示其体积膨胀程度的,试饼法是用水泥标准稠度净浆试饼沸煮后的变化状态来表示的。f-MgO 引起的体积安定性不良需用压蒸法检测,石膏造成的体积安定性不良用水浸法(长期放在温水中浸泡)来检测。由石膏带来的危害一般不作检验。

《通用硅酸盐水泥》(GB 175—2023)规定:硅酸盐水泥的体积安定性必须合格,安定性不良的水泥为不合格品,禁止应用于工程中。通用硅酸盐水泥的体积安定性经沸煮法检验合格,压蒸法检验合格。

7)强度及强度等级

强度是水泥力学性质的重要指标,它与水泥的矿物组成、细度、水胶比、龄期和环境温度等有关。水泥强度须按《水泥胶砂强度检验方法(ISO)》(GB/T 17671—2021)的规定进行检验,具体方法是:将水泥、标准砂和水按1∶3∶0.5的质量比拌合,制成 40 mm×40 mm×160 mm的标准水泥胶砂试件,在标准条件(1 d 温度为(20±1)℃、相对湿度 90%以上,1 d 后放入(20±1)℃的水中)下养护,测定其 3 d 和 28 d 龄期时两组试件的抗折强度和抗压强度。

根据水泥胶砂试件 3 d 和 28 d 龄期的抗折强度和抗压强度,将硅酸盐水泥划分为 42.5、42.5R、52.5、52.5R、62.5、62.5R 六个强度等级。按照 3 d 龄期胶砂试件的抗压强度又可将水泥分为普通型和早强型(R)两类。早强型水泥是指胶砂试件 3 d 龄期的抗压强度为 28 d 龄期的 50%以上的水泥;当水泥强度等级相同时,早强型水泥 3 d 的抗压强度高出普通型水泥10%~24%。硅酸盐水泥各龄期强度值不得低于表 3.7 中数值,若某项指标不满足表中要求,则应调整水泥的强度等级,使得四项指标均满足规定。

表 3.7 通用硅酸盐水泥不同龄期强度要求(GB 175—2023)

强度等级	抗压强度/MPa		抗折强度/MPa	
	3 d	28 d	3 d	28 d
32.5	≥12.0	≥32.5	≥3.0	≥5.5
32.5R	≥17.0		≥4.0	
42.5	≥17.0	≥42.5	≥4.0	≥6.5
42.5R	≥22.0		≥4.5	
52.5	≥22.0	≥52.5	≥4.5	≥7.0
52.5R	≥27.0		≥5.0	
62.5	≥27.0	≥62.5	≥5.0	≥8.0
62.5R	≥32.0		≥5.5	

8)水化热

水泥在水化过程中释放出来的热量称为水泥的水化热,单位是焦耳/千克(J/kg)。水化放热量和放热速度主要取决于水泥熟料的矿物组成和水泥细度,水泥中掺入的外加剂和混合材料也会对其有一定的影响。熟料中铝酸三钙和硅酸三钙越多、磨得越细,水化热就越大。水化热大部分是在水化初期(7 d 内)释放出来的,以后逐渐减少。

硅酸盐水泥水化热很大,在冬季施工时,水化热可以使水长时间保持液体状态或提供水化反应所需的温度,从而保证水泥能够正常凝结硬化。但对于大体积混凝土工程来讲,水化热却是有害的。由于混凝土是热的不良导体,大体积混凝土表面由于空气流通散热很快,水化热积聚在内部不易散出,导致混凝土内外产生温差(可达 50~60 ℃),出现温度应力。当温度应力超过了混凝土的强度极限时,混凝土开始出现温度裂缝。所以,大体积混凝土工程不宜使用硅酸盐水泥,应选用中热水泥、低热矿渣水泥等。

【学中做】

在硅酸盐水泥熟料中,(　　)成分水化热最大,水化放热速度最快。

A. C_3A　　　　　　B. C_3S　　　　　　C. C_2S　　　　　　D. C_4AF

答案:A

9)密度与堆积密度

硅酸盐水泥的密度主要由熟料的矿物组成来决定,一般为 3.05～3.20 g/cm³。堆积密度不仅受熟料矿物和细度的影响,还取决于水泥堆积的紧密程度,硅酸盐水泥的松散堆积密度为 900～1 200 kg/m³,紧密堆积密度为 1 400～1 700 kg/m³。

3.1.4　水泥石的腐蚀与防止

硅酸盐水泥硬化以后,在正常使用条件下具有较好的耐久性,但在某些腐蚀性介质作用下,水泥石会逐渐受到侵害,导致强度降低或溃裂,甚至会引起整个结构的破坏,这种现象称为水泥石的腐蚀。

引起水泥石腐蚀的原因很复杂,通常是几种腐蚀共同作用的结果,以下是几种主要的腐蚀类型。

1)水泥石腐蚀的主要类型

(1)软水腐蚀(溶出性侵蚀)

不含重碳酸盐的蒸馏水、雪水、雨水、工业冷凝水以及含重碳酸盐较少的河水和湖水等均属软水。水泥石长期与软水接触,水泥石中 Ca(OH)₂ 会逐渐溶解,并促使水泥石中其他水化产物溶解,导致水泥石结构酥松,甚至发生破坏,这就是软水腐蚀。

在水量有限或无压静水的环境中,溶出的 Ca(OH)₂ 很快使水泥石附近的水达到饱和,溶出作用逐渐停止,这种破坏作用仅发生在水泥石表面,危害不大。如果软水是流动的或是有压力的,水泥石中 Ca(OH)₂ 会不断溶出,加剧了其他水化产物的溶解,使水泥石的密实度降低,强度被削弱,严重时混凝土结构会发生溃塌。

在井水、泉水等重碳酸盐含量较高的硬水中,重碳酸盐会与水泥石中 Ca(OH)₂ 发生反应,生成不溶于水的 CaCO₃。反应式如下:

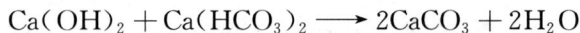

$$Ca(OH)_2 + Ca(HCO_3)_2 \longrightarrow 2CaCO_3 + 2H_2O$$

生成的碳酸钙堵塞在水泥石表面的孔隙内,形成致密的保护层,阻止水分继续侵蚀,使得腐蚀仅发生在水泥石表面,危害不明显。

(2)酸类腐蚀

① 碳酸腐蚀

在工业污水、地下水中常溶解有较多的二氧化碳,这种水会与水泥石中的 Ca(OH)₂ 发生反应,生成 CaCO₃。当 CO₂ 浓度较低时,在水泥石表面会形成致密的 CaCO₃ 保护膜,不仅可以提高其表面的硬度和强度,还可以阻止腐蚀性液体侵蚀到水泥石内部,危害不大。其反应式如下:

$$Ca(OH)_2 + CO_2 + H_2O \longrightarrow CaCO_3 + 2H_2O$$

当 CO_2 浓度较高时,生成的 $CaCO_3$ 会继续与其反应,生成溶于水的重碳酸钙(碳酸氢钙),这就是碳酸的腐蚀,属于溶解性化学腐蚀。反应式如下:

$$CaCO_3 + CO_2 + H_2O \longrightarrow Ca(HCO_3)_2$$

由于生成的重碳酸钙溶解度较大,且随着反应的持续进行,$Ca(OH)_2$ 的浓度不断降低,又会导致其他水化产物的分解,进一步加剧了腐蚀作用。

② 一般酸的腐蚀

工业废水、地下水、沼泽水中常含有多种无机酸(HCl、H_2SO_4、HPO_3 等)和有机酸(醋酸、蚁酸、乳酸等);工业窑炉的烟气中常含有 SO_2,遇水后生成亚硫酸。这些酸对水泥石有不同程度的腐蚀作用,它们会与水泥石中的 $Ca(OH)_2$ 发生反应,生成物或者溶于水或者体积膨胀。

例如:盐酸与水泥石中的 $Ca(OH)_2$ 发生反应,生成溶于水的 $CaCl_2$,是溶解性的化学腐蚀。反应式如下:

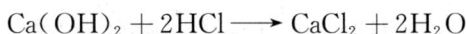

$$Ca(OH)_2 + 2HCl \longrightarrow CaCl_2 + 2H_2O$$

硫酸与水泥石中的 $Ca(OH)_2$ 作用,生成二水石膏($CaSO_4 \cdot 2H_2O$)积聚在水泥石的孔隙内,结晶后体积膨胀;或者是生成的 $CaSO_4 \cdot 2H_2O$ 再与水泥石中的水化铝酸钙发生反应,生成体积膨胀的高硫型水化硫铝酸钙(钙矾石),这种体积膨胀的化学反应会导致水泥石开裂,称其为"膨胀性化学腐蚀",属于硫酸盐腐蚀,危害很大。其反应式如下:

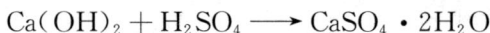

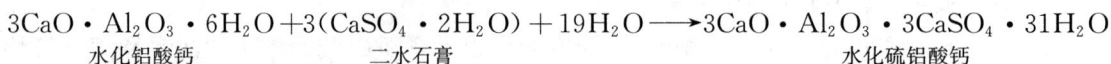

$$Ca(OH)_2 + H_2SO_4 \longrightarrow CaSO_4 \cdot 2H_2O$$

$$\underset{\text{水化铝酸钙}}{3CaO \cdot Al_2O_3 \cdot 6H_2O} + \underset{\text{二水石膏}}{3(CaSO_4 \cdot 2H_2O)} + 19H_2O \longrightarrow \underset{\text{水化硫铝酸钙}}{3CaO \cdot Al_2O_3 \cdot 3CaSO_4 \cdot 31H_2O}$$

(3)盐类腐蚀

① 硫酸盐(膨胀性化学腐蚀)及氯盐腐蚀(溶解性化学腐蚀)

在海水、湖水、地下水以及某些工业污水中常含硫酸盐,它们会与水泥石中的 $Ca(OH)_2$ 发生置换反应,生成硫酸钙。硫酸钙再与水泥石中的水化铝酸钙反应,生成体积增大 1.5 倍的针状高硫型水化硫铝酸钙(俗称"水泥杆菌")而导致水泥石开裂。反应式如下:

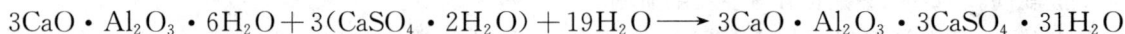

$$3CaO \cdot Al_2O_3 \cdot 6H_2O + 3(CaSO_4 \cdot 2H_2O) + 19H_2O \longrightarrow 3CaO \cdot Al_2O_3 \cdot 3CaSO_4 \cdot 31H_2O$$

当水中硫酸盐浓度较高时,生成硫酸钙会在孔隙中直接结晶成二水石膏,体积膨胀而引起水泥石破坏。

氯盐会与水泥石中的 $Ca(OH)_2$ 发生反应,生成溶于水的 $CaCl_2$,属于溶解性的化学腐蚀。

② 镁盐的腐蚀(双重腐蚀)

在海水及地下水中常含有氯化镁和硫酸镁等镁盐,它们与水泥石中的氢氧化钙会发生置换作用。反应式如下:

$$MgCl_2 + Ca(OH)_2 \longrightarrow CaCl_2 + Mg(OH)_2$$

$$MgSO_4 + Ca(OH)_2 + 2H_2O \longrightarrow CaSO_4 \cdot 2H_2O + Mg(OH)_2$$

产物氯化钙易溶于水,属于溶解性化学腐蚀;氢氧化镁松软而无胶凝能力,是镁盐的腐蚀;

二水石膏会引起硫酸盐的膨胀性化学腐蚀。因此,镁盐腐蚀属于双重腐蚀,尤为严重。

（4）强碱腐蚀

水泥石自身呈现碱性,一般不会与浓度较低的碱性溶液发生反应。但是铝酸盐(C_3A)含量较高的硅酸盐水泥遇到强碱(如 NaOH)会发生反应,生成易溶于水的铝酸钠,发生溶解性化学腐蚀。反应式如下:

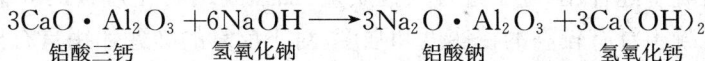

$$3CaO \cdot Al_2O_3 + 6NaOH \longrightarrow 3Na_2O \cdot Al_2O_3 + 3Ca(OH)_2$$
铝酸三钙　　　氢氧化钠　　　　　铝酸钠　　　　氢氧化钙

当水泥石在氢氧化钠溶液中浸泡后,放在空气中干燥,铝酸钠会与空气中的 CO_2 反应生成碳酸钠,在水泥石毛细管中结晶膨胀,使得水泥石开裂。

2) 防止水泥石腐蚀的措施

水泥石腐蚀的根本原因:水泥石中存在易受腐蚀的氢氧化钙和水化铝酸钙;水泥石不密实导致腐蚀性介质容易进入内部;外界因素的影响,如腐蚀性介质及其浓度、环境的温湿度等。

（1）根据侵蚀环境特点,合理选用水泥品种

选用水化产物中氢氧化钙含量较少的水泥,可以提高对软水腐蚀的抵抗能力;为提高抵抗硫酸盐腐蚀的能力,可采用铝酸三钙含量较低（<5%）的抗硫酸盐水泥;在硅酸盐水泥熟料中掺入混合材料亦可提高水泥的抗腐蚀能力。

（2）提高水泥石的密实度

硅酸盐水泥水化时理论需水量约为水泥质量的 25%,为方便施工,实际加水量约为 40%～70%,多余水分蒸发留下的连通孔隙成为腐蚀性介质进入水泥石内部的通道。在工程中,可通过合理设计混凝土的配合比、降低水胶比(水与胶凝材料的质量比)、优化施工方法(如加强搅拌、振捣、养护、掺外加剂)等措施,提高水泥石的密实度。

在水泥石表面进行碳化处理,使之形成坚硬、致密的不溶于水的碳酸钙保护层;或者用氟硅酸处理形成氟化钙及硅胶薄膜,均可明显提高水泥石表面密实度。

（3）设置保护层

根据环境腐蚀性介质的性能及浓度,可采用耐腐蚀性强且不透水的沥青、塑料、玻璃、耐酸陶瓷、耐酸石料等做水泥石的保护层,主要起隔离作用。

【学中做】

水泥石被腐蚀的原因是（　　　）。

A. 开口孔隙率比较大　　　　　　　　　B. 水泥石中含有氢氧化钙

C. 水泥石中含有水化铝酸钙　　　　　　D. 选用水泥品种不合适

答案：ABCD

3.1.5　硅酸盐水泥的特性及应用

1) 快凝快硬,强度高

硅酸盐水泥凝结硬化快、强度高,尤其是早期强度。适用于有早强要求的工程、高强混凝土和预应力混凝土工程。

2）水化热高

硅酸盐水泥中 C_3S 和 C_3A 含量高,水化速度快且放热量大,适用于冬期施工。但对大体积混凝土工程不利,容易引起温度裂缝,因此不宜使用。

3）抗冻性好

采用合理的混凝土配合比、施工过程严控质量、加强凝结硬化过程的养护工作,可确保硅酸盐水泥拌制的混凝土具有较高的密实度和强度,对于反复的冻融作用具有良好的抵抗能力,适用于严寒地区的混凝土工程。

4）抗碳化能力强

硅酸盐水泥硬化后的水泥石密实度高、碱性强,可在钢筋混凝土工程中的钢筋表面生成一层坚硬致密的灰色钝化膜,使其免受锈蚀。此外,空气中的 CO_2 与水泥石中的 $Ca(OH)_2$ 会发生碳化反应生成致密的 $CaCO_3$ 保护膜,使得碳化在混凝土的使用过程中不会深入到钢筋表面。因此,硅酸盐水泥适用于重要的钢筋混凝土结构和预应力混凝土工程。

5）耐磨性好

硅酸盐水泥强度和硬度高,耐磨性好,适用于路面、地面、机场跑道等对耐磨性要求较高的工程。

6）耐腐蚀性差

硅酸盐水泥石中含有大量的 $Ca(OH)_2$ 和水化铝酸钙,易受侵蚀,因此不宜用于有动水、压力水、酸和硫酸盐等介质侵蚀的工程。

7）耐热性差

硅酸盐水泥的水化产物在 $250\sim300$ ℃的温度下开始脱水,导致水泥石收缩且强度下降。当温度达到 700 ℃以上,强度损失很大,甚至完全破坏,所以硅酸盐水泥不宜用于耐热混凝土工程。

8）湿热养护效果差

硅酸盐水泥经蒸汽养护后,再自然养护至 28 d,测得的抗压强度低于未经蒸养的抗压强度。

硅酸盐水泥用于配置高强度混凝土、先张预应力制品、道路、低温下施工的工程和一般受热(<250 ℃)的工程,一般不适用于大体积混凝土和地下工程,特别是有化学腐蚀的工程。

3.2 掺混合材料的硅酸盐水泥

在通用水泥中,除硅酸盐水泥外的其他水泥均按规定掺入了混合材料,称为掺混合材料的硅酸盐水泥。这类水泥是由硅酸盐水泥熟料,加入适量混合材料及石膏共同磨细而制成的水硬性胶凝材料。掺混合材料的目的是调整水泥的强度等级、改善性能、增加品种、提高产量、降低成本等,使水泥的适用范围更广。按所掺混合材料的品种和数量分为普通硅酸盐水泥、矿渣硅酸盐水泥、火山灰质硅酸盐水泥、粉煤灰硅酸盐水泥和复合硅酸盐水泥。

3.2.1　混合材料

混合材料（简称混合材）是指在生产水泥及其制品时，掺入的天然或人工的矿物材料，分为活性混合材料与非活性混合材料两种。

1）活性混合材料

活性混合材料是指具有火山灰性或潜在水硬性，或兼有火山灰性和潜在水硬性的矿物质材料。

火山灰性是指磨细的矿物质材料与水拌合后，本身不具备水硬性，但在常温下与石灰混合后的浆体能生成水硬性物质，如火山灰、粉煤灰、硅藻土等。

潜在水硬性是指矿物质材料在少量外加剂的激发作用下，利用自身成分化合成水硬性物质，如粒化高炉矿渣。

（1）火山灰质混合材料

火山灰质混合材料是指具有火山灰性的矿物质材料，主要成分是 SiO_2 和 Al_2O_3，自身没有水硬性，但将其磨细后能与 $Ca(OH)_2$ 反应，生成具有强度的胶凝性产物。火山灰质混合材料疏松多孔，易于反应，有天然的，也有人工的。

火山灰质混合材料按化学成分与矿物结构可分为以下几类：

① 烧黏土质材料。主要活性成分是 Al_2O_3，例如烧黏土、煤渣、煤矸石、页岩渣等。

② 火山灰玻璃质材料。主要活性成分是 SiO_2，含有少量的 Al_2O_3、K_2O 和 Na_2O。其活性取决于化学成分和冷却速度，例如火山灰、凝灰岩、浮石等。

③ 含水硅酸质材料。主要活性成分是无定形含水硅酸 $SiO_2 \cdot 12H_2O$，例如硅藻土、蛋白石、硅质渣等。

（2）粉煤灰

粉煤灰是在火力发电厂煤粉炉中燃烧释放出的气体里收集到的粉尘，俗称飞灰，主要成分为 SiO_2 和 Al_2O_3，含有少量的 CaO。粉煤灰中球形玻璃体含量越高、颗粒越细，其活性越强、质量越好。粉煤灰可不经磨细直接掺到混凝土中使用。

（3）粒化高炉矿渣

粒化高炉矿渣是高炉炼铁的熔融矿渣经急冷处理得到的质地疏松、多孔的细小颗粒（粒径 $0.5 \sim 5$ mm），主要成分 CaO、SiO_2 和 Al_2O_3，占总量的 90%。熔融矿渣在急冷过程中未能结晶，而是形成了不稳定的玻璃体，蕴含了一定的化学能即具有潜在水硬性，经少量激发剂作用后呈现水硬性。

由此可以看出，活性混合材料中均含有活性 SiO_2 和活性 Al_2O_3，它们只能在 $Ca(OH)_2$ 和石膏存在的条件下而呈现活性，通常将石灰和石膏称为活性混合材料的激发剂。常用的激发剂有碱性激发剂和硫酸盐激发剂两类。碱性激发剂多用石灰和水化时能生成 $Ca(OH)_2$ 的硅酸盐水泥熟料；硫酸盐激发剂有二水石膏、半水石膏及化学石膏。值得注意的是，硫酸盐激发剂必须在有碱性激发剂的情况下才能充分发挥效用。

2）非活性混合材料

非活性混合材料不与水泥发生反应，掺入到水泥中主要起到提高产量、调节强度、降低水化热、节约成本等作用。常用的非活性混合材料有磨细的石英砂、石灰石和黏土等。

在拌合混凝土时,为节约水泥、调节混凝土强度、改善混凝土性能而掺入天然或人工的磨细混合材料,称为掺合料。

3.2.2 普通硅酸盐水泥、矿渣硅酸盐水泥、火山灰质硅酸盐水泥、粉煤灰硅酸盐水泥和复合硅酸盐水泥

1)组分

普通硅酸盐水泥由硅酸盐水泥熟料+石膏(80%～94%)主要混合材料(6%～20%)和替代混合材料(1～5%)混合磨细制成普通硅酸盐水泥,简称普通水泥,代号为 P·O。其中替代混合材料为石灰石。

矿渣硅酸盐水泥简称矿渣水泥,代号为 P·S。按照熟料和石膏、粒化高炉矿渣的掺量不同分为 A 型(水泥熟料和石膏掺量为 50%～79%,粒化高炉矿渣或矿渣粉掺量为 21%～50%)与 B 型(水泥熟料和石膏掺量为 30%～49%,粒化高炉矿渣或矿渣粉掺量为 51%～70%)两种,允许用不超过水泥质量 8%的粉煤灰或火山灰质混合材料、石灰石中的一种代替,其组分如表 3.2。

火山灰质硅酸盐水泥简称火山灰水泥,代号为 P·P,其中硅酸盐水泥熟料和石膏的掺量应为 60%～79%,火山灰质活性混合材料的掺量应为 21%～40%。

粉煤灰硅酸盐水泥简称粉煤灰水泥,代号 P·F,其中硅酸盐水泥熟料和石膏的掺量为 60%～79%(同火山灰质硅酸盐水泥),粉煤灰活性混合材料的掺量为 21%～40%。

复合硅酸盐水泥简称复合水泥,代号 P·C,其中硅酸盐水泥熟料和石膏的掺量为 50%～79%。混合材料掺量为 21%～50%,为粒化高炉矿渣或矿渣粉、粉煤灰、火山灰质混合材料、石灰石和砂岩中的 3 种及 3 种以上,其中石灰石含量不大于水泥质量的 15%。

2)技术要求

普通水泥、矿渣硅酸盐水泥、火山灰质硅酸盐水泥、粉煤灰硅酸盐水泥和复合硅酸盐水泥的技术性质应符合《通用硅酸盐水泥》(GB 175—2023)的规定。

(1)细度

用筛余率表示,用 45 μm 方孔筛筛余不小于 5 %。

(2)凝结时间

初凝时间不小于 45 min,终凝时间不大于 600 min,同普通水泥。

(3)体积安定性

用沸煮法检验合格,压蒸法检验合格。

(4)不溶物、烧失量、三氧化硫、氧化镁、氯离子

上述化学指标见表 3.6。

(5)强度等级

按 3 d 和 28 d 龄期水泥胶砂试件的抗压强度及抗折强度将矿渣硅酸盐水泥、火山灰质硅酸盐水泥、粉煤灰硅酸盐水泥分为 32.5、32.5R、42.5、42.5R、52.5、52.5R 六个强度等

级,复合硅酸盐水泥分为 42.5、42.5R、52.5、52.5R 四个强度等级。各龄期的强度规定见表 3.7。

火山灰质硅酸盐水泥、粉煤灰硅酸盐水泥、复合硅酸盐水泥和掺加火山灰质混合材料的普通硅酸盐水泥在进行胶砂强度检验时,其用水量在 0.50 水灰比的基础上,以胶砂流动度不小于 180 mm 来确定。当水灰比为 0.50 且胶砂流动度小于 180 mm 时,应以 0.01 的整数倍递增的方法将水灰比调整至流动度不小于 180 mm。

3）性能与使用

矿渣硅酸盐水泥、火山灰质硅酸盐水泥、粉煤灰硅酸盐水泥和复合硅酸盐水泥均在硅酸盐水泥熟料中掺入较多的活性混合材料,再配以适量石膏共同磨细制成。由于配合机理相似,故上述水泥具有一些共同的性能;但由于掺入的活性混合材料性能各异,因此它们也具有各自的特性。

（1）共性（除普通硅酸盐水泥）

① 早期强度较低,后期强度增长较快。由于掺入混合材料较多,水泥熟料含量减少,水化产物生成较慢,故早期强度较低;后期活性混合材料在水化产物 $Ca(OH)_2$ 碱性激发剂作用下参与反应,产物不断增加,因此后期强度增长较快。

复合水泥因掺有两种或两种以上混合材料,相互之间能够取长补短,使水泥性能比掺单一混合材料的水泥有所改善。

② 水化热低。由于水泥熟料含量减少,使得水泥水化速度减缓,放热量降低,适用于大体积混凝土工程。

③ 适宜蒸汽养护。低温下水泥水化及凝结硬化速度缓慢;湿热条件可促进活性混合材料和熟料的水化,提高早期强度,对后期强度发展无不良影响。

④ 耐腐蚀性较好。由于熟料含量减少,使得水化产物 $Ca(OH)_2$ 含量降低,从而提高了抵抗软水、海水及硫酸盐等腐蚀的能力。

⑤ 易碳化。由于 $Ca(OH)_2$ 含量少而使水泥的碱度降低（矿渣水泥更明显）,导致钢筋混凝土结构碳化深度加大,易引起钢筋的锈蚀。

⑥ 抗冻性及耐磨性差。掺入较多的混合材料,增加了水泥水化反应需水量,使得水泥石的孔隙率较大,因此抗冻性及耐磨性均不及硅酸盐水泥和普通水泥。

（2）特性

① 普通硅酸盐水泥:由于掺入的混合材料较少,因此性能与硅酸盐水泥相近,也具有凝结时间短、快硬早强、抗冻、耐磨、耐热、水化放热集中、水化热较大、抗硫酸盐侵蚀能力较差的性能特点,相比硅酸盐水泥,早期强度增进率略有降低,抗冻性、耐磨性稍有下降,抗硫酸盐侵蚀能力有所增强。

普通水泥的应用范围与硅酸盐水泥基本相同,可用于任何无特殊要求的工程,一般不适用于受热工程、道路、低温下施工工程、大体积混凝土工程和地下工程,特别是有化学侵蚀的工程。普通水泥广泛应用于各种混凝土或钢筋混凝土工程,是我国主要的水泥品种之一,产量占水泥总产量的 40% 以上。

② 矿渣硅酸盐水泥:具有需水性小、早期强度低后期增长大、水化热低、抗硫酸盐侵蚀能

力强、受热性能好的优点,也具有保水性和抗冻性差的缺点。

低温敏感性强,不适用于冬季施工或需要采取必要的保温措施;矿渣是玻璃体结构,耐热性好,适用于温度不超过 250 ℃的耐热工程,如冶炼车间、锅炉房、蒸汽烟囱等。

矿渣硅酸盐水泥可用于无特殊要求的一般结构工程,适用于地下、水利和大体积等混凝土工程,在一般受热(<250 ℃)和蒸汽养护构件中可优先采用矿渣硅酸盐水泥,不宜用于需要早期和受冻融循环、干湿交替的工程中。

③ 火山灰质硅酸盐水泥:具有较强的抗硫酸盐侵蚀能力,保水性好,水化热低,水化反应需水量大,低温凝结慢、不易泌水,且火山灰质混合材料遇石灰溶液时,产物体积膨胀,使得水泥石较为密实,故适用于地下或水下工程,以及抗渗要求较高的工程;火山灰质硅酸盐水泥的抗冻性和耐磨性均比矿渣硅酸盐水泥差,干缩更大,易产生裂缝,不宜用于冻融循环、干湿交替的工程,可用于一般无特殊要求的结构工程,适宜于地下、水利和大体积混凝土工程。

④ 粉煤灰硅酸盐水泥:粉煤灰硅酸盐水泥具有与火山灰质硅酸盐水泥相近的性能,粉煤灰多为球形玻璃体,结构致密,表面积小,吸水能力差,因此粉煤灰硅酸盐水泥水化时需水量小,能明显改善混凝土拌合物的和易性,且干缩小,抗裂性较好,可用于一般无特殊要求的结构工程,适宜于地下、水利和大体积混凝土工程,不宜用于冻融循环、干湿交替的工程。

⑤ 复合硅酸盐水泥:复合硅酸盐水泥的性能与混合材料的品种和掺量有关,因此,复合硅酸盐水泥除了具有矿渣硅酸盐水泥、火山灰质硅酸盐水泥、粉煤灰硅酸盐水泥所具有的水化热低、耐腐蚀性好、韧性好的优点外,还能通过混合材料的复掺优化水泥的性能(混合材料之间作用互补,性能优于掺单一混合材料的水泥),如改善保水性、降低需水性、减少干燥收缩、适宜的早期和后期强度发展。

复合硅酸盐水泥可用于无特殊要求的一般结构工程,适宜于地下、水利和大体积混凝土工程,特别是有化学侵蚀的工程,不宜用于需要早强和受冻融循环、干湿交替的工程。

通用水泥是工程中应用广、用量大的常用水泥品种,其主要特性和适用范围见表 3.8。

表 3.8　通用水泥的主要特性和适用范围

	硅酸盐水泥	普通水泥	矿渣水泥	火山灰水泥	粉煤灰水泥	复合水泥
主要特性	1. 快硬早强 2. 水化热大 3. 抗冻性好 4. 抗渗性好 5. 干缩较小 6. 耐热性差 7. 耐腐蚀性差 8. 抗碳化性强	1. 硬化较快,早期强度较高 2. 水化热较高 3. 抗冻性较好 4. 抗渗性较好 5. 干缩小 6. 耐热性较差 7. 耐腐蚀性较差 8. 抗碳化性强	早期强度低,后期强度增长较快			早期强度较高
			1. 水化热小 2. 抗冻性差 3. 对温度敏感,适合蒸汽养护 4. 耐腐蚀性好 5. 抗碳化性差			
			1. 干缩较大 2. 耐热性好 3. 泌水性大,抗渗性差	1. 干缩大 2. 耐热性差 3. 抗渗性较好 4. 耐磨性差	1. 干缩小、抗裂性好 2. 耐热性差 3. 泌水性较大 4. 耐磨性差	干缩较大

续表 3.8

	硅酸盐水泥	普通水泥	矿渣水泥	火山灰水泥	粉煤灰水泥	复合水泥
适用范围	1. 适用于地上、地下及水中的混凝土、钢筋混凝土及预应力混凝土结构,包括受冻融循环的结构及有抗渗要求的结构 2. 适用于早强、高强混凝土工程 3. 配制建筑砂浆	与硅酸盐水泥基本相同	1. 大体积混凝土工程 2. 蒸汽养护的构件 3. 一般地上、地下的混凝土及钢筋混凝土工程 4. 耐腐蚀性较高的混凝土 5. 配制建筑砂浆			
			耐热、耐火混凝土工程	有抗渗要求的工程	1. 受荷较晚的混凝土 2. 抗裂性要求较高的混凝土	—
不适用工程	1. 大体积混凝土工程 2. 受化学及海水侵蚀的工程 3. 有流动水及压力水作用的结构 4. 耐热要求高的工程		1. 早期强度要求较高的混凝土工程 2. 低温或冬季施工及有抗冻要求的混凝土工程 3. 抗碳化要求高的工程			
			抗渗性要求较高的工程	1. 有耐磨性要求的工程 2. 干燥环境的混凝土工程		—
				—	有抗渗要求的工程	

3.3　通用水泥的验收及保管

3.3.1　检验与质量评定

通用水泥出厂检验项目包括组分、化学要求、凝结时间、安定性、强度、细度,这六项检验均符合《通用硅酸盐水泥》(GB 175—2023)规定的技术要求时,判定为合格品;反之,若检验结果不符合上述其中任何一项技术要求时,则评定为不合格品。

水泥各项技术指标及包装质量均符合要求时方可出厂。出厂时,生产者应向买方提供产品质量证明材料。产品质量证明材料包括水溶性铬(Ⅵ)、放射性核素限量、压蒸法安定性等型式检验项目的检验结果,以及所有出厂检验项目的检验结果或确认结果。

3.3.2　验收

水泥各项技术指标及包装质量均符合要求时方可出厂。出厂时,生产者应向买方提供产品质量证明材料。产品质量证明材料包括水溶性铬(Ⅵ)、放射性核素限量、压蒸法安定性等型式检验项目的检验结果,以及所有出厂检验项目的检验结果或确认结果。检验报告内容应包括执行标准、水泥品种、代号、出厂编号、混合材种类及掺量等出厂检验项目以及密度(仅限硅酸盐水泥)、标准程度用水量、石膏和助磨剂的品种及掺加量,以及合同约定的其他技术要求等。当买方要求时,生产者应在水泥发出之日起 10 d 内报告除 28 d 强度以外的各项检验结果,35 d 内补报 28 d 强度的检验结果。

交货时水泥的质量验收可抽取实物试样,以其检验结果为依据,也可以生产者同编号水泥的检验报告为依据。采取何种方法验收由买卖双方商定,并在合同或协议中注明。当无书面合同或协议,或未在合同、协议中注明验收方法的,卖方应在发货前书面告知并经买方认可后在发货单上注明"以生产者同编号水泥的检验报告为验收依据"字样。

当以抽取实物试样的检验结果为验收依据时,买卖双方应在发货前或交货地共同取样和签封。取样方法按 GB/T 12573 进行,取样数量不少于 24 kg,缩分为两等份。一份由卖方保存 40 d,一份由买方依据《通用硅酸盐水泥》(GB 175—2023)规定的项目和方法进行检验。在 40 d 以内,买方检验认为产品质量不符合标准规定要求,而生产者又有异议时,则双方应将卖方保存的另一份试样送双方认可的第三方水泥质量检验机构进行仲裁检验。水泥安定性检验时,应在取样之日起 10 d 内完成。

当以生产者同编号水泥的检验报告为验收依据时,在发货前或交货时,买方在同编号水泥中取样,双方共同签封后由卖方保存 90 d。取样方法按 GB/T 12573 进行,取样数量不少于 12 kg。或认可卖方自行取样、签封并保存 90 d 的同编号水泥的封存样。在 90 d 内,买方对水泥质量有疑问而生产者又有异议时,则买卖双方应将共同认可的封存样送双方认可的第三方水泥质量检验机构进行仲裁检验。

水泥进场以后应立即进行复验。为确保工程质量,应严格贯彻"先验后用"的原则。水泥复验的周期较长,一般要 1 个月。

3.3.3 包装

水泥可以散装或袋装,包装形式由买卖双方协商确定。袋装水泥每袋净含量应不少于标志质量的 99%,随机抽取 20 袋的总质量(含包装袋)应不少于标志质量的 100%。水泥包装袋质量应符合标准规定《水泥包装袋》(GB/T 9774—2020)要求。

3.3.4 标志

水泥包装袋上应清楚标明:执行标准、水泥品种、代号、强度等级、生产者名称、生产许可证标志(QS)及编号、出厂编号、包装日期、净含量。包装袋两侧应根据水泥的品种采用不同的颜色印刷水泥名称和强度等级:硅酸盐水泥和普通水泥用红色印刷,矿渣水泥用绿色印刷,火山灰水泥、粉煤灰水泥和复合水泥则要求采用黑色或蓝色印刷。

散装水泥发运时应提交与袋装水泥标志相同内容的卡片。

3.3.5 运输与储存

水泥在运输与储存时,不得受潮及混入杂物。不同品种和强度等级的水泥,应分开储存,并加以标识,不得混杂。散装水泥应分别存放。袋装水泥堆放时应注意防水防潮,做到

"下垫上盖"。

《通用硅酸盐水泥》(GB 175—2023)对水泥的储存期未做明确规定,通常认为3～6个月,不同品牌略有差异,使用时应遵循"先到先用"的原则。水泥在储存时,应保持其状态不变、性能稳定。

3.4 其他品种水泥

3.4.1 快硬硅酸盐水泥

快凝快硬硫铝酸盐水泥,代号 QR·SAC,是以适当成分的生料,经煅烧所得以无水硫铝酸钙和硅酸二钙为主要矿物成分的硫铝酸盐水泥熟料,掺加适量的石灰石、石膏磨细制成,具有凝结快、早期强度发展快的特点,简称双快水泥。双快水泥中硫铝酸盐水泥熟料与石膏(质量分数)含量不小于85%,石灰石含量不大于15%。

表 3.9　快凝快硬硫铝酸盐水泥强度指标(JC/T 2282—2014)

强度等级	抗压强度/MPa			抗折强度/MPa		
	4 h	1 d	28 d	4 h	1 d	28 d
32.5	≥10	≥20	≥32.5	≥3.0	≥5.0	≥6.0
42.5	≥15	≥30	≥42.5	≥3.5	≥5.5	≥6.5
52.5	≥20	≥40	≥52.5	≥4.0	≥6.0	≥7.0

双快水泥比表面积不小于400 m²/kg,初凝时间不小于3 min,终凝时间不大于12 min,在正常仓储条件下,袋装水泥保质期为45 d,超过时应重新检验。

双快水泥特点是早强高强、高抗冻性、耐蚀性、高抗渗性、低碱性,适用于道路、桥梁等基础设施的快速修复,以及地震、洪水等灾害后的应急重建;可用于冬季低温施工,在−30 ℃低温环境下,配合专用防冻剂仍可正常施工,且无需额外加热养护,延长寒冷地区施工周期;配制喷射混凝土、收缩补偿混凝土等。

3.4.2 中热硅酸盐水泥、低热硅酸盐水泥和低热矿渣硅酸盐水泥

中热硅酸盐水泥简称中热水泥,代号 P·MH,是用适当成分的硅酸盐水泥熟料配以适量石膏磨细而成的中等水化热的水硬性胶凝材料,强度等级为42.5。

低热硅酸盐水泥简称低热水泥,代号 P·LH,是用适当成分的硅酸盐水泥熟料配以适量石膏磨细而成的低水化热的水硬性胶凝材料,强度等级分为32.5和42.5两个等级。

低热矿渣硅酸盐水泥,代号 P·SLH,是以适当成分的硅酸盐水泥熟料,加入粒化高炉矿渣或粒化高炉矿渣粉(按质量分数计为20%～60%)、适量石膏磨细制成的具有低水化热性能的水硬性胶凝材料。

上述3种水泥各龄期强度如表3.10所示。

表 3.10 中热水泥、低热水泥、低热矿渣硅酸盐水泥 3 d、7 d 和 28 d 的强度指标（GB/T 200—2017）（GB/T 42531—2023）

水泥品种	强度等级	抗压强度/MPa			抗折强度/MPa		
		3 d	7 d	28 d	3 d	7 d	28 d
中热水泥	42.5	≥12.0	≥22.0	≥42.5	≥3.0	≥4.5	≥6.5
低热水泥	32.5	—	≥10.0	≥32.5	—	≥3.0	≥5.5
	42.5	—	≥13.0	≥42.5	—	≥3.5	≥6.5
低热矿渣硅酸盐水泥	32.5	—	≥12.0	≥32.5	—	≥3.0	≥5.5

低热水泥 90 d 的抗压强度不小于 62.5 MPa。

为控制水化放热量及放热速度，故对水泥熟料的矿物组成有严格限制：中热水泥熟料中 C_3A 含量不得超过 6%，C_3S 含量不得超过 55%；低热水泥中 C_3A 含量不得超过 6%，C_2S 含量不得低于 40%；低热矿渣硅酸盐水泥中 C_3A 含量不得超过 8%。中热水泥、低热水泥、低热矿渣硅酸盐水泥各龄期水化热不得超过表 3.11 中规定的数值。

表 3.11 中热水泥、低热水泥、低热矿渣硅酸盐水泥 3 d 和 7 d 的水化热指标（GB/T 200—2017）（GB/T 42531—2023）

水泥品种	强度等级	水化热/（kJ/kg）	
		3 d	7 d
中热水泥	42.5	≤251	≤293
低热水泥	32.5	≤197	≤230
	42.5	≤230	≤260
低热矿渣硅酸盐水泥	32.5	≤197	≤230

32.5 级低热水泥 28 d 的水化热不大于 290 kJ/kg，42.5 级低热水泥 28 d 的水化热不大于 310 kJ/kg。

《中热硅酸盐水泥、低热硅酸盐水泥》（GB/T 200—2017）规定：这两种水泥的细度用比表面积来表示，且要求比表面积不小于 250 m^2/kg；水泥沸煮安定性合格；初凝时间不小于 60 min，终凝时间不大于 720 min。

《低热矿渣硅酸盐水泥》（GB/T 42531—2023）规定：细度用比表面积来表示，且要求不小于 300 m^2/kg；水泥沸煮安定性合格；初凝时间不小于 60 min，终凝时间不大于 720 min。

中热水泥、低热水泥和低热矿渣硅酸盐水泥的水化热低，均适用于大体积混凝土工程，尤其是大坝、水闸等水利工程的大体积混凝土，通常将其统称为大坝水泥。

3.4.3 白色硅酸盐水泥及彩色硅酸盐水泥

1）白色硅酸盐水泥

以适当成分的生料烧至部分熔融，得到以硅酸钙为主要成分且氧化铁含量少的白色硅酸盐水泥熟料(熟料中 MgO 含量不宜超过 5.0%),加入适量石膏和混合材料(石灰岩、白云质石灰岩、石英砂等天然矿物),磨细而成的水硬性胶凝材料称为白色硅酸盐水泥,简称白水泥,代号 P·W;按照白度(水泥颜色洁白程度)分为 1 级和 2 级,代号分别为 P·W-1 和 P·W-2。白水泥的生产过程需严格控制 Fe_2O_3 的含量,并尽可能减少锰、铬、钛等着色氧化物的掺入,而且磨机衬板采用花岗岩、铸石、陶瓷等,研磨体采用硅质卵石或人造瓷球,因此白水泥生产成本较高,多用于装饰工程,通常不用于结构工程。

硅酸盐水泥的颜色与 Fe_2O_3 的含量有关,Fe_2O_3 含量越高颜色就越深。Fe_2O_3 含量与水泥颜色的关系见表 3.12。

表 3.12　Fe_2O_3 含量与水泥颜色的关系表

Fe_2O_3 含量/%	3~4	0.45~0.7	0.35~0.4
水泥颜色	暗灰色	浅绿色	白色

根据《白色硅酸盐水泥》(GB/T 2015—2017)规定:45 μm 方孔筛筛余不大于 30%;沸煮法安定性合格;初凝时间不小于 45 min,终凝时间不大于 600 mim;SO_3 的含量不超过 3.5%;按照强度可划分为 32.5、42.5、52.5 三个强度等级,各强度等级、各龄期的强度不低于表 3.13 的规定。

表 3.13　白色硅酸盐水泥不同龄期强度要求(GB/T 2015—2017)

强度等级	抗压强度/MPa		抗折强度/MPa	
	3 d	28 d	3 d	28 d
32.5	≥12.0	≥32.5	≥3.0	≥6.0
42.5	≥17.0	≥42.5	≥3.5	≥6.5
52.5	≥22.0	≥52.5	≥4.0	≥7.0

凡 SO_3、水泥中水溶性六价铬(Ⅵ)、细度、沸煮法安定性、凝结时间、白度、强度、放射性中任一项不符合规定为不合格品。

2)彩色硅酸盐水泥

彩色硅酸盐水泥简称彩色水泥,是由硅酸盐水泥熟料及适量石膏(或白色硅酸盐水泥)、混合材(掺量不超过水泥质量的 50%)及着色剂磨细或混合制成的带有色彩的水硬性胶凝材料。彩色硅酸盐水泥按照生产过程中着色方式不同可分为两种:一种是将硅酸盐水泥熟料(白水泥熟料或普通水泥熟料)、适量石膏和碱性颜料共同磨细而成,属染色法生产;另一种是在白水泥生料中加入少量着色剂(金属氧化物或氢氧化物),直接煅烧成彩色水泥熟料,再掺入适量石膏共同磨细而成,属直接烧成法生产。

染色法所用的碱性颜料要求:不溶于水,分散性好,耐碱,大气稳定性好,不明显影响水泥强度,且不含有可溶性盐类。常用的碱性颜料见表 3.14。

表 3.14　彩色水泥碱性颜料表

颜料颜色	俗称	成色物质
红色	铁红	Fe_2O_3
黄色	铁黄	$Fe_2O_3 \cdot H_2O$
紫色	铁紫	Fe_2O_3 的高温煅烧产物
棕色	铁棕	Fe_2O_3 和 Fe_3O_4 的混合物
黑色	铁黑	Fe_3O_4
蓝色	—	群青、钴蓝
绿色	—	Cr_2O_3、群青和铁黄配制

直接烧成法的着色剂用量少,颜色受煅烧温度及煅烧气氛影响,如氧化锰在还原气氛中可制得浅蓝色水泥,在氧化气氛中可制得浅紫色水泥。

依据《彩色硅酸盐水泥》(JC/T 870—2012)规定:彩色硅酸盐水泥中 SO_3 的含量不大于4.0%;80 μm 方孔筛筛余不大于 6.0%;沸煮安定性合格;初凝时间不得早于 1 h,终凝时间不得迟于 10 h;颜色的三属性分别为色调、明度、彩度,需满足标准规定;彩色水泥可划分为27.5、32.5、42.5 三个强度等级,各强度等级、各龄期的强度见表 3.15 的规定。

表 3.15　彩色硅酸盐水泥各龄期强度值(JC/T 870—2012)

强度等级	抗压强度/MPa		抗折强度/MPa	
	3 d	28 d	3 d	28 d
27.5	≥7.5	≥27.5	≥2.0	≥5.0
32.5	≥10.0	≥32.5	≥2.5	≥5.5
42.5	≥15.0	≥42.5	≥3.5	≥6.5

白水泥和彩色水泥可以用来配制彩色水泥浆、彩色砂浆、彩色混凝土及制造彩色水磨石、人造大理石、水刷石、斧剁石、干粘石等。

3.4.4　铝酸盐水泥

铝酸盐水泥是以钙质(如石灰石)和铝质(如铝矾土)材料为主要原料,按适当比例配合制成生料,煅烧至完全或部分熔融,并经冷却所得以铝酸钙为主要矿物组成的熟料,磨细制成的水硬性性胶凝材料,代号 CA。铝酸盐水泥按照 Al_2O_3 含量可分为 CA50、CA60、CA70 和CA80 四个品种。

《铝酸盐水泥》(GB/T 201—2015)规定:铝酸盐水泥的细度为比表面积不小于 300 m^2/kg或 45 μm 方孔筛筛余不得超过 20 %;凝结时间见表 3.16 的规定;各类型铝酸盐水泥各龄期强度指标应符合表 3.17 的规定。

表 3.16　水泥胶砂凝结时间（GB/T 201—2015）　　　　　　单位：min

水泥类型		初凝时间	终凝时间
CA50		≥30	≤360
CA60	CA60-Ⅰ	≥30	≤360
	CA60-Ⅱ	≥60	≤1 080
CA70		≥30	≤360
CA80		≥30	≤360

表 3.17　铝酸盐水泥各龄期强度值（GB/T 201—2015）

水泥类型		Al_2O_2 含量/%	抗压强度/MPa				抗折强度/MPa			
			6 h	1 d	3 d	28 d	6 h	1 d	3 d	28 d
CA50	CA50-Ⅰ	≥50 且＜60	20[a]	≥40	≥50	—	≥3[a]	≥5.5	≥6.5	—
	CA50-Ⅱ			≥50	≥60	—		≥6.5	≥7.5	—
	CA50-Ⅲ			≥60	≥70	—		≥7.5	≥8.5	—
	CA50-Ⅳ			≥70	≥80	—		≥8.5	≥9.5	—
CA60	CA60-Ⅰ	≥60 且＜68	—	≥65	≥85	≥85	—	≥7.0	≥10	
	CA60-Ⅱ		—	≥20	≥45	—		≥2.5	≥5.0	≥10
CA70		≥68 且＜77	—	≥30	≥40	—		≥5.0	≥6.0	—
CA80		≥77	—	≥25	≥30	—		≥4.0	≥5.0	—

a-用户要求时,生产厂家应提供试验结果

　　铝酸盐水泥主要用来配制不定形耐火材料、膨胀水泥、自应力水泥、化学建材的添加料等,铝酸盐水泥混凝土早期强度增长很快,适用于抢建、抢修(如筑路、修桥、堵漏等)、抗硫酸盐侵蚀和冬季施工及有早强要求等特殊需要的工程。

　　CA50 用于土建工程时需注意以下事项:铝酸盐水泥混凝土后期强度下降较大,应按最低稳定强度设计。CA50 铝酸盐水泥混凝土最低稳定强度值以试体脱模后放入(50±2)℃水中养护,取龄期为 7 d 和 14 d 强度值之低者来确定。在施工过程中为防止凝结时间失控,一般不得与硅酸盐水泥、石灰等能析出氢氧化钙的胶凝物质混合,使用前拌和设备必须冲洗干净。铝酸盐水泥不得用于接触碱性溶液的工程;其水化热集中于早期释放,从硬化开始应立即浇水养护,一般不宜浇筑大体积混凝土;若用蒸汽养护加速混凝土硬化时,养护温度不得高于 50 ℃;用于钢筋混凝土时,钢筋保护层厚度不得小于 60 mm,不得与未硬化的硅酸盐水泥混凝土接触使用,可以与具有脱模强度的硅酸盐水泥混凝土接触使用,但接茬处不应长期处于潮湿状态。

3.4.5　抗硫酸盐硅酸盐水泥

　　以适当成分的生料,烧至部分熔融,所得的以硅酸钙为主的适当成分的硅酸盐水泥熟料、适量石膏,磨细制成的具有抵抗中等质量浓度硫酸根离子(≤2 500 mg/L)侵蚀的水硬性胶凝材料,称为中抗硫酸盐硅酸盐水泥,代号P·MSR;磨细制成的具有抵抗较高质量浓度硫酸根离子(>2 500 mg/L且≤8 000 mg/L)侵蚀的水硬性胶凝材料,称为高抗硫酸盐硅酸盐水泥,代号P·HSR。

《抗硫酸盐硅酸盐水泥》(GB/T 748—2023)规定:细度为比表面积不小于 280 m^2/kg;初凝时间不小于 45 min,终凝时间不大于 600 min;沸煮安定性合格。

由于熟料矿物中 C_3A 和 C_3S 易与硫酸盐发生反应,因此严格控制 C_3A 和 C_3S 的含量,适当提高 C_4AF 的含量,可有效改善水泥抗硫酸盐腐蚀的能力。其中,中抗硫酸盐硅酸盐水泥需满足 C_3A≤5.0%、C_3S≤55.0%,高抗硫酸盐硅酸盐水泥需满足 C_3A≤3.0%、C_3S≤50.0%,这两类水泥各龄期的强度不得低于表 3.18 的规定。

表 3.18　抗硫酸盐硅酸盐水泥各龄期强度值(GB/T 748—2023)

强度等级	抗压强度/MPa		抗折强度/MPa	
	3 d	28 d	3 d	28 d
42.5	≥15.0	≥42.5	≥3.0	≥6.5

抗硫酸盐水泥抵抗硫酸盐腐蚀能力强,抗冻性好,水化热小,适用于长期处于硫酸盐侵蚀的地方,如水利工程、地下工程、道路工程、涵洞等。

3.4.6　道路硅酸盐水泥

道路硅酸盐水泥是由道路硅酸盐水泥熟料和适量石膏(质量分数 90%～100%)、活性混合材料(质量分数 0～10%)磨细制成的水硬性胶凝材料,代号P·R。其熟料成分以硅酸钙为主,还含有较多的铁铝酸钙。

水泥混凝土路面不仅要承受外力的作用,如高速重载车辆的反复冲击、振动和摩擦等,还要承受复杂恶劣的气候作用,如骤冷骤热、冻融循环、湿度变化等,这些不利因素导致路面易损、耐久性下降。因此,水泥混凝土路面应具有良好的力学性能,特别是抗折强度要高,还要具备良好的耐磨性、抗冻性、抗干缩变形能力及抗硫酸盐腐蚀的能力。

《道路硅酸盐水泥》(GB/T 13693—2017)规定:熟料中铝酸三钙的含量不应大于 5.0%,铁铝酸钙的含量不应小于 15.0%,游离氧化钙的含量不应大于 1.0%;初凝时间不小于 90 min,终凝时间不大于 720 min。道路硅酸盐水泥按照 28 d 抗折强度分为 7.5 和 8.5 两个等级,例如 P·R7.5。各强度等级、各龄期的强度不低于表 3.19 的规定。

表 3.19　道路硅酸盐水泥各龄期强度(GB/T 13693—2017)

强度等级	抗压强度/MPa		抗折强度/MPa	
	3 d	28 d	3 d	28 d
7.5	≥21.0	≥42.5	≥4.0	≥7.5
8.5	≥26.0	≥52.5	≥5.0	≥8.5

道路硅酸泥水泥抗折强度较高、耐磨性好、干缩小,抗冲击性、抗冻性和抗硫酸盐侵蚀能力

均比较好,适用于道路路面、机场跑道及对耐磨、抗干缩等性能要求较高的其他工程。

3.4.7 砌筑水泥

由硅酸盐水泥熟料加入规定的混合材料和适量石膏,磨细制成的保水性较好的水硬性胶凝材料,称为砌筑水泥,代号 M。

《砌筑水泥》(GB/T 3183—2017)规定:80 μm 方孔筛筛余不大于 10.0%;初凝时间不小于 60 min,终凝时间不大于 720 min;体积安定性经沸煮法检验合格;保水率不小于 80%。砌筑水泥分为 12.5、22.5、32.5 三个强度等级,各等级、各龄期的强度应符合表 3.20 的规定。

表 3.20 砌筑水泥各龄期强度值(GB/T 3183—2017)

强度等级	抗压强度/MPa			抗折强度/MPa		
	3 d	7 d	28 d	3 d	7 d	28 d
12.5	—	≥7.0	≥12.5	—	≥1.5	≥3.0
22.5	—	≥10.0	≥22.5	—	≥2.0	≥4.0
32.5	≥10.0	—	≥32.5	≥2.5	—	≥5.5

砌筑水泥的强度较低,不能用于钢筋混凝土或结构混凝土中,主要用于工业与民用建筑的砌筑和抹面砂浆、垫层混凝土等。

知识拓展 📖

水泥:凝固的人类文明史诗
——从古罗马万神庙到上海中心大厦

一、泥土中诞生的永恒密码(公元前 3000 年—1756 年)

在土耳其恰塔尔霍尤克遗址,考古学家发现了距今 9 000 年的石灰抹面墙壁。这种将烧制石灰与砂石混合的原始工艺,开启了人类改造建筑材料的首次觉醒。

古埃及金字塔的胶凝奇迹

公元前 2600 年,吉萨金字塔建造者将煅烧石膏与尼罗河淤泥混合,创造出抗压强度达 30 MPa 的黏结材料。胡夫金字塔内部通道至今密合如初的巨石接缝,印证了这种早期"水泥"的惊人耐久性。

罗马混凝土的千年辉煌

公元 2 世纪,维苏威火山灰改写了建筑史。罗马工程师将石灰、火山灰与浮石按 1∶2∶3 比例混合,浇筑出直径 43 m 的万神庙穹顶。这座至今完好的混凝土建筑,其穹顶厚度从基部的 6 m 渐变至顶部的 1.2 m,展现了古代工匠对材料性能的深刻理解。斗兽场地下迷宫采用的防水混凝土,更使用陶片作为骨料增强抗裂性。

东方智慧的三合土传奇

中国南北朝时期,《齐民要术》记载了"石灰一斗,河沙二斗,黄土二斗,糯米汁三升"的配方。福建土楼外墙经三合土夯筑,可抵御火炮轰击;北京明城墙遗址中,掺入桐油的三合土历经 600 年风雨仍坚硬如铁。

二、工业革命催生的现代水泥（1756—1900 年）

1756 年,英国工程师约翰·斯米顿在重建埃迪斯通灯塔时,意外发现含黏土石灰石煅烧后的水硬性特性。这个发现如同普罗米修斯之火,点燃了现代水泥的研发热潮。

波特兰水泥的诞生

1824 年,利兹石匠约瑟夫·阿斯普丁将石灰石与黏土精确配比,在 1 450 ℃下煅烧出硅酸钙晶体。因其硬化后色泽类似波特兰岛石材,遂命名为"波特兰水泥"。1851 年伦敦世博会水晶宫首次大规模使用该水泥,预制构件装配技术震惊世界。

工程奇迹的催化剂

1875 年,法国甘必大拱桥采用钢筋混凝土技术,单跨达 160 m;1889 年埃菲尔铁塔基座使用 4 万 t 水泥,创造了当时深基坑施工纪录。在东方,1889 年建成的上海外滩气象信号塔,成为中国首座钢筋混凝土建筑。

三、中国水泥的觉醒与飞跃（1889—2000 年）

实业救国的民族之光

1906 年,周学熙创办启新洋灰公司,其"马牌"水泥建造了北平图书馆、南京中山陵。1937 年钱塘江大桥施工中,茅以升团队在湍急江水中浇筑的沉箱基础,创造了每日生产 800 t 特种水泥的工业奇迹。

大国工程的材料脊梁

1958 年,洛阳水泥厂自主研制的 625 号高标号水泥,支撑了武汉长江大桥桥墩建设;1994 年三峡大坝二期工程中,掺粉煤灰的低热水泥解决了百万立方米混凝土温控难题。

四、当代建筑的混凝土诗篇（21 世纪至今）

实力浇筑的艺术史诗

2008 年北京奥运会主体育场"鸟巢",其异型钢结构基座采用 C100 自密实混凝土,实现了 10 m 深基坑无裂缝浇筑。2015 年启用的上海中心大厦,127 层核心筒使用掺 30% 矿渣的绿色混凝土,减少碳排放 12 万 t。

突破极限的材料革命

迪拜哈利法塔的 601 m 混凝土泵送高度,依赖掺纳米硅粉的超高性能混凝土（UHPC）;港珠澳大桥沉管隧道使用的抗氯盐腐蚀混凝土,设计寿命达 120 年。在中国西部,3D 打印水泥技术正在建造全球首个可居住的混凝土迷宫住宅。

五、向未来延伸的文明坐标

从古罗马万神庙到当代超级工程,水泥的发展史就是人类挑战重力、拓展生存空间的奋斗史。站在上海中心大厦观光层俯瞰黄浦江,流动的江水与凝固的混凝土共同诉说着一个真理:人类用智慧将大地化为永恒,而水泥正是这永恒最忠实的见证者与塑造者。

复习思考题

1. 填空题

（1）通用水泥主要有_____、_____、_____、_____、_____和 _____ 6 个品种。

（2）硅酸盐水泥是由_____、_____和_____经磨细而成的水硬性胶凝材料,其中,_____可以调节水泥的凝结时间。

（3）硅酸盐水泥熟料的矿物组分主要有_____、_____、_____和_____4种，其中，_____的凝结硬化速度最快、水化热最大，对水泥早期强度的贡献最大；_____是保证水泥后期强度的重要组分。

（4）国家标准规定：硅酸盐水泥的初凝时间不小于_____min,终凝时间不大于_____min;体积安定性必须合格，体积安定性不合格的水泥属于_____,严禁应用于工程中。

（5）水泥石易被腐蚀主要是因为含有较多的_____和_____。

（6）水泥颗粒越细，水化反应速度越_____,水化热越_____,强度越_____,但干缩越_____。

（7）国家标准规定：普通水泥、矿渣硅酸盐水泥、火山灰质硅酸盐水泥、粉煤灰硅酸盐水泥和复合硅酸盐水泥的初凝时间不小于_____min,终凝时间不大于_____min;体积安定性必须合格。

（8）通用水泥的强度等级是根据水泥胶砂试件_____d和_____d的_____强度和_____强度来划分的，其中R代表_____型。

2. 简述题

（1）硅酸盐水泥熟料的主要矿物成分有哪些？它们的水化产物是什么？水化过程有何特点？

（2）生产硅酸盐水泥时，为何要加入适量的石膏？水泥石遇硫酸溶液有何后果？

（3）什么是水泥的体积安定性？引起水泥体积安定性不良的原因是什么？各用什么方法检测？

（4）水泥石的腐蚀分为几类？怎样防止水泥石的腐蚀？

（5）水泥的运输和保管有哪些注意事项？水泥过期或受潮应如何处理？

（6）矿渣水泥、火山灰水泥、粉煤灰水泥有何共性和特性？

（7）仓库里有3种白色胶凝材料，分别为生石灰粉、建筑石膏和白水泥，请用简易方法进行识别。

（8）请为下列混凝土构件和工程选择合适的水泥品种：

① 现浇混凝土梁、板、柱；

② 蒸汽养护的混凝土预制构件；

③ 大体积混凝土工程；

④ 高温环境及有耐热要求的混凝土工程；

⑤ 有抗冻、抗渗要求的混凝土工程；

⑥ 紧急抢修工程；

⑦ 海港码头工程。

4

混　凝　土

（1）混凝土骨料、外加剂、矿物掺合料的技术性质。
（2）混凝土拌合物的性质。
（3）硬化混凝土的性能。
（4）混凝土配合比设计。

能力目标

（1）掌握混凝土原材料的技术特性、检验方法、选用原则。
（2）掌握混凝土拌合物的技术性质、质量标准、影响因素。
（3）掌握硬化混凝土的技术性质及影响因素。
（4）掌握配合比设计的原理、依据和步骤，根据工程需求调整混凝土配合比。

素质目标

（1）能够基于混凝土材料的技术性质，严格依据国家标准进行材料检测与性能测试，养成规范操作试验的意识，严谨评估原材料质量。
（2）具备分析混凝土性能的专业能力，树立工程质量终身责任制理念。
（3）混凝土配合比中要体现矿物掺合料的应用意义，培养资源节约和绿色环保意识。

4.1　混凝土概述

混凝土是由胶凝材料、水、骨料（也称为集料）以及必要时掺入的外加剂或矿物掺合料，按适当比例配合、搅拌均匀、密实成型、养护硬化而成的具有规定形状、强度和耐久性的人造石材。工程上使用的多是以水泥和矿物掺合料为胶凝材料，砂为细骨料，石子为粗骨料，加水和适量外加剂制成的普通混凝土，简称为混凝土。

1）混凝土的分类

（1）按胶凝材料分类

混凝土按照所用胶凝材料可分为石膏混凝土、水玻璃混凝土、水泥混凝土、沥青混凝土、聚合物混凝土等。

（2）按表观密度分类

① 重混凝土。表观密度大于 2 800 kg/m³，采用密度很大的重晶石、铁矿石、钢屑等重骨料和钡水泥、锶水泥等重水泥配制而成。重水泥具有屏蔽射线的能力，因此又称为防辐射混凝土，主要用作核能工程的屏蔽结构材料。

② 普通混凝土。表观密度为 2 000~2 800 kg/m³，以水泥为胶凝材料，以天然砂、石为骨料配制而成，是建筑工程常用的混凝土，主要用作承重构件材料。

③ 轻混凝土。表观密度小于 2 000 kg/m³，按组成材料可分为 3 类：轻骨料混凝土（以陶粒、蛭石等轻质多孔材料为骨料）、多孔混凝土（不使用骨料而是掺入加气剂或泡沫剂）、无砂大孔混凝土（只用粗骨料而无细骨料），主要用作轻质结构材料和保温隔热材料。

（3）按用途分类

分为结构混凝土、装饰混凝土、防水混凝土、道路混凝土、水工混凝土、防辐射混凝土、耐热混凝土、耐酸混凝土、大体积混凝土及膨胀混凝土等。

（4）按生产和施工方法分类

分为泵送混凝土、喷射混凝土、碾压混凝土、离心混凝土、压力灌浆混凝土、预拌混凝土（商品混凝土）等。

（5）按强度等级分类

① 普通混凝土。强度等级低于 C60。其中，强度等级低于 C30 的为低强度混凝土，强度等级在 C30~C60（不低于 C30 且小于 C60）的为中强度混凝土。

② 高强混凝土。强度等级不低于 C60，但小于 C100 的混凝土。

③ 超高强混凝土。强度等级不低于 C100。

2）混凝土的特性

混凝土能够广泛应用于土木工程中，具有其他建筑材料不能取代的优良性能和良好的经济效益。

（1）优点

① 成本低。原材料中的砂、石约占混凝土体积的 70%~80%，其来源丰富，方便就地取材，经济便捷。

② 易于配制，适应性好。混凝土的性能取决于其组成材料的性能和用量。因此，适当调整组成材料的品种、质量和用量，可以得到不同物理、力学性能的混凝土，以满足实际工程的需要。

③ 可塑性好。混凝土拌合物具有良好的可塑性，可根据工程的需要浇筑成各种形状和尺寸的构件。

④ 匹配性好。混凝土各组成材料之间具有良好的匹配性。例如，水泥与粗细骨料按设计要求的比例配合，可以制成结构致密、强度及耐久性良好的结构混凝土；钢筋与混凝土的线膨胀系数相近且黏结力好，能够共同承受外力作用，形成互补型受力体系——钢筋混凝土，明显改善了混凝土的性能，拓展了混凝土的应用范围。

⑤ 耐火性好。混凝土的耐火性比钢材、木材、塑料等材料好，可以承受数小时的高温作用。

⑥ 耐久性好。按照设计要求配制、按标准方法成型的混凝土具有良好的耐久性。使用过程中,无需特别保养,维护费用低。

(2)缺点

① 混凝土是脆性材料,抗拉强度仅为抗压强度的 $1/10\sim1/20$,受拉变形能力差,易开裂。

② 自重大,比强度小于钢材和木材,轻质高强性能不佳。

③ 导热系数大,必要时需做绝热措施。

④ 凝结硬化比较慢,因此工程的工期较长,增加了成本。

⑤ 生产工艺复杂,质量难以精确控制,管理困难。

当然,这些不足可通过合理设计和选材、严格控制施工过程等措施,使混凝土的性能得以改善。

【学中做】

以下不属于混凝土优点的是(　　　)。

A. 耐久性好　　　　B. 耐火性好　　　　C. 抗裂性好　　　　D. 可塑性好

答案:C

4.2　普通混凝土的组成材料

普通混凝土(简称混凝土,可写作"砼")是由水泥、砂、石子、水、矿物掺合料组成,根据需要有时还会掺入适量的外加剂,用以调整混凝土的某些性能。混凝土中的砂、石起骨架作用,可抑制混凝土收缩,所以称为骨料(也称集料),占混凝土体积的 70%～80%。水泥和矿物掺合料是胶凝材料,与水拌合后形成胶凝材料浆(约占混凝土体积的 25%),包裹在砂子的表面并且填充砂子之间的空隙形成砂浆;砂浆又包裹在石子的表面,砂浆量以填充石子之间的空隙且略有富余为度,此时,胶凝材料浆的作用是润滑骨料,并赋予混凝土拌合物(也称新拌混凝土,是指混凝土未凝结硬化之前的混合物)一定的流动性,以便于施工,而砂石主要起到填充的作用;待混凝土硬化成型后,胶凝材料浆将骨料黏结成为结实的整体,并具有一定的强度和耐久性。各组成材料在混凝土硬化前后的作用见表 4.1。

表 4.1　混凝土各组成材料在其硬化前后的作用

组成材料	混凝土硬化之前	混凝土硬化之后
水泥＋矿物掺合料＋水	润滑作用	胶结作用
砂＋石子	填充作用	骨架作用

混凝土是一个宏观匀质、微观非匀质的堆聚结构,其宏观结构如图 4.1 所示。混凝土的技术性质与原材料的技术性质密切相关,因此,合理选用原材料、仔细确定其掺量、选择适当的施工工艺(搅拌、浇筑、捣实、养护等)才能保证混凝土的质量。

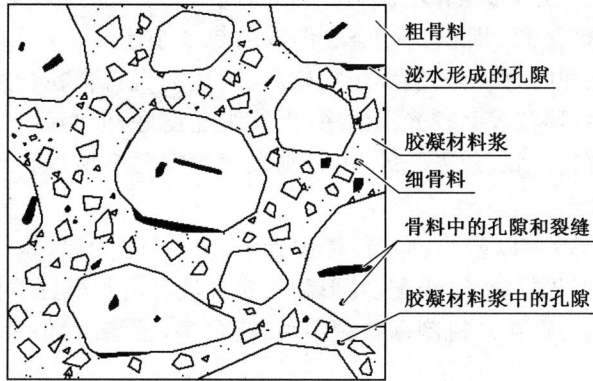

图 4.1 混凝土的宏观结构

粗骨料
泌水形成的孔隙
胶凝材料浆
细骨料
骨料中的孔隙和裂缝
胶凝材料浆中的孔隙

4.2.1 水泥

水泥是混凝土中起胶凝作用的主要材料,它的品种、强度等级和掺量是影响混凝土强度、耐久性和经济性的重要因素。

1) 水泥品种

水泥品种应根据工程的性质和特点、环境条件及设计、施工要求进行合理选择。常用水泥的选用详见第 3 章水泥。

2) 强度等级

水泥的强度等级应与混凝土的设计强度等级适应,遵循"低对低、高对高"的原则,即低强度等级的水泥用来配制低强度等级的混凝土,高强度等级的水泥用来配制高强度等级的混凝土。一般情况下,水泥强度等级为混凝土强度等级的 1.5～2.0 倍;配制 C40 以上的混凝土,水泥强度等级为混凝土强度等级的 1.0～1.5 倍;配制高强混凝土时,可不考虑上述比例。

这是因为如果用低强度等级的水泥配制高强度等级的混凝土(例如用 32.5 级的水泥配制 C40 以上的混凝土),为满足强度要求必然加入过量的水泥,会增加混凝土的水化热和干缩,使成本明显提高。在实际工程中,一般不会采取增加水泥用量的方法,而是通过掺入优质混合材、外加剂,应用先进的施工技术来实现。例如要配制强度等级为 C25 的混凝土,若采用复合水泥,则该水泥的强度等级应为混凝土强度的 1.5～2.0 倍,1.5×25 MPa～2.0×25 MPa,即 37.5 MPa～50 MPa,则该水泥的强度确定为 42.5 MPa。

如果用高强度等级的水泥配制低强度等级的混凝土,从强度上考虑可以少用些水泥,但是为了满足混凝土的和易性、强度及耐久性要求,必然要增加水泥的用量,导致成本增加,造成浪费。在工程中,通常采用在高强度等级的水泥中掺入较多的矿物掺合料(如粉煤灰等),从而降低水泥强度,再来配置混凝土的方法。

4.2.2 细骨料

粒径小于 4.75 mm 的岩石颗粒称为细骨料(砂)。

混凝土用砂按产源可分为天然砂、机制砂和混合砂三类。天然砂是指自然条件作用下岩石产生破碎、风化、分选、运移、堆积(或沉积)形成的粒径小于 4.75 mm 的岩石颗粒,包括河砂、湖砂、山砂和净化处理的海砂等,但不包括软质、风化的岩石颗粒。河砂、湖砂和海砂由于受水流长期的冲刷作用,颗粒表面较光滑洁净,天然级配良好,但海砂常含有贝壳碎片及可溶性盐类等有害物质,故在使用之前需洗砂;山砂则表面粗糙且多棱角,杂质含量高。建筑工程中常选用河砂配制混凝土。

机制砂(俗称人工砂)是以岩石、卵石、矿山废石和尾矿等为原料,经除土处理,由机械破碎、整形、筛分、粉控等工艺制成的,级配、粒形和石粉含量满足要求且粒径小于 4.75 mm 的颗粒,但不包括软质、风化的颗粒。机制砂颗粒尖锐、棱角多,较洁净,但片状颗粒及细粉含量较多,成本较高。

混合砂是由机制砂和天然砂按一定比例混合而成。混合砂的技术要求、试验方法、检验规则、标志、储存和运输等应按机制砂执行。

1)颗粒级配与粗细程度

颗粒级配是指不同粒径的颗粒搭配的比例情况。级配良好的砂,不同粒径的颗粒搭配的比例适当,使得空隙率较小,如图 4.2;而混凝土中砂粒之间的空隙是由胶凝材料浆填满的,降低空隙率可以节约胶凝材料,使混凝土结构更加密实,有助于提高其强度和耐久性。

粗细程度是指不同粒径砂粒混合在一起的总体粗细程度,据此可将砂分为粗砂、中砂、细砂等几种。质量相同时,颗粒越粗,表面积越小,所以粗砂的总表面积较细砂小,包裹其表面所需的胶泥材料浆量就少,可节约胶凝材料,降低成本;但是混凝土拌合物的黏聚性较差,易发生离析、泌水现象。若不减少胶凝材料的用量,相对来讲,胶凝材料浆就比较多,可以润滑骨料,提高混凝土拌合物的流动性。细砂拌制的混凝土黏聚性好,胶凝材料浆用量较多,使得混凝土拌合物流动性变差;若保证流动性不变,则需加入较多的胶凝材料浆,提高了成本。因此,混凝土用砂不宜过粗也不宜过细,以中砂为宜。

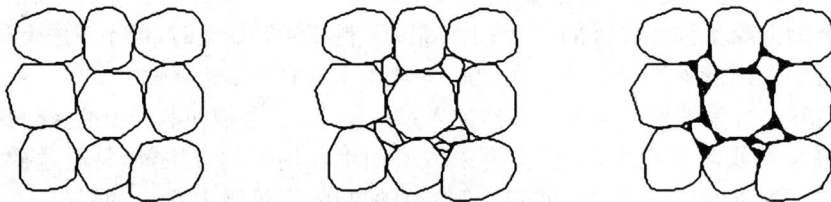

图 4.2　骨料的颗粒级配

混凝土用砂需同时考虑颗粒级配和粗细程度两方面,使骨料的总空隙率和总表面积都比较小。砂的颗粒级配和粗细程度采用筛分法测定,用级配曲线和级配区表示砂的颗粒级配,用细度模数表示砂的粗细程度。筛分实验采用标准的方孔套筛,由孔径分别为 4.75 mm、2.36 mm、1.18 mm、0.6 mm、0.3 mm、0.15 mm 六个标准筛及筛底和筛盖组成。将 500 g 粒径小于 9.50 mm 的烘干砂样由粗到细依次通过各筛,称取各筛的筛余量 m_1、m_2、m_3、m_4、m_5、m_6,计算各筛的分计筛余百分率 a_i(各筛的筛余量/500×100%)和累计筛余百分率 A_i(各筛和比该筛孔径大的筛的分计筛余百分率之和),计算方法见表 4.2。

表 4.2　分计筛余百分率和累计筛余百分率的关系

筛孔尺寸/mm	筛余量/g （精确至 1 g）	分计筛余百分率/% （精确至 0.1%）	累计筛余百分率/% 精确至 0.1%
4.75	m_1	$a_1 = m_1/500 \times 100\%$	$A_1 = a_1$
2.36	m_2	$a_2 = m_2/500 \times 100\%$	$A_2 = a_1 + a_2$
1.18	m_3	$a_3 = m_3/500 \times 100\%$	$A_3 = a_1 + a_2 + a_3$
0.60	m_4	$a_4 = m_4/500 \times 100\%$	$A_4 = a_1 + a_2 + a_3 + a_4$
0.30	m_5	$a_5 = m_5/500 \times 100\%$	$A_5 = a_1 + a_2 + a_3 + a_4 + a_5$
0.15	m_6	$a_6 = m_6/500 \times 100\%$	$A_6 = a_1 + a_2 + a_3 + a_4 + a_5 + a_6$

　　砂的颗粒级配以级配区或筛分曲线（级配曲线）来判定。砂按颗粒级配情况可分为 1、2、3 区 3 个级配区间，根据颗粒级配、含泥量（石粉含量）、亚甲蓝（MB）值、泥块含量、有害物质、坚固性、压碎指标、片状颗粒含量技术要求又可将砂分为Ⅰ类、Ⅱ类、Ⅲ类。除特细砂外，Ⅰ类砂的累计筛余应符合表 4.3 中 2 区的规定，分计筛余应符合表 4.4 的规定，细度模数应为 2.3～3.2；Ⅱ类和Ⅲ类砂的累计筛余应符合表 4.3 的规定。

表 4.3　砂的累计筛余（GB/T 14684—2022）

砂的分类	天然砂			机制砂、混合砂		
级配区	1 区	2 区	3 区	1 区	2 区	3 区
方孔筛/mm	累计筛余/%					
4.75 mm	10～0	10～0	10～0	5～0	5～0	5～0
2.36 mm	35～5	25～0	15～0	35～5	25～0	15～0
1.18 mm	65～35	50～10	25～0	65～35	50～10	25～0
0.60 mm	85～71	70～41	40～16	85～71	70～41	40～16
0.30 mm	95～80	92～70	85～55	95～80	92～70	85～55
0.15 mm	100～90	100～90	100～90	97～85	94～80	94～75

注：砂的实际颗粒级配除 4.75 mm、0.6 mm 筛档外，可略有超出，但各级累计筛余超出值总和应不大于 5%。

表 4.4　砂的分计筛余（GB/T 14684—2022）

方筛孔尺寸/mm	4.75[a]	2.36	1.18	0.6	0.3	0.15[b]	筛底[c]
分计筛余/%	0～10	10～15	10～25	20～31	20～30	5～15	0～20

注：a-对于机制砂，4.75 mm 的分计筛余不应大于 5%。
　　b-对于 MB（亚甲蓝值）>1.4 的机制砂，0.15 mm 筛和筛底的分计筛余之和不应大于 25%。
　　c-对于天然砂，筛底的分计筛余不应大于 10%。

　　根据砂的颗粒级配情况可以绘出 1、2、3 区砂的筛分曲线，如图 4.3 所示。砂的筛分曲线应完全落在 3 个级配区间中的任何一个，才符合砂的级配要求。

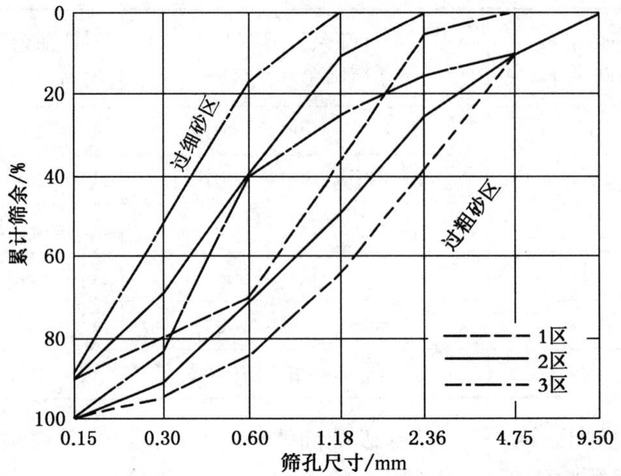

图 4.3　砂的筛分曲线

砂的粗细程度用细度模数(M_x)表示,按下式计算:

$$M_x = \frac{(A_2 + A_3 + A_4 + A_5 + A_6) - 5A_1}{100 - A_1}$$

（4-1）

细度模数是衡量砂粗细程度的指标。建筑用砂按细度模数分为粗砂、中砂、细砂和特细砂。建筑用砂的细度模数在 0.7～3.7 之间,M_x 越大,砂越粗。M_x 在 3.1～3.7 为粗砂,M_x 在 2.3～3.0 为中砂,M_x 在 1.6～2.2 为细砂,M_x 在 0.7～1.5 为特细砂。Ⅰ类砂的细度模数应为 2.3～3.2。

【学中做】

砂按细度模数可分为(　　　)种。

A. 3　　　　　　　　B. 4　　　　　　　　C. 5　　　　　　　　D. 6

答案：B

【例 4-1】　某机制砂作筛分试验,烘干砂样 500 g,各筛筛余量如下表所示:

方孔筛径	9.5 mm	4.75 mm	2.36 mm	1.18 mm	0.6 mm	0.3 mm	0.15 mm	<0.15 mm	合计
筛余量/g	0	15	62	73	144	139	30	37	500

计算各筛的分计筛余率、累计筛余率、细度模数,并评定该砂的颗粒级配和粗细程度。

【解】　(1) 各号筛的分计筛余率:

① 方孔筛径 4.75 mm:$a_1 = \frac{m_1}{500} \times 100\% = \frac{15}{500} \times 100\% = 3.0\%$

② 方孔筛径 2.36 mm:$a_2 = \frac{m_2}{500} \times 100\% = \frac{62}{500} \times 100\% = 12.4\%$

③ 方孔筛径 1.18 mm:$a_3 = \frac{m_3}{500} \times 100\% = \frac{73}{500} \times 100\% = 14.6\%$

④ 方孔筛径 0.6 mm：$a_4 = \dfrac{m_4}{500} \times 100\% = \dfrac{144}{500} \times 100\% = 28.8\%$

⑤ 方孔筛径 0.3 mm：$a_5 = \dfrac{m_5}{500} \times 100\% = \dfrac{139}{500} \times 100\% = 27.8\%$

⑥ 方孔筛径 0.15 mm：$a_6 = \dfrac{m_6}{500} \times 100\% = \dfrac{30}{500} \times 100\% = 6.0\%$

（2）各号筛的累计筛余率为：

① 4.75 mm：$A_1 = a_1 = 3.0\%$

② 2.36 mm：$A_2 = a_1 + a_2 = 3.0\% + 12.4\% = 15.4\%$

③ 1.18 mm：$A_3 = a_1 + a_2 + a_3 = 3.0\% + 12.4\% + 14.6\% = 30.0\%$

④ 0.6 mm：$A_4 = a_1 + a_2 + a_3 + a_4 = 3.0\% + 12.4\% + 14.6\% + 28.8\% = 58.8\%$

⑤ 0.3 mm：$A_5 = a_1 + a_2 + a_3 + a_4 + a_5 = 3.0\% + 12.4\% + 14.6\% + 28.8\% + 27.8\% = 86.6\%$

⑥ 0.15 mm：$A_6 = a_1 + a_2 + a_3 + a_4 + a_5 + a_6$
$$= 3.0\% + 12.4\% + 14.6\% + 28.8\% + 27.8\% + 6.0\% = 92.6\%$$

（3）该砂的级配

对于机制砂，分计筛余百分率应满足表 4.4 的要求，即 $a_1 = 3.0\% \in (0 \sim 5\%)$、$a_2 = 12.4\% \in (10\% \sim 15\%)$、$a_3 = 14.6\% \in (10\% \sim 25\%)$、$a_4 = 28.8\% \in (20\% \sim 31\%)$、$a_5 = 27.8\% \in (20\% \sim 30\%)$、$a_6 = 6.0\% \in (5\% \sim 15\%)$。

同时，累计筛余百分率应满足表 4.3 的要求，由于 $A_1 = 3.0\% \in (0 \sim 5\%)$、$A_2 = 15.4\% \in (0 \sim 25\%)$、$A_3 = 30.0\% \in (10\% \sim 50\%)$、$A_4 = 58.8\% \in (41\% \sim 70\%)$、$A_5 = 86.6\% \in (70\% \sim 92\%)$、$A_6 = 92.6\% \in (80\% \sim 94\%)$，可知该砂的级配为 2 区，级配合格。

该砂的细度模数为：

$$M_x = \frac{(A_2 + A_3 + A_4 + A_5 + A_6) - 5A_1}{100 - A_1}$$

$$= \frac{(15.4 + 30.0 + 58.8 + 86.6 + 92.6) - 5 \times 3.0}{100 - 3.0} = 2.77 \in (2.3 \sim 3.0)$$

因此该砂属于中砂。

配制混凝土时，宜优先选用 2 区中砂。当采用 1 区砂时，由于砂颗粒偏粗，配制的混凝土拌合物流动性较大，但黏聚性和保水性较差，应适当提高砂率，以保证混凝土拌合物的和易性；当采用 3 区砂时，由于颗粒偏细，配制的混凝土拌合物黏聚性和保水性较好，但流动性较差，应适当减小砂率，以保证硬化混凝土的强度。

砂的细度模数相同，颗粒级配可以不同，在选砂时二者应同时考虑，且遵循就地取材的原则。若砂的级配不满足要求，可以用人工掺配的方法进行改善。

2）含泥量、石粉含量和泥块含量

含泥量是指天然砂中粒径小于 0.075 mm 的颗粒含量；石粉含量是指机制砂中粒径小于 0.075 mm 的颗粒含量；泥块含量是指砂中原粒径大于 1.18 mm，经水浸泡、淘洗等处理后小于 0.60 mm 的颗粒含量。

含泥量过大不仅会增加混凝土拌合用水量，而且会降低砂与水泥石的黏结力，导致混凝土的强度降低、耐久性变差、干缩增大。机制砂中适量的石粉可以丰富细骨料级配,改善机制砂表面特征与形状对混凝土拌合物和易性的影响,是有益的。泥块在混凝土拌合时会分散成小泥块或泥,影响混凝土各方面性能;泥块自身没有强度,若存在于硬化混凝土中,会形成空洞而导致应力集中,引起混凝土的过早破坏。

天然砂中含泥量和泥块含量应符合表4.5的规定。

表 4.5　天然砂的含泥量(GB/T 14684—2022)

类　　型	Ⅰ类	Ⅱ类	Ⅲ类
含泥量(质量分数)/%	≤1.0	≤3.0	≤5.0

机制砂的石粉含量应符合表4.6规定。

表 4.6　机制砂的石粉含量(GB/T 14684－2022)

类别	亚甲蓝值(MB)	石粉含量(质量分数)/%
Ⅰ类	$MB \leqslant 0.5$	≤15.0
	$0.5 < MB \leqslant 1.0$	≤10.0
	$1.0 < MB \leqslant 1.4$ 或快速试验合格	≤5.0
	$MB > 1.4$ 或快速试验不合格	≤1.0[a]
Ⅱ类	$MB \leqslant 1.0$	≤15.0
	$1.0 < MB \leqslant 1.4$ 或快速试验合格	≤10.0
	$MB > 1.4$ 或快速试验不合格	≤3.0[a]
Ⅲ类	$MB \leqslant 1.4$ 或快速试验合格	≤15.0
	$MB > 1.4$ 或快速试验不合格	≤5.0[a]

注:砂浆用砂的石粉含量不做限制。

a-根据使用环境和用途,经试验验证,由供需双方协商确定,Ⅰ类砂石粉含量可放宽至不大于3.0%,Ⅱ类砂石粉含量可放宽至不大于5.0%,Ⅲ类砂石粉含量可放宽至不大于7.0%。砂的泥块含量应符合表4.7规定。

表 4.7　砂的泥块含量(GB/T 14684—2022)

类型	Ⅰ类	Ⅱ类	Ⅲ类
泥块含量(质量分数)/%	≤0.2	≤1.0	≤2.0

【学中做】

含泥量是(　　)砂的技术指标,石粉含量是(　　)砂的技术指标。

A. 天然砂、机制砂　　　　　　　　　B. 混合砂、天然砂

C. 机制砂、天然砂　　　　　　　　　D. 机制砂、混合砂

答案:A

3)有害物质

砂中不应混有草根、树叶、树枝、塑料、煤块等杂物,且云母、轻物质、有机物、硫化物及硫酸盐、氯化物、贝壳含量应符合表4.8的规定。

表 4.8　砂中有害物质含量（GB/T 14684—2022）

类　　别	Ⅰ类	Ⅱ类	Ⅲ类
云母（质量分数）/%	≤1.0	≤2.0	
轻物质（质量分数）ᵃ/%	≤1.0		
有机物	合格		
硫化物及硫酸盐（按 SO₃ 质量计）/%	≤0.5		
氯化物（按氯离子质量计）/%	≤0.01	≤0.02	≤0.06ᵇ
贝壳（质量分数）ᶜ/%	≤3.0	≤5.0	≤8.0

注:a-天然砂中如含有浮石、火山渣等天然轻骨料时,经试验验证后,该指标可不做要求。
　　b-对于钢筋混凝土用净化处理的海砂,其氯化物含量应小于或等于 0.02%。
　　c-该指标仅适用于净化处理的海砂,其他砂种不做要求。

云母为表面光滑的层、片状物质,自身强度低、易折断,且与水泥石黏结性能差,影响混凝土的强度和耐久性。轻物质是指表观密度小于 2 000 kg/m³ 的物质,孔隙率较大,会削弱混凝土的强度。有机物影响水泥水化及硬化,增加混凝土的干缩。氯离子对混凝土中的钢筋有锈蚀作用,硫化物及硫酸盐影响混凝土的凝结硬化,且对水泥石有腐蚀作用。海砂中的贝壳危害类似于云母,而且还含有较多的氯离子和硫酸盐。

4）坚固性

砂在外界物理化学因素作用下抵抗破裂的能力,混凝土用砂的坚固性采用硫酸钠溶液法检测,其质量损失应符合表 4.9 规定。

表 4.9　砂的坚固性指标（GB/T 14684—2022）

类别	Ⅰ类	Ⅱ类	Ⅲ类
质量损失率/%	≤8		≤10

5）压碎指标

机制砂的压碎指标需满足《建筑用砂》（GB/T 14684—2022）的规定。将烘干后冷却到室温的砂,筛除大于 4.75 mm 及小于 0.3 mm 的颗粒,然后筛分成 0.3～0.6 mm、0.6～1.18 mm、1.18～2.36 mm、2.36～4.75 mm 四个粒级,每级取 1 000 g 备用。称取单粒粒级试样约 330 g,倒入已组装好的受压钢模内（图 4.4）,使试样距底盘面的高度约为 50 mm,并放入加压块。在压力机上以 500 N/s 的速度加荷至 25 kN 时稳压 5 s 后,以同样的速度卸荷。取每粒级的下限筛（当粒级为 4.75～2.36 mm 时,则其下限筛指孔径为 2.36 mm 的筛）进行筛分,称出筛余量。每粒级试样的压碎指标值为该粒级试样试验前总质量与试验后筛余质量之差,除以试验前总重量来表示,以百分数计,取最大单粒级压碎指标值作为该砂的压碎指标值。

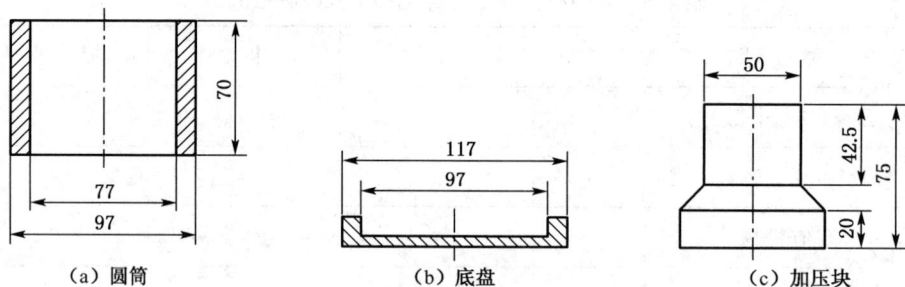

图 4.4 压碎指标试验受压钢模示意图

机制砂的压碎指标还应满足表 4.10 的规定。

表 4.10 砂的坚固性指标（GB/T 14684—2022）

类 别	Ⅰ类	Ⅱ类	Ⅲ类
单级最大压碎指标/%	≤20	≤25	≤30

6）表观密度、松散堆积密度与空隙率

根据《建设用砂》（GB/T 14684—2022）规定：除特细砂外，砂的表观密度应不小于 2 500 kg/m³，松散堆积密度不小于 1 400 kg/m³，空隙率不大于 44%。

7）碱骨料反应

碱骨料反应是指砂中碱活性矿物与水泥、矿物掺合料、外加剂等混凝土组成物及环境中的碱在潮湿环境下缓慢发生并导致混凝土开裂破坏的膨胀反应。当需方提出要求时，应出示膨胀率实测值及碱活性评定结果。

8）片状颗粒

片状颗粒是指机制砂中粒径 1.18 mm 以上的机制砂颗粒中最小一维尺寸小于该颗粒所属粒级平均粒径 0.45 倍的颗粒。Ⅰ类机制砂的片状颗粒含量不应大于 10%。

【学中做】

1. 以下选项中不属于碱骨料反应发生的必要条件的是（   ）。

A. 活性骨料　　　　　B. 碱性比较强　　　　　C. 水　　　　　D. 干燥

答案：D

2. 抑制碱骨料反应发生的措是施（   ）。

A. 采用非活性骨料　　　　　　B. 严格控制水泥、掺合料、外加剂中的碱量

C. 干燥环境　　　　　　　　　D. 潮湿环境

答案：ABC

4.2.3 粗骨料

建筑工程中使用的粗骨料（石子）分为卵石和碎石两类。卵石是指在自然条件作用下，岩石产生破碎、风化、分选、运移、堆（沉）积形成的粒径大于 4.75 mm 的岩石颗粒，按产源可分为

河卵石、海卵石、山卵石等;碎石是由天然岩石、卵石或矿山废石经破碎、筛分等机械加工而成的粒径大于 4.75 mm 岩石颗粒。

建设用石按卵石含泥量(碎石泥粉含量)、泥块含量、针片状颗粒含量、不规则颗粒含量、硫化物及硫酸盐含量、坚固性、连续级配松散堆积孔隙率、吸水率技术要求分为Ⅰ类、Ⅱ类和Ⅲ类3 种类别。

1)颗粒级配

卵石和碎石的颗粒级配分为连续粒级和单粒粒级两种。连续粒级是指颗粒从小到大连续分级,每级的颗粒都占有一定的比例。连续粒级的大小颗粒搭配合理,使得混凝土拌合物和易性较好,且不易发生分层、离析现象,工程中应用得比较广泛。单粒粒级的石子一般不单独使用,主要用以改善级配或配制成连续级配使用。此外还有一种间断级配,是指人为去除某些中间粒级的颗粒,形成不连续级配,大颗粒之间的空隙直接由粒径小很多的小颗粒填充,空隙率小,能充分发挥骨料的骨架作用。间断级配石子拌制混凝土时可节约水泥,但混凝土拌合物易发生离析现象,增加施工难度。间断级配适用于机械拌合、振捣的低塑性及干硬性混凝土。

石子的级配原理和要求与砂基本相同。石子的颗粒级配也用筛分实验来测定,采用孔径为 2.36 mm、4.75 mm、9.50 mm、16.0 mm、19.0 mm、26.5 mm、31.5 mm、37.5 mm、53.0 mm、63.0 mm、75.0 mm 和 90.0 mm 的方孔筛共 12 个进行筛分,计算出各筛的分计筛余百分率和累计筛余百分率。混凝土用卵石、碎石的颗粒级配应符合表 4.11 的规定。

表 4.11 卵石、碎石的颗粒级配(GB/T 14685—2022)

公称粒级 /mm		累计筛余百分率/%											
		筛孔尺寸/mm											
		2.36	4.75	9.50	16.0	19.0	26.5	31.5	37.5	53.0	63.0	75.0	90.0
连续粒级	5~16	95~100	85~100	30~60	0~10	0	—	—	—	—	—	—	—
	5~20	95~100	90~100	40~80	—	0~10	0	—	—	—	—	—	—
	5~25	95~100	90~100	—	30~70	—	0~5	0	—	—	—	—	—
	5~31.5	95~100	90~100	70~90	—	15~45	—	0~5	0	—	—	—	—
	5~40	—	95~100	70~90	—	30~65	—	—	0~5	0	—	—	—
单粒粒级	5~10	95~100	80~100	0~15	0	—	—	—	—	—	—	—	—
	10~16	—	95~100	80~100	0~15	0	—	—	—	—	—	—	—
	10~20	—	95~100	85~100	—	0~15	0	—	—	—	—	—	—
	16~25	—	—	95~100	55~70	25~40	0~10	—	—	—	—	—	—
	16~31.5	—	95~100	—	85~100	—	—	0~10	0	—	—	—	—
	20~40	—	—	95~100	—	80~100	—	—	0~10	0	—	—	—
	25~31.5	—	—	—	95~100	—	80~100	0~10	0	—	—	—	—
	40~80	—	—	—	—	95~100	—	—	70~100	—	30~60	0~10	0

注:"—"表示该孔径累计筛余不做要求;"0"表示该孔径累计筛余为 0。

【例 4-2】 某碎石作筛分试验,风干砂样 5 kg,各筛筛余量如下表所示:

方孔筛径/mm	26.5	19.0	16.0	9.50	4.75	2.36	筛底	合计
筛余量/g	0	1 590	1 510	1 780	70	0	50	5 000

计算各筛的分计筛余率、累计筛余率,并评定该试样的颗粒级配。

【解】 (1)各号筛的分计筛余率

① 方孔筛径 26.5 mm:$a_1 = \dfrac{m_1}{5\,000} \times 100\% = \dfrac{0}{5\,000} \times 100\% = 0$

② 方孔筛径 19.0 mm:$a_2 = \dfrac{m_2}{5\,000} \times 100\% = \dfrac{1\,590}{5\,000} \times 100\% = 31.8\%$

③ 方孔筛径 16.0 mm:$a_3 = \dfrac{m_3}{5\,000} \times 100\% = \dfrac{1\,510}{5\,000} \times 100\% = 30.2\%$

④ 方孔筛径 9.50 mm:$a_4 = \dfrac{m_4}{5\,000} \times 100\% = \dfrac{1\,780}{5\,000} \times 100\% = 35.6\%$

⑤ 方孔筛径 4.75 mm:$a_5 = \dfrac{m_5}{5\,000} \times 100\% = \dfrac{70}{5\,000} \times 100\% = 1.4\%$

⑥ 方孔筛径 2.36 mm:$a_6 = \dfrac{m_6}{5\,000} \times 100\% = \dfrac{0}{500} \times 100\% = 0$

(2)各号筛的累计筛余率

① 26.5 mm:$A_1 = a_1 = 0$

② 19.0 mm:$A_2 = a_1 + a_2 = 0 + 31.8\% = 32\%$

③ 16.0 mm:$A_3 = a_1 + a_2 + a_3 = 0 + 31.8\% + 30.2\% = 62\%$

④ 9.50 mm:$A_4 = a_1 + a_2 + a_3 + a_4 = 0 + 31.8\% + 30.2\% + 35.6\% = 98\%$

⑤ 4.75 mm:

$$A_5 = a_1 + a_2 + a_3 + a_4 + a_5 = 0 + 31.8\% + 30.2\% + 35.6\% + 1.4\% = 99\%$$

⑥ 2.36 mm:

$$A_6 = a_1 + a_2 + a_3 + a_4 + a_5 + a_6$$
$$= 0 + 31.8\% + 30.2\% + 35.6\% + 1.4\% + 0 = 99\%$$

(3)该碎石级配

累计筛余百分率应满足表 4.11 的要求,由于 $A_1 = 0 \in (0\sim5\%)$、$A_2 = 32\%$(不做要求)、$A_3 = 62\% \in (30\%\sim70\%)$、$A_4 = 98\% \in$(不做要求)、$A_5 = 99\% \in (90\%\sim100\%)$、$A_6 = 99\% \in (95\%\sim100\%)$,可知该石子所属级配为连续粒级,规格为 5～25 mm,级配合格。

石子的最大粒径 D_{max} 是指石子能 100% 的通过最小标准筛筛孔尺寸,是石子粒级中的最大值。石子最大公称粒径 d_{max} 是指石子允许有少量不通过(一般允许筛余百分率不超过10%)的最小标准筛筛孔尺寸,通常比最大粒径小一个粒级。石子粒径越大,表面积越小,包裹其表面所需的胶凝材料浆越少,可节约水泥,降低造价;而在和易性和胶凝材料用量一定的情况下,则可以减少混凝土拌合用水量,从而提高强度。

根据《混凝土结构工程施工质量验收规范》(GB 50204—2015)规定,混凝土用粗骨料的最大粒径不得超过构件截面最小尺寸的 1/4,且不得超过钢筋最小净间距的 3/4;对于混凝土实心板,最大粒径不宜超过板厚的 1/3,且不得超过 40 mm;对于泵送混凝土,最大粒径与输送管内径之比,碎石宜不大于 1∶3,卵石宜不大于 1∶2.5。

2)卵石含泥量、碎石泥粉含量和泥块含量

卵石含泥量是指卵石中粒径小于 0.075 mm 的黏土颗粒含量;碎石泥粉含量是指碎石中粒径小于 0.075 mm 的黏土和石粉颗粒含量;泥块含量是指卵石、碎石中原粒径大于 4.75 mm,经水浸泡、淘洗等处理后小于 2.36 mm 的颗粒含量。混凝土中卵石含泥量、碎石泥粉含量和泥块含量应符合表 4.12 的规定。

表 4.12 卵石含泥量、碎石泥粉含量和泥块含量(GB/T 14685—2022)

类 别	Ⅰ类	Ⅱ类	Ⅲ类
卵石含泥量(质量分数)/%	≤0.5	≤1.0	≤1.5
碎石泥粉含量(质量分数)/%	≤0.5	≤1.5	≤2.0
泥块含量(质量分数)/%	≤0.1	≤0.2	≤0.7

3)针、片状颗粒含量

卵石、碎石颗粒的长度大于该颗粒所属粒级平均粒径 2.4 倍的为针状颗粒;厚度小于平均粒径 0.4 倍的为片状颗粒。平均粒径为该颗粒所属粒级上、下限粒径的平均值。针、片状颗粒由于三维尺寸相差悬殊,受力时易折断,而且增加了石子的空隙率,对混凝土的和易性及强度均有不良影响。针、片状颗粒应用针状规准仪和片状规准仪逐粒测定,其含量应符合表 4.13 的规定。

表 4.13 卵石、碎石的针、片状颗粒含量(GB/T 14685—2022)

类 别	Ⅰ类	Ⅱ类	Ⅲ类
针、片状颗粒含量(质量分数)/%	≤5	≤8	≤15

最佳的石子形状是三维尺寸相近的立方体或球形颗粒,有助于降低石子的空隙率,提高混凝土的强度。

不规则颗粒是指卵石、碎石颗粒的最小一维尺寸小于该颗粒所属粒级的平均粒径 0.5 倍的颗粒。Ⅰ类卵石、碎石的不规则颗粒含量不应大于 10%。

4)有害物质

卵石、碎石中不应混有草根、树叶、树枝、塑料、煤块等杂物,其有害物质含量应符合表 4.14 的规定。

表 4.14 卵石、碎石有害物质含量(GB/T 14685—2022)

类 别	Ⅰ类	Ⅱ类	Ⅲ类
有机物含量	合格	合格	合格
硫化物及硫酸盐(以 SO_3 质量计)/%	≤0.5	≤1.0	≤1.0

5）坚固性

卵石、碎石在外界物理化学因素作用下抵抗破裂的能力称为坚固性。用硫酸钠溶液法进行实验，卵石、碎石经 5 次浸泡、烘干循环过程后，质量损失应符合表 4.15 的规定。

表 4.15　卵石、碎石的坚固性指标（GB/T 14685—2022）

类　别	Ⅰ类	Ⅱ类	Ⅲ类
质量损失率/%	≤5	≤8	≤12

6）强度

粗骨料应具有良好的强度，以保证混凝土能够达到设计的强度和耐久性。卵石、碎石的强度有岩石抗压强度和压碎指标两种表示方法。

（1）岩石抗压强度

将母岩制成 50 mm×50 mm×50 mm 的立方体或直径与高均为 50 mm 的圆柱体试件，6 个为一组，水中浸泡（48±2）h 后，在压力机上按 0.5～1.0 MPa/s 的速度均匀加荷至试件破坏，测得其吸水饱和后的极限抗压强度。国家标准规定岩石抗压强度：火成岩应不小于 80 MPa，变质岩应不小于 60 MPa，沉积岩应不小于 30 MPa。仲裁检验时，以圆柱体试件的抗压强度为准。

（2）压碎指标

将一定质量风干状态下粒径为 9.50～19.0 mm 的石子（剔除针、片状颗粒）装入标准圆模内，在压力机上按 1 kN/s 速度均匀加荷至 200 kN 并稳荷 5 s，卸载后称取试样质量 G_1，然后过孔径为 2.36 mm 的筛，筛除被压碎的颗粒，称出剩余在筛上的试样质量 G_2（筛余质量），按下式计算压碎指标值 Q_c：

$$Q_C = \frac{G_1 - G_2}{G_1} \times 100\%$$ （4-2）

压碎指标值越小，则表示石子抵抗压碎的能力越强。卵石、碎石的压碎指标值应符合表 4.16 的规定。

表 4.16　卵石、碎石的压碎指标（GB/T 14685—2022）

类　别		Ⅰ类	Ⅱ类	Ⅲ类
压碎指标/%	碎石	≤10	≤20	≤30
	卵石	≤12	≤14	≤16

【学中做】

1. 岩石抗压强度标准试件的尺寸是（　　）。

A. 50 mm×50 mm×50 mm 的立方体

B. 70.5 mm×70.5 mm×70.5 mm 的立方体

C. 直径与高均为 50 mm 的圆柱体

D. 直径与高均为 70.5 mm 的圆柱体

答案：AC

2. 压碎指标值越大,石子的强度(　　)。

A. 越大　　　　　　B. 越小　　　　　　C. 不影响　　　　　　D. 无法判断

答案:B

7) 表观密度、连续级配松散堆积空隙率

卵石、碎石的表观密度应不小于 2 600 kg/m³,连续级配松散堆积空隙率应符合表 4.17 的规定。

表 4.17　卵石、碎石连续级配松散堆积空隙率(GB/T 14685—2022)

类　别	Ⅰ	Ⅱ	Ⅲ
空隙率/%	≤43	≤45	≤47

8) 吸水率

卵石、碎石的吸水率应符合表 4.18 的规定。

表 4.18　卵石、碎石的吸水率(GB/T 14685—2022)

类　别	Ⅰ类	Ⅱ类	Ⅲ类
吸水率/%	≤1.0	≤2.0	≤2.5

9) 碱集料反应(碱骨料反应)

水泥、外加剂等混凝土组成物及环境中的碱与骨料中的碱活性物质在潮湿环境下会缓慢发生导致混凝土开裂的膨胀性化学反应,即碱集料反应。因此,卵石、碎石应进行碱集料反应实验,实验后,制备的砂试件应无裂缝、酥裂、胶体外溢等现象,并在规定的试验龄期内膨胀率应小于 0.10%。

10) 骨料的含水状态

骨料的含水状态可分为干燥状态、气干(风干)状态、饱和面干状态和湿润状态四种,如图 4.5 所示。含水率接近或等于零的为干燥状态;含水率与大气湿度相平衡,但未达到饱和的为气干状态;骨料吸水达到饱和且表面干燥的为饱和面干状态;骨料吸水饱和且表面吸附一层自由水的为湿润状态。在进行混凝土配合比设计时,建筑工程中以干燥状态骨料为基础,大型水利工程常以饱和面干状态骨料为基准。

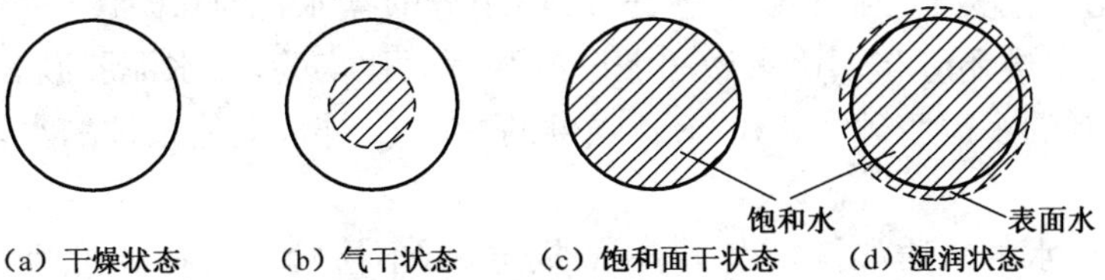

图 4.5　骨料的含水状态

【学中做】

建筑中混凝土配合比设计过程时,是以(　　)状态骨料作为基础,在施工配合比计算过程中再将骨料质量根据含水率进行调整。

A. 干燥　　　　　　B. 气干　　　　　　C. 饱和面干　　　　　　D. 湿润

答案:A

4.2.4　混凝土用水

混凝土用水是指混凝土拌合用水和混凝土养护用水的总称，包括饮用水、地表水（存在于江、河、湖、塘、沼泽和冰川等中的水）、地下水（存在于岩石分析或土壤孔隙中可以流动的水）、再生水（污水经适当再生工艺处理后具有使用功能的水）、混凝土企业设备洗刷水和海水等。

混凝土用水的质量要求：不影响混凝土凝结和硬化、不影响混凝土拌合物的和易性、不影响混凝土的强度发展及耐久性、不加快钢筋锈蚀和预应力钢筋脆断、不污染混凝土表面等。符合《生活饮用水卫生标准》（GB 5749—2022）规定的饮用水，可不经检验直接作为混凝土用水。混凝土拌合用水应符合表 4.19 的规定。

表 4.19　混凝土拌合用水水质要求（JGJ 63—2006）

项　　目	预应力混凝土	钢筋混凝土	素混凝土
pH	≥5.0	≥4.5	≥4.5
不溶物（mg/L）	≤2 000	≤2 000	≤5 000
可溶物（mg/L）	≤2 000	≤5 000	≤10 000
氯化物（以 Cl^- 计，mg/L）	≤500	≤1 000	≤3 500
硫酸盐（以 SO_4^{2-} 计，mg/L）	≤600	≤2 000	≤2 700
碱含量（mg/L）	≤1 500	≤1 500	≤1 500

注：(1) 对于设计使用年限为 100 年的结构混凝土，氯离子含量不得超过 500 mg/L；对于使用钢丝或经热处理钢筋的预应力混凝土，氯离子含量不得超过 350 mg/L。
(2) 碱含量按 $Na_2O+0.658K_2O$ 计算值来表示。采用非碱活性骨料时，可不检验碱含量。

混凝土拌合用水不应有漂浮明显的油脂和泡沫，不应有明显的颜色和异味。混凝土企业设备洗刷水不宜用于预应力混凝土、装饰混凝土、加气混凝土和暴露于腐蚀环境的混凝土，不得用于使用碱活性或潜在碱活性骨料的混凝土。在无法获得水源的情况下，海水可用于拌制素混凝土，但不宜用于装饰混凝土中；且严禁用于钢筋混凝土及预应力混凝土中。

当混凝土用水水质不明时，应取水样与饮用水做水泥凝结时间对比实验，水泥初凝时间差、终凝时间差均不应大于 30 min，且应符合《通用硅酸盐水泥》（GB 175—2023）对水质的规定。此外，被检验水样还应与饮用水做水泥胶砂强度对比实验，其水泥胶砂 3 d 和 28 d 强度不应低于饮用水配制的水泥胶砂 3 d 和 28 d 强度的 90%。符合上述条件的水，方可用于拌制混凝土。

混凝土养护用水的水质如符合表 4.18 的规定，可不检验不溶物和可溶物含量，不进行水泥凝结时间和水泥胶砂强度检测试验。

4.2.5　外加剂

混凝土外加剂是混凝土中除胶凝材料、骨料、水和纤维组分以外，在混凝土拌合之前或拌制过程中加入的，用以改善新拌混凝土和（或）硬化混凝土，对人、生物及环境安全无有害影响的材料,简称为外加剂。外加剂的应用促进了混凝土新技术的发展,促进了工业副产品在胶凝材料系统中更多的应用,还有助于节约资源和保护环境,已逐渐成为混凝土中必不可少的组成材料。

外加剂掺量应以外加剂质量占混凝土中胶凝材料总质量的百分数表示。外加剂掺量宜按供方的推荐掺量确定,应采用工程实际使用的原材料和配合比,经试验确定。

根据《混凝土外加剂术语》(GB/T 8075—2017)规定,混凝土外加剂按照其主要使用功能分为四类:

(1) 改善混凝土拌合物流变性能的外加剂,如各种减水剂和泵送剂等。

(2) 调节混凝土凝结时间、硬化过程的外加剂,如缓凝剂、早强剂、促凝剂和速凝剂等。

(3) 改善混凝土耐久性的外加剂,如引气剂、防水剂和阻锈剂等。

(4) 改善混凝土其他性能的外加剂,如膨胀剂、防冻剂和着色剂等。

工程中常用的外加剂主要有减水剂、引气剂、早强剂、缓凝剂、防冻剂等。

1) 减水剂

减水剂是指在混凝土坍落度基本相同的条件下,能减少混凝土拌合用水量的外加剂。

(1) 减水剂的作用机理

水泥加水拌合后,由于水泥颗粒比较细小,易吸附在一起而形成内部包裹部分拌合水(游离水)的絮凝结构,使得混凝土因拌合用水不足而导致流动性降低。常用的减水剂属于离子型表面活性剂,其分子由亲水基团和憎水基团组成。在水泥浆中,憎水基团定向吸附于水泥颗粒表面,亲水基团则指向水溶液,使得水泥颗粒表面带有相同的电荷;水泥颗粒在电斥力的作用下分散开来,破坏了絮凝结构,释放出内部包裹的游离水,使得混凝土拌合物的流动性得到明显改善,其作用机理如图4.6所示。

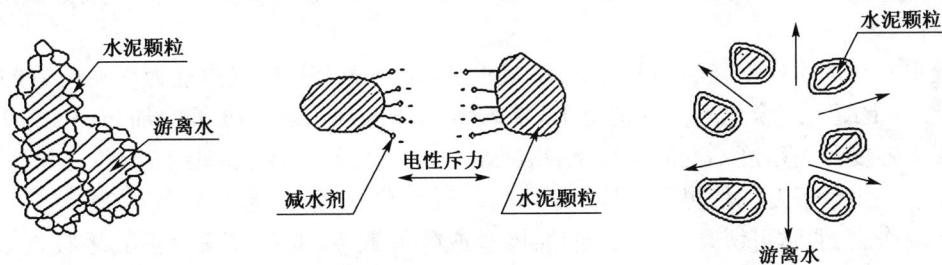

图 4.6 减水剂的作用示意图

(2) 减水剂的作用效果

混凝土中掺入减水剂后,通常具有以下几项技术经济效果:

① 提高流动性。在混凝土用水量和水灰比不变的情况下,加入减水剂能明显提高混凝土拌合物的流动性,坍落度可增加100~200 mm,而不影响混凝土强度。通常在流动性混凝土、大流动性混凝土、泵送混凝土中掺入减水剂。

② 提高混凝土强度。在保证混凝土拌合物流动性和水泥用量不变的条件下,可减少混凝土拌合用水量10%~15%,从而降低混凝土的水胶比,使混凝土强度提高15%~20%。

③ 节约水泥。在保证混凝土拌合物流动性和强度(水胶比)不变的条件下,可减少胶凝材料浆的用量,进而减少拌合用水量和水泥用量。

④ 改善混凝土拌合物的其他性能。掺入减水剂,可改善混凝土拌合物的泌水、离析现象;延缓混凝土拌合物的凝结时间;减缓水泥水化放热速度;增加混凝土密实度,显著提高硬化混凝土的抗渗性、抗冻性和抗腐蚀能力,改善混凝土的耐久性。

（3）减水剂的分类

按减水剂的作用效果可将其分为 3 类,分别是普通减水剂、高效减水剂和高性能减水剂;按照减水剂对混凝土凝结时间的影响可将其分为早强型、标准型和缓凝型;按引气效果可分为引气型和非引气型。

① 普通减水剂:是在混凝土坍落度基本相同的条件下,减水率不小于 8% 的外加剂,主要成分是木质素磺酸盐,以木质素磺酸盐类为代表,常用的有木钙、木钠和木镁。普通减水剂宜用于日最低气温 5 ℃ 以上、强度等级 C40 以下的混凝土,且不宜单独用于蒸养混凝土。普通减水剂具有一定的缓凝、减水和引气作用,若加入不同类型的调凝剂,可制得不同类型的减水剂,如早强型、标准型和缓凝型的减水剂,因此,普通减水剂又可分为以下 4 类:

a. 标准型普通减水剂:具有减水功能且对混凝土凝结时间没有显著影响的普通减水剂,代号 WR-S,宜用于日最低气温 0 ℃ 以上施工的混凝土,也可用于蒸养混凝土。

b. 缓凝型普通减水剂:具有缓凝功能的普通减水剂,代号 WR-R,宜用于日最低气温 5 ℃ 以上施工的混凝土,可用于大体积混凝土、碾压混凝土、炎热气候条件下施工的混凝土、大面积浇筑的混凝土、避免冷缝产生的混凝土、需长时间停放或长距离运输的混凝土、滑模施工或拉模施工的混凝土及其他需要延缓凝结时间的混凝土,不宜用于有早强要求的混凝土。

c. 早强型普通减水剂:具有早强功能的普通减水剂,代号 WR-A,宜用于常温、低温和最低温度不低于 -5 ℃ 环境中施工的有早强要求的混凝土工程,炎热环境条件下不宜使用。

d. 引气型普通减水剂:具有引气功能的普通减水剂,代号 AEWR。

常用的普通减水剂主要有木质素磺酸钙（木钙）、木质素磺酸钠（木钠）、木质素磺酸镁（木镁）等品种。

工程中常用的木质素磺酸钙又称 M 型减水剂,简称 M 剂,适宜掺量为水泥质量的 0.2% ~0.3%。在混凝土配合比不变的情况下,掺入木钙减水剂后坍落度可增加 80~100 mm;在保持混凝土强度和坍落度不变的情况下,可减水 10%~15%,节约水泥约 10%;在保持混凝土坍落度和水泥用量不变的情况下,可减水 10%,且使混凝土强度提高 10%~20%。木钙减水剂还有缓凝作用,通常可缓凝 1~3 h;增加掺量或降低温度,均可显著增强其缓凝效果,同时还可能削弱混凝土强度,使用时应注意。

木钙减水剂适用于一般混凝土工程,尤其适用于大体积混凝土、泵送混凝土、滑模施工及夏季施工等;不宜单独用于冬季施工,在日最低气温低于 5 ℃ 时,应与早强剂或防冻剂复合使用;不宜单独用于蒸养混凝土及预应力混凝土,以免蒸养后混凝土表面出现酥松现象。

② 高效减水剂:是在混凝土坍落度基本相同的条件下,减水率不小于 14% 的外加剂,包括萘系、密胺系及改性密胺系、氨基磺酸盐系、脂肪族（醛酮缩合物）系、蒽系、洗油系等。高效减水剂可用于素混凝土、钢筋混凝土、预应力混凝土,并可用于制备高强混凝土。高效减水剂可分为以下四类:

a. 标准型高效减水剂:具有减水功能且对混凝土凝结时间没有显著影响的高效减水剂,代号 HWR-S。

b. 缓凝型高效减水剂:具有缓凝功能的高效减水剂,代号 HWR-R,可用于大体积混凝土、碾压混凝土、炎热气候条件下施工的混凝土、大面积浇筑的混凝土、避免冷缝产生的混凝土、需较长时间停放或长距离运输的混凝土、自密实混凝土、滑模施工或拉模施工的混凝土及其他需要延缓凝结时间且有较高减水率要求的混凝土。

c. 早强型高效减水剂:具有早强功能的高效减水剂。

d. 引气型高效减水剂:具有引气功能的高效减水剂。

常用的高效减水剂有:

a. 萘系(萘磺酸盐系)高效减水剂。萘系减水剂多为非引气型的阴离子表面活性剂,工程中常用的有 NNO、NF、UNF、FDN、MF 等,适宜掺量为水泥质量的 0.5%～1%,减水率为 15%～25%,混凝土 28 d 抗压强度可提高 20%以上;在保持混凝土强度和坍落度基本不变时,可节约水泥 10%～20%。萘系减水剂减水增强效果好,与不同品种水泥适应性好,且能改善混凝土的抗渗性和耐久性,不腐蚀钢筋。适用于配制早强、高强、大流动性泵送混凝土及蒸养混凝土。

b. 树脂系(水溶性树脂磺酸盐类)减水剂。也称树脂系减水剂,我国产品主要为磺化三聚氰胺树脂(简写为 SM),为非引气型阴离子表面活性剂,适宜掺量为水泥质量的 0.5%～2%,减水率为 20%～27%。SM 减水剂可明显提高各龄期混凝土强度,1 d 强度可提高 100%以上,3 d 强度可提高 30%～100%,28 d 强度可提高 20%～30%。在保持混凝土强度不变的情况下,可节约水泥约 25%。此外,SM 减水剂还能提高混凝土的弹性模量,改善混凝土的抗渗、抗冻等性能,增强与钢筋的黏结力。适用于配制早强、高强、流态及蒸养混凝土,也可用于配制耐火、耐高温(1 000～1 200 ℃)混凝土。

③ 高性能减水剂。是在混凝土坍落度基本相同的条件下,减水率不小于 25%,与高效减水剂相比坍落度保持性能好、干燥收缩小且具有一定引气性能的减水剂,以聚羧酸系高性能减水剂为代表,此外还有氨基羟酸系减水剂。高性能减水剂又可分为以下四类:

a. 标准型高性能减水剂:具有减水功能且对混凝土凝结时间没有显著影响的高性能减水剂,代号 HPWR-S。

b. 缓凝型高性能减水剂:具有缓凝功能的高性能减水剂,代号 HPWR-R。

c. 早强型高性能减水剂:具有早强功能的高性能减水剂,代号 HPWR-A。

d. 减缩型高性能减水剂:28 d 收缩率比不大于 90%的高性能减水剂。

《混凝土外加剂》(GB 8076—2008)指出,高性能减水剂主要特点如下:

a. 掺量低(按照固体含量计算,一般为胶凝材料质量的 0.15%～0.25%),减水率高。

b. 混凝土拌合物工作性及工作性保持性较好。

c. 外加剂中氯离子和碱含量较低。

d. 用其配制的混凝土收缩率较小,可改善混凝土的体积稳定性和耐久性。

e. 对水泥的适应性好。

f. 生产和使用过程中不污染环境,是环保型的外加剂。

《聚羧酸系高性能减水剂》(JG/T 223—2017)中对其技术指标有详尽的解释。聚羧酸系高性能减水剂可用于配制素混凝土、钢筋混凝土和预应力混凝土,尤其宜用于高强混凝土、自密实混凝土、泵送混凝土、清水混凝土、预制构件混凝土和钢管混凝土;宜用于具有高体积稳定性、高耐久性或高工作性要求的混凝土。缓凝型聚羧酸系高性能减水剂宜用于大体积混凝土,不宜用于日最低气温 5 ℃以下施工的混凝土。早强型聚羧酸系高性能减水剂宜用于有早强要求或低温季节施工的混凝土,但不宜用于日最低气温-5 ℃以下施工的混凝土,且不宜用于大体积混凝土。

2）引气剂

引气剂是指在混凝土搅拌过程中能引入大量均匀分布、稳定而封闭的微小气泡，而且气泡能保留在硬化混凝土中的外加剂。常用的引气剂有松香热聚物、松香皂、烷基苯磺酸盐等。松香热聚物适宜掺量为水泥质量的 0.005%～0.02%，混凝含气量为 3%～5%，减水率约为 8%。

引气剂属憎水性表面活性剂，能显著降低水的表面张力和界面能，使水溶液在搅拌过程中极易生成大量微小的封闭气泡。由于这些均匀分布的微小气泡的存在，明显改善了混凝土的某些性能。

（1）改善混凝土拌合物的和易性。大量微小的封闭气泡在混凝土拌合物内如同滚珠一样，起到润滑的作用，能够削弱骨料之间的摩擦阻力，从而改善混凝土拌合物的流动性；水分子均匀分布在气泡的表面，降低了浆体中的自由水量，减少了混凝土拌合物的泌水、离析现象，使混凝土拌合物的保水性和黏聚性也得到改善。

（2）显著提高混凝土的耐久性。大量均匀分布的微小封闭气泡隔断了混凝土中毛细管渗水通道，改变了混凝土的孔隙特征，使混凝土的抗渗性明显提高；封闭气泡具有较强的弹性变形能力，可缓解水变冰时产生的膨胀应力，可显著改善混凝土的抗冻性。

（3）降低混凝土强度。大量气泡的存在，导致混凝土有效受力面积减小，削弱了混凝土的强度。在保持混凝土配合比不变的情况下，含气量每增加 1%，混凝土抗压强度损失 4%～6%。由于掺入引气剂可改善混凝土拌合物的和易性，为保证和易性不变，可降低水胶比而使混凝土的强度得到部分补偿或不降低。

混凝土工程中可采用由引气剂与减水剂复合而成的引气减水剂。引气剂及引气减水剂宜用于有抗冻融要求的混凝土、泵送混凝土和易产生泌水的混凝土；用于抗渗混凝土、抗硫酸盐混凝土、贫混凝土、轻骨料混凝土、人工砂混凝土和有饰面要求的混凝土；不宜用于蒸养混凝土及预应力混凝土。

3）早强剂

早强剂是指能加速混凝土早期强度发展的外加剂。适用于早拆模、抢修及低温施工的工程，而且可缩短工期。工程中常用的早强剂主要有无机盐类（氯盐类、硫酸盐类）、有机胺类和复合早强剂。

（1）氯盐类早强剂

氯盐类早强剂主要有氯化钙、氯化钠、氯化钾、氯化铝等，其中氯化钙应用最为广泛。氯化钙为白色粉末，能与 C_3A 和 $Ca(OH)_2$ 迅速反应生成不溶性复盐，增加了混凝土拌合物中固相的比例，使混凝土 3 d 强度提高 50%～100%，7 d 强度提高 20%～40%，并且可以降低混凝土中水的冰点，避免混凝土因受冻而影响早期强度的发展。

氯化钙中的氯离子会引起钢筋的锈蚀，使用时须严格控制掺量。《混凝土外加剂应用技术规范》(GB 50119—2013)规定：在钢筋混凝土中氯化钙的掺量不得超过水泥质量的 1%；在无筋混凝土中掺量不得超过 3%；在使用冷拉或冷拔低碳钢筋混凝土结构、大体积混凝土结构、骨料具有碱活性的混凝土结构、预应力钢筋混凝土结构中，不允许掺入氯盐早强剂。

为了抑制氯化钙对钢筋的锈蚀作用，常将氯化钙与阻锈剂亚硝酸钠（$NaNO_2$）复合使用。

（2）硫酸盐类早强剂

硫酸盐类早强剂主要有硫酸钠、硫代硫酸钠（$Na_2S_2O_3$）、硫酸钙、硫酸铝、硫酸铝钾等，其中硫酸钠应用最广。硫酸钠为白色粉末，适宜掺量为 $0.5\% \sim 2\%$。硫酸钠对钢筋无锈蚀作用，但它会与 $Ca(OH)_2$ 反应生成强碱 $NaOH$，使用时应注意防止碱骨料反应发生，因此，硫酸钠严禁应用于含有碱活性骨料的混凝土中。

无机盐类早强剂不宜用于以下情况：

① 处于水位变化的结构。

② 露天结构及经常受水淋、受水流冲刷的结构。

③ 相对湿度大于 80% 环境中使用的结构。

④ 直接接触酸、碱或其他侵蚀性介质的结构。

⑤ 有装饰要求的混凝土，特别是要求色彩一致或表面有金属装饰的混凝土。

（3）有机胺类早强剂

有机胺类早强剂主要有三乙醇胺、三异丙醇胺等，其中三乙醇胺的早强效果明显。三乙醇胺为无色或淡黄色油状液体，呈碱性，能溶于水，可加速水泥的水化进程，而使水泥的早期强度提高，与其他外加剂（如氯化钠、氯化钙、硫酸钠等）复合使用效果更佳。适宜掺量为水泥质量的 $0.03\% \sim 0.05\%$。三乙醇胺对混凝土稍有缓凝作用，过量会导致混凝土严重缓凝或强度下降。

混凝土工程可采用两种或两种以上无机盐类早强剂或有机化合物类早强剂复合而成的早强剂。早强剂宜用于蒸养、常温、低温和最低温度不低于 -5 ℃环境中施工的有早强要求的混凝土工程。炎热条件以及环境温度低于 -5 ℃时不宜使用早强剂。早强剂不宜用于大体积混凝土，三乙醇胺等有机胺类早强剂不宜用于蒸养混凝土。

4）缓凝剂

缓凝剂是指能延长混凝土凝结时间的外加剂。缓凝剂主要分为 4 类：

（1）葡萄糖、蔗糖、糖蜜、糖钙等糖类化合物。

（2）柠檬酸、酒石酸（钾钠）、葡萄糖酸（钠）、水杨酸及其盐类等羟基羧酸及其盐类。

（3）山梨醇、甘露醇等级多元醇及其衍生物。

（4）2-膦酸丁烷-1,2,4-三羧酸（PBTC）、氨基三甲叉膦酸（ATMP）及其盐类等有机磷酸及其盐类。

（5）磷酸盐、锌盐、硼酸及其盐类、氟硅酸盐等无机盐类。

混凝土工程可采用由不同缓凝组分复合而成的缓凝剂。

缓凝剂可延缓混凝土凝结时间，使拌合物保持较长时间的塑性状态，以便于浇筑成型；而且能延长水化放热时间，宜用于对坍落度保持能力有要求的混凝土、静停时间较长或长距离运输的混凝土、自密实混凝土，还可用于大体积混凝土，宜用于日最低气温在 5 ℃以上施工的混凝土；柠檬酸（钠）及酒石酸（钾钠）等缓凝剂不宜单独用于贫混凝土。

5）泵送剂

泵送剂是指能改善混凝土拌合物泵送性能的外加剂，常用掺量为水泥质量的 $1.5\% \sim 2\%$。所谓泵送性能，就是混凝土拌合物具有能顺利通过输送管道、不阻塞、不离析、粘塑性良好的性能。泵送剂是由减水剂、调凝剂、引气剂、润滑剂等多组分复合而成。

泵送剂塑化作用好，在保持水胶比和胶凝材料用量不变的情况下，坍落度可由50～

70 mm 提高到 150～220 mm,3 d、7 d、28 d 龄期强度可提高 30%～50%,而且混凝土不易发生离析现象,黏聚性能好。泵送剂具有良好的减水效果,减水率为 10%～25%,在保持混凝土坍落度和强度不变的情况下,可节约水泥约 10%。

泵送剂能润滑骨料,改善混凝土拌合物的和易性,减少泌水、离析现象发生;还能提高混凝土抗压、抗折、抗拉强度,延缓水化放热速度,避免温度裂缝的出现,增加混凝土的密实度以改善其耐久性。泵送剂适用于配制泵送施工的混凝土、工业与民用建筑结构工程混凝土、桥梁混凝土、水下灌注桩混凝土、大坝混凝土、清水混凝土、防辐射混凝土和纤维混凝土等。泵送剂宜用于日平均气温 5 ℃以上的施工环境,不宜用于蒸汽养护混凝土和蒸压养护的预制混凝土。

6）防冻剂

防冻剂是能使混凝土在负温下硬化,并在规定养护条件下达到预期性能的外加剂。常用的无机盐类防冻剂有氯盐类(以氯盐为防冻组分)、氯盐阻锈类(含有阻锈组分,并以氯盐为防冻组分)、无氯盐类(以硝酸盐、亚硝酸盐、碳酸盐等无机盐为防冻组分);混凝土工程也可采用以某些醇类、尿素等有机化合物为防冻组分的有机化合物类防冻剂。

防冻剂能够降低混凝土拌合物液相的冰点,使混凝土液相不冻结或部分冻结,以保证水泥水化能够持续进行,并在一定时间内获得预期强度。防冻剂基本都是复合的,由防冻组分、早强组分、引气组分、减水组分复合而成。防冻组分能够降低水的冰点,使水泥在负温下能够继续水化;早强组分能提高混凝土的早期强度,以抵抗水变冰而产生的膨胀力;引气组分向混凝土中引入适量的封闭气泡,可以缓和冰胀应力;减水组分可减少混凝土拌合用水量,降低负温时混凝土中冰的含量,使冰粒细小分散,减轻对混凝土的破坏作用。防冻剂广泛应用于房屋、道路、桥梁及水工建筑的冬季施工;在钢筋混凝土结构中,要严格控制防冻剂中氯离子的掺入,防止钢筋锈蚀或预应力钢筋脆断。

7）速凝剂

速凝剂是指能使混凝土迅速凝结硬化的外加剂。速凝剂主要有无机盐类和有机物类两类。我国常用的速凝剂是无机盐类,主要型号有红星Ⅰ型、711 型、728 型、8604 型等。

速凝剂掺入混凝土后,能使混凝土在 5 min 内初凝,10 min 内终凝,1 h 即可产生强度,1 d 强度提高 2～3 倍,但后期强度会有所下降,28 d 强度约为不掺时的 80%～90%。速凝剂的速凝早强作用机理是使水泥中的石膏变成 Na_2SO_4 而失去缓凝作用,从而促使 C_3A 迅速水化,导致混凝土迅速凝固。

速凝剂主要用于矿山井巷、铁路隧道、引水涵洞、地下工程以及喷锚支护时的喷射混凝土或喷射砂浆中。喷射混凝土工程可采用两种粉状速凝剂,分别是以铝酸盐、碳酸盐等为主要成分的粉状速凝剂,以及以硫酸盐、氢氧化铝等为主要成分与其他无机盐、有机物复合而成的低碱粉状速凝剂。喷射混凝土工程可采用两种液体速凝剂,分别是以铝酸盐、硅酸盐为主要成分与其他无机盐、有机物复合而成的液体速凝剂,以及以硫酸盐、氢氧化铝等为主要成分与其他无机盐、有机物复合而成的低碱液体速凝剂。掺速凝剂喷射混凝土作业区日最低气温不应低于 5 ℃。

8）膨胀剂

膨胀剂是在混凝土硬化过程中因化学作用能使混凝土产生一定体积膨胀的外加剂。混凝土工程通常采用硫铝酸钙类混凝土膨胀剂、硫铝酸钙-氧化钙类混凝土膨胀剂、氧化钙类混凝土膨胀剂。

膨胀剂应用于钢筋混凝土工程和填充性混凝土工程。用膨胀剂配制的补偿收缩混凝土宜用于混凝土结构自防水、工程接缝、填充灌浆,采取连续施工的超长混凝土结构,大体积混凝土工程等;用膨胀剂配制的自应力混凝土宜用于自应力混凝土输水管、灌注桩等。含硫铝酸钙类、硫铝酸钙－氧化钙类膨胀剂配制的混凝土(砂浆)不得用于长期环境温度为80 ℃以上的工程。

9）防水剂

防水剂是能降低砂浆、混凝土在静水压力下透水性的外加剂。混凝土工程可采用以下两类防水剂:一类是氯化铁、硅灰粉末、锆化合物、无机铝盐防水剂、硅酸钠等无机化合物类;另一类是脂肪酸及其盐类、有机硅类、聚合物乳液等有机化合物类。混凝土工程可采用两种复合防水剂:第一种是无机化合物类复合、有机化合物类复合、无机化合物类与有机化合物类复合;第二种是上述两类防水剂与引气剂、减水剂、调凝剂(能调节混凝土凝结时间的外加剂)等外加剂复合而成的防水剂。

防水剂适用于有防水抗渗要求的混凝土工程,对有抗冻要求的混凝土工程,宜选用复合引气组分的防水剂。

10）外加剂的掺法

外加剂掺量很少,需均匀地分散于混凝土中,通常不直接放入搅拌机内与混凝土同拌。可溶性的外加剂应与水配制成一定浓度的溶液,随水加入搅拌机内;不溶性的外加剂应与适量的水泥或砂混合均匀后加入搅拌机内。

外加剂的掺入时间会影响其使用效果,例如减水剂就有以下几种方法:先掺法是将粉状减水剂与水泥先混合后,再与骨料和水一起搅拌;同掺法是先将减水剂溶解于水中,再以此溶液拌制混凝土;后掺法是指拌合混凝土时先不掺入减水剂,在运输途中或运至施工现场再分一次或几次掺入,经两次或多次搅拌成均匀的混凝土拌合物,此方法特别适用于远距离、长时间运输的商品混凝土。

4.2.6 矿物掺合料

矿物掺合料是以硅、铝、钙等一种或多种氧化物为主要成分,具有规定细度,掺入混凝土中能改善混凝土性能的粉体材料。矿物掺合料的应用,可引导技术的发展,在改善混凝土性能的同时,提高工程质量,延长混凝土结构物使用寿命。矿物掺合料与硅酸盐水泥共同组成胶凝材料(国外称其为辅助胶凝材料),已经成为高性能混凝土不可缺少的第六组分,通常掺量不超过水泥质量的5%。常用的矿物掺合料有粉煤灰、粒化高炉矿渣粉、硅灰、石灰石粉、钢渣粉、磷渣粉、沸石粉和复合矿物掺合料等,它们的性能应符合《矿物掺合料应用技术规范》(GB/T 51003—2014)规定。

1）粉煤灰（FA）

粉煤灰是从煤粉炉烟道气体中收集的粉末,性能应符合《用于水泥和混凝土中的粉煤灰》(GB/T 1596—2017)规定。粉煤灰按照煤种和氧化钙含量分为F类和C类,F类是指由无烟煤或烟煤煅烧收集的粉煤灰;C类是指氧化钙含量一般大于10%,且由褐煤或次烟煤煅烧收集的粉煤灰。粉煤灰根据用途可分为两类:一类是拌制砂浆和混凝土用粉煤灰(本项目采用此类粉煤灰),分为Ⅰ级、Ⅱ级、Ⅲ级3个等级;另一类是水泥活性混合材料用粉煤灰,不分级。

粉煤灰中含有玻璃态或无定形 SiO_2 或 Al_2O_3,本身没有胶凝性,但在有水的情况下能与激发剂(氢氧化钙或石膏)反应生成胶凝性物质,工作原理与水泥熟料水化过程相同,称之为"火山灰效应";粉煤灰颗粒绝大多数为表面光滑、致密的铝硅酸盐玻璃微珠,在混凝土中起到"滚珠"的作用,削弱了骨料之间的摩擦阻力而使混凝土拌合用水量减少,改善了混凝土的和易性,提高了混凝土的强度(尤其是后期强度),这种作用称为"颗粒形态效应";细小的粉煤灰颗粒可以填充到骨料颗粒无法填充的空隙中,丰富了骨料颗粒级配,可减少混凝土拌合用水量,从而提高强度,这种作用称为"微骨料效应"。粉煤灰还可以降低水化热,减少混凝土收缩(尤其是干缩),明显改善混凝土耐久性(如抗渗性、抗腐蚀性、抑制碱骨料反应等),因此广泛应用于泵送混凝土中。

2)粒化高炉矿渣粉(SG)

粒化高炉矿渣粉(SG)是从炼铁高炉中排出的,以硅酸盐和铝硅酸盐为主要成分的熔融物,经淬冷成粒后粉磨所得的粉体材料,性能应符合《用于水泥、砂浆和混凝土中的粒化高炉矿渣粉》(GB/T 18046—2017)规定,矿渣粉按活性指数分为S105,S95,S75三级。

粒化高炉矿渣粉与粉煤灰一样,也具有火山灰效应、颗粒形态效应和微骨料效应,但性能上有些差异。

(1)矿渣粉中CaO含量较高,活性比粉煤灰要好,增加掺量可明显提高混凝土强度。

(2)矿渣粉的细度(比表面积400 m^2/kg 以上)比较大,颗粒更细,活性更强,超细粉磨之后的矿渣粉可替代硅灰,配以高效减水剂,可制得高强及超高强混凝土。

3)硅灰(SF)

硅灰是在冶炼硅铁合金或工业硅时通过烟道排出的粉尘,经收集得到的以无定形二氧化硅为主要成分的粉体材料。硅灰的比表面积为1 500 m^2/kg 以上,比粉煤灰和粒化高炉矿渣粉都要细很多,因此活性很强。

硅灰也具有火山灰效应、微骨料效应和界面效应(界面处强度高,微裂缝少),适用于配制高强、超高强、抗冲磨、抗化学腐蚀(氯盐、硫酸盐)、喷射混凝土等,还可抑制碱骨料反应发生。由于硅灰颗粒极细,比表面积特别大,因此只有在高效减水剂的共同作用下才能较好地发挥其效用。

石灰石粉是以一定纯度的石灰石为原料,经粉磨至规定细度的粉状材料。

钢渣粉是从炼钢炉中排出的,以硅酸盐为主要成分的熔融物,经消解稳定化处理后粉磨所得的粉体材料。

磷渣粉是用电炉法制黄磷时所得到的以硅酸钙为主要成分的熔融物,经淬冷成粒后粉磨所得的粉体材料。

沸石粉是将天然斜发沸石岩或丝光沸石岩磨细制成的粉体材料。

复合矿物掺合料是由两种或两种以上矿物掺合料按一定比例复合后的粉体材料。工程上常用粉煤灰与磨细矿渣粉组成的复合矿物掺合料或粉煤灰、矿渣和硅灰复合而成的三组分矿物掺合料来拌合混凝土。研究表明,当复合矿物掺合料各组分比例适当时,将产生"超叠加"效应。

混凝土中矿物掺合料的掺量应通过实验确定,且应符合表 4.20、表 4.21 的规定。

表 4.20 钢筋混凝土中矿物掺合料最大掺量(JGJ 55—2011)

矿物掺合料种类	水胶比	最大掺量/%	
		采用硅酸盐水泥时	采用普通硅酸盐水泥时
粉煤灰	≤0.40	45	35
	>0.40	40	30
粒化高炉矿渣粉	≤0.40	65	55
	>0.40	55	45
钢渣粉	—	30	20
磷渣粉	—	30	20
硅灰	—	10	10
复合掺合料	≤0.40	65	55
	>0.40	55	45

注:(1) 采用其他通用硅酸盐水泥时,宜将水泥混合材掺量 20% 以上的混合材量计入矿物掺合料;
　　(2) 复合掺合料各组分的掺量不宜超过单掺时的最大掺量;
　　(3) 在混合使用 2 种或 2 种以上矿物掺合料时,矿物掺合料总掺量应符合表中复合矿物掺合料的规定。

表 4.21 预应力钢筋混凝土中矿物掺合料最大掺量(JGJ 55—2011)

矿物掺合料种类	水胶比	最大掺量/%	
		采用硅酸盐水泥时	采用普通硅酸盐水泥时
粉煤灰	≤0.40	35	30
	>0.40	25	20
粒化高炉矿渣粉	≤0.40	55	45
	>0.40	45	35
钢渣粉	—	20	10
磷渣粉	—	20	10
硅灰	—	10	10
复合掺合料	≤0.40	55	45
	>0.40	45	35

注:(1) 采用其他通用硅酸盐水泥时,宜将水泥混合材掺量 20% 以上的混合材量计入矿物掺合料;
　　(2) 复合掺合料各组分的掺量不宜超过单掺时的最大掺量;
　　(3) 在混合使用 2 种或 2 种以上矿物掺合料时,矿物掺合料总掺量应符合表中复合矿物掺合料的规定。

矿物掺合料不同于传统的水泥混合材料,虽然两者材质相同,但前者细度更高。组成高性能混凝土的矿物掺合料要求颗粒更细,级配更合理,表面活性更好,才能充分发挥掺合料的粉体效应,其掺量也远高于水泥混合材料。

4.3　普通混凝土的技术性质

4.3.1　混凝土拌合物的和易性

混凝土拌合物必须具备良好的和易性,以便于施工,待其凝结硬化以后,才能获得理想的强度及耐久性。

1)和易性概念

和易性是指混凝土拌合物易于施工操作(搅拌、运输、浇筑、捣实),并能获得质量均匀、成型密实的硬化混凝土的性能。和易性是一项综合性的技术指标,包括流动性、黏聚性和保水性3个方面的性能。

(1)流动性。是指混凝土拌合物在本身自重或施工机械振捣作用下,能产生流动,并均匀密实地填满模板的性能。流动性反映了混凝土拌合物的稀稠程度,直接影响施工时浇注振捣的难易程度和成型的质量。

(2)黏聚性。是指混凝土拌合物各组成材料之间具有一定的黏聚力,在运输和浇注过程中不至于发生分层、离析现象,使混凝土拌合物保持整体均匀的性能。

(3)保水性。是指混凝土拌合物具有一定的保水能力,在施工过程中不至于产生严重泌水现象(部分水分从内部析出)的能力。保水性差的混凝土拌合物,易出现泌水现象而在混凝土内部形成渗水通道,从而影响混凝土的密实度、强度和耐久性。

混凝土拌合物的流动性、黏聚性和保水性,三者之间既相互关联又相互矛盾。流动性好的混凝土拌合物,其黏聚性和保水性可能较差;黏聚性较好的拌合物,往往保水性也好,但是流动性可能较差。在实际工程中,应使三者在某种条件下实现统一,既要满足混凝土施工过程中要求的流动性,同时也具有良好的黏聚性和保水性。

2)和易性的测定

混凝土拌合物的和易性无法直接测定,通常是分别进行流动性、黏聚性和保水性的测定。流动性采用定量测定的方法,再辅以直观经验法评定黏聚性和保水性。对于流动性的测定,塑性和流动性混凝土拌合物,采用坍落度法;干硬性混凝土拌合物,采用维勃稠度法。

(1)坍落度法

坍落度法是将混凝土拌合物按规定方法分3层装入坍落度筒(高为300 mm的截顶圆锥筒)内,逐层捣实并装满刮平,垂直向上提起坍落度筒,混凝土拌合物会因自重的作用而向下坍塌,测量筒高与坍落后混凝土试体最高点之间的高度差,即为坍落度,用符号 T 表示,单位mm,如图4.7所示。坍落度越大,混凝土拌合物的流动性越大。当混凝土拌合物坍落度大于220 mm时,应用钢尺测量混凝土扩展后最终的最大直径和最小直径,当两个直径之差小于50 mm时,用其算术平均值作为坍落拓展度值;否则,此次实验无效。坍落拓展度越大,流动性就越好。

黏聚性的检查方法是用捣棒在已坍落的拌合物锥体侧面轻轻敲打,若锥体逐渐均匀下沉,则表示黏聚性良好;如果锥体突然倒塌、部分崩裂或出现离析现象,则表示黏聚性不好。

保水性以混凝土拌合物底部稀浆析出的程度来评定。坍落度筒提起后,如有较多稀浆从底部析出,锥体部分的混凝土也因失浆而骨料外露,则表明此混凝土拌合物的保水性不好;如坍落度筒提起后,无稀浆或仅有少量稀浆从底部析出,则说明保水性良好。

坍落度法适用于骨料最大粒径不大于 40 mm、坍

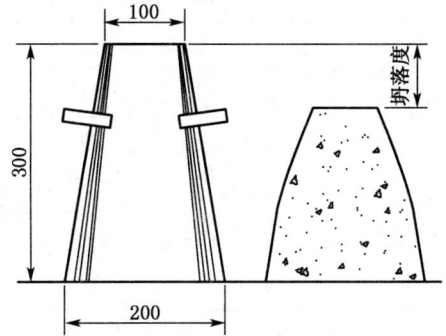

图 4.7　坍落度测定方法示意图

落度不小于 10 mm 的混凝土拌合物稠度的测定。根据《混凝土质量控制标准》(GB 50164—2011)规定,混凝土拌合物按坍落度值可分为 5 个等级,如表 4.22 所示。

表 4.22　混凝土拌合物的坍落度等级划分(GB 50164—2011)

等级	名　　称	坍落度/mm
S1	低塑性混凝土	10～40
S2	塑性混凝土	50～90
S3	流动性混凝土	100～150
S4	大流动性混凝土	160～210
S5	超大流动性混凝土	≥220

坍落拓展度适用于泵送高强混凝土(拓展度不宜小于 500 mm)和自密实混凝土(拓展度不宜小于 600 mm)。

(2)维勃稠度法

当混凝土拌合物的坍落度小于 10 mm(即干硬性混凝土)时,其流动性需用维勃稠度仪测定,如图 4.8 所示。将混凝土拌合物按标准方法装入维勃稠度测定仪容量桶的坍落度筒内,垂直提起坍落筒,并将透明圆盘置于拌合物试体顶面;开启振动台,同时用秒表计时,测出透明圆盘底面被水泥浆布满所需的时间,即为维勃稠度值,单位 s(秒)。维勃稠度值越大,混凝土拌合物越干稠,流动性越差。

维勃稠度法适用于骨料粒径不大于 40 mm、维勃稠度在 5～30 s 之间的混凝土拌合物稠度的测定。混凝土拌合物的维勃稠度值可分为 5 个等级,见表 4.23。

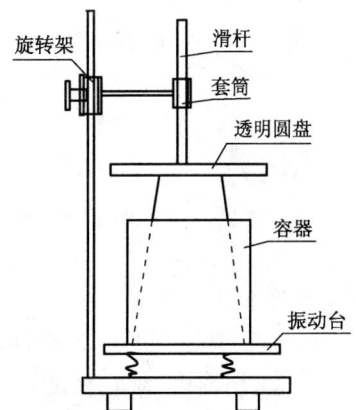

图 4.8　维勃稠度仪示意图

表 4.23　混凝土拌合物的维勃稠度等级划分（GB 50164—2011）

等级	名　　称	维勃稠度/s
V0	超干硬性混凝土	≥31
V1	特干硬性混凝土	30~21
V2	干硬性混凝土	20~11
V3	半干硬性混凝土	10~6
V4	—	5~3

3）流动性（坍落度）的选择

混凝土拌合物流动性的选用原则，是在满足施工条件和混凝土成型密实的条件下，尽可能选择较小的流动性，以节约胶凝材料并能获得质量较好的混凝土。选用时应考虑工程环境、构件截面尺寸、配筋情况、施工方法等因素。若构件截面尺寸较小、钢筋较密或采用人工拌合与振捣时，坍落度应选择大些；反之，若构件截面尺寸较大、钢筋较疏或采用机械振捣时，坍落度应选择小些。混凝土浇筑时的坍落度可参考表 4.24。

表 4.24　混凝土浇筑时的坍落度

序号	结　构　种　类	坍落度/mm
1	基础或地面等的垫层、无配筋的大体积结构（挡土墙、基础等）、配筋稀疏的结构	10~30
2	板、梁、大型及中型截面的柱子等	30~50
3	配筋密列的结构（薄壁、斗仓、筒仓、细柱等）	50~70
4	配筋特密的结构	70~90
5	高层建筑（大流动性、流态、泵送混凝土）	80~200

注：（1）本表系采用机械振捣混凝土时的坍落度，采用人工捣实其值可适当增大；

（2）有温控要求或高、低温季节浇筑混凝土时，坍落度可根据具体情况酌量增减。

【学中做】

1. 混凝土拌合物坍落度大，则表明该混凝土的（　　）好。

A. 和易性　　　　　　B. 流动性　　　　　　C. 黏聚性　　　　　　D. 保水性

答案：B

2. 塑性混凝土的流动性用（　　）表示，干硬性混凝土的流动性用（　　）表示。

A. 坍落度、维勃稠度　　　　　　　　　　B. 维勃稠度、坍落度

C. 坍落度、坍落度　　　　　　　　　　　D. 维勃稠度、维勃稠度

答案：A

4）影响和易性的主要因素

（1）胶凝材料浆的数量

混凝土拌合物的胶凝材料浆具有包裹及润滑骨料、填充骨料空隙、提供流动性的作用。在水胶比不变的情况下，胶凝材料浆越多，对骨料的填充及润滑作用越充分，混凝土拌合物的流

动性越大。若胶凝材料浆过多,不仅浪费胶凝材料,而且会使拌合物的黏聚性、保水性变差,出现分层离析、泌水现象;若胶凝材料浆过少,不足以包裹骨料表面或填充骨料间的空隙,会导致骨料摩擦阻力增大,拌合物流动性降低、黏聚性变差,甚至出现崩塌现象,而影响混凝土的强度和耐久性。

（2）胶凝材料浆的稠度（水胶比）

水胶比（W/B）为混凝土拌合物中水的质量与胶凝材料的质量之比,是用来反映胶凝材料浆的稀稠程度（即稠度）的。水胶比越小,胶凝材料浆越稠,混凝土拌合物的流动性越小;若水胶比过小,混凝土拌合物会因流动性过低而难以施工,从而影响混凝土的密实度及质量。水胶比增大会提高混凝土拌合物的流动性;若水胶比过大,会导致混凝土拌合物黏聚性和保水性不良,出现流浆、离析现象,严重影响混凝土的强度。因此,水胶比应根据强度和耐久性进行合理选用。

胶凝材料浆的数量和稠度对混凝土拌合物流动性的影响,起决定性作用的还是单位用水量（1 m³ 混凝土的用水量）。在骨料性质确定且单位用水量一定的条件下,1 m³ 混凝土的胶凝材料用量（单位胶凝材料用量）增减 50～100 kg,混凝土拌合物的坍落度基本保持不变,这就是"固定用水量法则"。若要增加混凝土拌合物的流动性,应采用水胶比不变、增加胶凝材料浆的方法,确保混凝土的强度和耐久性。

（3）砂率

砂率是指混凝土拌合物中砂的质量占砂、石子总质量的百分率。按下式计算:

$$\beta_s = \frac{m_s}{m_s + m_g} \times 100\% \tag{4-3}$$

式中:β_s——砂率,%;

m_s——1 m³ 混凝土中砂的质量,kg;

m_g——1 m³ 混凝土中石子的质量,kg。

砂率的变化会影响骨料的空隙率和总表面积,从而影响混凝土拌合物的和易性。在胶凝材料浆量一定的条件下,若砂率过小,砂不足以填满石子之间的空隙,或不能形成足够厚度的砂浆层来润滑石子,会导致拌合物的流动性降低,同时黏聚性和保水性变差。若砂率过大,骨料的总表面积及空隙率会增大,使得包裹骨料表面的水泥浆数量相对减少,导致润滑作用减弱,拌合物的流动性变差。砂率对坍落度和胶凝材料用量的影响,如图4.9所示。

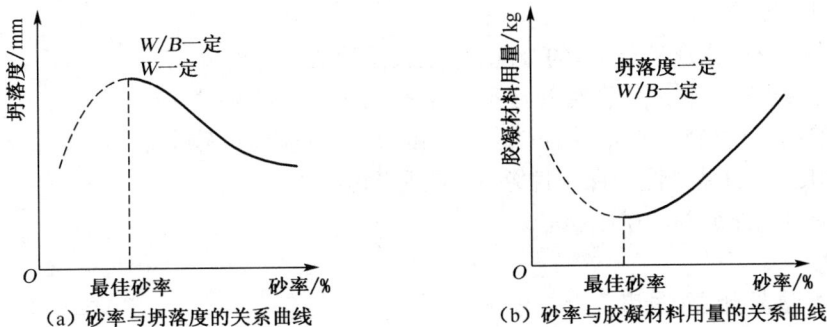

图 4.9 合理砂率的确定

由图 4.9 可知,砂率既不能过大,也不能过小,应选取合理砂率(又称最佳砂率或最优砂率)。在用水量和水胶比不变的条件下,混凝土拌合物的流动性最大,且黏聚性、保水性良好的砂率即为合理砂率。同理,在水胶比和坍落度不变的条件下,拌合物和易性满足要求且胶凝材料用量最小的砂率也是合理砂率。工程中通常采用合理砂率配制混凝土,在节约水泥的同时可保证混凝土拌合物具有良好的和易性。

混凝土配合比设计时,当石子最大公称粒径较大、级配较好、表面光滑时,最佳砂率取较小值;当砂细度模数较小时,最佳砂率取较小值;当水胶比较小或掺有改善拌合物黏聚性的掺合料(如粉煤灰或硅灰)时,最佳砂率取较小值;当混凝土中掺有改善流动性的外加剂(如引气剂或减水剂)或混凝土自身流动性较大时,最佳砂率取较小值;碎石混凝土中采用的最佳砂率大于卵石混凝土。

(4)组成材料性质的影响

水泥的品种及细度、骨料的颗粒形状及级配、外加剂等均对混凝土拌合物的和易性有影响。需水量大的水泥,使拌合物达到相同坍落度时的用水量较多。普通水泥配制的混凝土拌合物流动性和保水性好;矿渣水泥配制的混凝土拌合物流动性大,黏聚性、保水性差,易泌水;火山灰水泥需水量大,用水量相同时,流动性降低,但黏聚性、保水性好。水泥颗粒越细,表面积越大,需水量越多;在水量不变的情况下,混凝土流动性越小,但黏聚性及保水性较好。

卵石表面光滑、棱角少,所以卵石拌制的混凝土比碎石拌制的流动性好。同理,河砂拌制的混凝土流动性也比较好。级配好的骨料空隙率小,在胶凝材料浆用量不变的情况下,包裹及润滑骨料的浆体较厚,混凝土拌合物的流动性也好。加入减水剂和引气剂能明显提高拌合物的流动性,且黏聚性和保水性良好。

(5)施工方面

拌制好的混凝土拌合物,随时间的延长,水分不断减少(一部分水参与胶凝材料的水化,一部分水被骨料吸收,另一部分水蒸发),混凝土凝聚结构开始缓慢形成,使得混凝土拌合物逐渐变得干稠,流动性减小。

环境的温度也会影响混凝土拌合物的和易性。温度越高,水泥水化反应速度及水分蒸发速度越快,坍落度损失越大。

采用机械振捣的混凝土拌合物的和易性要好于人工插捣的混凝土。

5)改善混凝土拌合物和易性的措施

(1)采用合理砂率。

(2)改善砂、石(特别是石子)的级配,尽量选择颗粒较粗的砂、石。

(3)当混凝土拌合物的坍落度过小而黏聚性和保水性良好时,应保持水胶比不变,适当增加胶凝材料浆(胶凝材料+水)的用量;当坍落度过大时,应保持砂率不变,适当增加砂、石的用量;若流动性良好,而黏聚性和保水性差时,应适当提高砂率。

(4)适量掺入外加剂和矿物掺合料。

4.3.2 混凝土的强度

混凝土强度是衡量其承受荷载和各种外界作用的重要指标。混凝土强度包括抗压强度、抗拉强度、抗弯强度、抗剪强度以及与钢筋的黏结强度等,其中抗压强度最大,因此混凝土主要用来承受压力。

混凝土的强度关系到混凝土的很多性能。混凝土强度越高,其刚度、抗渗性、抗风化及抗某些介质侵蚀的能力就越好,通常用混凝土的强度来评定和控制混凝土质量。

1)立方体抗压强度与强度等级

（1）立方体抗压强度(f_{cu})

混凝土立方体抗压强度是指立方体试件单位面积上所能承受的最大压力。《混凝土物理力学性能试验方法标准》(GB/T 50081—2019)规定,按标准方法将混凝土制成 150 mm × 150 mm × 150 mm 的标准立方体试件,在 $(20\pm2)℃$ 的温度下成型后脱膜,再在标准条件下(温度为 $(20\pm2)℃$,相对湿度95%以上或在温度为 $(20\pm2)℃$ 的不流动的 $Ca(OH)_2$ 饱和溶液中)养护至 28 d(从搅拌加水开始计时),用标准方法测得的极限抗压强度即为混凝土立方体抗压强度,用 f_{cu} 表示,单位为 MPa。

混凝土立方体抗压强度与骨料的粒径有关,应按骨料的最大粒径进行合理选择,见表 4.25。非标准试件测定的结果必须乘以相应的换算系数,将强度转化为标准试件的强度方可使用。

表 4.25　混凝土试件尺寸及强度的尺寸换算系数(GB 50204—2011)

试件种类	试件尺寸/mm	骨料的最大粒径/mm	换算系数
标准试件	150×150×150	≤40	1.00
非标准试件	100×100×100	≤31.5	0.95
	200×200×200	≤63	1.05

当混凝土强度等级不小于C60时,宜采用标准试件;当使用非标准试件时,混凝土强度等级不大于C100时,尺寸换算系数由试验确定,在未进行试验确定的情况下,对 100 mm×100 mm×100 mm 的试件可取为 0.95;当混凝土强度等级大于C100时,尺寸换算系数由试验确定。

（2）立方体抗压强度标准值($f_{cu,k}$)

混凝土立方体抗压强度标准值是按标准方法制作、养护边长为 150 mm 混凝土立方体试件,在 28 d 或设计规定龄期以标准实验方法测定具有95%的强度保证率的混凝土立方体抗压强度值,用 $f_{cu,k}$ 表示,单位为 MPa。

（3）强度等级

《混凝土结构设计规范》(GB 50010—2010)规定,混凝土的强度等级是根据立方体抗压强度标准值来确定的,可分为C15、C20、C25、C30、C35、C40、C45、C50、C55、C60、C65、C70、C75、C80十四个强度等级。例如,强度等级为C30的混凝土,其立方体抗压强度标准值 $f_{cu,k}=$ 30 MPa。

混凝土强度等级的选用须满足以下规定:素混凝土结构的混凝土强度等级不应低于C15;钢筋混凝土结构的混凝土强度等级不应低于C20;采用强度等级 400 MPa 及以上的钢筋时,混凝土强度等级不应低于C25;预应力混凝土结构的混凝土强度等级不宜低于C40,且不应低于C30;承受重复荷载的钢筋混凝土构件,混凝土强度等级不应低于C30。

2）轴心抗压强度（f_{cp}）

《混凝土物理力学性能试验方法标准》（GB/T 50081—2019）规定，混凝土轴心抗压强度是指棱柱体轴向单位面积上所能承受的最大压力。工程中的钢筋混凝土结构构件极少为正方体，多为棱柱体或圆柱体。在混凝土结构设计时，轴心受压构件（如柱子、桥墩、桁架腹杆）均使用混凝土轴心抗压强度为设计依据，测得的混凝土强度更接近混凝土结构实际受力情况。立方体抗压强度在用来确定混凝土强度和质量控制时使用。

轴心抗压强度是以 150 mm×150 mm×300 mm 的棱柱体试件为标准试件，在标准条件下养护 28 d，测得的抗压强度，用 f_{cp} 表示，单位为 MPa。实验表明，混凝土轴心抗压强度值比立方体抗压强度小，当立方体强度为 10～55 MPa 时，$f_{cp}=(0.7～0.8)f_{cu}$，在结构设计计算时，一般取 $f_{cp}=0.67f_{cu}$。

当混凝土强度等级小于 C60 时，用非标准试件测得的强度值均应乘以尺寸换算系数，200 mm×200 mm×400 mm 的试件，尺寸换算系数为 1.05；100 mm×100 mm×300 mm 的试件，尺寸换算系数为 0.95。当混凝土强度等级不小于 C60 时，宜采用标准试件；使用非标准试件时，尺寸换算系数由试验确定。

3）抗拉强度（f_{ts}）

混凝土的抗拉强度分为轴向拉伸强度和劈裂抗拉强度。

轴向拉伸强度是指混凝土试件轴向单位面积所能承受的最大拉力，由轴向拉伸试验测得。轴向拉伸试验时，结果易受试验过程（如荷载未对准构件轴线、夹具处发生破坏）影响，偏差较大，故劈裂抗拉强度比较常用。

劈裂抗拉强度是指立方体试件上下表面中间承受均布压力劈裂破坏时，压力作用的竖向平面内产生近似均布的极限拉应力。试验采用 150 mm×150 mm×150 mm 的标准立方体试件，按规定方法测得。试验时试件的应力分布情况如图 4.10 所示。

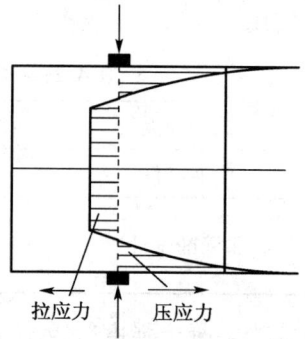

图 4.10 劈裂实验时试件内部的应力分布情况

按规定方法测得试件劈裂破坏时的极限荷载，可按下式计算出劈裂抗拉强度：

$$f_{ts}=\frac{2F}{\pi A}=0.637\frac{F}{A} \qquad (4-4)$$

式中：f_{ts}——混凝土劈裂抗拉强度，MPa；

F——破坏荷载，N；

A——试件劈裂面积，mm^2。

混凝土的抗拉强度很低，仅为抗压强度的 1/10～1/20，混凝土强度等级越高比值越小。混凝土属脆性材料，破坏时没有明显的变形，故在钢筋混凝土结构设计中，一般不考虑混凝土的抗拉强度，而是用钢筋来承受拉力。但是混凝土的抗拉强度对其抗裂性的意义重大，是结构设计中确定混凝土抗裂度的主要技术指标。

采用 100 mm×100 mm×100 mm 非标准试件测得的劈裂抗拉强度值，应乘以尺寸换算系数 0.85；当混凝土强度等级不小于 C60 时，应采用标准试件。

【学中做】

1. 混凝土强度等级应按( )确定。

A. 立方体抗压强度

B. 立方体抗压强度标准值

C. 轴心抗压强度

D. 轴心抗压强度标准

答案:B

2. 混凝土立方体抗压强度标准试件的尺寸是( )。

A. 100 mm×100 mm×100 mm

B. 150 mm×150 mm×150 mm

C. 200 mm×200 mm×200 mm

D. 50 mm×50 mm×50 mm

答案:B

3. 混凝土立方体抗压强度与轴心抗压强度的大小关系是( )。

A. 立方体抗压强度＞轴心抗压强度

B. 立方体抗压强度＜轴心抗压强度

C. 立方体抗压强度≥轴心抗压强度

D. 立方体抗压强度≤轴心抗压强度

答案:A

4. 混凝土立方体抗压强度试验中,混凝土强度等级不大于 C100 时,若采用 100 mm×100 mm×100 mm 试件,得出强度需乘以( )换算系数。

A. 0.85　　　　　　B. 0.95　　　　　　C. 1.00　　　　　　D. 1.05

答案:B

4) 影响混凝土强度的因素

（1）胶凝材料的强度及水胶比

胶凝材料是混凝土中的活性组分,在水胶比不变的情况下,其强度越高,混凝土的强度就越高。当胶凝材料的品种及强度等级不变时,混凝土的强度主要取决于水胶比,水胶比越大,混凝土的强度越低。这是因为水泥水化时理论需水量约占水泥质量的 23%,为获得施工需要的流动性,通常加入较多的水(约占水泥质量的 40%~60%);多余的水分蒸发后形成孔隙,使混凝土密实度降低,强度下降,影响混凝土的耐久性。在保证混凝土质量的前提下,水胶比越小,混凝土强度和耐久性越好。但是,如果水胶比过小,拌合物过于干稠,难以捣实而影响浇筑质量,混凝土会出现较多的蜂窝、孔洞,强度和耐久性也会下降。

实验证明,混凝土强度随水胶比的增大而降低,二者之间呈曲线关系;而混凝土强度与胶水比呈直线关系,如图 4.11 所示。

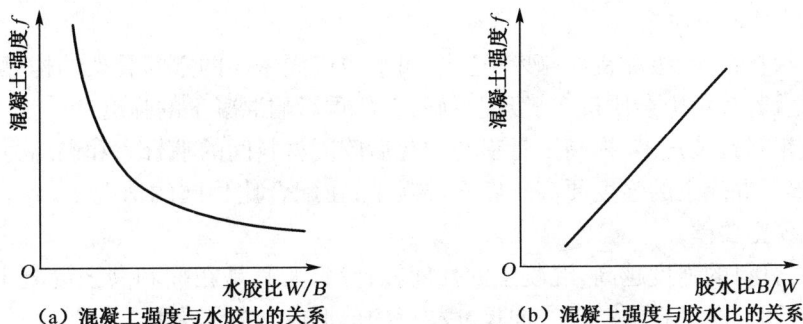

（a）混凝土强度与水胶比的关系　　　　　（b）混凝土强度与胶水比的关系

图 4.11　混凝土强度与水胶比及胶水比的关系

通过对实验数据进行数理统计后得出,混凝土强度与胶凝材料强度和胶水比等因素之间的线性关系可按下面的经验公式(鲍罗米混凝土强度公式)计算:

$$f_{cu}=\alpha_a f_b\left(\frac{B}{W}-\alpha_b\right) \tag{4-5}$$

式中:f_{cu}——混凝土 28 d 龄期抗压强度,MPa;

B/W——胶水比;

B——胶凝材料用量,kg;

W——水的用量,kg;

f_b——胶凝材料的实际强度,MPa;

α_a、α_b——回归系数,与骨料及胶凝材料的品种等有关。若有试验条件,其数值可利用试验数据统计得出;若不具备试验统计资料,可按表 4.26 选用。

表 4.26　回归系数(α_a,α_b)取值表(JGJ 55—2011)

粗骨料品种	碎石	卵石
α_a	0.53	0.49
α_b	0.20	0.13

混凝土强度公式可解决两个问题:一是在混凝土配合比设计时,可依据混凝土的配制强度、胶凝材料的实际强度及骨料性质,估算水胶比;二是在进行混凝土质量控制时,依据胶凝材料的强度、水胶比及骨料性质,估算混凝土 28 d 龄期可以达到的强度。

【学中做】

1. 从公式 $f_{cu}=\alpha_a f_b\left(\frac{B}{W}-\alpha_b\right)$ 中可以看出,影响混凝土强度的因素有(　　　)。

A. 骨料特征系数　　　　　　　　　　B. 水胶比

C. 胶凝材料实测强度　　　　　　　　D. 骨料级配

答案:ABC

2. 从公式 $f_{cu}=\alpha_a f_b\left(\frac{B}{W}-\alpha_b\right)$ 中可以看出,混凝土强度和胶水比是(　　　)关系。

A. 正比　　　　　　B. 反比　　　　　　C. 对数　　　　　　D. 线性

答案:D

(2)骨料的品种及质量

骨料针片状颗粒少、级配良好、砂率适当,可形成坚固密实的空间骨架结构,配制的混凝土强度较高;反之,若骨料中杂质过多、级配不好,会严重影响混凝土的强度。

碎石表面粗糙且棱角多,提高了骨料与硬化后胶凝材料间的啮合力和黏结力,在坍落度相同的情况下,碎石混凝土的强度要高于卵石混凝土;在配合比相同的情况下,碎石混凝土的流动性比卵石混凝土要差。

通常来讲,骨料的强度越高,混凝土的强度就越高,尤其是在配制高强混凝土或水胶比较小时,效果比较明显。骨料颗粒以三向尺寸相近的球形或立方体为宜。

（3）养护温度和湿度

混凝土强度发展是胶凝材料不断水化、硬化的过程,必须在周围环境的温度和湿度适宜的情况下进行,这就是混凝土的养护。养护温度高,胶凝材料水化速度加快,混凝土强度发展也加快;反之,低温时混凝土强度发展比较迟缓,当温度降至冰点以下时,不但胶凝材料停止水化、混凝土的强度不再发展,甚至会因孔隙内的水结冰而导致混凝土发生冻胀破坏;若混凝土早期强度低,则更易冻坏。

适当的湿度才能保证胶凝材料的水化顺利进行,使混凝土强度得到良好的发展。若湿度不够,胶凝材料水化不充分,导致混凝土结构疏松,甚至形成干缩裂缝,严重影响混凝土的强度和耐久性。

《混凝土结构工程施工规范》(GB 50666—2011)规定:混凝土浇筑后应及时进行保湿养护,可采用洒水、覆盖、喷涂养护剂等方式。混凝土的养护时间应符合下列规定:

① 采用硅酸盐水泥、普通硅酸盐水泥或矿渣硅酸盐水泥配制的混凝土,不应少于 7 d;采用其他品种水泥时,养护时间应根据水泥性能确定。

② 采用缓凝型外加剂、大掺量矿物掺合料配制的混凝土,不应少于 14 d。

③ 抗渗混凝土、强度等级 C60 及以上的混凝土,不应少于 14 d。

④ 后浇带混凝土的养护时间不应少于 14 d。

⑤ 地下室底层墙、柱和上部结构首层墙、柱,宜适当增加养护时间。

⑥ 大体积混凝土养护时间应根据施工方案确定。

《混凝土结构工程施工规范》(GB 50666—2011)规定:洒水养护宜在混凝土裸露表面覆盖麻袋或草帘后进行,也可采用直接洒水、蓄水等养护方式;当最低温度低于 5 ℃时,不应采用洒水养护。覆盖养护宜在混凝土裸露表面覆盖塑料薄膜、塑料薄膜加麻袋、塑料薄膜加草帘;塑料薄膜应紧贴混凝土裸露表面,塑料薄膜内应保持有凝结水;覆盖物应严密,覆盖物的层数应按施工方案确定。喷涂养护剂养护是指在混凝土裸露表面喷涂覆盖致密的养护剂进行养护;养护剂应均匀喷涂在结构构件表面,不得漏喷;养护剂应具有可靠的保湿效果,保湿效果可通过试验检验。

（4）龄期

龄期是指混凝土在正常养护条件下所经历的时间。正常养护条件下,混凝土的强度将随着龄期的增长而增长,最初 7～14 d 内强度增长较快,之后速度逐渐减缓,28 d 达到设计强度。若温度和湿度适宜,强度会一直缓慢发展数十年。在标准养护条件下,通用硅酸盐水泥制成的混凝土,其强度的发展大致与龄期的常用对数成正比关系(龄期不少于 3 d),可按下式计算:

$$\frac{f_n}{f_{28}} = \frac{\lg n}{\lg 28} \tag{4-6}$$

式中:f_n——n d 龄期混凝土的抗压强度,MPa;

f_{28}——28 d 龄期混凝土的抗压强度,MPa;

n——养护龄期,$n \geqslant 3$。

上述公式可以解决以下两类问题:一是根据混凝土的早期强度,估算其 28 d 的强度,或是根据混凝土的设计强度,估算其 n d 的强度,以预测混凝土强度能够满足设计要求;二是根据混凝土的设计强度,估算 28 d 内混凝土达到某一强度所需养护的天数,以确定混凝土拆模、放松预应力钢筋、构件起吊和出厂日期等。由于影响混凝土强度的因素较多,故上式结果仅能作为参考。

（5）混凝土外加剂与掺合料

混凝土中掺入减水剂,尤其是高效减水剂,可明显降低水胶比及用水量,提高混凝土强度;掺入早强剂,可提高混凝土的早期强度;掺入缓凝剂会影响混凝土早期强度的发展。详见混凝土外加剂部分。

混凝土中掺入的优质矿物掺合料（如粉煤灰、粒化高炉矿渣粉、硅粉等）,可以参与水泥的水化过程,生成大量的胶凝物质来密实混凝土,从而提高混凝土强度。

（6）施工质量

混凝土的施工过程包括配料、拌合、运输、浇筑、振捣、养护等,每一道工序都会影响混凝土的质量,应严格遵守施工规范要求。若配合比不准确、配料质量差或称量不准、振捣不密实、拌合物发生分层离析现象、养护不良等均会导致混凝土强度下降。

（7）实验条件对混凝土强度测定值的影响

① 试件尺寸。配合比相同的混凝土,试件尺寸越小,强度越高。这是因为试件尺寸越小,内部的孔隙、缺陷等出现的概率越小,截面有效受力面积被削弱的就小,应力集中程度较低,使得混凝土强度较高。《混凝土物理力学性能试验方法标准》（GB/T 50081—2019）规定,混凝土立方体抗压强度标准试件的尺寸为 150 mm × 150 mm × 150 mm,非标准试件测得的强度应乘以表 4.24 中的换算系数。

② 试件形状。试件受压面积（$a \times a$）相同而高度（h）不同时,高宽比$\left(\dfrac{h}{a}\right)$越大,抗压强度越低。这是因为试件受压时,试件受压面与承压板之间的摩擦力约束了试件的横向膨胀,有助于试件强度提高。越接近试件受压面,约束作用就越大,在距受压面约$\dfrac{\sqrt{3}}{2}a$ 的范围以外,约束作用才消失,这种约束作用称为"环箍效应"。试件破坏后,上下部分均呈现出一个棱锥体,并且在锥尖一定长度内对接在一起,如图 4.12（a）所示。

③ 试件表面状态。环箍效应对混凝土的强度的提高,利用的是试件表面与承压板之间的摩擦力。若在受压表面涂刷油脂类润滑剂时,环箍效应被大大削弱,试件会发生直裂破坏,如图 4.12（b）所示。此时测出的强度值偏低。

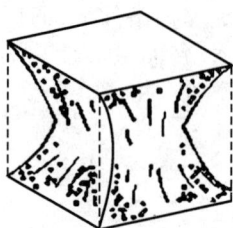

（a）受压板约束时试件破坏后残存的棱锥体　　（b）不受压板约束时试件的破坏情况

图 4.12　混凝土试件的压碎实验

④ 加荷速度。加荷速度越快,测得的混凝土强度越高,这是由于混凝土内部的微裂缝及缺陷还未能充分发展、连通,延迟了混凝土的破坏。《普通混凝土力学性能实验方法标准》

（GB/T 50081—2002）规定，在测定混凝土立方体抗压强度时，荷载应连续均匀地施加，当混凝土强度等级＜C30时，加荷速度为0.3～0.5 MPa/s；当混凝土强度等级≥C30且＜C60时，加荷速度为0.5～0.8 MPa/s；当混凝土强度等级≥C60时，加荷速度为0.8～1.0 MPa/s。

【学中做】

1. 试验条件对混凝土强度测定值有影响的选项是（　　）。
   A. 试件尺寸　　　　　B. 试件形状　　　　　C. 试件表面状态　　　D. 荷载施加速度
   答案：ABCD
2. 在测定混凝土强度时，荷载施加速度越快，则测定值（　　）。
   A. 越大　　　　　　　B. 越小　　　　　　　C. 不变　　　　　　　D. 不能判断
   答案：A

5）提高混凝土强度的措施

（1）采用高强度等级水泥或早强型水泥。在混凝土配合比相同的情况下，水泥强度等级越高，混凝土的强度也越高。早强型水泥可促进水泥早期强度的发展，有利于加快施工进度。

（2）采用低水胶比的干硬性混凝土。水胶比低的干硬性混凝土拌合物，游离水分少，使得硬化后的混凝土孔隙率低、密实度高、强度好。实验证明，水胶比每增加1%，混凝土强度将下降5%左右。因此，降低水胶比是提高混凝土强度、改善混凝土耐久性最有效的措施。但是水胶比过小，将导致混凝土拌合物流动性变差，无法振捣密实，质量差。通常做法是掺入减水剂，使混凝土拌合物在水胶比较低的情况下仍保持良好的和易性。

（3）掺入外加剂和矿物掺合料。掺入减水剂可减少混凝土拌合用水量，使水胶比降低，混凝土强度提高；掺入早强剂，可提高混凝土早期强度。矿物掺合料可以参与水泥的水化过程，填充孔隙，使混凝土密实度提高，强度和耐久性都得到改善。

（4）采用质量好的骨料，优化骨料级配。骨料质量越好，强度越高，则配制的混凝土的强度就越高。骨料级配好，总空隙率小，需要包裹骨料表面和填充骨料空隙的胶凝材料浆就较少，可减少混凝土拌合用水量，提高混凝土强度。

（5）采用机械搅拌和机械振捣。机械搅拌的混凝土拌合物比人工搅拌更均匀，尤其是拌合低流动性的混凝土拌合物，可提高拌合物的流动性；若混凝土配合比不变，可降低水胶比，提高混凝土强度。机械振捣可使混凝土拌合物的颗粒产生振动、互相靠近，使胶凝材料浆体的稠度减小，孔隙率降低。

（6）湿热处理。湿热处理分为蒸汽养护和蒸压养护两类。蒸汽养护是将成型的混凝土制品在100 ℃以下的常压蒸汽中进行养护，16～20 h后其强度可达正常养护条件下28 d强度的70%～80%。适用于矿渣水泥、火山灰水泥等配制的混凝土，其蒸汽养护适宜温度为90 ℃。普通水泥配制的混凝土蒸汽养护适宜温度为80 ℃，但28 d强度比标准条件养护时低10%～20%。

蒸压养护是将静停8～10 h的混凝土构件放在175 ℃和8个大气压的蒸压釜中进行养护，主要适用于掺混合材料的硅酸盐水泥制品。

4.3.3　混凝土的变形

混凝土的变形包括两类：非荷载作用下的变形（包括化学收缩、干湿变形及温度变形）和荷载作用下的变形。

1）混凝土在非荷载作用下的变形

（1）化学收缩

由于胶凝材料水化产物的体积小于胶凝材料浆的体积，所以在混凝土凝结硬化过程中体积会减小，称为化学收缩，属不可恢复变形。化学收缩随混凝土龄期的延长而增加，在混凝土成型后 40 d 内增长较快，之后逐渐趋于稳定。化学收缩量很小，对混凝土结构没有破坏作用，但会导致混凝土内部产生微裂缝，影响承载状态和耐久性。

（2）干湿变形

由于周围湿度的变化而引起混凝土体积的改变称为干湿变形，即湿胀干缩。当混凝土在水中硬化时，体积会有微小膨胀，这是由于凝胶体中胶体粒子的吸附水膜增厚，粒子间距离增大的缘故。湿胀变形量很小，一般无破坏作用。

混凝土在干燥过程中，胶体颗粒的吸附水蒸发导致凝胶体由于失水而紧缩，同时，毛细孔内水分的蒸发引起管内负压，使得混凝土体积收缩。干缩变形对混凝土危害较大，可使混凝土表面产生拉应力而开裂，严重影响混凝土的强度和耐久性。混凝土的干缩变形在吸水之后大部分是可以恢复的。设计中混凝土的干缩率为 $(1.5 \sim 2.0) \times 10^{-4}$ m/m，即 1 m 混凝土收缩量为 $0.15 \sim 0.2$ mm。

影响混凝土干缩变形的因素主要有胶凝材料的品种、细度、用量、水胶比及施工质量等。火山灰水泥比普通水泥干缩大；水泥颗粒越细、水泥用量越多、水胶比越大，收缩越大；砂石杂质少、级配好、振捣密实，收缩小；湿热处理可有效减小混凝土的收缩。延长养护时间只能延迟干缩发展的时间，对干缩量影响甚微。

（3）温度变形

由于周围环境温度的升降而引起混凝土体积的改变称为温度变形，即热胀冷缩。混凝土的温度线膨胀系数为 $(1.0 \sim 1.5) \times 10^{-5}$/℃，即温度每升降 1 ℃，1 m 混凝土胀缩 $0.01 \sim 0.015$ mm。温度变形对大体积混凝土极为不利，会导致混凝土产生温度裂缝。

2）混凝土在荷载作用下的变形

（1）混凝土的受压破坏特征

硬化后的混凝土在无外力作用之前，由胶凝材料水化造成的化学收缩和物理收缩导致砂浆体积发生变化，在粗骨料与砂浆界面上产生了非均匀分布的拉应力，形成许多细微的界面裂缝；混凝土成型过程的泌水现象，导致水分积聚于粗骨料下方，在硬化混凝土中形成界面裂缝。当混凝土受到外力作用时，应力集中导致这些微裂缝逐渐扩展、连通，形成可见性裂缝，混凝土结构因失去连续性而破坏。

（2）弹性模量

弹性模量是应力与应变的比值。混凝土是弹塑性变形体，受力时既产生弹性变形，又产生塑性变形，因此弹性模量是个变量。静力受压弹性模量试验要求，混凝土标准试件（150 mm×150 mm×300 mm 的棱柱体）在预定荷载的反复作用（加荷、卸荷）下，应力与应变基本成直线关系，弹性模量趋于定值。混凝土强度越高，弹性模量越大，当混凝土强度等级为 C10～C60 时，弹性模量从 1.75×10^4 MPa 增长到 3.60×10^4 MPa；骨料含量越高、弹性模量越大，混凝土的弹性模量也越大；水胶比较小、养护良好且龄期较长时，混凝土的弹性模量较大。

混凝土的弹性模量是计算钢筋混凝土变形、裂缝开展及大体积混凝土温度应力时所必需的技术参数,具有重要的实际意义。

(3) 徐变

混凝土在恒定荷载长期作用下,随时间增加而增长的非弹性变形,称为混凝土的徐变。徐变是混凝土受力后,硬化的胶凝材料石中凝胶粒子发生滑移而导致凝胶体黏性流动的结果,此外,骨料与硬化的胶凝材料石之间的界面裂缝持续开展,也会加剧混凝土的徐变。

混凝土的徐变受很多因素影响。混凝土的初始应力越大或施加得越早、水胶比越大、胶凝材料用量越多、骨料级配不良、养护条件越差,混凝土的徐变越大。徐变可减小或消除钢筋混凝土内的应力集中,使应力均匀地重新分配。在大体积混凝土中,徐变能消除部分由温度变形所引起的破坏应力;而在预应力钢筋混凝土中,徐变将导致钢筋的预应力损失,是不利的。

4.3.4 混凝土的耐久性

混凝土除了具有设计要求的强度以抵抗荷载的作用外,还应具有与所处环境相适应的耐久性。混凝土抵抗环境条件的作用且长期保持其稳定良好的使用性能和外观完整性,从而维持混凝土结构安全、正常使用的能力,称为混凝土的耐久性。混凝土的耐久性主要包括抗渗性、抗冻性、抗侵蚀性、抗碳化及抗碱骨料反应等。

1) 抗渗性

抗渗性是指混凝土抵抗有压介质(水、油等液体)渗透的能力,是混凝土耐久性的重要技术指标,直接影响混凝土的抗冻性和抗侵蚀性。

混凝土渗水的根本原因是由胶凝材料浆中多余水分蒸发留下的孔隙、浆体泌水形成的孔隙、粗骨料底部界面处集水而成的孔隙,以及振捣不密实和干缩裂缝等形成了渗水通道。抗渗性的好坏,归根结底是由水胶比决定的。

混凝土的抗渗性用抗渗等级 P 表示,是以 28 d 龄期的标准试件按规定方法试验,在不渗水时所能承受的最大水压力来划分,可分为 P2、P4、P6、P8、P10、P12 六个等级,表示混凝土试件能抵抗 0.2 MPa、0.4 MPa、0.6 MPa、0.8 MPa、1.0 MPa、1.2 MPa 的静水压力而不渗水。

2) 抗冻性

混凝土的抗冻性是指混凝土在吸水饱和状态下,能经受多次冻融循环作用而不破坏,同时也不严重降低强度的性能。

混凝土的抗冻性用抗冻等级 F 表示,采用 28 d 龄期的混凝土标准试件,在吸水饱和状态下,承受反复冻融循环作用,以抗压强度损失不超过 25%,且质量损失不超过 5% 时所能承受的最大冻融循环次数来表示。混凝土抗冻等级分为 F10、F15、F25、F50、F100、F150、F200、F250 和 F300 等,分别表示混凝土能够承受反复冻融循环次数为 10、15、25、50、100、150、200、250 和 300 次。

混凝土的抗冻性主要受混凝土的孔隙率、孔隙特征、饱水程度及外加剂等因素的影响。孔隙率小且多为封闭孔隙的混凝土,抗冻性好;饱水程度越高,冻胀破坏就越严重;引气剂、减水剂和防冻剂可有效提高混凝土的抗冻性。

3）抗侵蚀性

混凝土处于含有侵蚀性介质（如软水、酸、碱、盐等）的环境中时会遭受侵蚀,侵蚀作用主要是对水泥石的侵蚀,其侵蚀机理详见第3章水泥部分。随着混凝土在恶劣环境（如地下工程、海岸与海洋工程）中的应用,混凝土的抗侵蚀作用越来越受到重视。

混凝土的抗侵蚀性与水泥品种、混凝土的孔隙率和孔隙特征等有关。孔隙率小且多为封闭孔隙的混凝土,环境水不易侵入,抗侵蚀性较强。

混凝土抗冻性能、抗水渗透性能和抗硫酸盐侵蚀性能可按表4.27选用。

表4.27 混凝土抗冻性能、抗水渗透性能和抗硫酸盐侵蚀性能的等级划分（GB 50164—2011）

抗冻等级（快冻法）		抗冻标号（慢冻法）	抗渗等级	抗硫酸盐等级
F50	F250	D50	P4	KS30
F100	F300	D100	P6	KS60
F150	F350	D150	P8	KS90
F200	F400	D200	P10	KS120
>F400		>D200	P12	KS150
			>P12	KS150

4）抗碳化性

混凝土的碳化是指水泥石中的氢氧化钙与空气中的二氧化碳,在适宜的湿度下发生化学反应,生成碳酸钙和水的过程,碳化也称为中性化。碳化是二氧化碳由表及里逐渐扩散的过程,会导致水泥石化学组成及组织结构发生变化,对混凝土的碱度、强度和收缩产生影响。

碳化对混凝土性能的作用可分为两方面:有利影响和不利影响。有利影响是碳化作用的产物碳酸钙可以填充混凝土表面的孔隙,而碳化反应生成的水有助于水泥继续水化,从而提高混凝土碳化层的密实度及抗压强度。不利影响是混凝土碱度降低削弱了对钢筋的保护作用。水泥水化生成大量的氢氧化钙,在这种碱性环境下,混凝土中的钢筋表面会生成一层钝化膜,保护钢筋免受腐蚀。当碳化深度穿透混凝土保护层到达钢筋表面时,钢筋因钝化膜遭到破坏而发生锈蚀,且体积膨胀,导致混凝土保护层产生开裂或剥落,进而加速了混凝土的碳化进程。碳化作用还会增加混凝土的收缩,使混凝土表面碳化层产生拉应力而出现细微裂缝,从而降低混凝土的抗拉、抗折强度及抗渗能力。

影响碳化速度的主要因素有环境中二氧化碳的浓度、水泥品种、水胶比及环境湿度等。环境中二氧化碳的浓度越高,碳化速度越快;掺混合材料的硅酸盐水泥,其水化产物中氢氧化钙的含量比硅酸盐水泥低,碳化速度比较快;水胶比大的混凝土,其碱度低且孔隙率大,碳化速度快;当周围环境的相对湿度为50%～75%时,碳化速度最快,当相对湿度小于25%或大于100%时,碳化作用停止。此外,混凝土养护得越好,抗碳化能力越好,必要时可涂刷保护层,以防止二氧化碳侵入。

混凝土的碳化深度大致与碳化时间的平方成正比。在钢筋混凝土结构中,为防止钢筋锈蚀,必须设置足够厚度的混凝土保护层,使得结构在使用过程中,碳化作用不会到达钢筋表面。

5）抗碱骨料反应

混凝土骨料中碱活性矿物（活性 SiO_2）与水泥、矿物掺合料、外加剂等混凝土组成物及环境中的碱（Na_2O 或 K_2O）在潮湿环境下会缓慢发生化学反应，生成碱-硅酸凝胶，吸水体积膨胀，导致混凝土开裂，甚至会导致结构破坏，这就是碱骨料反应。

混凝土发生碱骨料反应必须具备3个条件：一是水泥、外加剂等混凝土原材料中的碱或环境中的碱的含量比较高；二是砂、石骨料中含有碱活性物质；三是反应需要水，因此在干燥的环境中，碱骨料反应是不会发生的。

碱骨料反应的速度很慢，一般需要几年或几十年，严重影响混凝土的耐久性。因此，必须采取相关措施抑制碱骨料反应的发生，如控制混凝土原材料中碱的含量，必要时采用低碱水泥；减少混凝土中水泥的用量，以降低碱度；采用非活性骨料；尽可能保持结构干燥，可设置防水层等。

6）提高混凝土耐久性的措施

（1）合理选择水泥品种。根据混凝土工程的特点和所处的环境条件，参照本书第3章水泥的内容，合理选择水泥品种。

（2）选用质量良好、技术条件合格的砂石骨料。

（3）控制水胶比，保证足够的胶凝材料用量。混凝土水胶比和胶凝材料用量应根据环境条件进行选择，结构混凝土环境等级划分见表4.28；为保证混凝土的耐久性，其最大水胶比和最小胶凝材料用量应满足表4.29的要求。

表 4.28　混凝土结构的环境类别（GB 50010—2010）

环境类别	环 境 条 件
一	室内干燥环境 无侵蚀性静水浸没环境
二 a	室内潮湿环境 非严寒和非寒冷地区的露天环境 非严寒和非寒冷地区与无侵蚀性的水或土壤直接接触的环境 严寒和寒冷地区的冰冻线以下与无侵蚀性的水或土壤直接接触的环境
二 b	干湿交替的环境 水位频繁变动环境 严寒和寒冷地区的露天环境 严寒和寒冷地区冰冻线以上与无侵蚀性的水或土壤直接接触的环境
三 a	严寒和寒冷地区冬季水位变动区环境 受除冰盐影响环境 海风环境
三 b	盐渍土环境 受除冰盐作用环境 海岸环境
四	海水环境
五	受人为或自然的侵蚀性物质影响的环境

注：（1）室内潮湿环境是指构件表面经常处于结露或湿润状态的环境；
（2）严寒和寒冷地区的划分应符合现行国家标准《民用建筑热工设计规范》（GB 50176）的有关规定；
（3）海岸环境和海风环境宜根据当地情况，考虑主导风向及结构所处迎风、背风部位等因素的影响，由调查研究和工程经验确定；
（4）受除冰盐影响环境是指受到除冰盐雾影响的环境；受除冰盐作用环境是指被除冰盐溶液溅射的环境以及使用除冰盐地区的洗车房、停车楼等建筑；
（5）暴露的环境是指混凝土结构表面所处的环境。

表 4.29　混凝土最大水胶比和最小胶凝材料用量要求（GB 50010—2010）（JGJ 55—2011）

环境类别	最大水胶比	最低强度等级	最小胶凝材料用量/（kg/m³）		
			素混凝土	钢筋混凝土	预应力混凝土
一	0.60	C20	250	280	300
二 a	0.55	C25	280	300	300
二 b	0.50（0.55）	C30（C25）	320		
三 a	0.45（0.50）	C35（C30）	330		
三 b	0.40	C40			

注：(1) 预应力混凝土构件的最低混凝土强度等级宜按表中的规定提高两个等级；
　　(2) 素混凝土构件的水胶比及最低强度等级的要求可适当放松；
　　(3) 有可靠工作经验时，二类环境中的最低混凝土强度等级可降低一个等级；
　　(4) 处于严寒和寒冷地区二 b、三 a 类环境中的混凝土应使用引气剂，并可采用括号中的有关参数。

（4）掺入引气剂或减水剂。掺入引气剂和减水剂可明显改善混凝土的抗渗性和抗冻性。

（5）施工质量控制。混凝土施工须严格按照操作规则进行，应拌合均匀、振捣密实、加强养护等，以提高混凝土的密实度，从而提高混凝土的耐久性。

（6）采用浸渍或涂层的方法提高混凝土表面的耐久性。

4.4　普通混凝土的配合比设计

混凝土配合比是指混凝土各组成材料的用量之比，确定这个比例关系的工作称为配合比设计。混凝土配合比通常有两种表示方法：一是质量法，用 1 m³ 混凝土中各组成材料的质量来表示，如 1 m³ 混凝土中水泥（m_c）310 kg，粉煤灰（m_f）78 kg，砂（m_s）630 kg，石子（m_g）1 300 kg，水（m_w）170 kg；二是以各组成材料的质量比来表示，且胶凝材料的质量为 1，如胶凝材料：砂：石子：水 = 1：2.03：4.19：0.55，若粉煤灰的掺量为 25%，则水泥：粉煤灰 = 3：1，也可表示为水泥：粉煤灰：砂：石子：水 = 1：0.33：2.71：5.58：0.73。

4.4.1　混凝土配合比设计的基本要求

（1）满足混凝土结构设计要求的强度等级。
（2）满足混凝土施工要求的和易性。
（3）满足工程所处环境对混凝土耐久性的要求。
（4）符合经济原则，节约胶凝材料，降低混凝土成本。

4.4.2　混凝土配合比设计的 3 个重要参数

1）水胶比

水胶比是混凝土中水与胶凝材料的质量比，应在满足混凝土强度和耐久性的基础上来选取。

2）单位用水量

单位用水量是 1 m³ 混凝土中水的质量,反映胶凝材料浆与骨料之间的比例关系,应在满足混凝土施工要求的和易性的基础上,根据粗骨料的种类和规格来选用。

3）砂率

砂率是指混凝土中砂的质量占砂石总质量的百分比,应遵循砂量能填充粗骨料的空隙后略有富余的原则来确定。

上述 3 个重要参数一经确定,混凝土中各组成材料之间的相对用量就出来了,而混凝土配合比设计的过程就是计算出 1 m³ 混凝土中各组成材料质量的过程。

【学中做】

1. 混凝土配合比设计过程中要遵循(　　)原则。
A. 强度　　　　　　B. 和易性　　　　　　C. 耐久性　　　　　　D. 经济性
答案:ABCD
2. 混凝土配合比设计过程中 3 个重要参数是(　　)。
A. 水胶比　　　　　B. 单位用水量　　　　C. 砂率　　　　　　D. 单位水泥用量
答案:ABC

4.4.3　混凝土配合比设计的步骤

混凝土的配合比设计是计算、试配、调整的复杂过程,共需确定 4 个配合比:初步配合比、试拌配合比、试验室配合比和施工配合比。根据混凝土的设计要求、原材料的技术性质、工程环境特点等,利用经验公式和图表计算出初步配合比;将混凝土按照初步配合比在实验室试拌,检测其和易性是否满足要求,若不合格,调整至合格后的配合比即为试拌配合比;将满足试拌配合比的混凝土做强度和耐久性检验并调整,使其符合设计要求,这个配合比称为实验室配合比。上述过程均假定骨料处于干燥状态,实际上现场的骨料均含水,将实验室配合比按骨料的实际含水率进行调整,得到施工配合比。

1）初步配合比设计

(1) 确定混凝土的配制强度($f_{cu,0}$)

混凝土的强度受多种因素影响,其数值分布遵循正态分布曲线。为使混凝土的强度保证率满足设计要求,须保证混凝土的配制强度($f_{cu,0}$)高于设计强度($f_{cu,k}$)。当混凝土设计强度等级小于 C60 时,配制强度按下式计算:

$$f_{cu,0} \geqslant f_{cu,k} + 1.645\sigma \tag{4-7}$$

式中:$f_{cu,0}$——混凝土的配制强度,MPa;

　　　$f_{cu,k}$——混凝土立方体抗压强度标准值,即设计要求的混凝土强度等级值,MPa;

　　　σ——混凝土强度标准差,MPa,其值越小,说明混凝土的施工质量越好。

当混凝土设计强度等级不小于 C60 时,配制强度按下式计算:

$$f_{cu,0} \geqslant 1.15 f_{cu,k} \qquad (4-8)$$

混凝土强度标准差应根据下列规定来确定：

① 当具有近 1～3 个月的同一品牌、同一强度等级混凝土的强度资料，且试件组数不少于 30 组时，其混凝土强度标准差 σ 应按下式计算：

$$\sigma = \sqrt{\frac{\sum_{i=1}^{n} f_{cu,i}^2 - n m_{f_{cu}}^2}{n-1}} \qquad (4-9)$$

式中：$f_{cu,i}$——第 i 组混凝土试件的强度值，MPa；

    $m_{f_{cu}}$——n 组混凝土试件的强度平均值，MPa；

    n——混凝土试件的组数，$n \geqslant 30$。

对于强度等级不大于 C30 的混凝土，当混凝土强度标准差计算值不小于 3.0 MPa 时，应取式(4-9)的计算结果；当混凝土强度标准差计算值小于 3.0 MPa 时，应取 3.0 MPa。

对于强度等级大于 C30 且小于 C60 的混凝土，当混凝土强度标准差计算值不小于 4.0 MPa 时，应取式(4-9)的计算结果；当混凝土强度标准差计算值小于 4.0 MPa 时，应取 4.0 MPa。

② 当没有近期的同一品牌、同一强度等级混凝土强度资料时，混凝土强度标准差应根据现行国家标准《普通混凝土配合比设计规程》(JGJ 55—2011)取用，如表 4.30 所示。

表 4.30　混凝土强度标准差取值(JGJ 55—2011)

混凝土强度标准值	$\leqslant$C20	C20～C45	C50～C55
标准差 σ/MPa	4.0	5.0	6.0

(2)确定水胶比(W/B)

① 满足强度要求的水胶比。当混凝土强度等级小于 C60 时，混凝土水胶比宜按下式计算：

$$W/B = \frac{\alpha_a \cdot f_b}{f_{cu,0} + \alpha_a \cdot \alpha_b \cdot f_b} \qquad (4-10)$$

式中：α_a、α_b——回归系数，应根据工程所使用的原材料，通过实验建立的水胶比与混凝土强度关系式来确定；当不具备上述实验统计资料时，可取碎石 $\alpha_a=0.53$，$\alpha_b=0.20$，卵石 $\alpha_a=0.49$，$\alpha_b=0.13$。

    f_b——胶凝材料 28 d 胶砂抗压强度的实测值，MPa，无实测值时可按下式计算：

$$f_b = \gamma_f \gamma_s f_{ce} \qquad (4-11)$$

式中：γ_f、γ_s——粉煤灰影响系数和粒化高炉矿渣粉影响系数，见表 4.31 取值；

    f_{ce}——水泥 28 d 胶砂抗压强度实测值，无实测值时可按下式计算：

$$f_{ce} = \gamma_c f_{ce,g} \qquad (4-12)$$

式中：γ_c——水泥强度等级值的富余系数，可按实际统计资料确定；当缺乏实际统计资料时，可按表 4.32 选用；

    $f_{ce,g}$——水泥强度等级值，MPa。

表 4.31 粉煤灰影响系数 γ_f 和粒化高炉矿渣粉影响系数 γ_s(JGJ 55—2011)

掺量(10%)	粉煤灰影响系数 γ_f	粒化高炉矿渣粉影响系数 γ_s
0	1.00	1.00
10	0.85~0.95	1.00
20	0.75~0.85	0.95~1.00
30	0.65~0.75	0.90~1.00
40	0.55~0.65	0.80~0.90
50	—	0.70~0.85

注:(1) 采用Ⅰ级、Ⅱ级粉煤灰宜取上限值;
　(2) 采用 S75 级粒化高炉矿渣粉宜取下限值,采用 S95 级粒化高炉矿渣粉宜取上限值,采用 S105 级粒化高炉矿渣粉可取上限值加 0.05;
　(3) 当超出表中的掺量时,粉煤灰和粒化高炉矿渣粉影响系数应经实验确定。

表 4.32 水泥强度等级值的富余系数 γ_c(JGJ 55—2011)

水泥强度等级值	32.5	42.5	52.5
富余系数 γ_c	1.12	1.16	1.10

② 满足耐久性要求的水胶比。为保证建筑工程中混凝土的耐久性,式(4-10)计算出来的水胶比还应满足表 4.27 的要求。

因此要得到同时满足强度和耐久性要求的水胶比,应取以上两种方法求得的水胶比的较小值。

此外,抗渗混凝土和抗冻混凝土的最大水胶比还应满足表 4.33 和表 4.34 的要求。

表 4.33 抗渗混凝土最大水胶比(JGJ 55—2011)

设计抗渗等级	最大水胶比	
	C20~C30	C30 以上
P6	0.60	0.55
P8~P12	0.55	0.50
> P12	0.50	0.45

表 4.34 抗冻混凝土最大水胶比和最小胶凝材料用量(JGJ 55—2011)

设计抗冻等级	最大水胶比		最小胶凝材料用量(kg/m³)
	无引气剂时	掺引气剂时	
F50	0.55	0.60	300
F100	0.50	0.55	320
≥ F150	—	0.50	350

（3）确定单位用水量（m_{w0}）

① 干硬性和塑性混凝土单位用水量的确定

当水胶比在 0.40～0.80 范围内时，根据粗骨料的品种、粒径及施工要求的混凝土拌合物稠度，按表 4.35 和表 4.36 进行选取；当水胶比小于 0.40 时，混凝土的单位用水量应通过试验确定。

表 4.35 干硬性混凝土的用水量（JGJ 55—2011）　　　单位：kg/m³

拌合物稠度		卵石最大公称粒径/mm			碎石最大公称粒径/mm		
项目	指标	10.0	20.0	40.0	16.0	20.0	40.0
维勃稠度(s)	16～20	175	160	145	180	170	155
	11～15	180	165	150	185	175	160
	5～10	185	170	155	190	180	165

表 4.36 塑性混凝土的用水量（JGJ 55—2011）　　　单位：kg/m³

拌合物稠度		卵石最大公称粒径/mm				碎石最大公称粒径/mm			
项目	指标	10.0	20.0	31.5	40.0	16.0	20.0	31.5	40.0
坍落度(mm)	10～30	190	170	160	150	200	185	175	165
	35～50	200	180	170	160	210	195	185	175
	55～70	210	190	180	170	220	205	195	185
	75～90	215	195	185	175	230	215	205	195

注：(1) 本表用水量系采用中砂时的平均取值。采用细砂时，每立方米混凝土用水量可增加 5～10 kg；采用粗砂时，则可减少 5～10 kg；

(2) 掺用矿物掺合料和外加剂时，用水量应相应调整。

② 流动性和大流动性混凝土的单位用水量的确定

未掺外加剂时混凝土的单位用水量是以表 4.36 中 90 mm 坍落度时的用水量为基础，按坍落度每增大 20 mm，用水量增加 5 kg/m³ 来计算，当坍落度增大到 180 mm 以上时，随坍落度相应增加的用水量可减少。

掺外加剂时混凝土的单位用水量可按下式计算：

$$m_{wa} = m'_{w0}(1-\beta) \tag{4-13}$$

式中：m_{wa}——掺外加剂时混凝土的单位用水量，kg；

m'_{w0}——未掺外加剂时混凝土的单位用水量，kg；

β——外加剂的减水率，%，经实验确定。

（4）确定外加剂用量（m_{a0}）

每立方米混凝土中外加剂用量可按下式计算：

$$m_{a0} = m_{b0}\beta_a \tag{4-14}$$

式中：m_{a0}——每立方米混凝土中外加剂的用量，kg/m³；

m_{b0}——每立方米混凝土中胶凝材料的用量，kg/m³；

β_{a}——外加剂的掺量,%,经实验确定。

(5) 计算胶凝材料用量(m_{b0})、矿物掺合料用量(m_{f0})和水泥用量(m_{c0})

每立方米混凝土的胶凝材料用量 m_{b0}(kg/m³)可按下式计算:

$$m_{b0}=\frac{m_{w0}}{W/B} \tag{4-15}$$

每立方米混凝土的矿物掺合料用量 m_{f0}(kg/m³)可按下式计算:

$$m_{f0}=m_{b0}\beta_{f} \tag{4-16}$$

式中:β_{f}——矿物掺合料掺量,%,经实验确定。

每立方米混凝土的水泥用量 m_{c0}(kg/m³)可按下式计算:

$$m_{c0}=m_{b0}-m_{f0} \tag{4-17}$$

(6) 确定砂率(β_{s})

砂率应根据骨料的技术指标、混凝土拌合物性能和施工要求,参考历史资料确定。当无历史资料可供参考时,混凝土砂率的确定应符合下列规定:

① 坍落度小于 10 mm 的混凝土,其砂率应经试验确定。

② 坍落度为 10～60 mm 的混凝土,可根据粗骨料品种、最大公称粒径及水胶比按表 4.37 选取。

③ 坍落度大于 60 mm 的混凝土,砂率可经实验确定,也可在表 4.37 的基础上,按坍落度每增大 20 mm,砂率增加 1% 的幅度予以调整。

表 4.37　混凝土的砂率(JGJ 55—2011)　　　　单位:%

水胶比 (W/B)	卵石最大公称粒径/mm			碎石最大公称粒径/mm		
	10.0	20.0	40.0	16.0	20.0	40.0
0.40	26～32	25～31	24～30	30～35	29～34	27～32
0.50	30～35	29～34	28～33	33～38	32～37	30～35
0.60	33～38	32～37	31～36	36～41	35～40	33～38
0.70	36～41	35～40	34～39	39～44	38～43	36～41

注:(1) 本表数值系中砂的选用砂率,对细砂或粗砂,可相应地减少或增大砂率;
　　(2) 采用人工砂配制混凝土时,砂率可适当增大;
　　(3) 只用一个单粒级粗骨料配制混凝土时,砂率应适当增大。

(7) 计算细骨料用量(m_{s0})、粗骨料用量(m_{g0})

① 体积法。假定混凝土拌合物的体积等于各组成材料绝对体积及拌合物中所含空气的体积之和,1 m³ 混凝土拌合物中的砂、石用量按下式计算:

$$\begin{cases} \dfrac{m_{c0}}{\rho_{c}}+\dfrac{m_{f0}}{\rho_{f}}+\dfrac{m_{s0}}{\rho_{s}}+\dfrac{m_{g0}}{\rho_{g}}+\dfrac{m_{w0}}{\rho_{w}}+0.01\alpha=1 \\ \beta_{s}=\dfrac{m_{s0}}{m_{s0}+m_{g0}}\times100\% \end{cases} \tag{4-18}$$

式中:m_{c0}、m_{f0}、m_{s0}、m_{g0}、m_{w0}——1 m^3 混凝土中水泥、矿物掺合料、砂、石子、水的用量;

ρ_c——水泥的密度,kg/m^3,可按现行国家标准进行测定,也可取 2 900~3 100 kg/m^3;

ρ_f——矿物掺合料密度,kg/m^3,可按现行国家标准进行测定;

ρ_s——细骨料的表观密度,kg/m^3;

ρ_g——粗骨料的表观密度,kg/m^3;

ρ_w——水的密度,kg/m^3,可取 1 000 kg/m^3;

β_s——砂率,%;

α——混凝土的含气量百分数,在不使用引气剂或引气型外加剂时,α 可取 1。

解式(4-18),即可求出 m_{s0}、m_{g0}。

② 质量法。如果原材料情况比较稳定,所配制的混凝土拌合物的表观密度将接近一个固定值,可先假设每立方米混凝土拌合物的质量为 m_{cp}(kg),通常取 2 350~2 450 kg/m^3,则混凝土中 m_{s0}、m_{g0} 可按下式计算:

$$\begin{cases} m_{c0}+m_{f0}+m_{s0}+m_{g0}+m_{w0}=m_{cp} \\ \beta_s=\dfrac{m_{s0}}{m_{s0}+m_{g0}}\times100\% \end{cases} \quad (4\text{-}19)$$

(8) 得出初步配合比

将计算出的混凝土各种原材料的质量表示出来,也可以用比例来表示。

2) 试配、调整,确定试拌配合比

(1) 取料

混凝土试配时使用的原材料及搅拌方法,应与实际工程相同。每盘混凝土的最小搅拌量应符合表 4.38 的规定,并不应小于搅拌机公称容量的 1/4,且不应大于搅拌机公称容量。

表 4.38 混凝土试配的最小搅拌量(JGJ 55—2011)

粗骨料最大公称粒径/mm	拌合物量/L
≤31.5	20
40.0	25

(2) 调整和易性,确定试拌配合比

按计算出的初步配合比试拌,检验混凝土拌合物的和易性。当试拌得出的拌合物坍落度(或维勃稠度)不能满足要求,或黏聚性和保水性不好时,应进行调整。具体调整方法如下:若流动性大于设计值,可在砂率不变的条件下,适当增加砂、石用量;若流动性小于设计值,在保持水胶比不变的条件下,适量增加水和胶凝材料用量;若黏聚性和保水性不良,主要是混凝土拌合物中砂浆不足或砂浆过多,可适当增大砂率或适当降低砂率,调整到和易性满足要求时为止。

试拌调整至和易性合格后,应测出混凝土拌合物的表观密度($\rho_{c,t}$)及各组成材料的实际用量,据此计算出各组成材料调整后的拌合用量:水泥 m_{cj}、掺合料 m_{fj}、水 m_{wj}、砂 m_{sj}、石子 m_{gj},则试拌配合比为:

$$\begin{cases} m_{cj} = \dfrac{m_{cb}}{m_{cb} + m_{fb} + m_{wb} + m_{sb} + m_{gb}} \times \rho_{c,t} \\[2mm] m_{fj} = \dfrac{m_{fb}}{m_{cb} + m_{fb} + m_{wb} + m_{sb} + m_{gb}} \times \rho_{c,t} \\[2mm] m_{wj} = \dfrac{m_{wb}}{m_{cb} + m_{fb} + m_{wb} + m_{sb} + m_{gb}} \times \rho_{c,t} \\[2mm] m_{sj} = \dfrac{m_{sb}}{m_{cb} + m_{fb} + m_{wb} + m_{sb} + m_{gb}} \times \rho_{c,t} \\[2mm] m_{gj} = \dfrac{m_{gb}}{m_{cb} + m_{fb} + m_{wb} + m_{sb} + m_{gb}} \times \rho_{c,t} \end{cases} \tag{4-20}$$

式中：m_{cb}、m_{fb}、m_{wb}、m_{sb}、m_{gb}——初步配合比调整至和易性合格时水泥、掺合料、水、砂、石子的用量，kg/m^3；

$\qquad m_{cj}$、m_{fj}、m_{wj}、m_{sj}、m_{gj}——混凝土试拌配合比中水泥、掺合料、水、砂、石子的用量，kg/m^3；

$\qquad \rho_{c,t}$——混凝土拌合物表观密度实测值，kg/m^3。

3）检验强度及耐久性，确定试验室配合比（又称设计配合比）

在试拌配合比的基础上进行强度和耐久性检验。强度检验时，应采用 3 个不同的配合比，其中一个是试拌配合比，另外两个配合比的水胶比应较试拌配合比的水胶比分别增加和减少 0.05，其用水量与试拌配合比相同，砂率值可分别增加和减少 1%。每种配合比至少制作 1 组（3 块）试件，在标准条件下养护至 28 d 时进行强度实验（若有耐久性要求，应同时制作有关耐久性测试指标的试件）。

根据实验测定的结果，绘制混凝土强度与胶水比的线性关系图，或用插值法确定略大于配制强度对应的胶水比。按下列原则确定各种材料用量：

（1）用水量（m_w）和外加剂用量：在试拌配合比的基础上，根据制作强度试件时测得的坍落度或维勃稠度值，进行调整确定。

（2）胶凝材料用量（m_b）：用水量乘以确定的胶水比计算得出。

（3）掺合料用量（m_f）：胶凝材料用量乘以掺合料掺量，即 $m_f = m_b \beta_f$。

（4）水泥用量（m_c）：胶凝材料用量减去掺合料用量，即 $m_c = m_b - m_f$。

（5）细、粗骨料用量（m_s、m_g）：取试拌配合比中细骨料和粗骨料用量，根据选定的用水量和胶凝材料用量进行调整。

（6）将得出的配合比进行校正。

配合比进行上述调整后，其混凝土拌合物的表观密度应按下式计算：

$$\rho_{c,c} = m_c + m_f + m_s + m_g + m_w \tag{4-21}$$

式中：$\rho_{c,c}$——混凝土拌合物的表观密度计算值，kg/m^3；

$\qquad m_c$、m_f、m_s、m_g、m_w——上述配合比中水泥、掺合料、砂、石子、水的用量，kg/m^3。

混凝土配合比校正系数（δ）按下式计算：

$$\delta = \frac{\rho_{c,t}}{\rho_{c,c}} \tag{4-22}$$

当混凝土拌合物的表观密度实测值与计算值之差的绝对值不超过计算值的 2% 时,上述配合比(m_c、m_f、m_s、m_g、m_w)即为设计配合比;当二者之差超过 2% 时应将配合比中每项材料用量均乘以校正系数 δ,即为确定的设计配合比。

对耐久性有设计要求的混凝土应进行相关耐久性实验。

4) 确定施工配合比

在建筑工程中,设计配合比中的骨料是以干燥状态下的用量为准。而实际施工现场的骨料常含有一定水分,因此须将设计配合比按下式进行含水量的调整,即为施工配合比。

$$\begin{cases} m'_c = m_c \\ m'_f = m_f \\ m'_s = m_s(1+a) \\ m'_g = m_g(1+b) \\ m'_w = m_w - (m_s \times a + m_g \times b) \end{cases} \tag{4-23}$$

式中:m_c、m_f、m_s、m_g、m_w——混凝土设计配合比中水泥、掺合料、砂、石子、水的用量,kg/m³;

$\quad\quad m'_c$、m'_f、m'_s、m'_g、m'_w——混凝土施工配合比中水泥、掺合料、砂、石子、水的用量,kg/m³;

$\quad\quad a$——砂的含水率,%;

$\quad\quad b$——石子的含水率,%。

【例 4-3】 某地下钢筋混凝土梁,混凝土设计强度等级为 C30,掺入 I 级粉煤灰。施工要求坍落度为 35~50 mm,采用机械搅拌和机械振捣,该施工单位无历史统计资料。采用的原材料如下:

水泥:42.5 级普通硅酸盐水泥,密度 $\rho_c = 3.1$ g/cm³;

矿物掺合料:I 级粉煤灰,密度 $\rho_f = 2.30$ g/cm³;

砂:细度模数 2.7,2 区砂,密度 $\rho_s = 2.65$ g/cm³;

碎石:5~40 mm,级配合格,密度 $\rho_g = 2.70$ g/cm³;

水:自来水。

对该混凝土进行初步配合比设计。若施工现场砂的含水率为 3%,石子含水率为 1%,求该混凝土的施工配合比。

【解】 (1)计算混凝土初步配合比

① 选择 I 级粉煤灰的掺量 β_f

混凝土设计强度等级为 C30,普通水泥的强度为 42.5 MPa,I 级粉煤灰活性好,为降低成本,可选择较大的粉煤灰掺量。参考表 4.20,粉煤灰最大掺量为 30%,取 $\beta_f = 30\%$。

② 确定胶凝材料的强度 f_b

因胶凝材料和普通水泥均没有 28 d 胶砂抗压强度实测值,因此 $f_b = \gamma_f \gamma_s f_{ce}$,且 $f_{ce} = \gamma_c f_{ce,g}$。其中,由于粉煤灰掺量 $\beta_f = 30\%$,查表 4.31 可知粉煤灰影响系数 $\gamma_f = 0.75$;因未掺有粒化高炉矿渣粉,查表 4.31 可知粒化高炉矿渣粉影响系数 $\gamma_s = 1.00$;由于使用的是 42.5 MPa 的普通水泥,查表 4.32 可知水泥强度等级值富余系数 $\gamma_c = 1.16$。

因此,$f_b = \gamma_f \gamma_s \gamma_c f_{ce,g} = 0.75 \times 1.00 \times 1.16 \times 42.5 = 36.98$ MPa

③ 确定混凝土配制强度 $f_{cu,0}$

因施工单位无历史统计资料,查表 4.30 可知 $\sigma = 5.0$ MPa。

$$f_{cu,0} = f_{cu,k} + 1.645\sigma = 30 + 1.645 \times 5.0 = 38.23 \text{ MPa}$$

④ 确定水胶比 W/B

a. 满足强度要求的水胶比:干燥的碎石骨料,则 $\alpha_a = 0.53$,$\alpha_b = 0.20$。

$$W/B = \frac{\alpha_a \cdot f_b}{f_{cu,0} + \alpha_a \cdot \alpha_b \cdot f_b} = \frac{0.53 \times 36.98}{38.23 + 0.53 \times 0.20 \times 36.98} = 0.46$$

b. 满足耐久性要求的水胶比

该混凝土为与无侵蚀性的水或土壤接触的环境,属二 a 类环境,查表 4.29 可知,满足耐久性要求的最大水胶比为 0.55;而满足强度要求的最大水胶比为 0.46,则同时满足强度和耐久性的水胶比 $W/B = 0.46$。 表 4.29 中允许使用的混凝土最低强度等级为 C25,本混凝土的设计强度等级为 C30,满足要求。

⑤ 确定单位用水量 m_w

混凝土拌合物设计坍落度为 35~50 mm,粗骨料为碎石,最大公称粒径 $D_{max} = 40$ mm,查表 4.36 可知该混凝土的单位用水量 $m_w = 175$ kg。

⑥ 计算胶凝材料用量 m_b

$$m_b = \frac{m_w}{W/B} = \frac{175}{0.46} = 380 \text{ kg}$$

该混凝土所处环境类别为二 a,查表 4.29 可知,满足耐久性要求的最小胶凝材料用量为 300 kg/m³,上述计算结果满足要求。

粉煤灰掺量为 $\quad m_f = m_b \beta_f = 380 \times 30\% = 114$ kg

水泥用量为 $\quad m_c = m_b - m_f = 380 - 114 = 266$ kg

⑦ 确定砂率 β_s

根据水胶比 $W/B = 0.46$、碎石最大公称粒径 $D_{max} = 40$ mm,查表 4.37 可知,砂率为 27%~32%,取 $\beta_s = 30\%$。

⑧ 计算砂质量 m_s 和石子质量 m_g

a. 体积法

$$\begin{cases} \frac{266}{3\,100} + \frac{114}{2\,300} + \frac{m_s}{2\,650} + \frac{m_g}{2\,700} + \frac{175}{1\,000} + 0.01 \times 1 = 1 \\ 30\% = \frac{m_s}{m_s + m_g} \times 100\% \end{cases}$$

解得 $\quad m_s = 547$ kg,$m_g = 1\,277$ kg

b. 质量法

假定 1 m³ 混凝土拌合物的表观密度为 2 400 kg/m³,则

$$\begin{cases} 266 + 114 + m_s + m_g + 175 = 2\,400 \\ 30\% = \frac{m_s}{m_s + m_g} \times 100\% \end{cases}$$

解得 $\quad m_s = 554$ kg,$m_g = 1\,292$ kg

质量法与体积法计算结果相近。

初步配合比为 $m_c=266$ kg，$m_f=114$ kg，$m_s=554$ kg，$m_g=1\,292$ kg，$m_w=175$ kg；或用比例表示 $m_c:m_f:m_s:m_g:m_w=1:0.43:2.08:4.86:0.66$。

（2）计算混凝土施工配合比

$m'_c=m_c=266$ kg

$m'_f=m_f=114$ kg

$m'_s=(1+3\%)m_s=1.03\times554=571$ kg

$m'_g=(1+1\%)m_g=1.01\times1\,292=1\,305$ kg

$m'_w=m_w-a\%\times m_s-b\%\times m_g=175-554\times3\%-1\,292\times1\%=145$ kg

施工配合比为 $m'_c=266$ kg，$m'_f=114$ kg，$m'_s=571$ kg，$m'_g=1\,305$ kg，$m'_w=145$ kg；或用比例表示 $m_c:m_f:m_s:m_g:m_w=1:0.43:2.15:4.91:0.55$。

4.5　混凝土质量控制与强度评定

混凝土的质量是影响结构安全性及耐久性的重要因素，因此，必须对混凝土生产的全过程进行质量检验和控制，确保混凝土的技术性能能够满足设计需求。由于混凝土的抗压强度与混凝土的其他性能有良好的关联性，且能较好地反映混凝土的质量，所以通常用混凝土的抗压强度作为评定和控制其质量的主要指标。

4.5.1　混凝土质量波动原因

混凝土在施工过程中由于受原材料质量（如水泥的强度和细度、骨料的规格级配与含水率等）的波动、施工工艺（如称量、拌合、运输、浇筑、振捣及养护等）的不稳定性、施工条件、环境温湿度的变化、施工人员的素质及操作误差等因素的影响，使得混凝土的强度发生波动，进而导致混凝土的质量呈波动性变化。

4.5.2　混凝土强度的波动规律

在相同强度等级和施工条件下，混凝土的强度波动规律符合正态分布曲线。该正态分布曲线是以强度为横坐标，以某一强度出现的概率为纵坐标绘出的，如图4.13所示，以强度平均值为对称轴，左、右两侧的曲线是对称的。由图可知，距离对称轴越远的强度值，出现的概率越小，并逐渐趋近于零；曲线和横坐标之间的面积为概率的总和，等于100%；对称轴两边的强度，出现的概率相等；在对称轴两侧的曲线上各有一个拐点

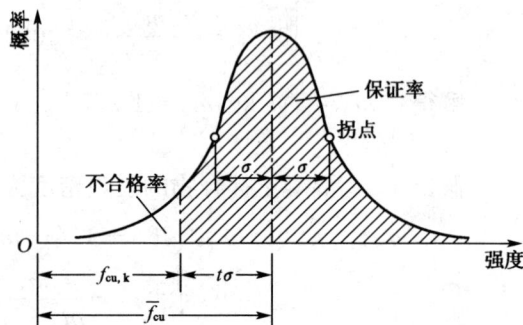

图4.13　混凝土强度正态分布曲线

（曲线凹凸变化的转折点），拐点到强度平均值的距离为标准差。

4.5.3　混凝土的质量控制

1）混凝土强度的数理统计参数

（1）混凝土强度平均值 $\bar{f}_{cu}$

混凝土的强度平均值 $\bar{f}_{cu}$ 可按下式计算：

$$\bar{f}_{cu}=\frac{1}{n}\sum_{i=1}^{n}f_{cu,i} \tag{4-24}$$

式中：n——实验组数；

$f_{cu,i}$——第 i 组试件的立方体强度值，MPa。

（2）混凝土强度标准差 σ

混凝土强度标准差也称为均方差，可按下式计算：

$$\sigma=\sqrt{\frac{\sum_{i=1}^{n}(f_{cu,i}-\bar{f}_{cu})^2}{n-1}} \tag{4-25}$$

标准差 σ 是评定混凝土质量均匀性的主要指标，是混凝土强度正态分布曲线图中拐点到强度平均值的距离。σ 值越大，正态分布曲线就越矮越宽，强度离散程度越大，混凝土质量也越不稳定。

（3）变异系数 C_v

变异系数也称为离差系数，可按下式计算：

$$C_v=\frac{\sigma}{\bar{f}_{cu}} \tag{4-26}$$

变异系数 C_v 是评定不同强度等级的混凝土质量均匀性的指标，反映混凝土强度的相对离散程度。C_v 值越小，混凝土的质量越稳定。

2）混凝土强度保证率 P

混凝土强度保证率 $P(\%)$ 是指混凝土强度总体分布中，不小于设计要求的强度等级标准值（$f_{cu,k}$）的概率，以正态分布曲线的阴影部分面积表示，如图 4.13 所示。强度保证率的确定方法如下：首先根据混凝土设计要求的强度等级（$f_{cu,k}$）、混凝土的强度平均值（$\bar{f}_{cu}$）、标准差（σ）或变异系数（C_v），计算出概率度 t。

$$t=\frac{\bar{f}_{cu}-f_{cu,k}}{\sigma}\quad 或\quad t=\frac{\bar{f}_{cu}-f_{cu,k}}{C_v\bar{f}_{cu}} \tag{4-27}$$

然后根据计算出的概率度 t 值，查表 4.39，得出强度保证率 $P(\%)$。

表 4.39 不同 t 值的保证率 P(GB 50010—2010)

t	0.00	0.50	0.80	0.84	1.00	1.04	1.20	1.28	1.40	1.50	1.60
$P/\%$	50.0	69.2	78.8	80.0	84.1	85.1	88.5	90.0	91.9	93.3	94.5
t	1.645	1.70	1.75	1.81	1.88	1.96	2.00	2.05	2.33	2.50	3.00
$P/\%$	95.0	95.5	96.0	96.5	97.0	97.5	97.7	98.0	99.0	99.4	99.9

工程中 $P(\%)$ 可根据统计周期内,混凝土试件强度不低于要求强度等级标准值的组数与试件总组数之比来求得,按下式计算:

$$P = \frac{N_0}{N} \times 100\% \tag{4-28}$$

式中:P——统计周期内实测混凝土强度达到强度标准值组数的百分数;

N_0——统计周期内同强度等级混凝土的强度实测值达到强度标准值的试件组数;

N——统计周期内同强度等级混凝土的试件组数,$N \geqslant 30$。

3)混凝土配制强度($f_{cu,0}$)

实际配制混凝土时,若混凝土配制强度取其设计强度等级,根据正态分布曲线可知,此时混凝土的强度保证率只有 50%。为了保证混凝土的强度保证率满足设计要求,在进行配合比设计时,必须使混凝土的配制强度高于设计强度,按下式计算:

$$f_{cu,0} \geqslant f_{cu,k} + t\sigma \tag{4-29}$$

根据混凝土强度保证率的要求,在表 4.39 中查出概率度 t 值。施工水平越差,设计要求的混凝土保证率就越高,配制强度就越高。《普通混凝土配合比设计规程》(JGJ 55—2011)规定,混凝土的强度保证率为 95%,对应的概率度 $t = 1.645$。

4.5.4 混凝土的质量评定

根据《混凝土强度检验评定标准》(GB/T 50107—2010)规定,混凝土强度评定方法分为两种:统计方法和非统计方法。

1)统计方法

(1)标准差已知方案

当混凝土的生产条件在较长时间内能保持一致,且同一品种混凝土的强度变异性保持稳定时,标准差可根据前一时期生产积累的同类混凝土强度数据确定,则每批混凝土的强度标准差为常数。

强度评定应由连续 3 组试件组成一个检验批,其强度应同时符合下列要求:

$$m_{f_{cu}} \geqslant f_{cu,k} + 0.7\sigma_0 \tag{4-30}$$

$$f_{cu,min} \geqslant f_{cu,k} - 0.7\sigma_0 \tag{4-31}$$

式中:$m_{f_{cu}}$——同一检验批混凝土立方体抗压强度平均值,MPa;

$f_{cu,min}$——同一检验批混凝土立方体抗压强度最小值,MPa;

$f_{cu,k}$——混凝土强度标准值，MPa。

检验批混凝土立方体抗压强度的标准差 σ_0 应按下式计算：

$$\sigma_0 = \sqrt{\frac{\sum\limits_{i=1}^{n} f_{cu,i}^2 - n m_{f_{cu}}^2}{n-1}} \tag{4-32}$$

式中：$f_{cu,i}$——前一检验期内同一品种、同一强度等级的第 i 组混凝土试件的立方体抗压强度，MPa；该检验期不应少于 60 d，也不得大于 90 d；

$m_{f_{cu}}$——前一检验批混凝土强度平均值，MPa；

n——前一检验期内的样本容量，$n \geqslant 45$。

当混凝土强度等级不高于 C20 时，强度的最小值尚应满足下式要求：

$$f_{cu,min} \geqslant 0.85 f_{cu,k} \tag{4-33}$$

当混凝土强度等级高于 C20 时，强度的最小值尚应满足下式要求：

$$f_{cu,min} \geqslant 0.9 f_{cu,k} \tag{4-34}$$

（2）标准差未知方案

当混凝土的生产条件在较长时间内不能保持一致，且混凝土强度变异性不能保持稳定时，或在前一个检验期内的同一品种、同一强度等级混凝土，无足够的数据用以确定检验批混凝土强度的标准差时，应由不少于 10 组的试件组成一个检验批，其强度应同时满足下列要求：

$$m_{f_{cu}} - \lambda_1 S_{f_{cu}} \geqslant f_{cu,k} \tag{4-35}$$

$$f_{cu,min} \geqslant \lambda_2 f_{cu,k} \tag{4-36}$$

同一检验批混凝土立方体抗压强度的标准差应按下式计算：

$$S_{f_{cu}} = \sqrt{\frac{\sum\limits_{i=1}^{n} f_{cu,i}^2 - n m_{f_{cu}}^2}{n-1}} \tag{4-37}$$

式中：$f_{cu,i}$——同一检验批同一品种、同一强度等级的第 i 组混凝土试件的立方体抗压强度，MPa；

$m_{f_{cu}}$——同一检验批混凝土强度平均值，MPa；

$S_{f_{cu}}$——同一检验批混凝土强度标准差，MPa；当检验批混凝土强度标准差计算值小于 2.5 MPa 时，应取 2.5 MPa；

n——检验期内的样本容量，$n \geqslant 10$；

λ_1、λ_2——合格评定系数，按表 4.40 取用。

表 4.40　混凝土强度的合格评定系数（GB/T 50107—2010）

试件组数	10~14	15~19	$\geqslant 20$
λ_1	1.15	1.05	0.95
λ_2	0.90	0.85	

2）非统计方法

当样本容量小于 10 组时，混凝土强度的评定应采用非统计方法。混凝土强度应同时符合下列规定：

$$m_{f_{cu}} \geqslant \lambda_3 f_{cu,k} \tag{4-38}$$

$$f_{cu,min} \geqslant \lambda_4 f_{cu,k} \tag{4-39}$$

式中：λ_3、λ_4——合格评定系数，按表 4.41 取用。

表 4.41　混凝土强度的非统计方法合格评定系数（GB/T 50107—2010）

混凝土强度等级	＜ C60	≥ C60
λ_3	1.15	1.10
λ_4	0.95	

3）混凝土强度的合格性评定

混凝土强度应分批进行检验评定，当检验结果满足以上规定时，则该批混凝土强度评定为合格；反之，评定为不合格。对不合格批混凝土制成的结构或构件，可采用钻芯法或其他非破损检验方法进行进一步鉴定。对不合格的结构或构件，必须及时处理。

4.6　其他品种混凝土

4.6.1　高强混凝土

《高强混凝土结构技术规程》（CECS 104：99）规定：高强混凝土是采用水泥、砂、石、高效减水剂等外加剂和粉煤灰、超细矿渣、硅灰等矿物掺合料，以常规工艺配制的强度等级为 C50～C80 的混凝土。

高强混凝土的抗压强度高，一般为普通强度混凝土的 4～6 倍，可缩小构件的截面积，减轻自重；抗变形能力强，可提高构件刚度，改善建筑物的变形性能；密实度大，抗渗、抗冻性均优于普通混凝土，除应用于高层、大跨度结构外，还多用于海洋及港口工程；耐海水侵蚀及海浪冲刷性也比较好，可提高工程使用寿命。

配制高强混凝土宜选用强度等级不低于 52.5 MPa 的硅酸盐水泥和普通硅酸盐水泥；对于 C50 混凝土，必要时可采用 42.5 MPa 的硅酸盐水泥和普通硅酸盐水泥。粗、细骨料应质地坚硬，级配良好。高强混凝土的配合比应根据施工工艺要求的和易性和结构设计要求的强度、充分考虑施工运输和环境温度等条件进行设计；当处于侵蚀性介质作用的环境时，还应考虑耐久性的要求。高强混凝土的水胶比为 0.25～0.42，强度等级越高，水胶比越低。拌制高强混凝土不得采用自落式搅拌机，配料应采用自动计量装置，严格控制用水量，严禁在拌合物出搅拌机后加水，必要时可采用后掺法加入粉状或水状的高效减水剂。

4.6.2　高性能混凝土（HPC）

高性能混凝土是高强混凝土的重要发展方向，具有广阔的发展前景。《高性能混凝土应用技术规程》（CECS 207：2006）规定：高性能混凝土是采用常规材料和工艺生产，具有混凝土结构所要求的各项力学性能，且具有高耐久性、高工作性和高体积稳定性的混凝土。处于多种劣化因素综合作用下的混凝土结构宜采用高性能混凝土。

高性能混凝土的水胶比较低，掺入高效减水剂可保证混凝土在用水量较小的情况下，具有满足施工要求的和易性。粗、细骨料应质地坚硬，级配良好，针、片状颗粒含量应严格控制，且粗骨料粒径不宜过大。掺入适量的矿物掺合料粉，可提高混凝土的密实度，进而提高混凝土强度和耐久性，减少结构的维修费用，延长使用寿命。

高性能混凝土适用于桥梁工程、高层建筑、海港工程、水工建筑物等。

4.6.3　轻骨料混凝土

轻骨料混凝土是指用轻粗骨料、轻砂（或普通砂）、胶凝材料、外加剂和水配制而成的干表观密度不大于 1 950 kg/m³ 的混凝土。由轻砂做细骨料配制而成的轻骨料混凝土为全轻混凝土；由普通砂或部分轻砂做细骨料配制而成的为砂轻混凝土；由轻粗骨料、水泥和水配制而成的无砂或少砂混凝土为大孔轻骨料混凝土；在轻粗骨料中掺入适量普通粗骨料，干表观密度大于 1 950 kg/m³，且小于或等于 2 300 kg/m³ 的混凝土为次轻混凝土。

按轻骨料品种，可将轻骨料混凝土分为 3 类：天然轻骨料混凝土，如浮石混凝土、火山渣混凝土、多孔凝灰岩混凝土；人造轻骨料混凝土，如页岩陶粒混凝土、黏土陶粒混凝土、膨胀珍珠岩混凝土；工业废料轻骨料混凝土，如粉煤灰陶粒混凝土、膨胀矿渣珠混凝土、自燃煤矸石混凝土、炉渣混凝土等。

按照在建筑工程中的用途，可将轻骨料混凝土分为 3 类：保温轻骨料混凝土，主要用于围护结构或热工构筑物；结构保温轻骨料混凝土，用于配筋或不配筋的围护结构；结构轻骨料混凝土，用于承重的配筋构件、预应力构件或构筑物。

轻骨料混凝土的强度等级按立方体抗压强度标准值划分为 LC5.0、LC7.5、LC10、LC15、LC20、LC25、LC30、LC35、LC40、LC45、LC50、LC55 和 LC60。

轻骨料混凝土主要特点是轻质高强，LC30 以上的轻骨料混凝土的干表观密度为 1 600～1 900 kg/m³，比同强度等级的普通混凝土轻 25%～30%；轻骨料的孔隙率比较大，故其绝热性能好；弹性模量较小，对地震带来的冲击能吸收得快，抗震效果好。轻骨料混凝土主要适用于高层建筑、大跨度结构、软土地基、抗震结构以及有节能要求的建筑物等。

4.6.4　泵送混凝土

混凝土在泵压作用下经管道输送到指定地点进行浇筑的，称为泵送混凝土。泵送混凝土不但要满足混凝土强度和耐久性的要求，还应满足可泵性（混凝土在泵压下沿输送管道流动的难易程度以及稳定程度的特性）要求，可用压力泌水试验进行检测。

《混凝土泵送施工技术规程》(JGJ/T 10—2011)规定：泵送混凝土宜采用预拌混凝土，不得采用人工搅拌的混凝土；混凝土输送管最小内径要求应满足表 4.42；混凝土入泵时坍落度与泵送高度关系应满足表 4.43；混凝土坍落度允许偏差见表 4.44。

表 4.42　混凝土输送管最小内径要求(JGJ/T 10—2011)

粗骨料最大粒径/mm	输送管最小内径/mm
25	125
40	150

表 4.43　混凝土入泵时坍落度与泵送高度关系(JGJ/T 10—2011)

最大泵送高度/m	50	100	200	400	>400
入泵坍落度/mm	100~140	150~180	190~220	230~260	—
入泵扩展度/mm	—	—	—	450~590	600~740

表 4.44　混凝土坍落度允许偏差(JGJ/T 10—2011)

坍落度/mm	坍落度允许偏差/mm
100~160	±20
>160	±30

《普通混凝土配合比设计规程》(JGJ 55—2011)规定：泵送混凝土宜选用硅酸盐水泥、普通硅酸盐水泥、矿渣硅酸盐水泥和粉煤灰硅酸盐水泥；粗骨料宜选用连续级配，其针片状颗粒含量不宜大于 10%，细骨料宜采用中砂，砂率 35%~45%；胶凝材料用量不宜小于 300 kg/m³；粗骨料的最大公称粒径与输送管径之比宜符合表 4.45 要求。

表 4.45　粗骨料的最大公称粒径与输送管径之比(JGJ 55—2011)

粗骨料品种	泵送高度/m	粗骨料的最大公称粒径与输送管径之比
碎石	<50	≤1:3.0
	50~100	≤1:4.0
	>100	≤1:5.0
卵石	<50	≤1:2.5
	50~100	≤1:3.0
	>100	≤1:4.0

泵送混凝土尤其适用于无法浇筑或不宜捣实的部位，广泛应用于建筑工程、市政工程及水利工程等。

4.6.5　纤维混凝土

纤维混凝土是在普通混凝土中掺入乱向均匀分散的纤维而制成的复合材料，包括钢纤维混凝土、合成纤维混凝土、玻璃纤维混凝土、天然植物纤维混凝土、混杂纤维(不同类别、不同规格的短纤维混合而成)混凝土等。纤维的主要作用是限制外力作用下混凝土中裂缝的开展,对抗压强度没有明显影响。

钢纤维混凝土适用于对抗拉强度、抗折强度、抗剪强度、弯曲韧性、抗裂性能、抗冲击性能、抗疲劳性能以及抗震、抗爆等性能要求较高的混凝土工程或其局部部位。合成纤维混凝土适用于混凝土早期收缩裂缝控制和对混凝土抗冲击、抗疲劳、弯曲韧性以及对混凝土整体性能有一定要求的混凝土工程或其局部部位。

知识拓展📖

港珠澳大桥沉管隧道混凝土应用
——基于 120 年设计寿命的材料科学革命

港珠澳大桥作为全球最长的跨海集群工程,其创新性的"桥-岛-隧"三位一体结构体系与严苛选材标准,重新定义了海洋工程的极限。主体工程中,长达 6.7 km 的海底沉管隧道由 33 节巨型混凝土管节精准对接,单节重达 8 万 t,相当于一艘中型航母的排水量。隧道管体采用 C45 高性能混凝土,通过掺入矿渣与纳米二氧化硅,将氯离子扩散系数降至 0.98×10^{12} m^2/s(仅为普通海洋混凝土的 1/6),结合双层环氧涂层钢筋与 120 mm 超厚保护层,实现 120 年设计寿命的耐久性突破。桥梁部分则采用全钢结构与混凝土组合梁技术,主梁选用抗压强度达 60 MPa 的耐候钢骨料混凝土,并在浪溅区创新应用 316 L 不锈钢钢筋,使关键节点抗腐蚀能力提升 300%。从海底 40 m 深的复合地基到人工岛钢圆筒围护结构,全工程累计开展 2 000 余组材料耐久性试验,仅混凝土配合比验证就耗时 18 个月,最终以 0.01 mm 级接缝精度与 99.99% 防水合格率,成就了这项"新世界七大奇迹"工程的技术传奇。

1. 极端环境下的耐久性设计

港珠澳大桥沉管隧道处于Ⅲ—F级氯盐侵蚀环境,海水含氯离子浓度最高达 17.02 g/L,远超普通海洋工程标准。为实现 120 年设计寿命,混凝土掺入 25%~30% 粉煤灰与矿渣微粉,降低水胶比至 0.35 以下,使氯离子扩散系数降至 0.8×10^{-12} m^2/s,与普通混凝土相比,抗渗性能提升了 6 倍。钢筋保护层厚度突破常规标准,墩台与隧道区段达 60~120 mm,浪溅区增设环氧树脂涂层与不锈钢套筒复合防护,通过限制胶凝材料用量($\leqslant$450 kg/m^3)与优化膨胀剂配比,将管节混凝土 28 天收缩率控制在 0.015% 以内,低于国际标准 40%。

2. 抗多重腐蚀协同技术

针对伶仃洋海域特有的硫酸盐结晶腐蚀与碳化腐蚀,研发团队开创了复合防护体系。化学防护法是在混凝土中掺入纳米二氧化硅与偏高岭土,形成致密凝胶网络,将硫酸根离子扩散速率降低至 0.6 mm/a;物理防护法是采用双层 SMA 沥青铺装系统,表面构造深度达 0.9 mm,底层设置 1.2 mm 厚聚氨酯防水层,形成双重防渗屏障;电化学防护法是在沉管节段接头处安装牺牲阳极保护系统,有效抑制电位差引发的电化学腐蚀。

3. 大体积混凝土结构性能突破

33 节沉管总用混凝土量达 106 万 m^3,单节标准管段长 180 m,重量超 8 万 t,对材料性能要求极为苛刻。采用自密实混凝土,扩展度保持 650~750 mm 达 2 h,满足复杂钢筋网架下的免振捣浇筑需求,管体混凝土 28 d 抗压强度达 60 MPa,关键节点区采用 C50 钢纤维混凝土,抗冲击性能提升 3 倍。采用分级冷却系统,将混凝土核心温度峰值控制在 65 ℃ 以内,配合低热水泥(水化热≤230 kJ/kg),实现5 600 m隧道零贯穿裂缝。

4. 深海施工工艺创新

在40 m水压、30 m厚软基等极端条件下,采用碎石整平层＋挤密砂桩组合基础,基床沉降量≤5 cm,仅为设计允许值的25%。开发出抗分散混凝土外加剂,水下浇筑强度损失率≤15%,攻克管节接头水下密封难题。应用BIM驱动的预制模板系统,实现180 m管节尺寸误差≤3 mm,端钢壳安装精度达0.5 mm。基于物联网的温度—湿度联动控制,使管节混凝土28 d强度离散系数≤0.08,达国际顶级水平。

5. 全周期质量控制体系

从原材料到成品全过程质量管控。花岗岩骨料含泥量≤0.2%,粒径级配经6次筛分优化,空隙率降低至38%。采用X射线荧光光谱仪实时检测胶凝材料成分波动,确保配合比偏差≤1%。运用超声波CT扫描与微波湿度检测,实现180 m管节内部缺陷检出率100%。埋设3 200个光纤传感器,实时监测氯离子渗透深度与钢筋锈蚀速率。

6. 绿色建造技术集成

在环保领域实现三大创新:第一是固废资源化,混凝土中工业固废掺量达45%,单工程减少天然砂石开采12万t,降低碳排放8 000 t;第二是海洋生态保护,开发出生态友好型外加剂,将浇筑过程中海水pH值变化控制在±0.3范围内;第三是能源循环利用,利用混凝土养护余热进行海水淡化,日处理量达1 200 m³,满足施工用水需求。

港珠澳大桥沉管隧道的混凝土技术体系,集成了材料科学、海洋工程、智能建造等多学科成果,突破西方技术封锁,形成18项自主知识产权。从0.6 mm精度的模板系统到120年寿命保障体系,这项工程不仅创造了"滴水不漏"的世界纪录,更标志着中国在特种混凝土领域实现从跟跑到领跑的跨越。当33节沉管在伶仃洋底完美衔接,它们不仅构筑起跨越三地的物理通道,更浇筑出中国建造走向深蓝的技术自信。

复习思考题

1. 填空题

(1) 混凝土由_____、_____、_____、_____、_____、_____组成。

(2) 混凝土用砂按产源可分为_____和_____,按照颗粒级配可分为1、2、3区砂。

(3) 混凝土用石子按产源可分为_____和_____。

(4) 石子的压碎指标值越大,石子的强度越_____。

(5) 在配合比相同的情况下,碎石混凝土的和易性_____于卵石混凝土;碎石混凝土的强度_____于卵石混凝土。

(6) 混凝土拌合物的和易性包括_____、_____和_____三方面内容。和易性的评定时,定量评定的是_____;根据直观经验进行定性分析的是_____和_____。

(7) 混凝土按照流动性可分为_____和_____,分别用_____和_____来表示。

(8) 混凝土立方体抗压强度试验标准试件的尺寸_____,混凝土轴心抗压强度试验标准试件的尺寸_____。

(9) 为保证混凝土的耐久性,必须满足_____水胶比和_____胶凝材料用量的要求。

(10) 混凝土配合比设计中,水胶比主要由_____和_____确定;砂率依据_____和_____确定。

(11) 配制混凝土过程中,若拌合物流动性过大,应保证＿＿＿＿＿＿不变,加＿＿＿＿＿＿;若拌合物流动性过小,应保证＿＿＿＿＿＿不变,加＿＿＿＿＿＿;若黏聚性和保水性不好,则应提高＿＿＿＿＿＿。

2. 简述题

(1) 普通混凝土的组成材料分为几种?在混凝土凝固硬化前后各有什么作用?

(2) 什么是骨料级配?骨料级配对混凝土性能有何影响?

(3) 什么是混凝土拌合物的和易性?影响和易性的因素有哪些?如何改善混凝土拌合物的和易性?

(4) 什么是最佳砂率?在混凝土中选择最佳砂率有什么意义?

(5) 混凝土配合比设计有什么要求?如何确定配合比设计中的3个重要参数?

(6) 什么是碱骨料反应?怎样抑制碱骨料反应?

(7) 影响混凝土耐久性的因素有哪些?

3. 计算题

(1) 烘干天然砂样 500 g,筛分结果如下表,试评定该砂的颗粒级配及粗细程度。

筛孔尺寸/mm	<0.15	0.15	0.30	0.60	1.18	2.36	4.75
筛余/g	21	76	101	145	70	69	18

(2) 某钢筋混凝土梁的截面尺寸为 200 mm × 400 mm,钢筋最小净间距为 45 mm,钢筋混凝土实心板厚 100 mm,施工时混凝土梁和板一起浇筑,试确定该混凝土中石子的最大粒径。

(3) 某混凝土结构设计强度为 C30,要求具有 95% 的强度保证率,当强度发展为设计强度的 65% 时可以拆模,试确定几天后可以拆模。若实测 7 d 龄期的抗压强度为 21 MPa,则该混凝土能否满足设计要求?若采用碎石、42.5 MPa 普通水泥、河砂配制该混凝土,其中粒化高炉矿渣粉掺量为 40%,则实际水胶比为多少?

(4) 某混凝土拌合物的设计配合比为水泥:粉煤灰:砂:石子:水 =1:0.33:2.71:5.58:0.73,混凝土拌合物的表观密度为 2 445 kg/m^3,则 1 m^3 混凝土中各种材料的用量为多少?若现场砂的含水率为 2.5%,石子含水率为 1%,求施工配合比。

(5) 已知混凝土的实验室配合比为水泥:矿渣粉:砂:石子:水 =1:0.55:2.88:5.65:0.77,且水泥用量为 240 kg/m^3 混凝土。若施工现场砂的含水率为 3%,石子的含水率为 0.85%,搅拌机的出料容量为 800 L,求混凝土拌合物的表观密度及每次搅拌的投料量。

(6) 某现浇室内钢筋混凝土梁,混凝土设计强度等级为 C30,施工要求坍落度为 35～50 mm,施工采用机械搅拌,机械振捣,施工单位混凝土标准差为 3.5 MPa。采用原材料情况如下:

水泥:42.5 MPa 的普通硅酸盐水泥,实测强度为 45.4 MPa,密度为 $\rho_c =3.1$ g/cm^3;

矿物掺合料:不掺入;

砂:2 区中砂,$M_x =2.6$,表观密度 $\rho_s =2.65$ g/cm^3;

石子:碎石,最大粒径 $D_{max} =40$ mm,连续级配且级配合格,表观密度 $\rho_g =2.75$ g/cm^3;

水:自来水。

试设计该混凝土的初步配合比。

（7）某室内钢筋混凝土结构，混凝土设计强度等级为 C30，掺入 S95 级粒化高炉矿渣粉。施工要求坍落度为 35～50 mm，采用机械搅拌和机械振捣，该施工单位无历史统计资料。采用的原材料如下：

水泥：42.5 级普通硅酸盐水泥，密度 $\rho_c = 3.1$ g/cm³；

矿物掺合料：S95 级粒化高炉矿渣粉，密度 $\rho = 2.30$ g/cm³；

砂：细度模数 2.7，二区砂，密度 $\rho_s = 2.60$ g/cm³；

碎石：5～40 mm，级配合格，密度 $\rho_g = 2.70$ g/cm³；

水：自来水。

试设计该混凝土的初步配合比。若施工现场砂的含水率为 2.8%，石子含水率为 0.9%，求该混凝土的施工配合比。

5

砂　浆

知识点

（1）砌筑砂浆的和易性、强度、耐久性及其检测方法。
（2）砌筑砂浆的配合比设计。
（3）其他品种的砂浆的性能。

能力目标

（1）掌握砌筑砂浆原材料的性能，能够合理选择。
（2）掌握砌筑砂浆的和易性、强度、耐久性。
（3）掌握砌筑砂浆技术性能的检测方法。
（4）掌握砌筑砂浆的配合比设计方法。
（5）了解其他品种砂浆的性能。

素质目标

（1）养成严谨的质量意识，通过科学检测手段（如抗压强度）保证砂浆工程质量。
（2）具备规范操作能力，能够独立完成砌筑砂浆配合比设计、搅拌、性能检测等实践任务。
（3）能结合工程环境（如温度、湿度变化）分析砂浆性能问题，提出针对性解决方案。
（4）树立工匠精神，遵循标准操作流程，提升职业竞争力。

建筑砂浆是由无机胶凝材料、细骨料、掺合料、水以及根据性能确定的其他组分按适当比例配合、拌制并经硬化而成的工程材料，可分为施工现场拌制的砂浆或由专业生产厂生产的商品砂浆。

建筑砂浆在建筑工程中用量大且用途广，根据用途不同可分为砌筑砂浆、抹面砂浆、装饰砂浆和特种砂浆；根据胶凝材料不同又可分为水泥砂浆、石灰砂浆和混合砂浆。水泥砂浆是由水泥、细骨料和水按比例配制而成的，强度及防水性较好，适用于潮湿环境、较大外力作用的砌体结构及外墙抹灰等；石灰砂浆是由石灰、细骨料和水按比例配制而成的，其强度由石灰的气硬性来提供，因此强度较低，不适用于潮湿环境及荷载较大的砌体结构，现在应用较少；混合砂浆是由水泥、细骨料、水和掺合料（石灰或石膏等）按比例配制而成，掺合料可改善砂浆的和易性，便于施工操作，且可减少水泥用量，混合砂浆不适用于潮湿环境，多用于室内抹灰。本章重点阐述砌筑砂浆。

5.1 砌筑砂浆

能将砖、石、砌块等块体材料胶结为一个整体(即砌体)的砂浆称为砌筑砂浆,砌体的强度主要取决于砂浆的强度。砌筑砂浆不仅起到黏结块材、衬垫缝隙和传递荷载的作用,还可提高建筑物的保温、隔声、防潮等性能。

5.1.1 砌筑砂浆的组成材料

砌筑砂浆所用原材料不应对人体、生物与环境造成有害的影响,并应符合现行国家标准《建筑材料放射性核素限量》(GB 6566—2010)的规定。

1)水泥

砌筑砂浆的主要胶凝材料是水泥,《砌筑砂浆配合比设计规程》(JGJ98—2010)规定:水泥宜采用通用硅酸盐水泥和砌筑水泥,水泥的强度等级应根据砂浆品种及强度等级要求进行选择,M15 及以下强度等级的砌筑砂浆宜选用 32.5 级的通用硅酸盐水泥或砌筑水泥;M15 以上强度等级的砌筑砂浆宜选用 42.5 MPa 的通用硅酸盐水泥。特殊用途的砂浆,如构件接缝、结构加固、修补裂缝等可采用膨胀水泥。

2)砂

砌筑砂浆宜选用中砂,既可满足砂浆拌合物的和易性要求,又可节约水泥。砌筑砂浆用砂应符合现行行业标准《普通混凝土用砂、石质量及检验方法标准》(JGJ 52—2006)的规定,且应全部通过 4.75 mm 的筛孔。

3)生石灰、电石膏、消石灰粉

(1)生石灰

生石灰熟化成石灰膏时,应用孔径不大于 3 mm×3 mm 的网过滤,熟化时间不得少于 7 d;磨细生石灰粉的熟化时间不得少于 2 d。沉淀池中储存的石灰膏,应采取措施防止干燥、冻结和污染。脱水硬化的石灰膏不但起不到塑化作用,还会影响砂浆强度,因此严禁使用脱水硬化的石灰膏。磨细生石灰粉必须熟化成石灰膏才可使用。在严寒地区,磨细生石灰粉直接加入砌筑砂浆中,是利用其熟化热量保证砂浆在低温时仍能处于流态而便于施工,属冬季施工措施。

(2)电石膏

制作电石膏的电石渣应用孔径不大于 3 mm×3 mm 的网过滤,检验时应加热至 70 ℃后至少保持 20 min,并应待乙炔挥发完后再使用(乙炔含量大会危害人体健康)。

(3)消石灰粉

消石灰粉不得直接用于砌筑砂浆中。这是因为消石灰粉含有未充分熟化的石灰,颗粒太粗,起不到改善和易性的作用,还会大幅降低砂浆的强度,因此规定不得使用。

(4)石灰膏、电石膏试配时的稠度

配制砂浆时,膏类(如石灰膏、电石膏等)材料的含水量不计入砂浆用水量中,为了使膏类材料的含水率有统一标准,故规定膏类材料试配时的稠度应为(120±5)mm。若稠度不在上述范围时,可按表5.1进行换算。

表5.1 石灰膏不同稠度的换算系数

稠度/mm	120	110	100	90	80	70	60	50	40	30
换算系数	1.00	0.99	0.97	0.95	0.93	0.92	0.90	0.88	0.87	0.86

4)粉煤灰、粒化高炉矿渣粉、硅灰、天然沸石粉

粉煤灰、粒化高炉矿渣粉、硅灰、天然沸石粉应分别符合国家现行标准《用于水泥和混凝土中的粉煤灰》(GB/T 1596)、《用于水泥和混凝土中的粒化高炉矿渣粉》(GB/T 18046)、《高强高性能混凝土用矿物外加剂》(GB/T 18736)和《天然沸石粉在混凝土和砂浆中应用技术规程》(JGJ/T 112)的规定。当采用其他品种矿物掺合料时,应有可靠的技术依据,并在使用前进行实验验证。

5)保水增稠材料

保水增稠材料是可改善砂浆可操作性及保水性的非石灰类物质。增稠作用主要是提高砂浆的黏性、润滑性、可铺展性、触变性等使砂浆在外力作用下易变形,外力消失后保持不变形的能力。砂浆与基层既要求具有一定的粘附性,又不能太高,以免形成"粘力"。采用保水增稠材料时,应在使用前进行实验验证,并应有完整的型式检验报告。

6)外加剂

外加剂应符合国家现行有关标准的规定,引气型外加剂还应有完整的型式检验报告。

7)水

拌制砂浆用水要求与混凝土拌合及养护用水要求相同,应符合《混凝土用水标准》(JGJ 63—2006)的规定。

5.1.2 砌筑砂浆的主要技术性质

1)砂浆的和易性

砂浆的和易性是指砂浆拌合物易于施工操作并能保证工程质量的性质。和易性良好的砂浆在运输及施工过程中不易发生分层、离析、泌水等现象,并且易于在砖石表面涂铺成均匀、连续、饱满的薄层,与基层黏结性好,使砌体具有较高的强度和良好的整体性。砂浆的和易性包括流动性和保水性。

(1)流动性

砂浆的流动性是指砂浆拌合物在自重或外力作用下流动的性能,也称为稠度,用砂浆稠度仪测定,以标准圆锥自由落入砂浆中10 s时所沉入的深度来表示,即沉入度,单位为mm,如图5.1所示。沉入度越大,砂浆的流动性越大。

砂浆的流动性与胶凝材料的种类和用量、用水量、外加剂的品种和掺量,以及砂的种类、形状、颗

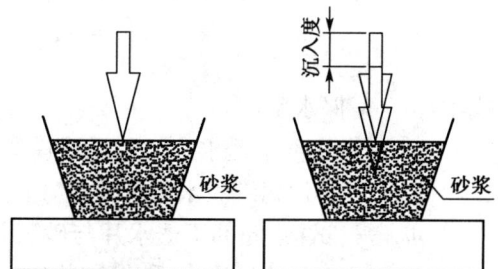

图5.1 沉入度测定示意图

粒级配及粗细程度等有关,还受到砌体材料的种类、施工方法及气候条件的影响。天气炎热、砌体表面吸水性强时,沉入度应选用较大值;天气湿冷、砌体材料表面致密时,沉入度应选用较小值。砂浆的沉入度应适当,若沉入度过大,砂浆易出现离析、泌水现象,难以保证砌体质量;若沉入度过小,砂浆不易铺成均匀薄层,不便于施工,甚至影响其黏结力。因此,根据《砌筑砂浆配合比设计规程》(JGJ/T 98—2010)规定,砌筑砂浆的施工稠度按表 5.2 选用。

表 5.2 砌筑砂浆的施工稠度(JGJ/T 98—2010)

砌 体 种 类	施工稠度/mm
烧结普通砖砌体、粉煤灰砖砌体	70~90
混凝土砖砌体、普通混凝土小型空心砌块砌体、灰砂砖砌体	50~70
烧结多孔砖砌体、烧结空心砖砌体、轻集料混凝土小型空心砌块砌体、蒸压加气混凝土砌块砌体	60~80
石砌体	30~50

(2) 保水性

砂浆的保水性是指砂浆拌合物具有保持内部水分的能力,确保其在运输及停放时内部组分的稳定性,用保水率表示。保水性良好的砂浆,可在砌体中形成均匀密实的胶结层,从而提高砌体的整体性和强度。

砂浆拌合物在运输及停放时内部组分的稳定性用分层度来表示。用砂浆分层度筒(分为上部 200 mm 和下部 100 mm 两部分)来测定。先测出砂浆拌合物的稠度 K_1,再将砂浆拌合物一次性装入分层度筒内,静置 30 min 后,去掉上部 200 mm 的砂浆,将剩余的 100 mm 砂浆倒出拌匀后,再测一次稠度 K_2,则两次测得的稠度之差即为该砂浆的分层度值 ΔK,$\Delta K = K_1 - K_2$。砂浆的分层度一般在 10~20 mm 之间为宜。分层度小于 10 mm,砂浆过于黏稠而难以施工,且易产生干缩裂缝;分层度大于 30 mm,砂浆保水性差,容易发生离析,不宜使用。参考国外标准及考虑到我国目前砂浆品种日益增多,有些新品种砂浆用分层度试验来衡量砂浆各组分的稳定性或保持水分的能力已不太适宜;而且在砌筑砂浆实际试验应用中,分层度难以操作、可复验性差、准确性低,改用保水率来评定砂浆的保水性。

《建筑砂浆基本性能试验方法标准》(JGJ/T 70—2009)规定:保水率是指保持在砂浆内部的水分占总水量的百分率,用保水性试验测定。将砂浆拌合物一次性装入底部装有不透水片的圆环试模,称不透水片,试模与砂浆总质量 m_3,在砂浆表面覆盖滤纸(8 片)后盖上不透水片,用 2 kg 的重物压住不透水片静止 2 min 后,移走重物、不透水片及滤纸并迅速称量滤纸质量 m_4,则砂浆保水率可按下式计算:

$$w = \left[1 - \frac{m_4 - m_2}{\alpha(m_3 - m_1)}\right] \times 100\% \tag{5-1}$$

式中:w——保水率,%;

m_1——底部不透水片与干燥试模的质量,g;

m_2——8 片滤纸吸水前的质量,g;

m_3——试模、底部不透水片与砂浆总质量,g;

m_4——8 片滤纸吸水后的质量,g;

α——砂浆含水率,%。

上述砂浆含水率的测定方法:称取 100 g 砂浆拌合物试样,置于一干燥并已称重的盘中,在(105±5)℃的烘干箱中烘干至恒重,砂浆的含水率为烘干后砂浆试样损失的质量除以砂浆样本的总质量。

根据《砌筑砂浆配合比设计规程》(JGJ/T 98—2010)规定,砌筑砂浆的保水率应符合表 5.3 的规定。

表 5.3 砌筑砂浆的保水率(JGJ/T 98—2010)

砂浆种类	保水率/%	砂浆种类	保水率(%)
水泥砂浆	≥80	预砌筑浆	≥88
水泥混合砂浆	≥84		

为保证砂浆的保水性能满足施工需求以及保水率的要求,砌筑砂浆中水泥和石灰膏、电石膏等材料的用量应符合表 5.4 的规定。

表 5.4 砌筑砂浆中水泥、矿物掺合料、石灰膏等材料用量(JGJ/T 98—2010)

砂浆种类	材料用量/(kg/m³)	砂浆种类	材料用量/(kg/m³)
水泥砂浆	≥200	预拌砌筑砂浆	≥200
水泥混合砂浆	≥350		

注:(1) 水泥砂浆中的材料用量是指水泥用量;
(2) 水泥混合砂浆中的材料用量是指水泥和石灰膏或电石膏的材料总量;
(3) 预拌砌筑砂浆的材料用量是指胶凝材料的用量,包括水泥和替代水泥的粉煤灰等活性矿物掺合料。

为改善砂浆的工作性能,可在拌制砂浆中掺入保水增稠材料、外加剂等,但考虑到这类材料品种多,性能、掺量相差较大,因此掺量应根据不同厂家的说明书确定,性能必须符合规范要求。

2)表观密度

以砂为细骨料的砂浆拌合物的表观密度不宜过小,否则会影响砌体的力学性能及整体性。砌筑砂浆的表观密度宜符合表 5.5 的规定。

表 5.5 砌筑砂浆拌合物的表观密度(JGJ/T 98—2010)

砂浆种类	表观密度/(kg/m³)	砂浆种类	表观密度/(kg/m³)
水泥砂浆	≥1 900	预拌砌筑砂浆	≥1 800
水泥混合砂浆	≥1 800		

3)强度

砂浆立方体的抗压强度是用有底试模制作的 3 个边长为 70.7 mm×70.7 mm×70.7 mm 的立方体试件,在标准条件下(温度为(20±2)℃,相对湿度为90%以上)养护至 28 d,按标准抗压强度实验方法测得 3 个测值的平均值的 1.3 倍来表示。水泥砂浆及预拌砌筑砂浆的强度等级可分为 M5、M7.5、M10、M15、M20、M25 和 M30 七个等级;水泥混合砂浆的强度等级可分为 M5、M7.5、M10、M15 四个等级。

4）黏结力

砌筑砂浆须具备良好的黏结力，以便将砌体黏结成为坚固的整体，使其具有良好的强度、耐久性及抗震性能。通常情况下，砂浆的强度越高，黏结力越好；基层材料表面干净且湿润，砂浆的黏结力越好；此外，基层表面的粗糙程度、砌筑水平及施工养护条件等因素均对砂浆的黏结力有明显影响。

5）变形性能

砂浆在硬化过程中、承受荷载以及温湿度变化时均会产生变形。若变形过大或不均匀，会引起沉陷或裂缝，影响砌体质量。轻骨料或掺合料配制的砂浆收缩变形较大。

5.1.3　砌筑砂浆的配合比设计

砌筑砂浆的稠度、保水率及抗压强度应同时满足要求，方可应用于工程中。砂浆的品种和强度应根据环境及使用部位合理选用。强度要求较高或环境潮湿时，宜选用水泥砂浆；干燥环境则宜选用混合砂浆。预拌砌筑砂浆的配合比由专业生产厂确定，且应符合现行行业标准《预拌砂浆》（JG/T 230—2007）的规定。这里主要介绍现场配制砌筑砂浆的配合比设计过程。

1）现场配制水泥混合砂浆的配合比设计

须满足现行标准《砌筑砂浆配合比设计规程》（JGJ/T 98—2010）的规定。

（1）计算砂浆的试配强度（$f_{m,0}$）

$$f_{m,0} = k f_2 \tag{5-2}$$

式中：$f_{m,0}$——砂浆的试配强度，MPa，精确至 0.1 MPa；

　　　f_2——砂浆强度等级值，MPa，精确至 0.1 MPa；

　　　k——系数，按表 5.6 取值。

表 5.6　砂浆强度标准差 σ 及 k 值（JGJ/T 98—2010）

施工水平	强度标准差 σ/MPa							k
	M5	M7.5	M10	M15	M20	M25	M30	
优良	1.00	1.50	2.00	3.00	4.00	5.00	6.00	1.15
一般	1.25	1.88	2.50	3.75	5.00	6.25	7.50	1.20
较差	1.50	2.25	3.00	4.50	6.00	7.50	9.00	1.25

砂浆强度标准差的确定应符合以下要求：

① 当有统计资料时，砂浆强度标准差应按下式计算：

$$\sigma = \sqrt{\frac{\sum_{i=1}^{n} f_{m,i}^2 - n\mu_{fm}^2}{n-1}} \tag{5-3}$$

式中：$f_{m,i}$——统计周期内同一品种砂浆第 i 组试件的强度，MPa；

μ_{fm}——统计周期内同一品种砂浆 n 组试件强度的平均值,MPa;

n——统计周期内同一品种砂浆试件的总组数, $n \geqslant 25$。

② 当无统计资料时,砂浆强度标准差可按表5.6取值。

(2)计算每立方米砂浆中的水泥用量(Q_c)

砌筑吸水基层材料时的水泥用量按如下方法计算:

① 每立方米砂浆中的水泥用量,应按下式计算:

$$Q_c = 1\,000(f_{m,0} - \beta)/(\alpha \cdot f_{ce}) \tag{5-4}$$

式中:Q_c——每立方米砂浆的水泥用量,kg,精确至1 kg;

　　　f_{ce}——水泥的实测强度,MPa,精确至0.1 MPa;

　　　α、β——砂浆的特征系数,其中 α 取3.03,β 取-15.09。

注:各地区也可用本地区实验资料确定 α、β 值,统计用的实验组数不得少于30组。

② 在无法取得水泥的实测强度值时,可按下式计算:

$$f_{ce} = \gamma_c \cdot f_{ce,k} \tag{5-5}$$

式中:$f_{ce,k}$——水泥强度等级值,MPa;

　　　γ_c——水泥强度等级值的富余系数,宜按实际统计资料确定;无统计资料时可取1.0。

(3)计算每立方米砂浆中石灰膏用量(Q_d)

$$Q_d = Q_a - Q_c \tag{5-6}$$

式中:Q_d——每立方米砂浆的石灰膏用量,kg,精确至1 kg;石灰膏使用时的稠度宜为 120 mm$\pm$
　　　　　5 mm;

　　　Q_c——每立方米砂浆的水泥用量,kg,精确至1 kg;

　　　Q_a——每立方米砂浆中水泥和石灰膏总量,精确至1 kg,可为 350 kg。

当石灰膏稠度不同时,其稠度换算系数可在表5.1中查取。

(4)确定每立方米砂浆中的砂用量(Q_s)

每立方米砂浆中的砂用量,应以干燥状态(含水率小于0.5%)的堆积密度值作为计算值,单位kg。这是因为砂浆中的水、胶凝材料、掺合料是用来填充砂子之间空隙的,即 1 m³ 的砂就构成了 1 m³ 的砂浆。

(5)每立方米砂浆中的用水量(Q_w)

当砂浆稠度为 70~90 mm 且骨料为中砂时,每立方米砂浆中的用水量,可在 210~310 kg 范围内选用。

值得注意的是,混合砂浆中的用水量,不包括石灰膏中的水;当采用细砂或粗砂时,用水量分别取上限或下限;稠度小于 70 mm 时,用水量可小于下限;施工现场气候炎热或干燥季节,可酌量增加用水量。

2)现场配制水泥砂浆的配合比

(1)现场配制水泥砂浆的材料用量可按表5.7选用。

表 5.7　每立方米水泥砂浆材料用量（JGJ/T 98—2010）　　　　　单位：kg/m³

强度等级	水泥	砂	用水量
M5	200～230		
M7.5	230～260		
M10	260～290		
M15	290～330	砂的堆积密度值	270～330
M20	340～400		
M25	360～410		
M30	430～480		

注：(1) M15 及 M15 以下强度等级水泥砂浆，水泥强度等级为 32.5 级；M15 以上强度等级水泥砂浆，水泥强度等级为 42.5 级；
　　(2) 当采用细砂或粗砂时，用水量分别取上限或下限；
　　(3) 稠度小于 70 mm 时，用水量可小于下限；
　　(4) 施工现场气候炎热或干燥，可酌量增加用水量；
　　(5) 试配强度应按公式(5-2)计算。

（2）水泥粉煤灰砂浆配合比可按表 5.8 选用。

表 5.8　每立方米水泥粉煤灰砂浆材料用量（JGJ/T 98—2010）　　　　　单位：kg/m³

强度等级	水泥和粉煤灰总量	粉煤灰	砂	用水量
M5	210～240			
M7.5	240～270	粉煤灰掺量可占胶凝材料总量的 15%～25%	砂的堆积密度值	270～330
M10	270～300			
M15	300～330			

注：(1) 表中水泥强度等级为 32.5 级；
　　(2) 当采用细砂或粗砂时，用水量分别取上限或下限；
　　(3) 稠度小于 70 mm 时，用水量可小于下限；
　　(4) 施工现场气候炎热或干燥季节，可酌情增加用水量；
　　(5) 试配强度应按公式(5-2)计算。

3）砌筑砂浆配合比的试配、调整与确定

砌筑砂浆试配时应考虑工程实际要求，采用机械搅拌，搅拌时间自开始加水时算起，水泥砂浆和水泥混合砂浆，搅拌时间不得少于 120 s；预拌砌筑砂浆和掺有粉煤灰、外加剂、保水增稠材料等的砂浆，搅拌时间不得少于 180 s。

按计算或查表所得配合比进行试拌时，应按现行行业标准《建筑砂浆基本性能实验方法标准》（JGJ/T 70—2009）测定砌筑砂浆拌合物的稠度和保水率。当稠度和保水率不能满足要求时，应调整材料用量，直到符合要求为止，然后确定为试配时的砂浆基准配合比。

试配时至少应采用 3 个不同的配合比，其中 1 个配合比应为基准配合比，其余 2 个配合比的水泥用量应按基准配合比分别增加及减少 10%。在保证稠度、保水率合格的条件下，可将用水量、石灰膏、保水增稠材料或粉煤灰等活性掺合料用量作相应调整。

砌筑砂浆试配时稠度应满足施工要求，并应按现行行业标准《建筑砂浆基本性能实验方法标准》（JGJ/T 70—2009）分别测定不同配合比砂浆的表观密度及强度，选定符合试配强度及和易性要求、水泥用量最低的配合比作为砂浆的试配配合比。

砂浆试配配合比的校正：

① 根据砌筑砂浆试配配合比中各种材料的用量,计算砂浆的理论表观密度值：

$$\rho_t = Q_c + Q_d + Q_s + Q_w \tag{5-7}$$

式中：ρ_t——砂浆的理论表观密度值,kg/m³,精确至 10 kg/m³。

② 计算砂浆配合比校正系数 δ：

$$\delta = \rho_c / \rho_t \tag{5-8}$$

式中：ρ_c——砂浆的实测表观密度值,kg/m³,精确至 10 kg/m³。

当砂浆的实测表观密度值与理论表观密度值之差的绝对值不超过理论值的 2% 时,可将试配配合比确定为砂浆设计配合比;当超过 2% 时,应将试配配合比中每项材料用量均乘以校正系数 δ 后,确定为砂浆设计配合比。

【学中做】

砂筑砂浆需同时满足（　　）,方可应用于工程中。

A. 稠度　　　　　　B. 保水率　　　　　　C. 强度　　　　　　D. 分层度

答案：ABC

【例 5-1】　计算用于砌筑轻骨料混凝土小型空心砌块的水泥石灰混合砂浆的配合比。设计砂浆强度等级为 M7.5,稠度为 70～90 mm,保水率不小于 84%,表观密度不小于 1 800 kg/m³。采用强度等级为 42.5 级的普通硅酸盐水泥,含水率为 2% 的中砂,其干砂的堆积密度为 1 450 kg/m³,石灰膏稠度为 100 mm。根据施工单位近期该强度等级砂浆的统计资料可知,该砂浆的强度标准差 $\sigma = 1.84$。

【解】　(1) 确定砂浆的试配强度 $f_{m,0}$

根据砂浆设计强度 $f_2 = 7.5$ MPa,查表可知 $k = 1.20$。

则　　　　　　　　　$f_{m,0} = kf_2 = 1.20 \times 7.5 = 9.0$ MPa

(2) 计算水泥用量 Q_c

由于水泥强度无统计资料,故 $\gamma_c = 1.0$。

则水泥的实测强度为 $f_{ce} = \gamma_c \cdot f_{ce,k} = 1.0 \times 42.5 = 42.5$ MPa

水泥用量　　$Q_c = \dfrac{1\,000(f_{m,0} - \beta)}{\alpha \cdot f_{ce}} = \dfrac{1\,000(9.0 + 15.09)}{3.03 \times 42.5} = 187$ kg/m³

(3) 计算石灰膏用量 Q_d

取砂浆中水泥和石灰膏总量 $Q_a = 350$ kg/m³。

当石灰膏稠度为 120 mm ± 5 mm　　$Q_d = Q_a - Q_c = 350 - 187 = 163$ kg/m³

当石灰膏稠度为 100 mm 时,查表 5.1,可知石灰膏的稠度换算系数为 0.97。此时石灰膏的质量 Q'_d 为：

$$Q'_d = 163 \times 0.97 = 158 \text{ kg/m}^3$$

(4) 确定砂用量 Q_s

干砂的堆积密度 1 450 kg/m³,则含水率为 2% 的湿砂用量 Q_s 为：

$$Q_s = 1\,450 \times (1 + 2\%) = 1\,479 \ \text{kg/m}^3$$

（5）确定用水量 Q_w

中砂配制的砂浆稠度为 70～90 mm 时，选择用水量 $Q_w = 300 \ \text{kg/m}^3$，扣除湿砂的含水量，则实际用水量 Q'_w 为

$$Q'_w = 300 - 1\,450 \times 2\% = 271 \ \text{kg/m}^3$$

（6）水泥石灰砂浆试配时的配合比

① 用砂浆中各种材料的质量来表示

水泥 $Q_c = 187 \ \text{kg/m}^3$；稠度为 100 mm 的石灰膏 $Q'_d = 158 \ \text{kg/m}^3$；含水率为 2% 的湿砂 $Q_s = 1\,479 \ \text{kg/m}^3$；水 $Q'_w = 271 \ \text{kg/m}^3$。

② 用砂浆中各种材料的质量比来表示

水泥：石灰膏：砂：水 $= 187 : 158 : 1\,479 : 271 = 1 : 0.84 : 7.91 : 1.45$

（7）试配并调整配合比

对砂浆的计算配合比进行试配与调整，最后确定施工所用的配合比。

5.2 其他品种砂浆

5.2.1 抹灰砂浆

大面积涂抹于建筑物墙、顶棚、柱等表面的砂浆，即为抹灰砂浆，也称为抹面砂浆。抹灰砂浆包括水泥抹灰砂浆（以水泥为胶凝材料，加入细骨料和水按比例配制而成）、水泥粉煤灰抹灰砂浆（以水泥、粉煤灰为胶凝材料，加入细骨料和水按比例配制而成）、水泥石灰抹灰砂浆（以水泥为胶凝材料，加入石灰膏、细骨料和水按比例配制而成）、掺塑化剂水泥抹灰砂浆（以水泥或添加部分粉煤灰的水泥为胶凝材料，加入细骨料、水和适量塑化剂按比例配制而成）、聚合物水泥抹灰砂浆（以水泥为胶凝材料，加入细骨料、水和适量聚合物按比例配制而成）及石膏抹灰砂浆（以半水石膏或Ⅱ型无水石膏单独或两者混合后为胶凝材料，加入细骨料、水和多种外加剂按比例配制而成）等。

1) 抹灰砂浆的性能

配制强度等级不大于 M20 的抹灰砂浆，宜用 32.5 级通用硅酸盐水泥或砌筑水泥；配制强度等级大于 M20 的抹灰砂浆，宜用强度等级不低于 42.5 级的通用硅酸盐水泥。用通用硅酸盐水泥拌制抹灰砂浆时，可掺入适量的石灰膏、粉煤灰、粒化高炉矿渣粉、沸石粉等，但不应掺入消石灰粉。用砌筑水泥拌制抹灰砂浆时，不得再掺入粉煤灰等矿物掺合料。抹灰砂浆在拌制过程中，可根据需要掺入改善砂浆性能的添加剂。

抹灰砂浆的品种宜根据使用部位或基体种类按表 5.9 选用。

表 5.9　抹灰砂浆的品种选用（JGJ/T 220—2010）

使用部位或基体种类	抹灰砂浆品种
内墙	水泥抹灰砂浆、水泥石灰抹灰砂浆、水泥粉煤灰抹灰砂浆、掺塑化剂水泥抹灰砂浆、聚合物水泥抹灰砂浆、石膏抹灰砂浆
外墙、门窗洞口外侧壁	水泥抹灰砂浆、水泥粉煤灰抹灰砂浆
温（湿）度较高的车间和房屋、地下室、屋檐、勒脚等	水泥抹灰砂浆、水泥粉煤灰抹灰砂浆
混凝土板和墙	水泥抹灰砂浆、水泥石灰抹灰砂浆、聚合物水泥抹灰砂浆、石膏抹灰砂浆
混凝土顶棚、条板	聚合物水泥抹灰砂浆、石膏抹灰砂浆
加气混凝土砌块（板）	水泥石灰抹灰砂浆、水泥粉煤灰抹灰砂浆、掺塑化剂水泥抹灰砂浆、聚合物水泥抹灰砂浆、石膏抹灰砂浆

　　抹灰砂浆不但可以保护基层免受大气环境的侵蚀作用，提高其耐久性，还可以牢固地黏结于基层之上，使建筑物表面光滑、平整、美观，具有一定的装饰效果。抹灰砂浆常分成底层、中层和面层三层涂抹，水泥抹灰砂浆每层厚度宜为 5～7 mm，水泥石灰抹灰砂浆每层厚度宜为 7～9 mm，并应待前一层达到六七成干后再涂抹后一层。底层砂浆主要起到与基层的黏结作用，因此砂浆应具有良好的和易性和黏结力，并且要求基层表面比较粗糙，以增加与砂浆的黏结面积，增强黏结效果，施工稠度宜为 90～110 mm；中层砂浆主要起找平作用，可省去，施工稠度宜为 70～90 mm；面层砂浆主要起到保护和装饰作用，可以适当加入麻刀、纸筋等纤维增强材料，以提高其抗裂性，施工稠度宜为 70～80 mm。聚合物水泥抹灰砂浆的施工稠度宜为 50～60 mm，石膏抹灰砂浆的施工稠度宜为 50～70 mm。

　　根据《抹灰砂浆技术规程》（JGJ/T 220—2010）的规定，抹灰层的厚度应符合以下要求：内墙普通抹灰的平均厚度不宜大于 20 mm，内墙高级抹灰的平均厚度不宜大于 25 mm；外墙墙面抹灰的平均厚度不宜大于 20 mm，勒脚抹灰的平均厚度不宜大于 25 mm；现浇混凝土顶棚抹灰的平均厚度不宜大于 5 mm，条板、预制混凝土顶棚抹灰的平均厚度不宜大于 10 mm；蒸压加气混凝土砌块基层抹灰的平均厚度宜控制在 15 mm 以内，当采用聚合物水泥砂浆抹灰时，平均厚度宜控制在 5 mm 以内，当采用石膏砂浆抹灰时，平均厚度宜控制在 10 mm 以内。

2）抹灰砂浆的配合比设计

　　根据《抹灰砂浆技术规程》（JGJ/T 220—2010）规定，抹灰砂浆的试配强度和配合比如下：

（1）抹灰砂浆的试配抗压强度

$$f_{m,0} = k f_2 \qquad (5-9)$$

式中：$f_{m,0}$——砂浆的试配抗压强度，MPa，精确至 0.1 MPa；

　　　　f_2——砂浆抗压强度等级值，MPa，精确至 0.1 MPa；

　　　　k——砂浆生产（拌制）质量水平系数，取 1.15～1.25，砂浆生产（拌制）质量水平为优良、一般、较差时，k 值分别取 1.15、1.20、1.25。

（2）抹灰砂浆的配合比

抹灰砂浆的配合比应以质量计量。

① 水泥抹灰砂浆

水泥抹灰砂浆的强度等级分为 M15、M20、M25、M30 四级,拌合物的表观密度不宜小于 1 900 kg/m³,保水率不宜小于 82%。水泥抹灰砂浆配合比按表 5.10 选用。

表 5.10　水泥抹灰砂浆配合比的材料用量(JGJ/T 220—2010)　　　　单位:kg/m³

强度等级	水泥	砂	水
M15	330～380		
M20	380～450	1 m³ 砂的堆积密度值	250～300
M25	400～450		
M30	460～530		

② 水泥粉煤灰抹灰砂浆

水泥粉煤灰抹灰砂浆的强度等级分为 M5、M10、M15 三个级别。配制水泥粉煤灰抹灰砂浆不应使用砌筑水泥,拌合物的表观密度不宜小于 1 900 kg/m³,保水率不宜小于 82%;粉煤灰取代水泥的用量不宜超过 30%;用于外墙抹灰时,水泥用量不宜少于 250 kg/m³。水泥粉煤灰抹灰砂浆配合比按表 5.11 选用。

表 5.11　水泥粉煤灰抹灰砂浆配合比的材料用量(JGJ/T 220—2010)　　　　单位:kg/m³

强度等级	水泥	粉煤灰	砂	水
M5	250～290			
M10	320～350	内掺,等量取代水泥量的 10%～30%	1 m³ 砂的堆积密度值	270～320
M15	350～400			

③ 水泥石灰抹灰砂浆

水泥石灰抹灰砂浆的强度等级为 M2.5、M5、M7.5、M10,拌合物的表观密度不宜小于 1 800 kg/m³,保水率不宜小于 88%。水泥石灰抹灰砂浆配合比按表 5.12 选用。

表 5.12　水泥石灰抹灰砂浆配合比的材料用量(JGJ/T 220—2010)　　　　单位:kg/m³

强度等级	水泥	石灰膏	砂	水
M2.5	200～230			
M5	230～280	$(350 \sim 400) - Q_c$	1 m³ 砂的堆积密度值	180～280
M7.5	280～330			
M10	330～380			

注:Q_c 表示水泥用量。

④ 掺塑化剂水泥抹灰砂浆

掺塑化剂水泥抹灰砂浆的强度等级分为 M5、M10、M15 三个级别,拌合物的表观密度不宜小于 1 800 kg/m³,保水率不宜小于 88%,且使用时间不应大于 2.0 h。掺塑化剂水泥抹灰砂浆配合比按表 5.13 选用。

表 5.13　掺塑化剂水泥抹灰砂浆配合比的材料用量（JGJ/T 220—2010）　　单位：kg/m³

强度等级	水泥	砂	水
M5	260～300		
M10	330～360	1 m³ 砂的堆积密度值	270～320
M15	360～410		

5.2.2　预拌砂浆

预拌砂浆是指专业生产厂生产的湿拌砂浆或干混砂浆，按施工方法和施工部位分为砌筑砂浆（分为灰缝厚度大于 5 mm 的普通砌筑砂浆和灰缝厚度不大于 5 mm 的薄层砌筑砂浆）、抹灰砂浆（分为砂浆层厚度大于 5 mm 的普通抹灰砂浆和砂浆层厚度不大于 5 mm 的薄层抹灰砂浆）、机喷抹灰砂浆（机械泵送喷涂工艺进行施工的抹灰砂浆）、地面砂浆（用于建筑物地面及屋面找平层的预拌砂浆）、防水砂浆（有抗渗要求部位的预拌砂浆）。

1）湿拌砂浆

湿拌砂浆是指水泥、细骨料、矿物掺合料、外加剂、添加剂（除混凝土或砂浆外加剂以外的，可改善砂浆性能的材料）和水，按一定比例在专业生产厂经计量、拌制后，运至使用地点，并在规定时间内使用完毕的拌合物。湿拌砂浆需按顺序标记：湿拌砂浆代号、型号、强度等级、抗渗等级（有要求时）、稠度、保塑时间、标准号，如 WP-G M10-70-8 GB/T 25181—2019，表示湿拌普通抹灰砂浆的强度等级为 M10，稠度为 70 mm，保塑时间为 8 h。

湿拌砂浆的种类和代号如表 5.14 所示，湿拌砂浆的分类如表 5.15 所示，主要技术性能指标如表 5.16 所示。

表 5.14　湿拌砂浆的品种和代号（GB/T 25181—2019）

品种	湿拌砌筑砂浆	湿拌抹灰砂浆	湿拌地面砂浆	湿拌防水砂浆
代号	WM	WP	WS	WW

表 5.15　湿拌砂浆分类（GB/T 25181—2019）

项目	湿拌砌筑砂浆	湿拌抹灰砂浆		湿拌地面砂浆	湿拌防水砂浆
		普通抹灰砂浆（G）	机喷抹灰砂浆（S）		
强度等级	M5、M7.5、M10、M15、M20、M25、M30	M5、M7.5、M10、M15、M20		M15、M20、M25	M15、M20
抗渗等级	—	—		—	P6、P8、P10
稠度ᵃ/mm	50、70、90	70、90、100	90、100	50	50、70、90
保塑时间/h	6、8、12、24	6、8、12、24	4、6、8	6、8、12、24	

注：a-可根据现场气候条件或施工要求确定。

表 5.16　湿拌砂浆的性能指标（GB/T 25181—2019）

项　目		湿拌砌筑砂浆	湿拌抹灰砂浆		湿拌地面砂浆	湿拌防水砂浆
			普通抹灰砂浆	机喷抹灰砂浆		
保水率/%		≥88.0	≥88.0	≥92.0	≥88.0	≥88.0
压力泌水率/%		—	—	<40	—	—
14 d 拉伸黏结强度/MPa			M5:≥0.15 >M5:≥0.20	≥0.20		≥0.20
28 d 收缩率/%		—	≤0.20			≤0.15
抗冻性*	强度损失率/%	≤25				
	质量损失率/%	≤5				

注:"*"表示有抗冻要求时,应进行抗冻性试验。

2）干混砂浆

干混砂浆是胶凝材料、干燥细骨料、添加剂以及根据性能确定的其他组分,按一定比例在专业生产厂经计量、混合而成的干态混合物,在使用地点按规定比例加水或配套组分拌合使用。干混砂浆应按顺序标记:干混砂浆代号、型号、主要性能、标准号,如 DP-S M10 GB/T 25181—2019,表示干混机喷抹灰砂浆的强度等级为 M10。

干混砂浆的种类和代号如表 5.17 所示,部分干混砂浆分类如表 5.18 所示,主要技术性能指标如表 5.19 所示。

表 5.17　干混砂浆的品种和代号（GB/T 25181—2019）

品种	干混砌筑砂浆	干混抹灰砂浆	干混地面砂浆	干混普通防水砂浆	干混陶瓷砖黏结砂浆	干混界面砂浆
代号	DM	DP	DS	DW	DTA	DIT
品种	干混保温板黏结砂浆	干混保温板抹面砂浆	干混聚合物水泥防水砂浆	干混自流平砂浆	干混耐磨地坪砂浆	干混饰面砂浆
代号	DEA	DBI	DWS	DSL	DFH	DDR

表 5.18　部分干混砂浆分类（GB/T 25181—2019）

项　目	干混砌筑砂浆		干混抹灰砂浆			干混地面砂浆	干混普通防水砂浆
	普通砌筑砂浆(G)	薄层砌筑砂浆(T)	普通抹灰砂浆(G)	薄层抹灰砂浆(T)	机喷抹灰砂浆(S)		
强度等级	M5、M7.5、M10、M15、M20、M25、M30	M5、M10、	M5、M7.5、M10、M15、M20	M5、M7.5、M10	M5、M7.5、M10、M15、M20	M15、M20、M25	M15、M20
抗渗等级	—	—	—	—	—	—	P6、P8、P10

表 5.19　部分干混砂浆性能指标(GB/T 25181—2019)

项　　目		干混砌筑砂浆		干混抹灰砂浆		干混地面砂浆	干混普通防水砂浆
		普通砌筑砂浆	薄层砌筑砂浆 a	普通抹灰砂浆	薄层抹灰砂浆 a		
保水率/%		≥88.0	≥99.0	≥88.0	≥99.0	≥88.0	≥88.0
凝结时间/h		3~12	—	3~12	—	3~9	3~12
2 h 稠度损失率/%		≤30		≤30		≤30	≤30
14 d 拉伸黏结强度/MPa		—		M5:≥0.15 >M5:≥0.20	≥0.30	—	≥0.20
28 d 收缩率/%				≤0.20		—	≤0.15
抗冻性*	强度损失率/%	≤25					
	质量损失率/%	≤5					

注:"*"表示有抗冻性要求时,应进行抗冻性试验。

预拌砂浆是新型的环保、节能建筑材料。推广应用预拌砂浆可提升建筑业现代化施工水平,提高工效,保证工程质量,而且还可以节约资源,减少环境污染,有利于文明施工。

5.2.3　装饰砂浆

装饰砂浆是涂抹在建筑物内外表面,具有装饰效果的抹面砂浆,利用色彩、线条、图案等来提升建筑的艺术观感。装饰砂浆分为以下两类:

(1)灰浆类:采用彩色水泥砂浆或对砂浆采取喷涂、滚涂、弹涂、拉毛、扫毛等方法改变其表面形态,以获得不同的色彩、线条、纹理及质感的饰面砂浆。主要做法有拉毛灰、甩毛灰、搓毛灰、扫毛灰、拉条、假面砖等。

(2)石渣类:以白水泥(或在白水泥中掺入耐碱的颜料)、彩色水泥、其他硅酸盐水泥、石灰、石膏等为胶凝材料,掺入白色或彩色天然砂、大理石或花岗岩等彩色石渣、玻璃或陶瓷碎粒、特制的塑料色粒等配制而成的砂浆,通过水洗、斧剁、水磨等手段除去表面水泥浆,露出石渣的颜色和颗粒质感。石渣类饰面的特点是色泽明亮,质感丰富,不易褪色,成本较高。主要做法有水刷石、斩假石、干粘石、水磨石等。

5.2.4　防水砂浆

防水砂浆是指在水泥砂浆中掺入防水剂配制而成的抗渗性能良好的特种砂浆。通常用的减水剂可分为以下 4 类:金属氯盐防水剂、无机铝盐防水剂、金属皂盐防水剂、硅类防水剂。防水剂可堵塞砂浆的毛细孔,提高砂浆的密实度及抗裂性,从而提升砂浆的抗渗能力。防水砂浆宜选用强度等级为 32.5 级以上的硅酸盐水泥或普通水泥,也可采用膨胀水泥或无收缩水泥;骨料宜选用级配良好的中砂。防水砂浆应分 4～5 层涂刷于基层材料表面,每层厚度约为 5 mm,每层均需在初凝前压实一遍,最后一层要压光且加强养护,以确保砂浆的防水效果。

防水砂浆属于刚性防水层,适用于不受振动和具有一定刚度的混凝土或砖石砌体工程,如地下工程、水池等;不适用于变形较大或可能发生不均匀沉降的建筑物的防水层。

5.2.5　绝热砂浆

采用水泥、石灰、石膏等胶凝材料与无机轻质多孔骨料(如膨胀珍珠岩、膨胀蛭石、陶粒砂等)按比例配制而成的砂浆,称为绝热砂浆。绝热砂浆具有良好的保温隔热性能,而且自重小,适用于屋面和墙壁的绝热层,以及供热管道和冷库的保温层。

5.2.6　吸声砂浆

吸声砂浆与保温砂浆类似,也是采用水泥等胶凝材料和轻质多孔骨料制成,由于骨料内部孔隙率大,因此具有良好的吸声效果。通常用水泥、石膏、砂、锯末按 1∶1∶3∶5 的体积比配制成吸声砂浆,或在石灰、石膏砂浆中掺入玻璃纤维、矿棉等松软纤维材料,增强隔声效果。吸声砂浆主要应用于室内墙壁和平顶棚的吸声。

知识拓展

砂浆在中国著名建筑中的千年传承与创新实践

中国古建筑中,糯米砂浆的发明标志着人类建材史上首次实现有机与无机材料的复合应用。明长城黏合物中检测出的糯米成分,证实这种以熟石灰、糯米浆、砂石混合而成的材料,通过支链淀粉与碳酸钙的化学反应形成致密微晶结构,使墙体抗压强度提升 3 倍以上。西安大雁塔作为唐代砖塔典范,其地基与塔身砌筑层中发现的糯米灰浆,赋予建筑卓越的抗震性能,在 1 300 余年间抵御 70 余次 5 级以上地震冲击。秦始皇陵地宫采用糯米砂浆密封墓室,形成厚度达 1.2 m 的防水层;福建土楼外墙抹面层中,糯米砂浆与竹筋结合,创造出兼具柔性与刚性的防御体系。科学检测显示,古代糯米砂浆的黏结强度可达 2.5 MPa,远超同期欧洲石灰砂浆 0.8 MPa。

21 世纪超高层建筑对建材性能提出全新要求,高强修补砂浆在深圳平安金融中心建设中展现惊人潜力。该材料以纳米二氧化硅改性水泥为基材,28 d 抗压强度突破 120 MPa,成功修复 597 m 塔楼核心筒的应力裂缝,施工效率比传统环氧树脂提升 400%。在港珠澳大桥沉管隧道工程中,特种防水砂浆形成 3 层复合防护体系,其氯离子扩散系数大幅降低,确保设计寿命满足 120 年的要求。

装配式建筑革命催生新型干粉砂浆系统。北京大兴机场航站楼的 8 万 t 钢结构节点,采用触变型灌浆砂浆精准填充,流动度达 280 mm 且无泌水现象,实现 72 h 内完成 1.2 万处关键节点加固。这种工业化砂浆的现场损耗率仅 3%,相较传统现场拌制砂浆降低 17%。

双碳战略推动砂浆技术生态化革新。上海中心大厦应用的相变保温砂浆,在5 cm厚度内嵌入石蜡微胶囊,使建筑外围护结构传热系数降至0.35 W/(m^2·K),年度空调能耗减少23%。成都天府国际会议中心的清水混凝土墙面,采用矿物掺合料占比60%的装饰砂浆,既保持混凝土原始肌理,又将碳排放强度控制在120 kg CO_2/m^3以下。

在文化遗产保护领域,苏州博物馆新馆的仿古砖墙修复中,科研团队复配出与明代原配方吻合度达到98%的生态砂浆,其pH值8.2—8.5的弱碱性环境,有效阻止现代水泥对古砖的碱骨料反应破坏。敦煌莫高窟崖体加固工程研发的砂岩专用砂浆,通过添加微生物矿化剂,使修补面与原始岩体的相容寿命延长至150年。

广州珠江新城地下管廊使用导电砂浆铺设智能感应层,其电阻率变化可精准反映结构变形,监测精度达到0.01 mm级。成都天府国际生物城的地下污水处理厂,防腐砂浆涂层耐酸碱指数达pH1—14,使混凝土结构在重度腐蚀环境中的寿命延长3倍。

前沿研究正在突破传统材料边界,清华大学开发的4D打印砂浆,通过形状记忆聚合物改性,可在外界温湿度变化下自主修复0.3 mm级微裂缝。中科院团队培育的碳酸钙矿化菌株,使生物砂浆的抗渗性能提升40%,为海绵城市建设提供新方案。在近零能耗建筑领域,气凝胶保温砂浆导热系数已降至0.018 W/(m·K),较传统材料节能效率提高65%。

从长城砖缝间的糯米浆到智能城市的纳米砂浆,这种跨越千年的材料进化,既承载着"天人合一"的传统建造智慧,又彰显着现代工程科技的突破力量,持续书写着人类建筑文明的辉煌篇章。

复习思考题

1. 填空题

(1) 建筑砂浆按照用途可分为_____、_____、_____和_____4类;按照胶凝材料不同可分为_____、_____和_____3类。

(2) 砌筑砂浆的和易性包括_____和_____两方面。

(3) 普通抹面砂浆通常分3层施工,底层主要起_____作用,中层主要起_____作用,面层主要起_____作用。

2. 简述题

(1) 砌筑砂浆的组成材料有哪些?

(2) 什么是砌筑砂浆的和易性?包括哪些内容?

(3) 砌筑砂浆的主要技术性能包括哪些内容?

(4) 什么是抹灰砂浆?抹灰砂浆有什么特性?

(5) 抹灰砂浆施工时有哪些要求?

(6) 简述装饰砂浆的分类及特点。

3. 计算题

配制强度等级为M10的水泥石灰混合砂浆,用于砌筑加气混凝土砌块。设计砂浆稠度为70~90 mm,保水率不小于84%,表观密度不小于1 800 kg/m^3。采用强度等级为42.5级的普通硅酸盐水泥;含水率为3%中砂,其干燥堆积密度为1 480 kg/m^3;石灰膏稠度为90 mm。施工单位无近期该强度等级砂浆的统计资料,且该施工单位施工水平一般。试计算该砂浆的试拌配合比。

6 建筑钢材

知识点

（1）钢材的加工工艺及分类。
（2）钢材的技术性能。
（3）常用钢材的品种及性能。

能力目标

（1）理解钢材的加工工艺和分类方法。
（2）掌握钢材的力学性能和工艺性能。
（3）掌握混凝土用钢材、钢结构用钢的性能。
（4）能够合理选用钢材。

素质目标

（1）能够结合工程需求，综合分析钢材的力学性能、工艺性能及适用场景，提出科学合理的选材方案。
（2）在钢材选用中秉持安全性与可靠性原则，遵守职业道德规范。
（3）关注钢材技术发展，探索环保、节能材料在工程中的应用，适应钢材领域的技术革新与工程需求变化。

建筑钢材是指用于钢结构的各种型钢（圆钢、方钢、角钢、槽钢、工字钢等）、钢板（中厚板、低合金板、不锈钢板、彩涂板、镀锌卷板等）、钢管（焊接钢管、无缝钢管等）和用于钢筋混凝土结构中的线材（钢筋、钢丝等）及金属制品（钢丝绳、钢绞线等）。

建筑钢材材质均匀密实，强度和硬度高，塑性和冲击韧性好，易于加工（如切割、轧制、焊接、铆接等），且与混凝土的黏结性能良好（二者的线性膨胀系数相近），因此广泛应用于建筑工程中。建筑钢材的主要缺点是易锈蚀、耐火性差，而且钢结构在使用过程中的维修费用较高。

6.1 钢材的加工工艺及分类

6.1.1 钢材的冶炼

生铁是铁矿石、溶剂(石灰石)和燃料(焦炭)在高炉中经还原反应和造渣反应而生成的一种铁碳合金,其碳、磷、硫等元素的含量较高;生铁质地坚硬,属脆性材料,不能进行焊接、锻造、轧制等加工。钢是由生铁或废钢在炼钢炉内熔融后,经氧化除去过多的碳和杂质,再加入脱氧剂(如锰铁、硅铁、铝锭等)进行脱氧,使 FeO 还原成单质 Fe 而得到钢水,钢水浇铸到锭模内形成钢锭,钢锭经过加工即可得到各类钢材。

钢是指碳含量在 0.021 8%~2.11%范围内且杂质含量较低的铁碳合金,密度约为 7.84~7.86 g/cm³。工程上把碳含量小于 0.021 8%的铁碳合金称为工业纯铁,碳含量大于 2.11%的铁碳合金称为工业铸铁。

6.1.2 钢材的主要加工方法

多数钢材都是经过压力加工,使被加工的钢(钢坯、钢锭等)产生塑性变形而制得。根据加工温度不同可分为冷加工(常温下进行加工)和热加工(加热后进行加工)两种。

1)轧制

将钢材通过一对旋转轧辊的间隙(有多种形状),通过轧辊的压力作用使材料截面积减小、长度增加的一种加工方法,有冷轧和热轧两种,是生产钢材最常用的加工方式,主要用来生产型材、板材、管材。

2)锻造

利用锻锤的往复冲击力或压力机的压力使钢材变形,制成规定形状和尺寸钢材的一种压力加工方法。常用作生产大型材、开坯等截面尺寸较大的钢材。

3)冷拉

将轧制过的钢筋两端施加一定的拉力(超过钢材的屈服强度,但未达到其抗拉强度),使钢材产生塑性变形,且截面积减小、长度增加的加工方法。冷拉后的钢筋屈服强度提高 20%~30%,但塑性、韧性下降。

4)冷拔

将已经轧制的钢筋通过比其直径小的硬质合金拔丝模孔,使其截面减小、长度增加的加工方法,多采用冷加工,称为冷拔。钢筋在冷拔过程中,不仅受到拉力作用,而且还受到拔丝模的侧向挤压作用,因此冷拔后的钢筋质量优于单受冷拉作用的钢筋,一次或多次冷拔后,钢筋的屈服强度提高 40%~60%,表面光洁度高,但塑性、韧性明显降低。

5）挤压

将钢材放在密闭的挤压筒内,从一端施加压力,使其从规定的模孔中挤出而得到规定形状(有多种形状)和尺寸钢材的加工方法。多用于生产有色金属材料。

6.1.3 钢材的分类

1）按冶炼方法分类

（1）氧气转炉钢

在炼钢炉内可吹入空气进行氧化,一般用来炼制普通碳素钢。工厂中多用氧气代替空气,可有效去除杂质,缩短冶炼时间(约 30 min),使钢材的质量明显提高,而且成本较低,可以炼制优质碳素钢和合金钢。

（2）平炉钢

以铁矿石、废钢、固态或液态生铁为原料,用煤气或重油为燃料在平炉中冶炼,吹入空气或氧气及利用铁矿石或废钢中的氧使碳及杂质经氧化作用而除去。平炉炼钢法冶炼时间长(约 4～12 h),有利于精确控制钢材质量,但成本较高,可以用来炼制优质碳素钢、合金钢或有特殊要求的专用钢。

（3）电炉钢

以生铁和废钢为原料,通过电能转化为热能来进行高温炼钢的冶炼方法。电炉熔炼温度高,易调节,且杂质去除干净,因此电炉钢质量最好,但能耗大,成本高。

2）按脱氧程度分类

（1）沸腾钢

炼钢时加入脱氧剂进行脱氧且脱氧不完全,钢水在浇铸到锭模的过程中,有大量的 CO 气体逸出,引起钢水沸腾,因此称为沸腾钢,用符号"F"表示。沸腾钢结构组织不够致密,气泡含量较多,化学偏析(钢中元素富集于某一区域的现象)较严重,质量较差,但由于成本低、产量高,广泛应用于一般建筑结构中。

（2）镇静钢

炼钢时以硅铁、锰铁和铝锭为脱氧剂,脱氧完全,钢水在铸锭时无气泡产生,在锭模内能够平静凝固,称为镇静钢,用符号"Z"表示。镇静钢结构致密,化学成分均匀,机械性能好,质量好,但成本较高,可用于承受冲击荷载的结构和预应力混凝土中。

特殊镇静钢脱氧程度比镇静钢还要彻底,用符号"TZ"表示。特殊镇静钢质量最好,适用于特别重要的工程。

（3）半镇静钢

脱氧程度和质量介于沸腾钢和镇静钢之间,用符号"b"表示。

3）按化学成分分类

（1）碳素钢

碳素钢按含碳量不同分为低碳钢(含碳量小于 0.25%)、中碳钢(含碳量为 0.25%～0.60%)、高碳钢(含碳量大于 0.60%)3 种。低碳钢在建筑工程中应用最多。

（2）合金钢

在钢中除含有铁、碳和少量不可避免的硅、锰、磷、硫元素以外,还含有一定量的合金元素,用以改善钢材的性能,钢中的合金元素有硅、锰、钼、镍、铬、钒、钛、铌、硼、铅、稀土等,这种含有一种或几种合金元素的钢叫做合金钢。合金钢按合金元素含量不同可分为低合金钢(合金元素含量小于 5.0%)、中合金钢(合金元素含量 5.0%～10%)、高合金钢(合金元素含量大于10%)。低合金钢在建筑工程中应用最多。

合金钢按主要性能或使用特性可分为以下几类:

① 工程结构用合金钢:包括一般工程结构用合金钢、供冷成型用的热轧或冷轧扁平产品用合金钢(压力容器用钢、汽车用钢和输送管线用钢)、预应力用合金钢、矿用合金钢、高锰耐磨钢等。

② 机械结构用合金钢:包括调质处理合金结构钢、表面硬化合金结构钢、冷塑性成型合金结构钢、合金弹簧钢等。

③ 不锈、耐蚀和耐热钢:包括不锈钢、耐酸钢、抗氧化钢、热强钢等。

④ 工具钢:包括合金工具钢和高速工具钢。合金工具钢分为量具刃具用钢、耐冲击工具用钢、冷作模具钢、热作模具钢、无磁模具钢、塑料模具钢等;高速工具钢分为钨钼系高速工具钢、钨系高速工具钢和钼系高速工具钢等。

⑤ 轴承钢:包括高碳铬轴承钢、渗碳轴承钢、不锈轴承钢、高温轴承钢等。

⑥ 特殊物理性能钢:包括软磁钢、永磁钢、无磁钢、高电阻钢和合金等。

4) 按质量等级分类

按钢中有害元素 S、P 的含量分类。

(1) 普通钢

含硫量不大于 0.035%～0.050%,含磷量不大于 0.045% 的钢。

(2) 优质钢

含硫量不大于 0.035%,含磷量不大于 0.035% 的钢。

(3) 高级优质钢

含硫量不大于 0.025%,含磷量不大于 0.025% 的钢。高级优质钢在钢号后加"高"字或"A"。

(4) 特级优质钢

含硫量不大于 0.015%,含磷量不大于 0.025% 的钢。特级优质钢在钢号后加"E"。

6.2 建筑钢材的主要技术性质

建筑钢材的主要技术性质包括力学性能、工艺性能和化学性能等。

6.2.1 建筑钢材的力学性能

1) 拉伸性能

拉伸是建筑钢材的主要受力形式,所以拉伸性能是衡量钢材性能和选用钢材的重要依据。通常用低碳钢的拉伸试验来描述钢材的拉伸性能。

将低碳钢(软钢)做成标准试件,如图 6.1 所示,按照标准方法进行拉伸试验,其应力 σ -应变 ε 关系曲线如图 6.2 所示。从图中可以看出,低碳钢从受拉到断裂的全过程可分为 4 个阶段:弹性阶段(OA)、屈服阶段(AB)、强化阶段(BC)和颈缩阶段(CD)。

图 6.1 低碳钢拉伸试验试件

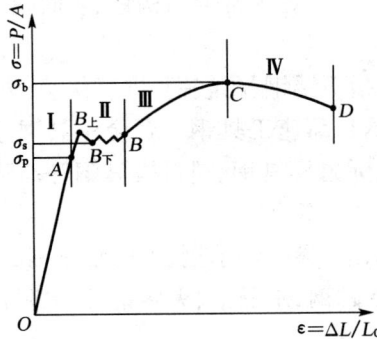

图 6.2 低碳钢受拉时应力-应变曲线

(1) 弹性阶段(OA)

在应力-应变关系曲线中,OA 段是一条直线,应力与应变成正比,直线的最高点 A 点对应的应力值为弹性极限,用 σ_p 表示。如卸去荷载,试件将恢复原状,说明钢材处于弹性变形阶段。此时应力与应变的比值为常量,称为弹性模量,用 E 表示,即 $E = \sigma / \varepsilon$。弹性模量反映钢材抵抗弹性变形的能力,即钢材的刚度,是钢材在受力条件下计算结构变形的重要指标。E 越大,在相同应力下,钢材的弹性变形就越小。常用低碳钢的弹性极限 $\sigma_p = 180 \sim 200$ MPa,弹性模量 $E = (2.0 \sim 2.1) \times 10^5$ MPa。

(2) 屈服阶段(AB)

当应力超过弹性极限后,应力与应变不再成正比关系,钢材开始产生塑性变形。当应力达到上屈服点($B_{\text{上}}$)时,瞬时下降至下屈服点($B_{\text{下}}$),此时变形迅速增长,而应力在很小的范围内做锯齿样波动,好像钢材受力屈服了,因此称为"屈服阶段"。由于 $B_{\text{下}}$ 点比较稳定易测,通常以 $B_{\text{下}}$ 点对应的应力作为钢材的屈服强度(或屈服点),用 σ_s 表示。常用低碳钢的屈服强度 $\sigma_s = 195 \sim 300$ MPa。钢材受力达到屈服强度后,开始出现塑性变形,尽管尚未破坏,但由于变形过大,已不能满足使用要求,因此设计中一般以屈服强度作为钢材强度的取值依据,是工程结构计算中的重要参数。

(3) 强化阶段(BC)

当应力超过 B 点后,由于钢材内部组织产生晶格畸变,抵抗塑性变形的能力得到进一步提高,变形随着应力的增长迅速发展,钢材进入强化阶段。应力-应变曲线的最高点 C 点所对应的应力,称为抗拉强度(又称极限抗拉强度),用 σ_b 表示。常用低碳钢的 σ_b 为 $385 \sim 520$ MPa。抗拉强度不能直接在设计中使用,但屈服强度与抗拉强度的比值(即屈强比 σ_s / σ_b)

在工程中具有重要意义,是用来反映钢材的利用率和结构的安全可靠程度的。屈强比越小,结构的安全可靠性越高,结构越安全,但钢材有效利用率降低,造成浪费;屈强比越大,钢材的有效利用率提高,但结构的安全可靠性降低。因此屈强比不宜过小或过大,合理的屈强比一般为0.60~0.75 之间。

(4)颈缩阶段(CD)

当应力超过 C 点后,材料的塑性变形迅速增大,而应力不增反降。试件被拉长,最薄弱处(杂质或缺陷)的截面显著缩小,产生"颈缩现象",直至断裂。

拉伸试验不仅能测出钢材的屈服强度和抗拉强度等强度指标,还能测出钢材的塑性。钢材的塑性是指钢材在外力作用下发生塑性变形而不破坏的能力,用伸长率或断面收缩率表示。将拉断后的试件于断裂处对接在一起,试件拉断后标距的伸长量与原标距的百分比为伸长率;试件拉断前后截面积的改变量与原截面积的百分比为断面收缩率。伸长率(δ)和断面收缩率(φ)可按下式计算:

$$\delta = \frac{l_1 - l_0}{l_0} \times 100\% \qquad (6-1)$$

$$\varphi = \frac{A_0 - A_1}{A_0} \times 100\% \qquad (6-2)$$

式中:δ——试件的伸长率,%;

$\quad l_0$——试件原标距长度,mm;

$\quad l_1$——拉断后的标距长度,mm;

$\quad \varphi$——试件的断面收缩率,%;

$\quad A_0$——试件拉伸前原标距处的截面积,mm^2;

$\quad A_1$——试件拉断后断口处的截面积,mm^2。

伸长率和断面收缩率均可反映钢材在断裂前的塑性变形能力,都是衡量钢材塑性的重要指标。伸长率和断面收缩率越大,钢材塑性越好,而强度越低。钢材的塑性变形可在其缺陷处应力超过屈服强度时,使内部的应力集中得以重新分配,从而提高结构中钢材的安全性,避免结构过早破坏。钢材拉伸时的塑性变形在试件标距内的分布是不均匀的,颈缩处的伸长变形最大,离颈缩处越远变形越小。所以原标距 l_0 与直径 d_0 之比越小,颈缩处的伸长量在总伸长量中所占的比例就越大,计算出的伸长率 δ 也越大。钢材拉伸试件的标距通常为 $5d_0$ 或 $10d_0$,对应的伸长率分别记为 δ_5 和 δ_{10},对于同种钢材,$\delta_5 > \delta_{10}$。常用低碳钢的伸长率为 20%~30%,断面收缩率为 60%~70%。

上述计算方法得出的伸长率只反映颈缩处及附近区域的塑性变形,无法反映出钢筋颈缩前的平均变形及断裂后恢复的弹性变形,由于各类钢筋的颈缩情况不同,且断口拼接测量有误差,难以准确反映钢筋的塑性。因此,以钢筋在最大拉力作用下的总伸长率 A_{gt}(又称均匀伸长率)来评定钢筋的塑性更科学,它能更好地反映混凝土构件中钢筋的实际工作状态。在距离钢筋断裂点较远一侧选择两个相距至少 100 mm 的标记点 Y 和 V,两个标记点离开夹具的距离都应不小于 20 mm 或钢筋公称直径 d(取二者之较大值),且两个标记与断裂点之间的距离应不小于 50 mm 或钢筋公称直径的 2 倍即 $2d$(取二者之较大值),如图 6.3 所示。

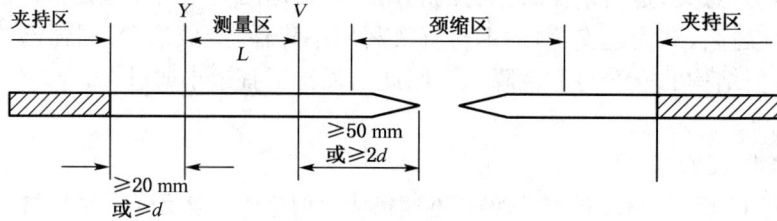

图 6.3 钢材断裂后的测定示意图

最大力作用下总伸长率 A_{gt} 是钢筋在最大力作用下断裂时,其塑性变形的伸长率与弹性变形的伸长率之和,可按下式计算:

$$A_{gt} = \left(\frac{L - L_0}{L_0} + \frac{R_m^0}{E} \right) \times 100 \qquad (6-3)$$

式中: L_0——拉伸试验前两标记点间的距离,mm;

L——试件断裂后两标记点间的距离,mm;

R_m^0——钢材抗拉强度实测值,MPa;

E——钢材的弹性模量,MPa,可取 2×10^5 MPa。

国家标准规定,有抗震要求的钢筋混凝土工程,其钢筋的最大力总伸长率不小于 9%。

中碳钢与高碳钢(硬钢)的拉伸曲线与低碳钢不同,伸长率小,断裂时呈脆性破坏,而且没有明显的屈服阶段,难以测定屈服强度,其应力-应变曲线如图 6.4 所示。通常以产生 0.2% 残余变形时所对应的应力值作为屈服强度,称为条件屈服点(也称为名义屈服点),用 $\sigma_{0.2}$ 表示。

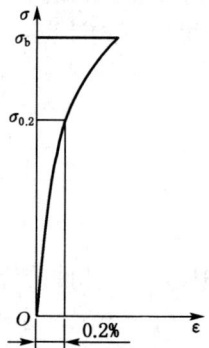

图 6.4 中碳钢与高碳钢(硬钢)的应力-应变曲线

【学中做】

低碳钢拉伸过程可以分成( )阶段。

A. 弹性阶段   B. 屈服阶段   C. 强化阶段   D. 颈缩阶段

答案:ABCD

2)冲击韧性

冲击韧性是指钢材抵抗冲击荷载作用而不破坏的能力,简称为韧性。冲击韧性实验是采用中部有 V 形刻槽或 U 形缺口的标准弯曲试件,放置于冲击实验机的支架上,冲击摆锤从一定高度自由落下冲击到试件非刻槽的一侧(即刻槽的背面),如图 6.5 所示,反复作用直至试件断裂。试件冲断时所吸收的能量即为冲击摆锤所做的功,通常用缺口处单位面积上所消耗的功来表示钢材的冲击韧性,用 α_k 表示。冲击韧性可按下式计算:

$$\alpha_k = \frac{mg(H - h)}{A_0} \qquad (6-4)$$

式中: α_k——钢材的冲击韧性,J/cm^2;

m——摆锤质量,kg;

g——重力加速度,通常取 9.81 m/s²;

H——摆锤冲击前摆起的高度,m;

h——摆锤冲击后摆起的高度,m;

A_0——试件槽口处断面面积,mm²。

α_k 值越大,即试件断裂前吸收的能就越多,钢材的冲击韧性越好,抵抗冲击作用的能力越强,发生脆性破坏的危险性越小。

影响钢材冲击韧性的因素很多,钢材内硫和磷的含量高、脱氧不完全、存在化学偏析、含有非金属夹杂物及焊接形成的微裂纹等,都会明显降低钢材的冲击韧性。此外,环境温度对钢材的冲击韧性影响也很大。实验表明,冲击韧性随着温度的降低而降低,开始时下降缓慢,此时钢材破坏的断口呈韧性断裂状;当温度降至某一温度范围时,冲击韧性突然下降很快而使钢材呈现脆性,这种性质称为钢材的冷脆性;这个温度范围称为脆性转变温度(又称脆性临界温度);低于这个温度时,冲击韧性又开始缓慢下降,如图 6.6 所示。脆性转变温度越低,钢材的低温冲击韧性越好。因此,对于北方寒冷地区及有负温出现的结构,应选用脆性转变温度低于环境最低温度的钢材。由于脆性转变温度的测定工作比较复杂,标准中通常是根据气温条件测定-20 ℃或-40 ℃的冲击韧性指标。

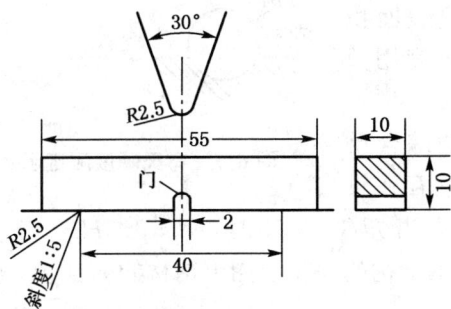

图 6.5 冲击韧性实验示意图

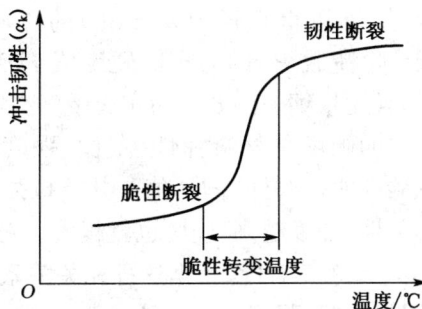

图 6.6 钢材的冲击韧性与温度的关系

随着时间的延长,钢材强度和硬度提高,塑性和冲击韧性下降的现象称为时效。完成时效的过程可达数十年,但钢材若经过冷加工或使用中受振动和反复荷载作用,时效可迅速发展。因时效导致钢材性能改变的程度称为时效敏感性。时效敏感性越大的钢材,经过时效后冲击韧性降低得越明显。对于承受动荷载或有负温出现的重要结构,须按规范要求检测钢材的冲击韧性,尽可能选用时效敏感性小的钢材。

【学中做】

寒冷地区应选择脆性转变温度(　　)的钢材。

A. 高　　　　　　　　B. 低　　　　　　　C. 不确定　　　　　　　D. 为 0 ℃

答案:B

3)疲劳强度

钢材在交变荷载的反复作用下,可在应力远小于抗拉强度的情况下发生突然破坏,这种现象称为疲劳破坏。钢材的疲劳破坏指标用疲劳强度(疲劳极限)来表示,是指试件在交变荷载

作用 1×10^7 周次时，不发生疲劳破坏的最大应力值。

钢材的疲劳破坏过程是由拉应力首先在局部引起微裂缝，随着交变荷载的持续作用，由于应力集中而导致微裂缝不断扩大，直至形成全截面的贯通裂缝，钢材发生突然的断裂。钢材内部的组织结构、化学成分偏析、受力状态、截面变化、表面质量及内应力大小等因素，都会影响钢材的疲劳强度。钢材的抗拉强度越高，疲劳强度也越高。由于疲劳破坏瞬间发生，危险性高，所以在设计承受反复荷载且须进行疲劳验算的结构时，应当了解所用钢材的疲劳强度。

【学中做】

钢材的疲劳强度（　　　）抗拉强度。

A. $<$　　　　　　B. $>$　　　　　　C. $\leqslant$　　　　　　D. $\geqslant$

答案：A

4）硬度

钢材的硬度是指其表面抵抗硬物压入产生塑性变形的能力。测定钢材硬度的方法有布氏法、洛氏法和维氏法等，建筑钢材常用布氏硬度表示，符号 HB。布氏法的测定原理是利用直径为 D（mm）的淬火钢球，用荷载 P（N）将其压入试件表面，经规定的持续时间后卸去荷载，即可得直径为 d（mm）的压痕；以压痕表面积 A（mm²）除荷载 P，即为布氏硬度值 HB。布氏硬度用数字表示，且无量纲。图 6.7 为布氏硬度测定示意图。

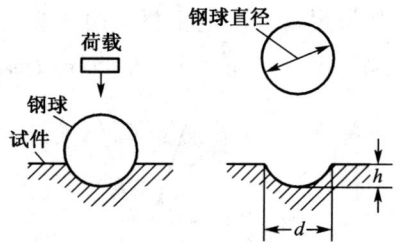

图 6.7　布氏硬度测定示意图

材料的硬度是材料弹性、塑性、强度等性能的综合反映。试验证明，钢材的 HB 值与其抗拉强度 σ_b 之间存在较好的相关性，强度越高，硬度也就越大。对于碳素钢，当 $HB < 175$ 时，$\sigma_b \approx 3.6HB$；当 $HB > 175$ 时，$\sigma_b \approx 3.5HB$。根据这种相关关系，可以在钢结构的原位上测出钢材的 HB 值，进而估算该钢材的抗拉强度。

【学中做】

以下钢材性能的描述，错误的是（　　　）。

A. 建筑钢材的硬度用钢球压入法测得　　B. 建筑钢材常用布氏硬度表示

C. 布氏硬度使用荷载除以压痕表面积　　D. 钢材的硬度越大，强度越低

答案：D

6.2.2　钢材的工艺性能

钢材的工艺性能是指钢材在加工过程中表现出的性质。钢材应具有良好的工艺性能，以满足施工工艺的要求，确保钢筋制品的加工质量。冷弯、冷拉、冷拔及焊接性能是建筑钢材的重要工艺性能。

1）冷弯性能

冷弯性能是指钢材在常温下承受弯曲变形的能力，用试验时的弯曲角度 α、弯芯直径 d 与

试件厚度 a（或直径）的比值 d/a 来表示。钢材的冷弯性能通过冷弯试验来评定。冷弯试验采用直径（或厚度）为 a 的试件，选用弯芯直径 $d = na$ 的弯头（n 为自然数，根据实验标准确定），使试件弯曲到规定角度（90°或 180°）时，若弯曲处无裂缝、断裂或起层等现象，即认为冷弯性能合格。弯曲角度越大、弯芯直径与试件厚度的比值越小，表示对冷弯性能的要求越高，如图 6.8 和图 6.9 所示。

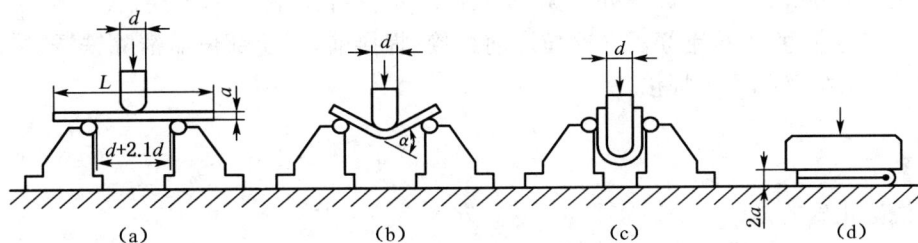

图 6.8 冷弯性能实验示意图

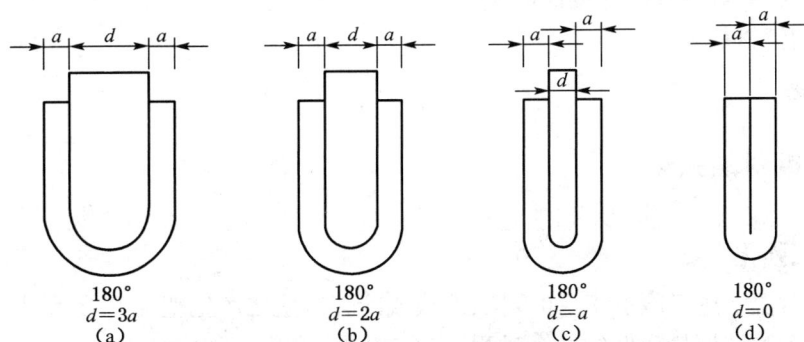

图 6.9 钢材弯芯直径与试件厚度的关系

钢材的冷弯性能和其伸长率一样，都是检验钢材塑性的方法。冷弯是钢材处于不利变形条件下的塑性，而伸长率是反映钢材在均匀变形下的塑性，因此冷弯试验对钢材塑性的检验比拉伸试验更为严格，更能暴露钢材内部的某些缺陷，如内部组织的不均匀性、夹杂物、孔隙及内应力等；同时对焊接质量也是一种严格检测，能突显焊件受弯处表面未熔合、微裂缝及夹杂物等缺陷。而在拉伸试验中，这些缺陷往往因塑性变形引起的内部应力重新分布而反映不出来。

2）焊接性能

焊接是钢材的重要连接方式。焊接质量取决于焊接工艺、焊接材料及钢材的焊接性能。

可焊性是指钢材是否适应通常的焊接方法与工艺的性能。在焊接过程中，钢材在短时间内温度升到很高，融化的体积很小，由于钢材导热性能好，焊接后迅速冷却降温，焊缝及其附近的过热区将发生晶体组织及结构变化，产生局部变形及内应力，甚至裂缝。焊缝周围的钢材产生硬脆倾向，焊接质量下降，这种现象称为钢材的热脆性。可焊性良好的钢材，焊缝及其附近过热区钢材不应产生明显的缺陷（如裂纹、气孔、夹渣等）及脆硬现象，焊接接头质量应与母材相近，焊接才牢固可靠。

钢材的化学成分、冶炼质量、冷加工、焊接工艺及焊条材料等都会影响焊接性能。含碳量小于 0.25% 的碳素钢具有良好的可焊性;加入合金元素(如硅、锰、钒、钛等),会明显增加焊缝处的脆硬性,降低可焊性;硫会明显增加钢材的热脆性,使可焊性降低;焊接结构用钢应选用含碳量较低的氧气转炉钢或平炉镇静钢;对于高碳钢和合金钢,为改善焊接质量,一般需要采用焊前预热和焊后热处理等措施确保焊接质量。

钢材焊接后须取样检验,通常做拉伸试验,有些焊接种类需做弯曲试验,要求试验时试件的断裂不能发生在焊接处,且焊缝处应无裂纹、砂眼、咬肉和焊件变形等缺陷。

钢材焊接应注意:冷拉钢筋需在冷拉之前焊接;焊接前,接缝部位需清除铁锈、熔渣、油污等;钢材性质不确定时,不可焊接。

【学中做】

以下说法正确的是(　　　)。

A. 冷弯试验时,弯曲角度都要一样

B. 冷弯试验时,弯曲处无裂缝、断裂或起层等现象,则评定为冷弯性能合格

C. 热脆性会影响钢材的焊接性能

D. 所有的钢材都可以焊接

答案:BC

6.2.3　钢材的强化

1)冷加工强化

将钢材于常温下进行冷加工(如冷拉、冷拔或冷轧),使之产生塑性变形,使其强度、硬度提高,塑性、韧性和弹性模量降低的这个过程,称为冷加工强化。

2)时效

钢材经过冷加工后,在常温下存放 15~20 d,或加热到 100~200 ℃并保持 2 h 左右,钢材的屈服强度、抗拉强度及硬度进一步提高,而塑性和韧性下降的这种现象称为时效,前者称为自然时效,后者称为人工时效。通常对强度较低的钢筋可采用自然时效,强度较高的钢筋则须采用人工时效。由于时效过程中内应力的消减,弹性模量可基本恢复到冷加工前的数值。对钢材进行冷加工强化与时效处理的主要目的是提高钢材的屈服强度,以便节约钢材。时效的过程很漫长,可达数十年,冷加工或使用过程中经受振动及反复荷载作用,会加速时效的发展。受动荷载和冲击荷载作用的结构,应选择时效敏感性小的钢材,以保证钢材在使用过程中性能的稳定。

3)钢材冷加工强化与时效处理的机理

钢筋经冷加工及时效处理后的力学性能变化规律,可从冷拉试验的应力-应变图反映出来,如图 6.10。

(1)图中 OBCD 曲线为未经冷拉及时效处理的钢材的应力-应变曲线,是将钢筋试件一次性拉断的过程,曲线上的 B 点为钢材的屈服强度。

(2)当钢材试件拉伸至超过屈服强度但不超过抗拉强度的任一点 K 时,卸去荷载,由于钢材发生了塑性变形,曲线由 K 点沿 KO' 下降至 O' 点,KO' 与原曲线基本平行。然后再立即

施加荷载,钢材的应力-应变曲线将沿着 $O'KCD$ 发展,直至试件断裂。观察曲线可知,屈服强度由原来的 B 点提高到 K 点,以后的应力-应变关系与原来曲线 KCD 相似,OO' 为不可恢复的塑性变形(即残余变形)。可明显看出,钢筋经冷拉后,屈服强度得到了提高。

(3)若在 K 卸去荷载后对钢材进行时效处理(自然时效或人工时效),再进行拉伸,钢筋的应力-应变曲线将沿着 $O'K_1C_1D_1$ 发展。钢筋的屈服点由原来的 K 点提高至 K_1 点,以后的应力-应变关系 $K_1C_1D_1$ 比原来曲线 KCD 短。

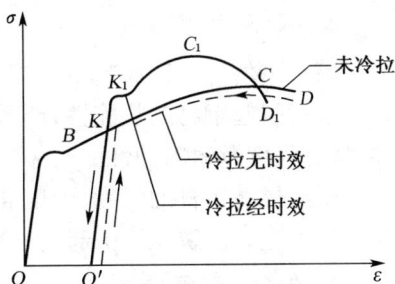

图 6.10 钢筋经冷拉时效后应力-应变图的变化

这表明钢筋经冷拉时效后,屈服强度进一步提高,与原钢筋相比,抗拉强度亦有所提高,塑性和韧性则降低。

钢材经过冷加工后,塑性变形区域内的晶粒产生了相对滑移,由于晶粒细化及晶格歪曲阻碍了晶粒的进一步滑移,使得屈服强度提高、塑性降低、脆性增大。钢筋冷拉后的屈服强度可提高 20%～30%,冷拔后的屈服强度可提高 40%～60%,因此可适当减小钢筋混凝土结构构件的截面积或配筋量,从而在减轻建筑物自重的同时又可节约钢材。此外,钢筋冷拉还有利于简化施工工序,如冷拉盘条钢筋可省去开盘和调直工序,冷拉直条钢筋可与矫直、除锈等工序一并完成。

【学中做】

冷加工强化的意义是(　　　)。

A. 提高强度　　　　B. 节约钢材　　　　C. 调直除锈　　　　D. 降低成本

答案:ABCD

6.2.4　钢材的化学成分对其性能的影响

钢材的主要成分是铁,其次是碳,因此,钢也称为铁碳合金。此外,钢材还含有一些其他元素,对钢材的质量和性能都有一定的影响。

1)碳(C)

碳存在于所有的钢材中,是最重要的硬化元素。随着含碳量的增加,钢材的强度、硬度提高,但是塑性、韧性及可焊性下降,同时,钢材的冷脆性和时效敏感性提高,抗大气锈蚀性降低。

2)硅(Si)

硅是炼钢时作为脱氧剂加入的,残留在钢材中的有益合金元素。硅可增加钢材的强度,当硅的含量未超过 1% 时,对钢材的塑性和韧性无明显影响;当硅的含量超过 1% 时,钢材的冷脆性增加,可焊性变差。

3)锰(Mn)

锰同硅一样,也是炼钢时作为脱氧剂加入的,残留在钢材中的有益合金元素。锰可增加钢材的坚固性、强度和耐磨损性,当锰含量为 0.8%～1% 时,可显著提高钢材的强度和硬度,对塑性和韧性没有明显影响;当锰含量超过 1% 时,在提高钢材强度的同时,塑性和韧性下降,可焊性变差。

4）硫（S）和磷（P）

硫和磷均为炼钢原料带入钢材中的有害元素。

硫能引起钢材的热脆性，严重降低了钢材的热加工性能和可焊性，还会影响钢材的冲击韧性、疲劳强度及耐腐蚀性。

磷能提高钢材的强度、硬度和耐腐蚀性，使塑性和韧性明显降低，尤其是低温冲击韧性，钢材易发生脆裂。磷元素引起的冷脆性会使钢材的冲击韧性和焊接等性能降低。

5）氧（O）和氮（N）

氧和氮是在炼钢过程中引入的有害元素，会降低钢材的强度、冷弯性能和焊接性能。氧还能增加钢材的热脆性，氮还能增加钢材的冷脆性和时效敏感性。

6）铬（Cr）

铬不仅能增加钢材的硬度和耐磨损性，还能明显提高其耐腐蚀性，通常认为含铬量在13%以上的钢材为不锈钢，但如果保养不得当，钢材还是会生锈的。

7）镍（Ni）

镍可使钢材具有良好的强度、韧性和耐腐蚀性。

8）钒（V）

钒是炼钢时的脱氧剂，可减弱钢材中碳和氮的不利影响，增强钢材的强度和抗磨损能力，改善韧性及冷脆性，但会降低钢材的可焊性。

6.3　建筑钢材标准与选用

6.3.1　钢结构用钢

1）碳素结构钢

（1）碳素结构钢的牌号

根据国家标准《碳素结构钢》（GB/T 700—2006）规定，碳素结构钢牌号由代表屈服强度字母、屈服强度数值、质量等级符号及脱氧程度四部分按顺序组成。其中，以字母"Q"表示屈服强度；屈服强度数值有 195 MPa、215 MPa、235 MPa 和 275 MPa 四种；质量等级是按有害元素硫、磷含量由多到少的规律分为 A、B、C、D 四级；按脱氧程度分为沸腾钢（F）、镇静钢（Z）、半镇静钢（b）、特殊镇静钢（TZ）四类，Z 和 TZ 在钢的牌号中可以省略。例如，Q235AF 表示屈服强度为235 MPa、质量等级为 A 级的沸腾钢；Q235D 表示屈服强度为 235 MPa、质量等级为 D 级的特殊镇静钢。

（2）碳素结构钢的技术要求

碳素结构钢的技术要求包括化学成分、力学性能、冶炼方法、交货状态及表面质量五个方面。

① 碳素结构钢的牌号和化学成分（熔炼分析）应符合表 6.1 的规定。

表 6.1 碳素结构钢的牌号和化学成分(GB/T 700—2006)

牌号	统一数字代号[a]	等级	厚度(或直径)/mm	脱氧方法	化学成分(质量分数,%),≤				
					C	Si	Mn	P	S
Q195	U11952	—	—	F、Z	0.12	0.30	0.50	0.035	0.040
Q215	U12152	A	—	F、Z	0.15	0.35	1.20	0.045	0.050
	U12155	B							0.045
Q235	U12352	A	—	F、Z	0.22	0.35	1.40	0.045	0.050
	U12355	B			0.20[b]				0.045
	U12358	C		Z	0.17			0.040	0.040
	U12359	D		TZ				0.035	0.035
Q275	U12752	A	—	F、Z	0.24	0.35	1.50	0.045	0.050
	U12755	B	≤40	Z	0.21			0.045	0.045
			>40		0.22				
	U12758	C	—	Z	0.20			0.040	0.040
	U12759	D		TZ				0.035	0.035

注:(1) a 是指表中为镇静钢、特殊镇静钢牌号的统一数字,沸腾钢牌号的统一数字代号如下:

Q195F——U11950;

Q215AF——U12150,Q215BF——U12153

Q235AF——U12350,Q235BF——U12353

Q275AF——U12750。

(2) b 表示经需方同意,Q235B 的碳含量可不大于 0.22%。

② 碳素结构钢的力学性能应符合表 6.2 的规定。

表 6.2 碳素结构钢的力学性能(GB/T 700—2006)

牌号	等级	拉伸试验												冲击实验(V 形缺口)	
		屈服强度[a]/(N/mm²)						抗拉强度[b]/(N/mm²)	断后伸长率 A/%,≥					温度/℃	V 形冲击功(纵向)/J
		厚度(直径)/mm							厚度(或直径)/mm						
		≤16	>16~40	>40~60	>60~100	>100~150	>150~200		≤40	>40~60	>60~100	>100~150	>150~200		
Q195	—	195	185	—	—	—	—	315~430	33	—	—	—	—	—	—
Q215	A	215	205	195	185	175	165	335~450	31	30	29	27	26	—	—
	B													+20	27
Q235	A	235	225	215	215	195	185	370~500	26	25	24	22	21	—	—
	B													+20	27[c]
	C													0	
	D													−20	

续表 6.2

牌号	等级	拉伸试验												冲击实验（V形缺口）	
		屈服强度ᵃ/(N/mm²)						抗拉强度ᵇ/(N/mm²)	断后伸长率A/%,≥					温度/℃	V形冲击功（纵向）/J
		厚度（直径）/mm							厚度（或直径）/mm						
		≤16	>16~40	>40~60	>60~100	>100~150	>150~200		≤40	>40~60	>60~100	>100~150	>150~200		
Q275	A	275	265	255	245	225	215	410~540	22	21	20	18	17	—	—
	B													+20	27
	C													—	
	D													−20	

注:(1) a 表示 Q195 的屈服强度值仅供参考,不作交货条件;
　　(2) b 表示厚度大于 100 mm 的钢材,抗拉强度下限允许降低 20 N/mm²,宽带钢(包括剪切钢板)抗拉强度上限不作交货条件;
　　(3) c 表示厚度小于 25 mm 的 Q235B 级钢材,如供方能保证冲击吸收功值合格,经需方同意,可不做检验。

③ 碳素结构钢的冷弯性能应符合表 6.3 的规定。

表 6.3　碳素结构钢的冷弯性能指标(GB/T 700—2006)

牌号	试样方向	冷弯实验180°　　B = 2a	
		钢材厚度（或直径）/mm	
		≤60	>60~100
		弯芯直径 d	
Q195	纵	0	—
	横	0.5a	
Q215	纵	0.5a	1.5a
	横	a	2a
Q235	纵	a	2a
	横	1.5a	2.5a
Q275	纵	1.5a	2.5a
	横	2a	3a

注:(1) B 为试样宽度,a 为试样厚度(或直径);
　　(2) 钢材厚度(或直径)大于 100 mm 时,弯曲实验由双方协商确定。

（3）碳素结构钢的特性及选用

碳素结构钢随钢号增大，含碳量增加，强度和硬度提高，塑性、韧性及冷弯性能降低；质量等级按硫、磷含量分为A、B、C、D四级，D、C级钢的质量优于B、A级钢；脱氧越充分，钢材质量越好。通常根据工程结构的荷载情况、焊接情况及环境温度等因素来选择钢材的质量等级和脱氧程度。如受振动及反复荷载作用的重要焊接结构，或处于计算温度低于－20 ℃的环境中，宜选用质量等级为D的特殊镇静钢。

Q195、Q215号钢含碳量低、强度低，塑性和韧性较好，易于冷加工和焊接，常用作铆钉、螺栓、铁丝等。

Q235号钢含碳量适中，属低碳钢，强度较高，具有良好的塑性、韧性及可焊性，综合性能好，能满足一般钢结构和钢筋混凝土结构用钢要求，且成本较低，为建筑工程中主要钢号。在钢结构中，主要使用Q235号钢轧制成各种型钢、钢板。Q215号钢经冷加工后可代替Q235号钢使用。

Q275号钢强度高，塑性、韧性及可焊性较差，不易焊接和冷弯加工，多用于制作机械零件和工具，可用于轧制带肋钢筋作为钢筋混凝土的配筋、制作钢结构构件及制作螺栓等。

2）低合金高强度结构钢

工程中使用的钢材需要具有较高的强度及良好的塑性。因此，为改善钢材的力学及工艺性能，或是获得特殊的理化性能，炼钢时在碳素结构钢基础上掺入一种或几种合金元素，如锰、钒、钛、铌、镍等，制成合金钢。合金元素掺量低于5%时，即为低合金高强度结构钢。

低合金高强度结构钢与碳素结构钢相比，具有较高的屈服强度和抗拉强度，以及良好的耐磨性、耐蚀性及耐低温性能等。低合金高强度结构钢的综合性能好，尤其适用于高层建筑、大柱网、大跨度、承受动荷载和冲击荷载的结构中，可比碳素结构钢节省20%～30%的用钢量，有利于减轻结构自重，而且成本并不很高。

（1）低合金高强度结构钢的交货状态

低合金高强度结构钢的交货状态分为热轧（AR或WAR）、正火（N）、正火轧制（＋N）、热机械轧制（M）4种。

（2）低合金高强度结构钢的牌号

根据《低合金高强度结构钢》（GB/T 1591—2018）规定，低合金高强度结构钢（本书仅介绍热轧钢）的牌号由代表屈服强度的字母"Q"、规定的最小上屈服强度数值、交货状态代号、质量等级符号（B、C、D、E、F）四部分组成，可分为Q355、Q390、Q420、Q460。Q＋规定的最小上屈服强度数值＋交货状态代号，简称为"钢级"。交货状态为热轧时，交货状态代号AR或WAR可省略；交货状态为正火或正火轧制状态时，交货状态代号均用N表示。例如，Q355ND表示规定的上屈服强度为355 MPa、质量等级为D级、交货状态为正火或正火轧制状态的低合金高强度结构钢。

（3）低合金高强度结构钢（热轧钢）的技术要求

① 低合金高强度结构钢（热轧钢）的化学成分应符合表6.4的规定。

表 6.4 热轧钢的牌号及化学成分（GB/T 1591—2018）

牌号		化学成分（质量分数）/%														
钢级	质量等级	C 以下公称厚度或直径/mm ≤40 | >40 不大于		Si	P	S	Nb	V	Ti	Cr	Ni	Cu	N	Mo	B	Mn
											≤					
Q355	B	0.24		0.55	0.035	0.035	—	—	—	0.30	0.30	0.40	0.012	—	—	1.60
	C	0.20	0.22		0.030	0.030										
	D	0.20	0.22		0.025	0.025							—			
Q390	B	0.20		0.55	0.035	0.035	0.05	0.13	0.05	0.30	0.50	0.40	0.015	0.10	—	1.70
	C				0.030	0.030										
	D				0.025	0.025										
Q420	B	0.20		0.55	0.035	0.035	0.05	0.13	0.05	0.30	0.80	0.40	0.015	0.20	—	1.70
	C				0.030	0.030										
Q460	C	0.20		0.55	0.030	0.030	0.05	0.13	0.05	0.30	0.80	0.40	0.015	0.20	0.004	1.80

② 低合金高强度结构钢（热轧钢）的拉伸性能应符合表 6.5 的规定。

表 6.5 低合金高强度结构钢（热轧钢）的拉伸性能（GB/T 1591—2018）

牌号		上屈服强度/MPa，≥									抗拉强度/MPa			
钢级	质量等级	公称厚度或直径/mm												
		≤16	>16~40	>40~63	>63~80	>80~100	>100~150	>150~200	>200~250	>250~400	≤100	>100~150	>150~250	>250~400
Q355	B、C	355	345	335	325	315	295	285	275	—	470~630	450~600	450~600	—
	D									265				450~600
Q390	B、C、D	390	380	360	340	340	320	—	—	—	490~650	470~620	—	—
Q420	B、C	420	410	390	370	370	350	—	—	—	520~680	500~650	—	—
Q460	C	460	450	430	410	410	390	—	—	—	550~720	530~700	—	—

③ 正火、正火轧制钢、热机轧制钢的牌号、化学成分等应符合《低合金高强度结构钢》（GB/T 1591—2018）的规定。

④ 当需方要求做弯曲实验时，低合金高强度结构钢的弯曲性能应符合表 6.6 的规定；当供方保证弯曲性能合格时，可不做弯曲实验。

表 6.6　低合金高强度结构钢的弯曲性能（GB/T 1591—2018）

试样方向	180°弯曲试验 D—弯曲压头直径，a—试样厚度或直径	
	公称厚度或直径/mm	
	≤16	>16～100
对于公称宽度不小于 600 mm 的钢板及钢带，拉伸试验取横向试样；其他钢材的拉伸试验取纵向试样	$D=2a$	$D=3a$

（4）低合金高强度结构钢的性能与选用

由于合金元素的强化作用，低合金高强度结构钢具备较高的强度及硬度，而且塑性、韧性及焊接性能良好，抗冲击、耐低温、耐腐蚀能力也好，且质量稳定，综合性能优越。Q355 的综合力学性能好，具有良好的承受动荷载和耐疲劳性能，用低合金高强度结构钢代替碳素结构钢可节省 15%～25% 的钢材，有助于减轻结构自重。

钢结构和钢筋混凝土结构中常用低合金高强度结构钢轧制的型钢、钢板、钢筋和钢管等，特别是大型结构、重型结构、大跨度结构、高层建筑、桥梁工程、承受动荷载和冲击荷载的结构。

6.3.2　钢筋混凝土用钢

钢筋是建筑工程中用量最大的钢材品种，主要由碳素结构钢和低合金高强度结构钢轧制而成。常用的有热轧钢筋、冷轧带肋钢筋、冷轧扭钢筋、预应力混凝土用钢丝和钢绞线等。

1）热轧钢筋

（1）热轧光圆钢筋

热轧光圆钢筋是经热轧成型并自然冷却、横截面通常为圆形、表面光滑的成品钢筋。热轧光圆钢筋分为 HPB235、HPB300 两种，其公称直径范围为 6～25 mm，推荐的公称直径为 6 mm、8 mm、10 mm、12 mm、14 mm、16 mm、18 mm、20 mm、22 mm、25 mm。热轧光圆钢筋以氧气转炉或电炉冶炼，可按直条或盘卷交货，其牌号构成及含义见表 6.7。

表 6.7　热轧光圆钢筋的牌号构成及含义（GB 1499.1—2024）

产品名称	牌号	牌号构成	英文字母含义
热轧光圆钢筋	HPB300	由 HPB＋屈服强度特征值构成	HPB—热轧光圆钢筋的英文（Hot rolled Plain Bars）缩写

热轧光圆钢筋的化学成分（熔炼分析）应符合表 6.8 的规定。

表 6.8　热轧光圆钢筋的化学成分表（GB 1499.1—2024）

牌号	化学成分（质量分数，%），≤				
	C	Si	Mn	P	S
HPB300	0.25	0.55	1.50	0.045	0.045

热轧光圆钢筋的力学性能和工艺性能应符合表 6.9 的规定。冷弯实验时,钢筋弯曲 180°后,受弯曲部位表面不应产生裂纹。

表 6.9　热轧光圆钢筋的力学性能和工艺性能(GB 1499.1—2024)

牌号	屈服强度 R_{eL}/MPa	抗拉强度 R_m/MPa	断后伸长率 A/%	最大力总伸长率 A_{gt}/%	弯曲试验
	≥				
HPB300	300	420	25.0	10.0	$D = d$

注:(1) D 为弯曲压头直径,d 为钢筋公称直径;
　　(2) 对于没有明显屈服的钢筋,下屈服强度特征值 R_{eL} 采用规定塑性延伸强度 $R_{p0.2}$;
　　(3) 出厂检验时准许采用 A;
　　(4) 仲裁检验时采用 A_{gt}。

HPB300 强度适中,塑性及焊接性能好,便于冷加工,主要用于钢筋混凝土构件的受力筋和各种钢筋混凝土结构的构造筋(如箍筋、拉结筋,剪力墙中水平钢筋和竖向钢筋)。

(2) 热轧带肋钢筋

热轧带肋钢筋是低合金结构钢经热轧成型后自然冷却、横截面为圆形且表面通常有两条纵肋(平行于钢筋轴线且均匀连续)和沿长度方向均匀分布的横肋(与钢筋轴线不平行)的钢筋,也叫做螺纹钢。按横肋的纵截面形状分为月牙肋钢筋(纵截面呈月牙形且横肋与纵肋不相交)和等高肋钢筋(横肋与纵肋相交),其外形如图 6.11。

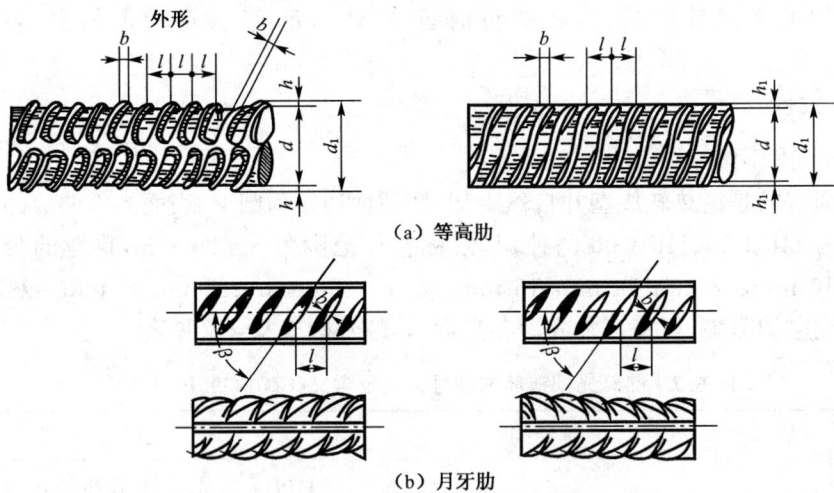

(a) 等高肋

(b) 月牙肋

图 6.11　热轧带肋钢筋的外形

钢筋混凝土用热轧带肋钢筋分为普通热轧带肋钢筋和细晶粒热轧带肋钢筋(是在热轧过程中,通过控轧和控冷工艺形成的),公称直径范围为 6～50 mm,推荐的公称直径为 6 mm、8 mm、10 mm、12 mm、14 mm、16 mm、18 mm、20 mm、22 mm、25 mm、28 mm、32 mm、36 mm、40 mm、50 mm。热轧带肋钢筋的牌号构成及含义见表 6.10。

表 6.10 热轧带肋钢筋的牌号构成及含义（GB 1499.2—2024）

类 别	牌号	牌号构成	英文字母含义
普通热轧带肋钢筋	HRB400	由 HRB＋屈服强度特征值构成	HRB—热轧带肋钢筋的英文（Hot rolled Ribbed Bars)缩写 E—"地震"的英文（Earthquake)首位字母
	HRB500		
	HRB600		
	HRB400E	由 HRB＋屈服强度特征值＋E 构成	
	HRB500E		
细晶粒热轧带肋钢筋	HRBF400	由 HRBF＋屈服强度特征值构成	HRBF—热轧带肋钢筋的英文缩写后加"细"的英文（Fine)首位字母 E—"地震"的英文（Earthquake)首位字母
	HRBF500		
	HRBF400E	由 HRBF＋屈服强度特征值＋E 构成	
	HRBF500E		

热轧带肋钢筋牌号及化学成分和碳当量应符合表 6.11 的规定。根据需要,钢中还可加入 V、Nb,Ti 等元素。

表 6.11 热轧带肋钢筋牌号及化学成分和碳当量（GB 1499.2—2024）

牌号	化学成分(质量分数,%)					碳当量 Ceq/%
	C	Si	Mn	P	S	
	≤					
HRB400 HRBF400 HRB400E HRBF400E	0.25	0.80	1.60	0.045	0.045	0.54
HRB500 HRBF500 HRB500E HRBF500E						0.55
HRB600	0.28					0.58

热轧带肋钢筋的屈服强度 R_{eL}、抗拉强度 R_m、断后伸长率 A、最大力总伸长率 A_{gt} 等力学性能特征值应符合表 6.12 的规定,其中各力学性能特征值,除 R_{eL}^0/R_{eL} 可作为交货检验的最大保证值外,其他力学特征值可作为交货检验的最小保证值。

表 6.12 热轧带肋钢筋的力学性能指标（GB 1499.2—2024）

牌号	下屈服强度 R_{eL}/MPa	抗拉强度 R_m/MPa	断后伸长率 A/%	最大力总伸长率 A_{gt}/%	R_m^0/R_{eL}^0	R_{eL}^0/R_{eL}
			≥			≤
HRB400 HRBF400	400	540	16	7.5	—	—
HRB400E HRBF400E			—	9.0	1.25	1.30
HRB500 HRBF500	500	630	15	7.5	—	—
HRB500E HRBF500E			—	9.0	1.25	1.30
HRB600	600	730	14	7.5	—	—

注：R_m^0 为钢筋实测抗拉强度；R_{eL}^0 为钢筋实测下屈服强度。

热轧带肋钢筋的弯曲性能按表 6.13 规定的弯曲压头直径弯曲 180°后，要求钢筋的受弯曲部位表面不得产生裂纹。

表 6.13 热轧带肋钢筋的公称直径与弯曲压头直径的关系（GB 1499.2—2024） 单位：mm

牌号	公称直径 d	弯曲压头直径
HRB400 HRBF400 HRB400E HRBF400E	6~25	4d
	28~40	5d
	>40~50	6d
HRB500 HRBF500 HRB500E HRBF500E	6~25	6d
	28~40	7d
	>40~50	8d
HRB600	6~25	6d
	28~40	7d
	>40~50	8d

对牌号带 E 的热轧带肋钢筋应进行反向弯曲试验，反向弯曲试验的弯曲压头直径比弯曲试验相应增加一个钢筋公称直径。反向弯曲试验方法：先正向弯曲 90°后再反向弯曲 20°。两个弯曲角度均应在保持载荷时测量。经反向弯曲试验后，钢筋受弯曲部位表面不得产生裂纹。

HRB400E、HRB500E 钢筋在强度、延展性、耐高温、抗震性等方面性能较高，HRB500E多应用于桥梁、地下承重建筑、核电建设项目，以及承受地震烈度较高的工程。HRB600 是新型热轧带肋钢筋，与目前主要使用的 400 MPa 和 500 MPa 强度系列相比，节约用钢量 44.4%和 19.5%，对提升我国热轧带肋钢筋产品的质量、促进节能减排、淘汰落后产能有着积极的推进作用，并能更好地满足房屋建筑、桥梁、道路等领域对热轧带肋钢筋的需求。

（3）钢筋混凝土用余热处理钢筋

热轧后利用热处理原理进行表面控制冷却（热轧带肋钢筋轧后穿冷水即直接进行表面淬火），并利用芯部余热自身完成回火处理所得的成品钢筋即为钢筋混凝土用余热处理钢筋，该钢筋具有良好的综合性能，在强度较高的情况下能保持良好的塑性和韧性。钢筋混凝土用余热处理钢筋按屈服强度特征值分为 400 级、500 级,按用途分为可焊(指闪光对焊和电弧焊等工艺)和非可焊两类,可以按直条或盘卷交货。公称直径范围为 8～50 mm,RRB400、RRB500 钢筋推荐的公称直径为 8 mm、10 mm、12 mm、16 mm、20 mm、25 mm、32 mm、40 mm、50 mm,RRB400W 钢筋推荐的公称直径为 8 mm、10 mm、12 mm、16 mm、20 mm、25 mm、32 mm、40 mm。其牌号的构成及含义见表 6.14。

表 6.14　钢筋混凝土用余热处理钢筋的牌号构成及含义(GB 13014—2013)

类　别	牌号	牌号构成	英文字母含义
余热处理钢筋	RRB400 RRB500	由 RRB+规定的屈服强度特征值构成	RRB—余热处理钢筋的英文缩写 W—焊接的英文缩写
	RRB400W	由 RRB+规定的屈服强度特征值构成+可焊	

钢筋混凝土用余热处理带肋钢筋通常带有纵肋,也可不带纵肋,带纵肋的月牙肋钢筋外形及截面形式与热轧带肋钢筋相同,如图 6.12 所示。

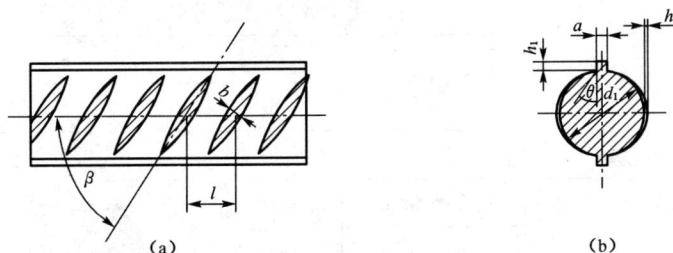

图 6.12　带纵肋的月牙肋钢筋外形及截面形式

余热处理钢筋的牌号、化学成分和碳当量(熔炼分析)应符合表 6.15 的规定。

表 6.15　钢筋混凝土用余热处理钢筋牌号、化学成分和碳当量(GB 13014—2013)

牌号	化学成分(质量分数,%),≤					
	C	Si	Mn	P	S	Ceq
RRB400 RRB500	0.30	1.00	1.60	0.045	0.045	—
RRB400W	0.25	0.80	1.60	0.045	0.045	0.50

余热处理钢筋的力学性能(时效后检验的结果)应符合表 6.16 的规定。

表 6.16　钢筋混凝土用余热处理钢筋的力学性能指标(GB 13014—2013)

牌号	屈服强度 R_{eL}/MPa	抗拉强度 R_m/MPa	断后伸长率 A/%	最大力总伸长率 A_{gt}/%
	≥			
RRB400	400	540	14	5.0
RRB500	500	630	13	
RRB400W	430	570	16	7.5

余热处理钢筋的弯曲性能按表 6.17 规定的弯芯直径弯曲 180°后,要求钢筋受弯曲部位表面不得产生裂纹。

表 6.17　钢筋混凝土用余热处理钢筋的公称直径与弯芯直径的关系（GB 13014—2013）　单位：mm

牌号	公称直径 d	弯芯直径
RRB400 RRB400W	8～25	4d
	28～40	5d
RRB500	8～25	6d

余热处理钢筋可根据需方要求，进行反向弯曲性能实验。经反向弯曲实验后，钢筋受弯曲部位表面不得产生裂纹。

（4）低碳钢热轧圆盘条

低碳钢热轧圆盘条是低碳钢加热轧制而成，每卷盘条由一根组成，且重量应不小于 1 000 kg。低碳钢热轧圆盘条的牌号、化学成分（熔炼分析）应符合表 6.18 的规定。

表 6.18　低碳钢热轧圆盘条的牌号和化学成分（GB/T 701—2008）

牌号	化学成分（质量分数，%）				
	C	Mn	Si	S	P
				≤	
Q195	≤0.12	0.25～0.50	0.30	0.040	0.035
Q215	0.09～0.15	0.25～0.60		0.045	0.045
Q235	0.12～0.20	0.30～0.70	0.30		
Q275	0.14～0.22	0.40～1.00			

低碳钢热轧圆盘条的力学性能和工艺性能应符合表 6.19 的规定。经供需双方协商并在合同中注明，可做冷弯性能实验。直径大于 12 mm 的盘条，冷弯性能指标由供需双方协商确定。

表 6.19　低碳钢热轧圆盘条的力学性能和工艺性能（GB/T 701—2008）

牌号	力学性能		冷弯实验 180° d—弯芯直径 a—试样直径
	抗拉强度 R_m/MPa	断后伸长率 $A_{11.3}$/%	
	≥		
Q195	410	30	$d = 0$
Q215	435	28	$d = 0$
Q235	500	23	$d = 0.5a$
Q275	540	21	$d = 1.5a$

低碳钢热轧圆盘条应将头尾有害缺陷切除，盘条截面不应有缩孔、分层及夹杂。盘条表面应光滑，不应有裂纹、折叠、耳子、结疤，允许有压痕及局部的凸块、划痕、麻面，其深度或高度应满足相应规定。

直径在 10 mm 以下的低碳钢热轧圆盘条多为光圆钢筋，可做钢筋混凝土构件的构造筋、架立筋及受力筋；直径为 12 mm 及以上的盘条多为带肋盘条，多作为钢筋混凝土构件的受力筋。Q215、Q235、Q275 等用于箍筋、构造筋和一般受力筋；Q195、Q215、Q235 等可用作拉丝盘条。

2）冷轧带肋钢筋

冷轧带肋钢筋是指热轧圆盘条经冷轧后，在其表面带有沿长度方向均匀分布的横肋（呈月牙形）的钢筋。冷轧带肋钢筋按延展性高低分为冷轧带肋钢筋（CRB）和高延性冷轧带肋钢筋（CRB+抗拉强度特征值+H）。冷轧带肋钢筋的牌号由 CRB 和钢筋抗拉强度特征值构成，其中 C、R、B 、H 分别为冷轧（Cold rolled）、带肋（Ribbed）、钢筋（Bars）、高延性（High elongation）4 个词的英文首位字母。冷轧带肋钢筋分为 CRB550、CRB650、CRB800、CRB600H、CRB800H 5 个牌号。其中，CRB550、CRB600H 为普通钢筋混凝土用钢筋，CRB650、CRB800、CRB800H 为预应力混凝土用钢筋。钢筋的公称直径范围为 4～12 mm，CRB600H 钢筋的公称直径范围为 4～16 mm，CRB650、CRB800、CRB800H 钢筋的公称直径分别为 4 mm、5 mm、6 mm。

冷轧带肋钢筋力学性能和工艺性能应符合表 6.20 的规定。当进行弯曲实验时，要求受弯曲部位表面不得产生裂纹。反复弯曲实验的弯曲半径应符合表 6.21 的规定。

表 6.20 冷轧带肋钢筋的力学性能和工艺性能（GB 13788—2024）

分类	牌号	规定塑性延伸强度 $R_{p0.2}$/MPa，不小于	抗拉强度 R_m/MPa，不小于	断后伸长率/%，不小于		弯曲试验180°	反复弯曲次数	应力松弛初始应力应相当于公称抗拉强度的70% 1 000 h 松弛率/%，不大于
				A	$A_{100\,mm}$			
普通钢筋混凝土用	CRB550	500	550	12.0	—	$D=3d$	—	—
	CRB600H	540	600	14.0	—		—	—
预应力混凝土用	CRB650	585	650	—	4.0		3	8
	CRB800	720	800	—	4.0		3	8
	CRB800H	720	800	—	7.0		4	5

注：表中 D 为弯曲压头直径，d 为钢筋公称直径。

表 6.21 冷轧带肋钢筋反复弯曲实验的弯曲半径（GB 13788—2024） 单位：mm

钢筋公称直径	4	5	6
弯曲半径	10	15	15

冷轧带肋钢筋具有强度高、塑性好、与混凝土的握裹力强及成本较低等优点，因此适用于普通混凝土结构和中、小型预应力混凝土结构。CRB550 钢筋适用于钢筋混凝土结构中的受力筋、钢筋焊接网、箍筋、构造钢筋以及预应力混凝土结构中的非预应力筋。CRB650、CRB800 和 CRB970 钢筋宜用作预应力混凝土结构的预应力筋。

3）预应力混凝土用钢

（1）预应力混凝土用钢丝

预应力混凝土用钢丝是用优质碳素结构钢经冷拔或再经回火等工艺处理制成。预应力混凝土用钢丝按加工状态分为冷拉钢丝和消除应力钢丝两类，其代号为冷拉钢丝（WCD）和低松弛级钢丝（WLR）。钢丝按外形又可分为光圆钢丝（P）、螺旋肋钢丝（H）和刻痕钢丝（I）3 种，螺旋肋钢丝外形如图 6.13 所示，三面刻痕钢丝外形如图 6.14 所示。预应力混凝土用钢丝的标记包括预应力钢丝、公称直径、抗拉强度等级、加工状态代号、外形代号及标准号，例如，直径为 4.00 mm、抗拉强度为 1 670 MPa 的冷拉光圆钢丝，其标记为预应力钢丝 4.00‑1670‑WCD‑P‑GB/T 5223—2014。经低温回火消除应力后，钢丝的塑性比冷拉钢丝要高，刻痕钢丝是经压痕轧制而成,刻痕后与混凝土握裹力大,可减少混凝土裂缝的产生。

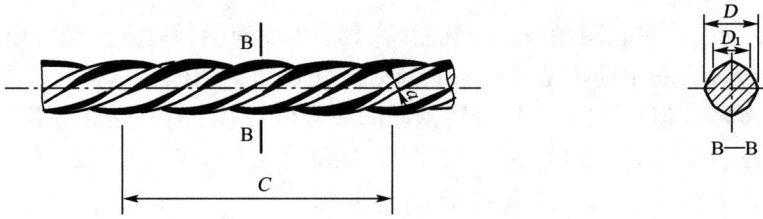

图 6.13 螺旋肋钢丝外形示意图

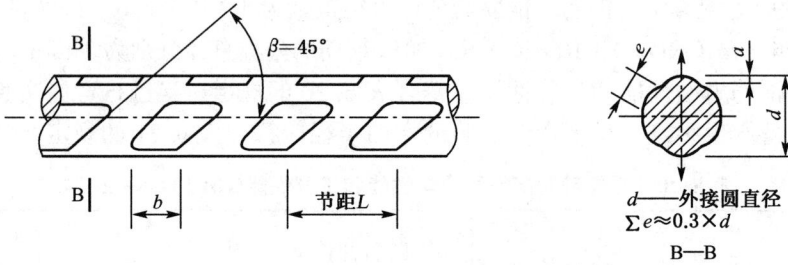

d——外接圆直径
$\sum e \approx 0.3 \times d$

图 6.14 三面刻痕钢丝外形示意图

压力管道用冷拉钢丝、消除应力光圆及螺旋肋钢丝的力学性能应分别符合表 6.22、表 6.23 的规定。

表 6.22　压力管道用冷拉钢丝的力学性能(GB/T 5223—2014)

公称直径 d/mm	公称抗拉强度 R_m/MPa	最大力的特征值 F_m/kN	最大力的最大值 $F_{m,max}$/kN	0.2%屈服力 $F_{p0.2}$/kN ≥	每 210 mm 扭矩的扭转次数 N ≥	断面收缩率 Z/% ≥	氢脆敏感性能负载为 70%最大力时,断裂时间 t/h ≥	应力松弛性能初始力为最大力70%时,1 000 h 后应力松弛率 r/% ≤
4.00		18.48	20.99	13.86	10	35		
5.00		28.86	32.79	21.65	10	35		
6.00	1 470	41.56	47.21	31.17	8	30		
7.00		56.57	64.27	42.42	8	30		
8.00		73.88	83.93	55.41	7	30		
4.00		19.73	22.24	14.80	10	35		
5.00		30.82	34.75	23.11	10	35		
6.00	1 570	44.38	50.03	33.29	8	30		
7.00		60.41	68.11	45.31	8	30		
8.00		78.91	88.96	59.18	7	30	75	7.5
4.00		20.99	23.50	15.74	10	35		
5.00		32.78	36.71	24.59	10	35		
6.00	1 670	47.21	52.86	35.41	8	30		
7.00		64.26	71.96	48.20	8	30		
8.00		83.93	93.99	62.95	6	30		
4.00		22.25	24.76	16.69	10	35		
5.00		34.75	38.68	26.06	10	35		
6.00	1 770	50.04	55.69	37.53	8	30		
7.00		68.11	75.81	51.08	6	30		

表 6.23 消除应力光圆及螺旋肋钢丝的力学性能（GB/T 5223—2014）

公称直径 d/mm	公称抗拉强度 R_m/MPa	最大力的特征值 F_m/kN	最大力的最大值 $F_{m,max}$/kN	0.2%屈服力 $F_{p0.2}$/kN ≥	最大力总伸长率（$L_0=200$ mm）A_{gt}/%,≥	反复弯曲性能 弯曲次数（次/180°）≥	弯曲半径 R/mm	应力松弛性能 初始力相当于实际最大力的百分数/%	1 000 h应力松弛率 r/%,≤
4.00		18.48	20.99	16.22		3	10		
4.80		26.61	30.23	23.35		4	15		
5.00		28.86	32.78	25.32		4	15		
6.00		41.56	47.21	36.47		4	15		
6.25		45.10	51.24	39.58		4	20		
7.00		56.57	64.26	49.64		4	20		
7.50	1 470	64.94	73.78	56.99		4	20		
8.00		73.88	83.93	64.84		4	20		
9.00		93.52	106.25	82.07		4	25		
9.50		104.19	118.37	91.44		4	25		
10.00		115.45	131.16	101.32		4	25		
11.00		139.69	158.70	122.59		—			
12.00		166.26	188.88	145.90		—			
4.00		19.73	22.24	17.37		3	10		
4.80		28.41	32.03	25.00		4	15		
5.00		30.82	34.75	27.12		4	15	70	2.5
6.00		44.38	50.03	39.06		4	15		
6.25		48.17	54.31	42.39		4	20		
7.00		60.41	68.11	53.16		4	20		
7.50	1 570	69.36	78.20	61.04	3.5	4	20		
8.00		78.91	88.96	69.44		4	20	80	4.5
9.00		99.88	112.60	87.89		4	25		
9.50		111.28	125.46	97.93		4	25		
10.00		123.31	139.02	108.51		4	25		
11.00		149.20	168.21	131.30		—			
12.00		177.57	200.19	156.26		—			
4.00		20.99	23.50	18.47		3	10		
5.00		32.78	36.71	28.85		4	15		
6.00		47.21	52.86	41.54		4	15		
6.25	1 670	51.24	57.38	45.09		4	20		
7.00		64.26	71.96	56.55		4	20		
7.50		73.78	82.62	64.93		4	20		
8.00		83.93	93.98	73.86		4	20		
9.00		106.25	118.97	93.50		4	25		
4.00		22.25	24.76	19.58		3	10		
5.00		34.75	38.68	30.58		4	15		
6.00	1 770	50.04	55.69	44.03		4	15		
7.00		68.11	75.81	59.94		4	20		
7.50		78.20	87.04	68.81		4	20		
4.00		23.38	25.89	20.57		3	10		
5.00	1 860	36.51	40.44	32.13		4	15		
6.00		52.58	58.23	46.27		4	15		
7.00		71.57	79.27	62.98		4	20		

预应力混凝土用钢丝的强度高,韧性好,可节省钢材,具有质量稳定、安全可靠、无接头、施工方便等特点,主要用于大跨度屋架、薄腹梁、吊车梁或桥梁等大型预应力钢筋混凝土结构,还可用于轨枕、压力管道等预应力钢筋混凝土构件。

(2)预应力混凝土用钢绞线

钢绞线是用2根、3根或7根钢丝在绞线机上,经绞捻后,再经低温回火处理而成。钢绞线按结构可分为8类,代号分别为:用2根钢丝捻制的钢绞线,代号为1×2;用3根钢丝捻制的钢绞线,代号为1×3;用3根刻痕钢丝捻制的钢绞线,代号为1×3 I;用7根钢丝捻制的标准型钢绞线,代号为1×7;用6根刻痕钢丝和1根光圆中心钢丝捻制的钢绞线,代号为1×7 I;用7根钢丝捻制又经拔模的钢绞线,代号为(1×7)C;用19根钢丝捻制的1+9+9西鲁式钢绞线,代号为1×19S;用19根钢丝捻制的1+6+6/6瓦林吞式钢绞线,代号为1×19W。

预应力混凝土用钢绞线的标记包括预应力钢绞线、结构代号、公称直径、强度级别、标准号。例如,公称直径为15.20 mm、强度级别为1 860 MPa的7根钢丝捻制的标准型钢绞线,其标记为预应力钢绞线1×7-15.20-1860-GB/T 5224—2014。

预应力混凝土用钢绞线的力学性能应分别符合表6.24、表6.25和表6.26的规定。

表6.24 1×2结构钢绞线的力学性能(GB/T 5224—2014)

钢绞线结构	钢绞线公称直径/mm	公称抗拉强度/MPa	整根钢绞线的最大力/kN ≥	整根钢绞线最大力的最大值/kN ≤	0.2%屈服力 $F_{P0.2}$/kN ≥	最大力总伸长率($L_0 \geq 400$ mm)/% ≥	应力松弛性能	
							初始负荷相当于公称最大力的百分数/%	1 000 h后应力松弛率/% ≤
1×2	8.00	1 470	36.9	41.9	32.5	对所有规格	对所有规格	对所有规格
	10.00		57.8	65.6	50.9			
	12.00		83.1	94.4	73.1			
	5.00	1 570	15.4	17.4	13.6			
	5.80		20.7	23.4	18.2			
	8.00		39.4	44.4	34.7			
	10.00		61.7	69.6	54.3			
	12.00		88.7	100	78.1			
	5.00	1 720	16.9	18.9	14.9	3.5	70	2.5
	5.80		22.7	25.3	20.0			
	8.00		43.2	48.2	38.0			
	10.00		67.6	75.5	59.5			
	12.00		97.2	108	85.5		80	4.5
	5.00	1 860	18.3	20.2	16.1			
	5.80		24.6	27.2	21.6			
	8.00		46.7	51.7	41.1			
	10.00		73.1	81.0	64.3			
	12.00		105	116	92.5			
	5.00	1 960	19.2	21.2	16.9			
	5.80		25.9	28.5	22.8			
	8.00		49.2	54.2	43.3			
	10.00		77.0	84.9	67.8			

表 6.25 1×3 结构钢绞线的力学性能(GB/T 5224—2014)

钢绞线结构	钢绞线公称直径/mm	公称抗拉强度/MPa	整根钢绞线的最大力/kN ≥	整根钢绞线最大力的最大值/kN ≤	0.2%屈服力 $F_{P0.2}$/kN ≥	最大力总伸长率 ($L_0 \geq 400$ mm)/% ≥	应力松弛性能		
							初始负荷相当于公称最大力的百分数/%	1 000 h 后应力松弛率/% ≤	
1×3	8.60	1 470	55.4	63.0	48.8	对所有规格	对所有规格	对所有规格	
	10.80		86.6	98.4	76.2				
	12.90		125	142	110				
	6.20	1 570	31.1	35.0	27.4				
	6.50		33.3	37.5	29.3				
	8.60		59.2	66.7	52.1				
	8.74		60.6	68.3	53.3				
	10.80		92.5	104	81.4				
	12.90		133	150	117				
	8.74	1 670	64.5	72.2	56.8				
	6.20	1 720	34.1	38.0	30.0		70	2.5	
	6.50		36.5	40.7	32.1				
	8.60		64.8	72.4	57.0				
	10.80		101	113	88.9				
	12.90		146	163	128	3.5			
	6.20	1 860	36.8	40.8	32.4				
	6.50		39.4	43.7	34.7				
	8.60		70.1	77.7	61.7				
	8.74		71.8	79.5	63.2		80	4.5	
	10.80		110	121	96.8				
	12.90		158	175	139				
	6.20	1 960	38.8	42.8	34.1				
	6.50		41.6	45.8	36.6				
	8.60		73.9	81.4	65.0				
	10.80		115	127	101				
	12.90		166	183	146				
1×3I	8.70	1 570	60.4	68.1	53.2				
		1 720	66.2	73.9	58.3				
		1 860	71.6	79.3	63.0				

表 6.26　1×7 结构钢绞线的力学性能(GB/T 5224—2014)

钢绞线结构	钢绞线公称直径/mm	公称抗拉强度/MPa	整根钢绞线的最大力/kN ≥	整根钢绞线最大力的最大值/kN,≤	0.2%屈服力 $F_{P0.2}$/kN ≥	最大力总伸长率 ($L_0 \geqslant 400$ mm)/%,≥	应力松弛性能 初始负荷相当于公称最大力的百分数/%	1 000 h后应力松弛率/%,≤
1×7	15.20 (15.24)	1 470	206	234	181	对所有规格	对所有规格	对所有规格
		1 570	220	248	194			
		1 670	234	262	206			
	9.50 (9.53)	1 720	94.3	105	83.0			
	11.10 (11.11)		128	142	113			
	12.70		170	190	150			
	15.20 (15.24)		241	269	212			
	17.80 (17.78)		327	365	288			
	18.90	1 820	400	444	352			
	15.70	1 770	266	296	444			
	21.60		504	561	32.1			
	9.50 (9.53)		102	113	89.8	3.5	70	2.5
	11.10 (11.11)		138	153	121			
	12.70		184	203	162			
	15.20 (15.24)	1 860	260	288	229			
	15.70		279	309	246			
	17.80 (17.78)		355	391	311		80	4.5
	18.90		409	453	360			
	21.60		530	587	466			
	9.50 (9.53)		107	118	94.2			
	11.10 (11.11)	1 960	145	160	128			
	12.70		193	213	170			
	15.20 (15.24)		274	302	241			
1×7 I	12.70	1 860	184	203	162			
	15.20 (15.24)		260	288	229			
(1×7)C	12.70	1 860	208	231	183			
	15.20 (15.24)	1 820	300	333	264			
	18.00	1 720	384	428	338			

钢绞线具有强度高、柔性好、无接头、与混凝土黏结力好、易锚固等特点,且质量稳定,安全可靠,施工时不需冷拉及焊接,主要用作大跨度桥梁、屋架、吊车梁、薄腹梁、电杆、轨枕等构件的预应力钢筋,尤其适用于需要曲线配筋的预应力混凝土结构、大跨度结构或重荷载的屋架等。

6.3.3 钢材的选用原则

钢材的选用通常遵循以下原则:

(1)荷载性质。对于经常承受动力或振动荷载的结构,容易导致应力集中部位产生裂缝或裂缝过度开展,从而引起钢材的破坏,因此应选用材质好、塑性和韧性好、强度高的钢材。

(2)连接方法。焊接结构在温度变化和受力形式改变时,焊缝附近的钢材易出现裂纹,所以焊接结构对钢材的化学成分、机械性能、力学性质等有严格要求。

(3)使用温度。经常处于低温状态下的结构,钢材由于冷脆性的影响,易发生脆断,尤其是焊缝附近,因此要求钢材具有良好的塑性和低温冲击韧性。

(4)钢材厚度。钢材的力学性能随厚度的增大而降低,钢材轧制的次数越多,内部晶格越致密,强度越高,质量越好,因此一般结构用钢材的厚度不宜超过 40 mm。

(5)结构重要性。对于大跨度结构及重要建筑物,应选用综合性能优良的钢材。如坐落于北京奥林匹克公园的国家体育馆——鸟巢,使用的是自主创新、具有知识产权的国产 Q460 钢材,厚度达到 110 mm。Q460 是一种低合金高强度钢材,不仅强度高、塑性好,而且具有良好的焊接性能及低温冲击韧性,是综合性能优良的优质钢材。

【学中做】

钢材冷加工的次数越多,强度(   )、塑性(   )。

A. 越高、越差　　　B. 越高、越好　　　C. 越低、越差　　　D. 越低、越好

答案:A

6.4 钢材的防火与防腐蚀

6.4.1 钢材的防火

钢材不会燃烧,常温下性能稳定。随着温度的升高,钢材的力学性能,如强度、弹性模量等性能急剧下降,钢结构的防火已经得到广泛的重视。裸露的、未做表面防火处理的钢结构,耐火极限仅为 15 min 左右;在温度升至 550 ℃ 左右时,钢材的强度迅速降低,结构发生明显变形,甚至垮塌。因此,钢结构必须做防火处理,目的是将钢结构的耐火极限提高到设计规范规定的极限范围,防止钢结构在火灾中迅速升温,导致建筑物破坏。通常采用绝热、耐火材料阻

隔火焰直接灼烧钢结构,降低热量传递速度,延缓钢结构升温等措施,提高钢结构的防火性能。下面介绍几种钢结构常用的防火保护方法。

（1）包封法。用现浇混凝土外包或在钢结构外表涂抹砂浆等方式形成保护层。现浇成型的实体混凝土外包层通常用钢丝网或小截面的钢筋来加强,以限制收缩裂缝和遇火爆裂,而且还能提高外包层的强度;但由于混凝土的密度较大,应用上受到一定限制。在施工现场对钢结构表面涂抹砂浆作为保护层时,砂浆可以是石灰水泥或是石膏砂浆,也可以掺入珍珠岩或石棉。此外,外包层也可以用珍珠岩、石棉、石膏或石棉水泥、轻混凝土做成预制板,使用胶黏剂、钉子、螺栓等使其固定在钢结构上。目前,我国生产的蒸压加气混凝土板的耐火功能已达到国家标准,在工程中得到了广泛的应用。

（2）喷涂法。在钢结构构件表面喷涂防火涂料,使之形成耐火隔热保护层,以提高钢结构的耐火极限。这种方法的隔热效果好,施工不受钢结构构件形体的约束,不需要辅助构件及设备,而且涂层密度小,自重轻,还具有一定的装饰效果,越来越多的钢结构工程选择使用防火涂料。

防火涂料分为膨胀型和非膨胀型两种。膨胀型防火涂料又称为薄型涂料,由有机树脂和发泡剂等组成,一般 350 ℃时,涂层能迅速膨胀 5~10 倍,从而形成适当的保护层,这种涂料的耐火极限一般为 1~1.5 h。非膨胀型涂料为厚涂型防火涂料,由耐高温硅酸盐材料和高效防火添加剂等组成,是一种预发泡高效能的防火涂料;涂层表面呈粒状,密度小,导热系数小,涂层厚度一般为 8~50 mm,通过改变涂层厚度可以满足不同耐火极限的要求。高层钢结构设计规范中,构件的耐火极限在 1.5~4 h 以上时,应选用厚涂型防火涂料。

（3）冲水冷却法。在钢结构空心且封闭的构件中填充水,发生火灾时,结构构件能够吸收热能,并且运用封闭空间中的水汽蒸发来消耗热能,或是通过构件内水的循环将热能消耗,使钢结构的温度控制在 90~100 ℃之间。理论上,冲水冷却法是保护钢结构最好、最有效的方法,但其要求钢材中设有空心封闭的空间,此类钢材的应用相对较少,所以此法不适用于普通的钢结构。

（4）屏障法。将钢结构置于耐火材料组成的墙体或吊顶内,可以屏蔽火浪的冲击,延缓钢梁、钢屋架升温,从而提高钢结构的耐火性。这种方法可增加室内的美观效果,但要注意吊顶的接缝、孔洞处应严密,防止蹿火。在重点部位安装隔火屏障的设计也是相对来说较为经济有效的钢结构保护方法。

6.4.2　钢材的防腐蚀

钢材表面与周围环境接触时,在一定条件下会发生化学反应而被侵蚀损耗的过程,即为钢材的腐蚀。腐蚀使钢材的有效受力面积减小,锈斑导致钢材表面凹凸不平,引起应力集中,削弱了钢材的强度。腐蚀还会使钢材的疲劳强度和冲击韧性明显降低,在受到冲击或振动荷载作用时会发生脆性断裂。混凝土中钢筋被腐蚀后,生成脆性的膨胀物质,易导致混凝土出现顺筋开裂现象。下面介绍几种钢材常用的防腐蚀措施。

（1）保护层。在钢材表面做保护层,使其与周围介质隔离,以避免或减缓对钢材的腐蚀。保护层分为金属保护层和非金属保护层两类。金属保护层是用耐蚀性较强的金属,如锌、锡、铬等,用电镀或喷镀的方法覆盖在钢材表面。非金属保护层是用有机或无机材料做保护层,通常是在钢材表面喷涂或涂刷防锈涂料,如涂料、塑料、搪瓷、油脂等,施工方法简便,但耐久性不好。

(2)电化学保护法。分为无电流保护法和外加电流保护法。无电流保护法是在钢铁结构上连接一块比铁活泼的金属,如锌、镁等,由于锌和镁的电位比铁低,作为腐蚀电池的阳极而被破坏(牺牲阳极),使得钢铁成为阴极而被保护。这种方法适用于不易覆盖的结构,如蒸汽锅炉、轮船外壳、地下管道、港口结构、道桥建筑等。外加电流保护法是在钢铁结构附近,安放废钢或其他难熔金属,如高硅铁及铅银合金等,将外加直流电源的负极接在被保护的钢结构上,正极接到废钢或难熔金属上,通电后,正极的金属被腐蚀,负极的钢铁结构得到保护。

(3)制成合金钢。在炼钢的过程中,加入具有防腐蚀性能的合金元素,如铬、镍、钛、铜等制成不锈钢,以提高其防腐能力。

增强混凝土中钢筋的防腐蚀能力,最简单、有效的方法是提高混凝土的密实度和碱度,且钢筋外部必须有足够厚度的混凝土保护层,以隔绝侵蚀性介质。

知识拓展

北京大兴国际机场的钢材应用

作为全球最大单体航站楼,北京大兴国际机场以"凤凰展翅"的造型成为世界航空枢纽的新标杆。在这项超级工程中,钢材凭借其优良的性能,支撑起跨度180 m的巨型屋顶,13万t的钢结构体系在极端气候下的安全运营,时刻彰显着我国钢材在性能创新与应用方面的突破。

大兴机场航站楼核心区需实现直径518 m的"无柱空间",对屋顶钢结构的承载能力提出严苛要求。工程创新采用Q460GJD钢板(屈服强度≥460 MPa,抗拉强度≥570 MPa),通过钒氮微合金化与控轧控冷(TMCP)工艺,使钢材晶粒度达到12级以上,低温韧性(−40 ℃冲击功≥47 J)较传统钢提升3倍。在中央天窗区,单根C形钢柱承载压力达1.2万t,相当于同时支撑3架满载的A380客机。

8组C形钢柱采用变截面设计,底部直径3.5 m渐缩至顶部0.8 m,通过有限元分析优化应力分布,将局部屈曲临界应力提升至580 MPa,接近钢材理论极限值。屋顶网架使用直径800 mm的铸钢节点,采用ZG20Mn材质(屈服强度≥300 MPa),通过三维数控铸造实现0.5 mm表面精度,节点承载力达9 800 kN,突破传统焊接节点的强度瓶颈。

航站楼主体采用"钢框架＋混凝土核心筒"混合结构,关键节点处设置低屈服点钢LYP225[屈服强度(225±25)MPa],利用其高耗能特性,将地震能量吸收效率提升至85%。在8度罕遇地震工况下,钢结构层间位移角控制在1/250以内,远超规范要求的1/50。针对京津冀地区年均8级以上大风,屋顶曲面通过1∶500比例风洞试验优化,采用Q420GJD耐候钢(抗风性能≥5.0 kPa),通过表面凹槽设计将风荷载降低30%。2019年台风"利奇马"期间实测数据显示,屋顶最大风压仅2.8 kPa,远低于设计极限值。

大兴机场金属屋面系统采用AZ150镀层钢板(铝含量55%、锌43.4%、镁1.6%),在C5级海洋大气环境中(ISO 9223标准),其腐蚀速率仅为0.8 μm/年,是传统镀锌钢板的1/6。经3 000 h盐雾试验后,镀层表面仅出现微量白锈,预计使用寿命可达80年。外露钢结构采用80 μm环氧富锌底漆与40 μm PVDF氟碳面漆,通过加速老化试验验证,涂层耐人工气候老化时间超6 000 h(ISO 16474-3标准),紫外线透过率衰减率≤5%,保障钢结构在PM2.5浓度300 μg/m³环境下的长期稳定性。

连接航站楼与高铁站的 280 m 跨钢桁架,采用 Q420GJD 特厚钢板(厚度 120 mm),通过窄间隙气保焊技术(焊接速度 0.8 m/min),使焊缝冲击功达 82 J(−20 ℃),成功承载每小时 3 万人次的高铁振动荷载。

北京大兴国际机场对钢材的应用,标志着中国在高端结构钢研发、制造与施工技术领域已跻身世界前列,不仅突破了传统建筑材料的极限,更以智能化、绿色化的应用模式,重新定义了现代航空枢纽的建设标准。未来,随着低合金高强度钢、智能监测涂层等技术的发展,钢材将继续推动超大型交通建筑向更安全、更高效、更可持续的方向演进。

复习思考题

1. 填空题

(1) 钢材按冶炼方法可以分为_____、_____和_____ 3 类;按脱氧方法可以分为_____、_____、_____ 3 类;按化学成分可分为_____和_____两类。

(2) 低碳钢的拉伸性能实验经历了_____、_____、_____和_____ 4 个阶段,确定了_____、_____和_____三大技术指标,其中_____阶段的应力-应变曲线是线性关系;高碳钢没有明显的_____阶段,通常用_____来表示其屈服点。

(3) 伸长率是衡量钢材_____的指标,伸长率越大,该性能越好。

(4) 钢材屈服强度与抗拉强度的比值称为_____,该值越大,钢材的利用率越_____,结构的安全可靠程度越_____。

(5) 钢材由于时效而导致其性能改变的程度称为_____,受振动荷载和反复荷载作用的结构,应选择该值较_____的钢材。

(6) 钢材承受冲击及振动荷载的能力称为_____,用_____表示。

(7) 冷加工强化可以使钢材的强度_____、塑性和冲击韧性_____,此外,还具有调直、除锈等作用。

(8) 普通碳素结构钢随钢号的增加,钢材的强度_____、塑性_____。

2. 简述题

(1) 低碳钢的拉伸实验分为几个阶段? 各阶段的技术指标及特点是什么?

(2) 为何说屈服点、抗拉强度、伸长率是建筑用钢材的重要技术性能指标?

(3) 什么是钢材的冷加工强化和时效? 什么是时效敏感性? 它们对钢材的性能有何影响?

(4) 碳素结构钢和低合金高强度结构钢的牌号如何表示? 各有什么特点?

(5) 热轧钢筋、冷轧钢筋牌号如何表示? 各有什么特点?

(6) 预应力混凝土用钢丝和钢绞线如何标记? 简述各自的应用范围。

(7) 工程中为何常对低碳热轧圆盘条钢筋进行冷拉?

(8) 钢材的防火措施有哪些?

(9) 钢材的防腐蚀措施有哪些?

3. 计算题

牌号为 HRB500 的钢筋试件,直径为 22 mm,原标距为 110 mm。做拉伸实验,测得屈服点荷载为 196.4 kN,最大荷载为 240.8 kN,拉断后测得标距长为 127 mm。求该钢筋的屈服强度、抗拉强度及拉断后的伸长率。

7 木 材

知识点

（1）木材的构造。
（2）木材的主要技术性质及其影响因素。
（3）木材的应用及防火、防腐措施。

能力目标

（1）理解木材的构造及性能。
（2）掌握木材的主要技术性质及其影响因素。
（3）掌握木材质量的评定指标及工程应用。
（4）理解木材的防火、防腐原理及措施。

素质目标

（1）具备依据《木材质量等级标准》（GB/T 15787）科学评定木材质量的能力，形成严谨的材料选择意识。
（2）通过对防火防腐技术的学习，强化安全责任与环保意识。

木材是传统的建筑材料，例如故宫，充分显示了几百年前中国古代劳动人民的智慧。木材具有许多优良的性质，如轻质高强、弹性及塑性好、耐冲击和振动、保温好、干燥时不导电，木材的天然花纹具有良好的装饰效果，而且易于加工、着色、油漆等。但是木材也有很多缺点，如生长缓慢、天然瑕疵多，内部构造不均匀、各向异性，在环境湿度发生变化时易产生湿胀干缩变形，易腐朽、虫蛀、燃烧等。木材的这些缺点可以通过一定的技术处理（如干燥、防潮、防腐等）而得到改善，从而提高木材的综合性能。

森林是天然资源，树木生长期长，品质易受环境因素影响，而且过度砍伐会影响生态环境，因此，木材的节约使用和综合利用具有重要意义。

7.1 木材的分类与构造

7.1.1 木材的分类

木材由树木砍伐后加工而成,按叶片形式可分为针叶树和阔叶树两大类。

1)针叶树

针叶树的叶片呈针状,多为常绿树。树干通直高大,纹理顺直,木质较软,易于加工,故又称为软木材。针叶树的强度较高,表观密度和胀缩变形较小,耐腐蚀性好,是建筑中的主要用材,通常用作建筑工程的承重构件(如梁、柱、桩、屋架等)、门窗、家具、地面及装饰工程中,以及用作桥梁、造船、电杆、坑木、枕木、桩木、机械模型等。常用的树种有松木、杉木、柏木等。

2)阔叶树

阔叶树的叶片宽大,叶脉呈网状,多为落叶树。树干通直部分较短,表观密度大,材质较硬,难以加工,故又称为硬木材。阔叶树的木材强度高,胀缩变形大,易翘曲、开裂,通常用于制作尺寸较小的构件。一般用于建筑工程、机械制作、桥梁、造船、枕木、坑木及胶合板等。某些树种加工后有美丽的纹理和色彩,适用于做室内装饰或制作家具等。常用的树种有樟木、榉木、柚木、水曲柳、柞木、桦木、色木等。

7.1.2 木材的构造

树木的生长过程受环境的影响非常明显,致使木材的构造差异很大,对木材的性质影响也很大。木材的构造通常从宏观构造和微观构造两方面来研究。

1)木材的宏观构造

宏观构造是指肉眼或放大镜观察到的木材组织。通常从3个不同切面——横切面、径切面、弦切面进行研究,如图7.1所示。横切面是指垂直于树轴的横向切面;径切面是指通过树轴的径向切面;弦切面是指平行于树轴的纵向切面。

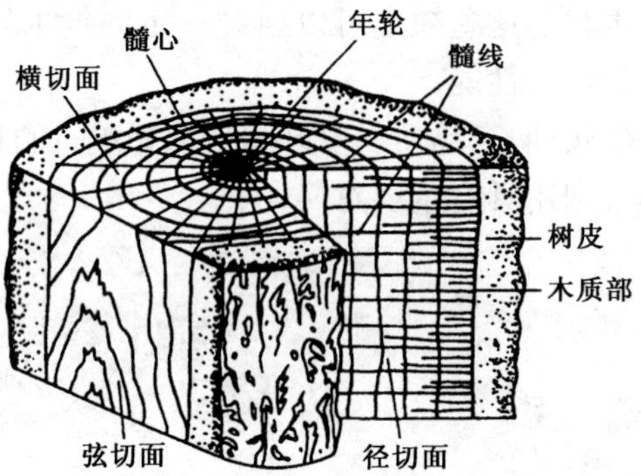

图 7.1 木材的宏观构造

从横切面上观察可知,树木是由树皮、木质部和髓心 3 个部分组成的。最外部的是树皮,多数树皮都没有工程价值。髓心位于树干中心,是木材最早生成的部分,质地松软、强度低、易开裂、易腐朽,对材质要求较高时,不得带有髓心。

树皮和髓心之间的部分是木质部,是木材主要的使用部分。木质部又分为心材和边材,其中靠近髓心且颜色较深的部分为心材;靠近树皮且颜色较浅的部分为边材。心材含水量较小,不易翘曲变形,耐腐蚀性较强;边材含水量较大,易翘曲变形,耐腐蚀较心材差。树木在幼龄期全部由边材构成,随着树龄的增长,边材逐渐转化为心材。

横切面上木质部处有深浅相间的同心圆,称为年轮,是树木一年生长的部分。每一个年轮中,色浅质软的部分是春季生长的,称为春材(或早材);色深质硬的部分是夏秋季生长的,称为夏材(或晚材)。年轮内夏材越多,木材质量越好,强度越高;年轮越密、越均匀,木材质量越好。

在木材的横切面上,有许多由髓心指向树皮的放射状线条,或断或续地穿过数个年轮,称为髓线。髓线是木材中较薄弱的部位,木材干燥时常沿髓线开裂。树种不同,髓线宽细也不同,髓线宽大的树种越易沿髓线干裂。年轮和髓线构成了木材的天然花纹,使得木材具有良好的装饰性。

【学中做】

1. 木质家具常用的花纹是( )面上的花纹。

A. 横切面　　　　B. 径切面　　　　C. 弦切面　　　　D. 斜切面

答案:C

2. 木材天然花纹是由( )组成的。

A. 年轮+髓线　　B. 年轮+春材　　C. 年轮+髓心　　D. 边材+春材

答案:A

2)木材的微观构造

微观构造是在显微镜下观察到的木材组织。针叶树和阔叶树的微观构造分别如图 7.2 和图 7.3 所示。

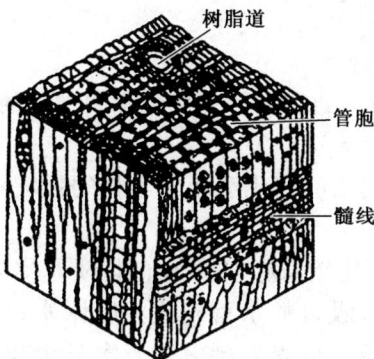

图 7.2　针叶树马尾松的微观构造　　　　图 7.3　阔叶树柞木的微观构造

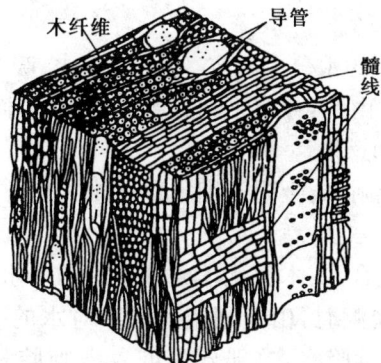

在显微镜下观察,可看到木材是由无数的、大致与树轴平行的管状细胞组成。细胞包括细胞壁和细胞腔两部分,细胞壁是由若干层细胞纤维组成,纵向连接的细胞纤维较横向牢固,因

此细胞纤维的纵向强度高于横向强度;细胞纤维之间存在着微小的孔隙,能够吸收和渗透水分,因此木材可以吸水和干燥。细胞的结构对木材的性质有很大影响,如细胞壁越厚,细胞腔越小,木材越均匀密实,表观密度越大,强度越高,湿胀干缩变形也越明显。通常阔叶树细胞壁比针叶树厚,夏材的细胞壁比春材厚。

针叶树的微观构造简单而规则,主要由管胞、髓线和树脂道组成。管胞为纵向排列的厚壁细胞,约占总体积的90%以上;髓线较细且不明显,木材干燥时易沿髓线开裂;树脂道是由细胞围成的孔道,内部富含树脂,树脂道能降低木材的吸湿性,从而提高其耐久性。

阔叶树的微观结构较复杂,主要由木纤维、髓线和导管组成。木纤维是厚壁的细长细胞,占木材总体积的50%以上;导管是腔大壁薄的细胞,约占木材总体积的20%;髓线粗大明显,极为发达。导管和髓线是鉴别针叶树和阔叶树的显著特征。

7.2 木材的技术性质

7.2.1 木材的物理性质

1) 密度与表观密度

由于木材的分子结构基本相同,所以木材的密度基本相同,一般为 1.48~1.56 g/cm³,平均约为 1.55 g/cm³。表观密度与树种、构造及含水率等因素有关,一般为 0.37~0.82 g/cm³,平均约为 0.5 g/cm³。通常以含水率为 15% 时的表观密度为准。当含水率相同时,木材的表观密度越大,其强度越大,环境湿度变化时的湿胀干缩变形越明显。

2) 含水率

木材的含水率是指木材中所含水的质量占木材干燥质量的百分数。新伐木材的含水率通常在 35% 以上,风干木材的含水率一般为 25%~35%,室内干燥木材的含水率一般为 8%~15%。

木材中的水分主要有 3 种:自由水、吸附水和化合水。

(1)自由水:存在于细胞腔和细胞间隙中的水分。自由水的变化会影响木材的表观密度、耐腐蚀性和燃烧性等。

(2)吸附水:吸附于细胞壁纤维中的水分。吸附水的变化会影响木材的强度和湿胀干缩变形。

(3)化合水:木材化学成分中的结合水。常温下比较稳定,对木材的性质基本无影响。

木材受潮时,由于细胞壁纤维对水的吸附作用,吸入的水首先成为吸附水;当吸附水饱和后,若继续吸水,这部分水进入细胞腔和细胞间隙中,成为自由水。木材干燥时,首先蒸发的是自由水,当自由水没有了之后,才开始失去吸附水。当细胞壁中的吸附水达到饱和,而细胞腔和细胞间隙中无自由水时,此时的含水率称为该木材的纤维饱和点,是木材物理力学性质变化的转折点。纤维饱和点随树种的不同而有差异,一般在 25%~35% 之间,平均值为 30%。

　　木材吸湿性很强,随环境温湿度的变化,木材的含水率也会随之变化。木材中的水分与环境湿度达到平衡时的含水率,称为平衡含水率,是加工、选用木材的一个重要技术指标。

　　通常木材的含水率远低于纤维饱和点。为避免木材在使用过程中,因含水率变化过大而变形、开裂,木材使用前需干燥至使用环境常年平均的平衡含水率。平衡含水率因地域、环境温湿度的差别而不同,我国北方地区约为 12%,南方地区约为 18%,因此,我国平衡含水率的平均值为 15%。

3）干湿变形

　　木材细胞壁内吸附水的改变会引起木材体积的变化,即湿胀干缩变形。木材的湿胀干缩与纤维饱和点有关,如图 7.4。当木材中的含水率在纤维饱和点以上变化时,只是自由水的变化,木材的体积不受影响;当木材的含水率在纤维饱和点以下变化时,含水率降低(干燥),木材体积收缩,含水率提高(吸湿),木材体积膨胀。

　　由于木材构造不均匀,其各个方向的干湿变形也不相同。顺纹方向胀缩最小,约为 0.1%～0.35%;径向较大,约为 3%～6%;弦向最大,约 6%～12%。湿胀干缩变形会影响木材的使用性。干缩会使木材翘曲、开裂,接口松动,拼缝不严;湿胀可造成木材表面鼓凸,所以木材在加工或者使用前应预先进行干燥,使其含水率达到或者接近与环境湿度相适应的平衡含水率。

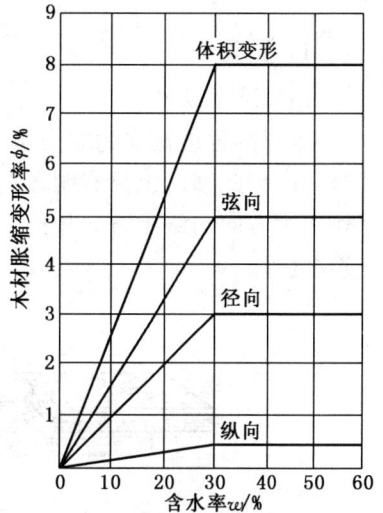

图 7.4　木材的含水率与胀缩变形的关系

4）绝热性

　　木材具有大量的微小气孔,属蜂窝状结构,所以木材是天然的绝热材料。木材的密度越大,导热性越强,绝热性越差;含水率越大,导热性越强。例如,针叶材的保温性能是相同厚度的玻璃纤维棉隔热层的一半,但却是混凝土和砖石的 10 倍左右,实心钢材的 400 倍。

5）绝缘性

　　烘干或气干状态下的木材,是电的不良导体,具有良好的绝缘性,其绝缘性随含水率的增加而降低。

6）装饰性

　　木材具有适宜的天然花纹、质感、色彩等,是良好的装饰材料。木材的加工性能良好,可锯、可刨,且易涂刷、喷涂、印制涂料等。

　　此外,木材的振动性能优良,常用来制作乐器或作乐器的共鸣板等。木材的主要化学成分之一是木素,对紫外线有较强的吸收作用。木材表面细微的凹凸,可以使光线漫反射,减少眼睛的疲劳和损伤。

【学中做】

　　1. 木材中的水分常温下不会变化的是(　　　)。

　　A. 自由水　　　　　B. 吸附水　　　　　C. 化合水　　　　　D. 饱和水

答案:C

2. 木材湿胀干缩是( )变化导致的。

A. 自由水   B. 吸附水   C. 化合水   D. 饱和水

答案:B

7.2.2 木材的力学性质

1)强度

(1)强度概述

木材的强度按受力状态可分为抗拉、抗压、抗剪、抗弯强度等。由于木材是非均质材料,各向异性,因此强度也具有明显的方向性,如图 7.5 所示。抗拉强度、抗压强度、抗剪强度有顺纹(作用力方向与纤维方向相同)、横纹(作用力方向与纤维方向垂直)之分,而抗弯强度无顺纹、横纹之分。

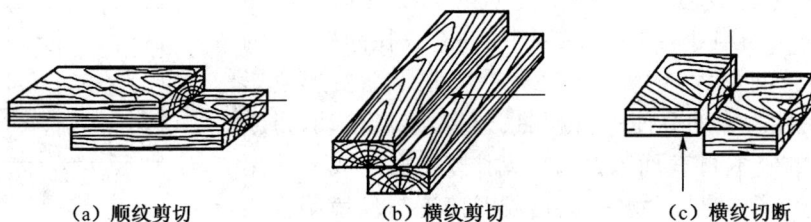

(a)顺纹剪切   (b)横纹剪切   (c)横纹切断

图 7.5 木材的剪切

木材的顺纹抗拉强度最大,可达 50~150 MPa,横纹抗拉强度最小。若以顺纹抗压强度为 1,则木材各种强度之间的比例关系如表 7.1 所示。

表 7.1 木材各种强度之间的比例关系

抗拉强度		抗压强度		抗剪强度		抗弯强度
顺纹	横纹	顺纹	横纹	顺纹	横纹	
2~3	1/20~1/3	1	1/10~1/3	1/7~1/3	1/2~1	1.5~2.0

木材的细胞壁越厚、表观密度越大、夏材比例越高,木材的强度就越好。例如,针叶树与阔叶树相比较,其细胞壁薄、表观密度较小,因此强度较低。

【学中做】

木材( )强度最大。

A. 顺纹抗拉   B. 横纹抗拉   C. 顺纹抗压   D. 抗弯

答案:A

(2)影响木材强度的主要因素

木材的强度不仅与其组织构造有关,还受下列因素影响。

① 含水率的影响

木材的含水率在纤维饱和点以上变化时,是自由水量的改变,不影响强度;当含水率在纤维饱和点以下变化时,是吸附水量的改变,强度随之改变,吸附水越少,强度越高。

木材的含水率对其各种强度的影响程度不同,受影响最大的是顺纹抗压强度,其次是抗弯强度,对顺纹抗拉强度及顺纹抗剪强度影响很小,如图 7.6 所示。

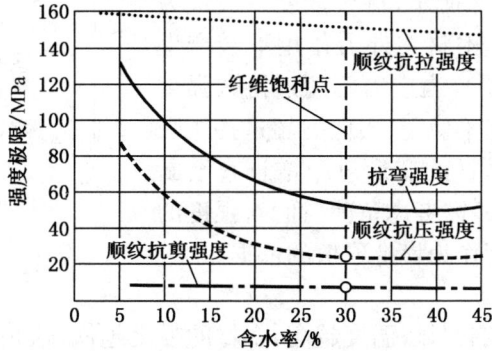

图 7.6　含水率对木材强度的影响

根据国家标准《木材顺纹抗拉强度实验方法》(GB/T 1938—2009)规定,木材顺纹抗拉强度试验标准试样尺寸如图 7.7 所示。木材试样含水率为 w 时的顺纹抗拉强度应按下式计算:

$$\sigma_w = \frac{P_{max}}{bt} \tag{7-1}$$

式中:σ_w——试样含水率为 w 时的顺纹抗拉强度,MPa,精确至 0.1 MPa;

P_{max}——破坏荷载,N;

b——试样宽度,mm;

t——试样厚度,mm。

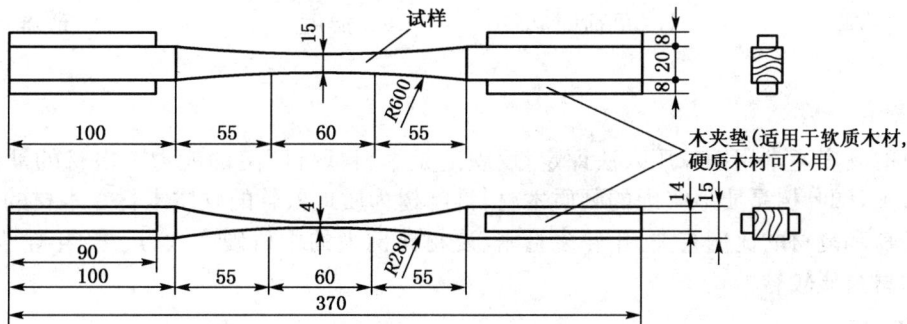

图 7.7　木材顺纹抗拉强度实验标准试样尺寸

为具有可比性,标准规定以木材含水率为 12% 时的阔叶树材的顺纹抗拉强度为依据,其他含水率(w)时的强度,应按下式计算:

$$\sigma_{12} = \sigma_w[1 + 0.015(w - 12)] \tag{7-2}$$

式中:σ_{12}——含水率为 12% 时的顺纹抗拉强度,MPa,精确至 0.1 MPa;

w——试样含水率,%;

试样含水率在 9%～15% 范围内,按式(7-2)计算有效;当试样含水率在 9%～15% 范围内时,对针叶树材可取 $\sigma_{12}=\sigma_w$。

② 负荷时间的影响

木材在长期外力的作用下,在应力远低于其极限强度时,可以持久地承受荷载而不破坏。这种在长期荷载作用下,木材所能承受的不致引起破坏的最大应力,称为持久强度,如图 7.8 所示,持久强度一般仅为极限强度的 50%～60%。木材在外力作用下会产生塑性流变(也称为纤维蠕滑),当应力不超过持久强度时,变形到达一定限度时趋于稳定;当应力超过持久强度时,随着时间的延长,木材的变形急剧增长直至断裂。因此,在木结构设计中,需考虑负荷时间对强度的削弱作用,通常以持久强度作为设计取值的依据。

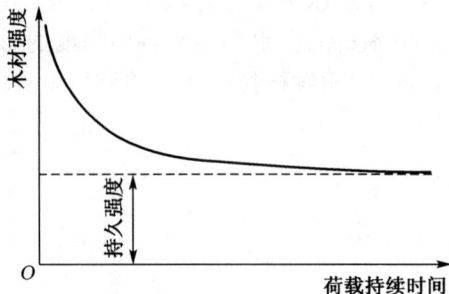

图 7.8 木材的持久强度

③ 环境温度的影响

木材的强度受温度影响明显,温度越高,木材的强度越低,这是木材中的有机胶质软化的结果。若长期处于 40～60 ℃ 的环境中,木材会缓慢碳化;若长期处于 60～100 ℃ 的环境中,随着木材中的水分和有机物质的挥发,木材开始变黑,强度明显下降。当温度从 25 ℃ 升至 50 ℃ 时,木材的抗压强度下降 20%～40%,抗拉和抗剪强度下降 12%～20%。因此,当环境温度长期超过 50 ℃ 时,不应采用木结构。

④ 疵病的影响

木材在生长、采伐、运输、储存、加工和使用过程中会出现一些缺陷,如木节(死节、漏节、活节)、斜纹、裂纹、腐朽、虫蛀等,会破坏木材的结构,导致木材的强度明显下降,甚至无法使用。

【学中做】

木材强度受(   )影响。

A. 含水率　　　　　B. 负荷时间　　　　　C. 温度　　　　　D. 瑕疵

答案:ABCD

2)硬度

木材的硬度通常用钢球压入法评定,反映的是木材抵抗凹陷的能力。木材的硬度与树种的类型有关,阔叶树是质地坚硬的硬质木材,针叶树为质地松软的软质木材。木材的硬度又与年轮的稀疏和夏材的比例有关,年轮多且密、夏材比例大的木材硬度大;反之,年轮少、春材比例大的木材材质较软。

3)弹性

将作用于木材上的外力撤去,木材能够恢复原来的尺寸和形状的能力,即为弹性。一般质地坚硬的木材弹性差,质地松软的木材弹性好。与混凝土、石材、砖等材料相比,木材的弹性好,能缓和冲击荷载,减小振动。

7.2.3　木材的加工性能

木材加工技术包括木材切削、木材干燥、木材胶合、木材表面装饰等基本加工技术,以及木材保护、木材改性等功能处理技术。

（1）切削

通常的切削加工有锯、刨、铣、钻、砂磨等方法。由于木材组织、纹理等的影响，切削的方法与其他材料有所不同。木材含水率对切削加工也有影响，如单板制法与木片生产需湿材切削，大部加工件则需干材切削等。

（2）干燥

干燥通常专指成材干燥。胶合板、刨花板、纤维板等合成板材的制造工艺要求，其原材料如单板、刨花、木纤维等必须干燥后才可使用。

（3）胶合

木材胶黏剂与胶合技术的出现与发展，使木材加工技术水平得到提高。胶合技术也是再造木材和改良木材的主要加工工艺，如各种层积木、胶合木等产品的生产。

（4）表面装饰

木材表面涂饰最初是以保护木材为目的的，如传统的桐油和生漆涂刷；后来逐渐演变为以装饰性为主，实际上任何表面装饰都兼有保护作用。人造板的表面装饰，可以在板坯制造过程中同时进行。

（5）保护

木材的保护包括木材防腐、防蛀和木材阻燃等，是用相应药剂经涂刷、喷洒、浸注等方法，防止真菌、昆虫、海生钻孔动物和其他生物体对木材的侵害，或阻滞火灾的破坏。

（6）改性

木材改性是为提高或改善木材的某些物理、力学性质或化学性质而进行的技术处理。

7.3 木材在建筑工程中的应用

在建筑工程中，应根据木材的树种、质量等级、材质情况等合理选用木材，且应遵循"大材不小用，好材不零用"的原则。

7.3.1 木材种类和规格

建筑工程中常用的木材，按照制材规定木材商品种类及加工程度可分为圆条、原木、锯材和枕木4类，如表7.2所示。

表7.2　木材的分类

分类名称	说　明	主要用途
圆条	除去树皮、树根、树梢、枝丫等，但尚未加工成材的木料	建筑工程的脚手架、建筑用材、家具等
原木	除去树皮、树根、树梢、枝丫等，并按一定尺寸加工成规定直径和长度的木料	直接使用的原木：用于木结构房屋的屋架、梁、椽等，以及桩木、电杆、坑木等 加工原木：用于胶合板、造船、车辆、机械模型及一般加工用材等

续表 7.2

分类名称	说　　明	主要用途
锯材	指经过锯解加工的木料。宽度为厚度 3 倍或 3 倍以上的,称为板材;不足 3 倍的,称为方材	建筑工程、桥梁、家具、造船、车辆、包装箱板等
枕木	指按枕木断面和长度加工而成的木料(现已少用)	铁道工程

常用的板材按其厚度、宽度分为薄板、中板、厚板,板材宽度按 10 mm 进级;方材按截面面积分为小方、中方、大方、特大方。其规格如表 7.3 所示。

表 7.3　针叶树、阔叶树的板材、方材的规格

板材	分类	薄板		中板		厚板	
	厚度/mm	12、15、18、21		25、30		40、50、60	
	宽度/mm	50~240		50~260		60~300	
方材	分类	小方	中方		大方		特大方
	厚度×宽度/cm²	≤54	55~100		101~225		≥226

锯材根据缺陷情况分为特等锯材和普通锯材两类,普通锯材按其质量情况又可分为一、二、三等。锯材各等级的技术指标如表 7.4 所示。

表 7.4　锯材的等级

缺陷名称	检量方法	允　许　限　度							
		针叶树				阔叶树			
		特等锯材	普通锯材			特等锯材	普通锯材		
			一等	二等	三等		一等	二等	三等
活节、死节	最大尺寸不得超过材宽的/% 任意材长 1 m 范围内的个数不得超过	10 3	20 5	40 10	不限	10 2	20 4	40 6	不限
腐朽	面积不得超过所在材面面积的/%	不许有	不许有	10	25	不许有	不许有	10	25
裂纹、夹皮	长度不得超过材长的/%	5	10	30	不限	10	15	40	不限
虫害	任意材长 1 m 范围内的个数不得超过	不许有	不许有	15	不限	不许有	不许有	8	不限
钝棱	最严重缺角尺寸不得超过材宽的/%	10	25	50	80	15	25	50	80
弯曲	横弯不得超过/% 顺弯不得超过/%	0.3 1	0.5 2	2 3	3 不限	0.5 1	1 2	2 3	4 不限
斜纹	斜纹倾斜高不得超过水平长的/%	5	10	20	不限	5	10	20	不限

7.3.2　木材的综合利用

木材的综合利用是指将木材加工过程中的边角废料（如碎料、刨花、木屑等）、植物纤维等,采用适当工艺进行加工制成各种人造板材再使用的过程。木材的综合利用可以提高木材利用率,节约优质木材,消除木材各向异性及缺陷带来的影响,对于弥补木材资源紧张具有重要意义。

1）胶合板

胶合板是将原木蒸煮软化后,沿年轮切成大张薄片（约 1 mm 厚）,经胶粘、干燥、热压、锯边等工序,按纤维互相垂直的方式黏结成奇数层的板材。针叶树和阔叶树均可制作胶合板。工程中常用 3 层和 5 层的胶合板,通常称为三合板和五合板,如图 7.9 所示。

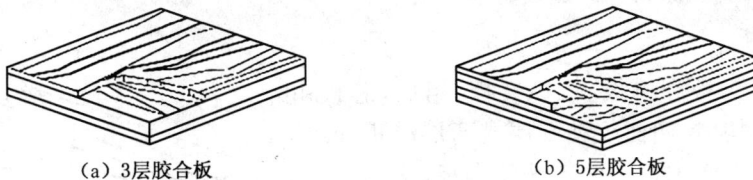

(a) 3层胶合板　　　　　　　　　(b) 5层胶合板

图 7.9　胶合板的构造

胶合板根据胶料和胶合质量的不同可分为 4 类,如表 7.5 所示。

表 7.5　胶合板分类、特性及适用范围

种类	分类	名　称	胶　种	特　性	适用范围
阔叶材普通胶合板	Ⅰ类	NFQ（耐气候、耐沸水胶合板）	酚醛树脂胶或其他性能相当的胶	耐久、耐煮沸或蒸汽处理、耐干热、抗菌	室外工程
	Ⅱ类	NS（耐水胶合板）	脲醛树脂或其他性能相当的胶	耐冷水浸泡及短时间热水浸泡、抗菌、不耐煮沸	室外工程
	Ⅲ类	NC（耐潮胶合板）	血胶、带有多量填料的脲醛树脂胶或其他性能相当的胶	耐短期冷水浸泡	室内工程（一般常态下使用）
	Ⅳ类	BNS（不耐水胶合板）	豆胶或其他性能相当的胶	有一定胶合强度但不耐水	室内工程（一般常态下使用）
松木普通胶合板	Ⅰ类	Ⅰ类胶合板	酚醛树脂胶或其他性能相当的合成树脂胶	耐水、耐热、抗真菌	室外工程
	Ⅱ类	Ⅱ类胶合板	脱水脲醛树脂胶、改性脲醛树脂胶或其他性能相当的胶	耐水、抗真菌	潮湿环境下使用的工程
	Ⅲ类	Ⅲ类胶合板	血胶和加少量填料的脲醛树脂胶	耐湿	室外工程
	Ⅳ类	Ⅳ类胶合板	豆胶和加多量填料的脲醛树脂胶	不耐水湿	室内工程（干燥环境下使用）

胶合板的特点:幅面大、材质均匀、强度高且各向同性、吸湿性差、不易翘曲开裂、防腐、防蛀,且具有木材的天然花纹,装饰性好,易于加工,如锯切、组接、涂饰等。较薄的三合板和五合

板还可以进行弯曲造型,厚胶合板可以通过喷蒸加热使其软化,然后弯曲、成型,经干燥处理后可保证形状不变,如图 7.10 所示。

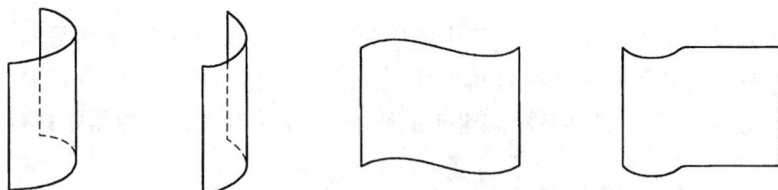

图 7.10 胶合板可弯曲的形态

胶合板多用作家具、门窗套、踢脚板、室内隔板、天花板、地板的基材,其表面可用薄木片、防火板、PVC 贴面板、涂料等贴面装饰。

2)细木工板

细木工板由芯板和单板(也称夹板)组成,芯板由各种结构的拼板构成,两面胶粘一层或两层单板,经热压成型的一种具有实木板芯的特殊胶合板,又称"大芯板"。细木工板两面的单板厚度和层数应一致,如图 7.11 所示。

细木工板按芯板拼接状态分为胶拼板芯细木工板和不胶拼板芯细木工板两种;按表面加工情况分为单面砂光细木工板、双面砂光细木工板和不砂光细木工

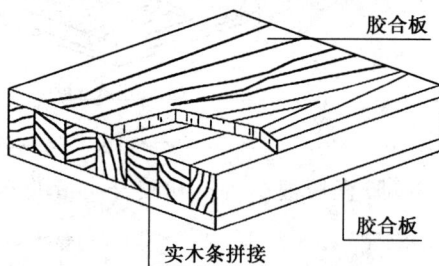

图 7.11 细木工板

板;按材质的优劣和面板质地分为优等品、一等品和合格品 3 个级别。细木工板的尺寸规格和技术性能如表 7.6 所示。

表 7.6 细木工板的尺寸规格和技术性能

长 度/mm						宽度/mm	厚度/mm	适用范围
915	1 220	1 520	1 830	2 135	2 440			
915	—	—	1 830	2 135	—	915	16 19 22 25	含水率:10%±3% 静曲强度(MPa): 厚度为 16 mm,不低于 15; 厚度<16 mm,不低于 12; 胶层剪切强度不低于 1
—	1 220	—	1 830	2 135	2 440	1 220		

细木工板的特点:质轻、强度和硬度高、表面平整、吸声、绝热、易加工、握钉力好。适用于作为家具、门板、室内隔墙板、地板的基材,是室内装修和高档家具制作的理想材料。

3)纤维板

纤维板是将树皮、刨花、树枝及植物纤维等材料破碎、浸泡、研磨成木浆,加入胶黏剂,经热压成型、干燥处理而制成的人造板材,生产纤维板可使木材的利用率达到 90% 以上。纤维板按表观密度分为高密度纤维板(表观密度 > 800 kg/m³,又称硬质纤维板)、中密度纤维板(表观密度 400～800 kg/m³,又称半硬质纤维板)和低密度纤维板(表观密度 < 400 kg/m³,又称

软质纤维板)3 种。

高密度纤维板密度大、强度高、耐磨性好,可用于建筑物的室内装修、车船装修和制作家具等。中密度纤维板材质均匀、密度适中、强度较高,可作为其他复合板材的基材、地板及家具等。低密度纤维板密度小,木质松软,强度较低,吸湿性大,保温、吸声性能好,多用作建筑物的吸声、保温材料。

4)刨花板

刨花板是将木材加工后的碎木、刨花等干燥后拌入胶料、硬化剂、防水剂等热压成型的一种人造板材,也称碎木板。

刨花板具有表观密度小、强度低、保温性能好、易加工等特点,未做饰面处理的刨花板握钉力差。表面粘贴塑料贴面或胶合板作饰面层,不仅能增加板材的表面强度,而且还具有良好的装饰效果;经过特殊处理后,还可制得防火、防霉、隔声等不同性能的板材。刨花板适用于制作隔墙、吊顶、家具等。

5)木丝板

木丝板是将木材碎料刨成细长木丝,经化学浸渍稳定处理后,用水泥、水玻璃胶结压制而成。木丝板具有质轻、隔热、隔音、吸声、防潮、防腐等特点,强度和刚度较高,韧性强,表面木丝纤维清晰,可粉刷、喷漆,装饰效果好;而且施工简便,价格低廉。

木丝板主要用作吸声材料和隔热保温材料,在工业和民用建筑中获得广泛的应用,特别是在电影院、剧院、录音室、演播室、广播室、电话室、会议室、报告厅、礼堂等建筑中使用,起控制混响时间的作用。木丝板还可用作天花板、隔墙、门板和家具的基材。

6)水泥木屑板

水泥木屑板是以普通硅酸盐水泥和矿渣硅酸盐水泥为胶凝材料,木屑为主要填料,木丝或木刨花为加筋材料,加入水和外加剂,平压成型、保压养护、调湿处理等,制成的建筑板材。水泥木屑板主要用作天棚板、非承重内外墙板、地面板等;经着色、磨光、粘贴或喷涂等饰面加工处理的水泥木屑板具有良好的装饰效果。

7)木质地板

木材具有素雅的天然花纹,是良好的装饰材料。

(1)实木地板

实木地板是以天然木材为原料,从面到底都是由同一木材制成。实木地板呈现出天然原木的纹理、色彩和花纹,具有自然、柔和的质感,多铺设在卧室、书房、客厅等地方。实木地板分为 AA 级、A 级和 B 级,其中 AA 级质量最好。由于材质原因,实木地板受潮或暴晒后易变性,安装、使用时需注意。

(2)实木复合地板

实木复合地板是将优质实木锯切、刨切成表面板、芯板和底板单片,根据木材的力学原理将 3 种单片依照纵向、横向、纵向的方法排列,用胶黏剂黏结后热压而成。一般分为 3 层实木复合地板、多层实木复合地板和细木工复合地板三大类。实木复合地板具有实木地板的外部观感、质感、保温等性能,又克服了实木地板由于单体收缩引起的翘曲、裂缝等问题,安装简便,通常不需打龙骨,居室装修多使用 3 层实木复合地板。

(3)强化复合地板

浸渍纸层压木质地板俗称强化复合地板,分为 4 层结构:第一层为含有三氧化二铝等耐磨材料的耐磨层,硬度较高;第二层是装饰层,是经密胺树脂浸渍的印有仿珍贵树种的木纹或其他图案的印刷纸;第三层为人造板基材,多采用中、高密度的纤维板或优质刨花板;第四层为防潮平衡层,通常采用浸渍了三聚氰胺或酚醛树脂的厚纸,可以阻隔地面的湿气。

强化复合地板具有仿真的原木花纹、耐磨、耐冲击、防潮、防蛀、不变形、易清理且施工方便等特点,但是缺乏弹性,脚感硬。

（4）竹地板

竹地板是以天然优质竹子为原料,经过二十几道工序,除去竹子原浆汁,经高温拼压、表面淋漆、红外线烘干而成。竹地板具有表面光洁柔和、牢固稳定、不开胶、不变形等特点,是高级装饰材料。虽然竹地板的材质不是木材,但也归属到木地板行列中。

（5）软木地板

软木地板实际上不是用木材加工而成的,而是以栓皮栎(也叫橡树)的树皮(该树皮可再生)为原料,经过粉碎、热压成板材,再通过机械设备加工成地板。这种板材外形类似于软质厚木板,因此称其为"软木"。软木地板柔软、安静、舒适、耐磨,对冲击有明显缓冲作用,其独有的隔音效果和保温性能也非常适合应用于卧室、会议室、图书馆、录音棚等场所。

8）实木颗粒板

实木颗粒板是通过专用设备将实木颗粒切割成有规则的长度和大小,再经干燥、施胶和专用设备将表芯层刨片纵横交错定向铺装后热压成型。实木颗粒板作为一种高档环保的基材广泛应用于家具中。

9）生态板

广义的生态板即三聚氰胺贴面板,将不同颜色和纹理的纸放入生态板树脂胶粘剂中浸泡,然后铺贴在刨花板、胶合板、纤维板、细木工板等的表面热压而成的装饰板。主要应用于家具中。

7.4 木材的防腐与防火

7.4.1 木材的腐朽及防腐措施

木材的腐朽(腐蚀)是真菌在木材中生存引起的。木材受到真菌侵害后,颜色改变,结构疏松或脆化,强度和耐久性下降。蚀木真菌主要有霉菌、变色菌、腐朽菌等。真菌在木材中生存和繁殖,必须同时具备4个条件:适宜的温度、适当的水分、充足的空气和适当养料。真菌生长最适宜的温度为25~30 ℃,温度低于5 ℃时,真菌停止生长。真菌生长最适宜的含水率在木材纤维饱和点左右,木材的含水率低于20%时,真菌难于生长;含水率过大或在水下,空气难以流通,真菌得不到足够的氧或排不出废气,也难以生长。真菌所需养分为木质素、淀粉和糖类。

此外,木材还易受到白蚁、天牛等昆虫的蛀蚀,使木材形成很多虫眼或沟道,破坏木材的完整性而导致木材强度下降。

木材防腐的基本原理是破坏真菌或虫类生存和繁殖的条件,通常有两种方法:一种是破坏真菌的生存条件,如将木材干燥至含水率低于20%,或将木材浸没于水中,或将木材深埋于土中,或在木材表面涂刷涂料等;另一种是通过喷涂、浸渍或压力渗透化学防腐剂的方法处理木材,使其变成有毒物质,不能作真菌的养料。常用的木材防腐剂主要有4类:油质防腐剂,主要有煤杂酚油(防腐油)、煤焦油、煤焦油和煤杂酚油混合油,多使用的是煤杂酚油;油溶性防腐剂,主要有五氯酚、环烷酸铜等;水溶性防腐剂,主要有氟化物、硼化物、砷化物、铜化物、锌化物等;复合防腐剂,基本上都是水溶性防腐剂,由于有些防腐剂单独使用有缺点,所以混合其他药剂复合使用,达到增强防腐功效的目的。

7.4.2 木材的防火

木材在加热过程中,会释放出可燃性气体,温度不同,释放出的可燃性气体浓度也不同。可燃性气体遇到火源,会出现闪燃、引燃等现象;若无火源,只要加热的温度足够高,也会发生自燃现象。

木材中碳氢化合物的含量很高,属易燃性建筑材料,因此应对木材进行防火处理,提高其抗燃能力(即阻燃)。对木材及其制品阻燃主要分为物理和化学两种方法。物理方法是在木结构上采取措施,改进结构设计或增大构件断面尺寸,以提高其耐燃性;加强隔热措施,使木材不直接暴露于高温或火焰下,如用不燃材料包裹木结构构件;在木框结构中加设挡火隔板,利用交叉结构堵截热空气循环和防止火焰通过,以阻止或延缓木材温度的升高等。化学方法是用阻燃剂处理木材,使其在木材表面形成保护层,隔绝或稀释氧气供给,破坏燃烧条件;或遇高温分解,放出大量不燃性气体或水蒸气,冲淡木材热解时释放出的可燃性气体;或阻延木材温度升高,降低导热速度,使其难以达到热解所需的温度。常用的阻燃剂有磷酸氢二铵、磷酸二氢铵、硼酸、氯化铵。

木结构的防火涂料也称为饰面型防火涂料,是由多种高效阻燃材料和高强度的成膜物质组成,遇火后能迅速软化、膨胀、发泡,形成致密的蜂窝状隔热层,起到阻火隔热功能,对基材起到很好的保护作用。常用的防火涂料有CT-01-03微珠防火涂料、A60-1型改性氨基膨胀防火涂料、B60-1膨胀型丙烯酸水性防火涂料等。

知识拓展 📖

木材在中国建筑中的千年传承

中国木构建筑始于新石器时代,河姆渡遗址出土的榫卯木构件证明,距今7 000年前已出现"柱梁分离"的初级框架结构。这种以木材为核心的建造智慧在《周礼·考工记》中形成理论体系,确立了"材分制"模数标准,为木构件的预制化生产打下基础。山西应县木塔作为现存最高木塔(67.31 m),其八角形套筒式结构通过54种斗拱组合,将建筑自重均匀传递至地基,历经40余次强震仍保持倾斜度仅0.3‰的稳定状态。

五台山佛光寺东大殿的"四椽栿"梁架结构,通过45°斜置梁体将屋顶荷载分解为水平与垂直分力,使这座唐代建筑在千年风霜中保持梁架变形量小于2 cm。故宫太和殿的68根金丝楠木柱直径达1.2 m,柱基础与柱身间保留一定空隙,形成"柔性连接"抗震机制。殿内藻井采用榫卯嵌套的斗八结构,9层木构件逐层内收,既分散顶部重量又形成精巧的空间造型。故宫博物院还建立了斗拱构件基因库,已收录142种榫卯类型的3D模型,通过力学模拟还原了太和殿斗拱荷载传递路径。天坛祈年殿的 28 根立柱对应星宿历法,中央 4 根龙井柱高 19.2 m,通过"侧脚"工艺向内倾斜 6‰,增强结构稳定性。宁波保国寺大殿的瓜棱柱首创"拼合柱"技术,将小径木材拼接为承重柱,既节约材料又形成独特美学符号。平遥镇国寺万佛殿的七铺作斗拱挑达 1.8 m,檐口升起 9‰,通过木材弹性变形抵消风荷载冲击。

福建土楼的"通柱造"技术将 5 层楼阁的立柱贯通到底,通过竹钉加固的穿枋形成整体框架,直径 62 m 的环状建筑可抵御 12 级台风。徽派建筑的"冬瓜梁"采用整根杉木雕琢,截面呈中间厚两端薄的流线型,既满足跨度需求又形成"肥梁瘦柱"的视觉韵律。傣族竹楼底层架空 2 m,楼板留 3 mm 伸缩缝,利用木材吸湿特性将室内湿度控制在 60% 以下。湘西吊脚楼的穿斗式构架采用直径仅 15 cm 的杉木柱,实现空间灵活划分。

21 世纪中国木结构技术实现三大飞跃:胶合木材料突破天然木材尺寸限制,上海中心大厦内庭的 36 m 跨木结构穹顶采用 LVL 层积材,强度达到传统木材的 3 倍;成都天府国际会议中心的 120 m 波浪形屋顶应用 CLT 正交胶合木,实现每平方米承重 800 kg;哈尔滨大剧院的双曲面木墙板通过 BIM 技术预制,3 万块异形构件拼接误差小于 1 mm。

从河姆渡的原始榫卯结构到故宫的精密斗拱结构,从土楼的生态智慧到现代胶合木技术,木材始终是中国建筑文明的物质载体与精神象征,在守护文化遗产与推动可持续发展的双重维度上,持续书写着东方建造智慧的当代篇章。

复习思考题

1. 填空题

(1) 木材中的水分包括_____、_____和_____,其中_____的变化会引起木材的表观密度改变,_____的变化会引起木材强度的改变和胀缩变形。

(2) _____是木材物理力学性质发生变化的转折点。

(3) 为避免木材在使用过程中因含水率变化过大而导致变形,在使用前须将其干燥至使用环境的年平均_____。

(4) 在木结构设计中,需考虑负荷时间对木材强度的影响,一般以_____作为设计强度的取值,即木材在长期荷载作用下不致引起破坏的最大强度。

2. 简述题

(1) 俗话说"干千年,湿千年,干干湿湿两三年"是什么意思?

(2) 木材的含水率变化对其性能有什么影响?

(3) 影响木材强度的因素有哪些?如何影响?

(4) 木材如何防腐?木材有哪些防火措施?

8 墙体与屋面材料

知识点 📚

（1）墙体材料的分类与特性。

（2）烧结砖的关键技术要求。

（3）材料选型与应用场景。

能力目标

（1）了解墙用砖、墙用砌块、墙用板材以及屋面材料的主要品种、应用范围。

（2）掌握墙用砖、墙用砌块、墙用板材以及屋面材料的技术性能。

素质目标

（1）通过对墙体与屋面材料的特性、规范标准的学习，引导学生精准选型用材，严格根据规范开展建筑材料的应用与检测，筑牢质量安全防线。

（2）通过结合实践案例，鼓励学生探索新型材料，提升创新能力。

墙体是建筑物的重要组成部分，墙体材料的性能对建筑物的使用影响明显。建筑物的外墙受外界气候和腐蚀的影响，因此要求不仅要有较高的强度，还要有良好的保温、隔热、隔声、抗风化及抗腐蚀等性能；内墙则应考虑选用轻质、隔声、防潮的材料。

常用的墙体材料主要是石材、烧结黏土砖、砌块和板材等，其中石材和烧结黏土实心砖是传统的墙体材料，已有数千年的使用历史，但由于实心砖的自重大、破坏土地并且生产耗能大、抗震性差、生产效率低，目前正逐步被其他新型的利用工业废料等制成的轻质、高强、大尺寸、多功能的砌筑材料所取代。

知识拓展 📖

墙体与屋面材料的发展历程

墙体与屋面材料作为建筑的关键组成部分，伴随着人类文明的发展而不断演变，见证了人类从简陋住所迈向现代化建筑的进程。

一、天然材料使用时代

在远古时期，人类就地取材，用泥土、石头和树枝搭建房屋。如：黄土高原的窑洞，利用黄土直立性，挖掘出冬暖夏凉的居住空间；茅草和树皮则是常见的屋面材料，茅草弹性好、排水佳,但土墙易被雨水侵蚀,茅草屋面防火性差。

二、砖瓦时代

随着生产力的发展,砖瓦登上历史舞台。如:万里长城采用大量条石与城砖,砖石坚硬,尺寸统一,在工匠的努力下,历经数千年风雨仍屹立不倒。瓦的种类也日益丰富,如:北京故宫大量使用黄色琉璃瓦,与朱红墙体相衬,既防水又尽显皇家威严。

三、现代化材料时代

工业革命推动建筑材料进入现代化。混凝土砌块强度高,加气混凝土砌块轻质保温,许多高层住宅外墙采用后者,减轻建筑重量,降低能耗。防水卷材和防水涂料解决了屋面渗漏问题,彩钢板在工业厂房中广泛应用。其安装便捷、防水性好,为厂区增添现代感。

四、绿色多功能材料时代

如今,人们对建筑性能和环保的要求越来越高。纤维增强水泥板和石膏板,利用工业废料,减少污染。太阳能屋面瓦、光伏屋面系统兴起,这类屋面集发电、保温、防水于一体,为建筑可持续发展提供新思路。与此同时,装配式墙体和屋面凭借独特优势,在建筑领域得到广泛应用。

通过本章节学习,同学们将了解墙体与屋面材料的发展历程,希望大家以发展的眼光看待材料演变,为建筑行业的可持续发展贡献力量。

8.1 砌墙砖

砌墙砖是指以黏土、工业废料及其他地方资源为主要原料,按不同的生产工艺制成的,用来砌筑承重墙或非承重墙的块状材料。砌墙砖按生产工艺分为烧结砖和非烧结砖两种。

8.1.1 烧结砖

1) 烧结普通砖

烧结普通砖是以黏土、页岩、粉煤灰、煤矸石等为主要原料,经制坯、成型、干燥和焙烧而成的实心或孔洞率小于15%的砖。按主要原料不同,分为烧结黏土砖(N)、烧结页岩砖(Y)、烧结粉煤灰砖(F)和烧结煤矸石砖(M)等。

(1) 生产工艺

烧结普通砖的生产工艺基本相同,其工艺流程为:采土→调制配料→制坯→干燥→焙烧→成品。生产烧结砖最重要的环节是焙烧,焙烧温度和时间均须严格控制,若焙烧温度低、焙烧时间不足,会生成欠火砖,欠火砖色浅,敲击时声音暗哑,孔隙率大,吸水率高,强度低,耐久性差;而焙烧温度如果过高、时间过长,则会生成过火砖,过火砖色深,敲击时声音清脆,吸水率小,强度高,耐久性好,但易发生弯曲变形,形成酥砖或者螺纹砖。其中,欠火砖、酥砖和螺纹砖的质量不满足使用要求,不得作为合格品出厂。

当焙烧环境不同时,普通黏土砖可烧制出青砖和红砖。在氧化气氛中烧制而成的为红砖,其

中铁元素以 Fe_2O_3 的形式存在,所以呈现出红色;在氧化气氛中烧制成后再在还原气氛中闷窑,红色的 Fe_2O_3 会还原为青灰色的 FeO,此时生成的是青砖。红砖的色浅,声哑,强度较低且耐久性差;青砖色较深,结构致密,声脆,耐碱且耐久性好,但价格较高,主要用于有特殊要求的清水墙中。

此外,在制坯原料中掺入煤渣、粉煤灰等工业废料作为内燃材料,当焙烧到一定的温度时,胚体中的内燃材料也进行燃烧,烧制好的成品称为内燃砖。内燃砖可节约大量的燃料和 $5\%\sim10\%$ 的黏土原料,而且强度可提高 20% 左右,表观密度小,导热系数低。

知识拓展

清水砖属于烧结砖,以黏土、页岩为原料,经成型、烧结制成。表面无需装饰,清水砖因其自然质朴的外观得名。生产时,清水砖对原料和烧制温度把控严格,不仅让砖体颜色丰富、质感细腻,尺寸精度也远超普通烧结砖,砌墙时墙面平整、灰缝均匀。用它砌墙,不用额外装饰,既节省成本,又能塑造独特的建筑风格。且清水砖耐久性强,能扛住风雨侵蚀,后续维护成本较低。同时,其低能耗的生产工艺和可回收特性,符合环保要求。

(2)技术要求

按照《烧结普通砖》(GB/T 5101—2017)的规定,烧结普通砖的技术要求包括尺寸偏差、外观质量强度等级、抗风化性能、泛霜和石灰爆裂等。根据其质量指标分为合格品和不合格品。

①尺寸偏差

烧结普通砖的外形为直角六面体,公称尺寸是 240 mm×115 mm×53 mm,通常砌筑灰缝 10 mm,则 4 块砖长加 4 个砌筑灰缝、8 块砖宽加 8 个灰缝和 16 块砖厚加 16 个灰缝均刚好为 1 m,因此,砌筑 1 m^3 墙体理论上需要砖 512 块。为了保证砌筑质量,烧结普通砖的尺寸允许偏差应符合表 8.1 的规定。

表 8.1　烧结普通砖尺寸允许偏差(GB/T 5101—2017)　　　　　　单位:mm

公称尺寸	指标	
	样本平均偏差	样本极差
240	±2.0	≤6.0
115	±1.5	≤5.0
53	±1.5	≤4.0

②外观质量

烧结普通砖的外观质量应符合表 8.2 的规定。

表 8.2　烧结普通砖的外观质量(GB/T 5101—2017)　　　　　　单位:mm

项　　目	优等品
两条面高度差	≤2
弯曲	≤2
杂质凸出高度	≤2
缺棱掉角的 3 个破坏尺寸(不得同时大于)	5

续表 8.2

项 目		优等品
裂纹长度	大面上宽度方向及其延伸至条面的长度	≤30
	大面上长度方向及其延伸至顶面的长度 或条顶面上水平裂纹的长度	≤50
完整面(不得少于)		两条面和两顶面

注:为砌筑挂浆而施加的凹凸纹、槽、压花等不算作缺陷。

凡有下列缺陷之一者,不得作为完整面:

- 凡缺损在条或顶面上造成的破坏面尺寸同时大于 10 mm×10 mm。
- 条面或顶面上裂纹宽度大于 1 mm,其长度超过 30 mm。
- 压陷、粘底、焦花在条面或顶面上的凹陷或凸出超过 2 mm,区域尺寸同时大于 10 mm×10 mm。

③ 强度等级

按照《烧结普通砖》(GB/T 5101—2017)的规定:取 10 块砖试样进行抗压强度试验,根据其抗压强度平均值和标准值来评定砖的强度等级。普通烧结砖按抗压强度分为 MU30、MU25、MU20、MU15、MU10 五个强度等级,各强度等级应符合表 8.3 规定。

表 8.3　烧结普通砖的强度等级(GB 5101—2017) 单位:MPa

强度等级	抗压强度平均值 $\overline{f}$	强度标准值 f_k
MU30	≥30.0	≥22.0
MU25	≥25.0	≥18.0
MU20	≥20.0	≥14.0
MU15	≥15.0	≥10.0
MU10	≥10.0	≥6.5

④ 抗风化性能

抗风化性能是指砖在干湿变化、温度变化、冻融变化等自然气候条件下不受破坏并保持原有性质的能力,是烧结普通砖重要的耐久性指标,以抗冻性、吸水率和饱和系数来判别,其中饱和系数是指常温 24 h 的吸水率与 5 h 沸煮吸水率之比。我国黑龙江、吉林、辽宁、内蒙古、新疆、宁夏、甘肃、青海、陕西、山西、河北、北京、天津等为严重风化区,其他省、自治区、直辖市为非严重风化区。根据《烧结普通砖》(GB/T 5101—2003)的规定,严重风化区中黑龙江、吉林、辽宁、内蒙古和新疆 5 个地区的砖必须进行冻融试验,其他地区的砖若符合表 8.4 的规定,可不做冻融试验,否则必须进行冻融试验。试验方法如下:将吸水饱和的 5 块砖样,在 −15~−20 ℃的温度条件下冻结 3 h,再放入温度为 10~20 ℃的水中融化 2 h 以上,此为一个冻融循环。15 次冻融循环试验后,每块砖样不得出现裂纹、分层、掉皮、缺棱、掉角等现象。

表 8.4　烧结普通砖抗风化性能(GB/T 5101—2017)

砖种类	严重风化区				非严重风化区			
	5 h 沸煮吸水率/%		饱和系数		5 h 沸煮吸水率/%		饱和系数	
	平均值	单块最大值	平均值	单块最大值	平均值	单块最大值	平均值	单块最大值
黏土砖、 建筑渣土砖	≤18	≤20	≤0.85	≤0.87	≤19	≤20	≤0.88	≤0.90
粉煤灰砖	≤21	≤23			≤23	≤25		

续表 8.4

砖种类	严重风化区				非严重风化区			
	5 h 沸煮吸水率/%		饱和系数		5 h 沸煮吸水率/%		饱和系数	
	平均值	单块最大值	平均值	单块最大值	平均值	单块最大值	平均值	单块最大值
页岩砖	≤16	≤18	≤0.74	≤0.77	≤18	≤20	≤0.78	≤0.80
煤矸石砖								

⑤ 泛霜

泛霜是砖在使用过程中,砖内的可溶性盐类在砖的表面析出的现象,一般是在砖的表面形成絮团状斑点,甚至会起粉、脱皮或掉角等。含可溶性盐类的砖使用寿命较短,泛霜不仅影响建筑物的美观性,还有可能会破坏建筑物结构。国家标准规定,每块砖不允许出现严重泛霜。

⑥ 石灰爆裂

石灰爆裂是指制作砖坯的原料中含有石灰石,高温焙烧时石灰石转化为生石灰,砖受潮后,砖内的生石灰逐渐熟化并产生体积膨胀,使砖体发生膨胀性破坏的现象。石灰爆裂现象影响砖的质量,并降低砌体的强度和耐久性。各质量等级要求的泛霜现象应符合表 8.5 的规定。

表 8.5   烧结石灰爆裂的要求(GB/T 5101—2017)

项目	要求
石灰爆裂	最大破坏尺寸大于 2 mm 且小于或等于 15 mm 的爆裂区域,每组砖样不得多于 15 处。其中大于 10 mm 的不得多于 7 处
	不允许出现最大破坏尺寸大于 15 mm 的爆裂区域
	试验后抗压强度不得大于 5 MPa

(3)烧结普通砖的应用

烧结普通砖是最传统、应用范围最广的墙体材料,具有强度较高、耐久性好、保温隔热、隔声等优点。优等品常用于清水墙和墙体装饰,一等品和合格品用于混水墙中。由于烧结普通砖的原料为黏土,具有破坏土地、烧制时能耗大、污染环境且块体小、施工效率低、自重大、抗震性能差等缺点,目前正逐步被烧结多孔砖、烧结空心砖以及其他新型墙体材料所取代。

2)烧结多孔砖和烧结空心砖

与烧结普通砖相比,烧结多孔砖和烧结空心砖具有节约黏土原料、生产时的燃料能耗低等特点,还可以提高生产效率和施工功效,绝热和吸声效果也比较好,并且可使建筑物自重降低,减轻建筑物基础荷载,降低工程造价等。

(1)烧结多孔砖

烧结多孔砖是以黏土、页岩、煤矸石等为主要原料,经焙烧而成的一种烧结砖。烧结多孔砖也称为竖孔空心砖或承重空心砖。主要用于承重部位,其孔洞率不小于 25%,孔的尺寸小且多。使用时,一般是将烧结多孔砖孔洞多的面与承压面垂直,主要用于砌筑 6 层以下的承重墙体。

根据《烧结多孔砖》(GB 13544—2011)的规定:烧结多孔砖的外形为直角六面体,其长(L)、宽(B)、高(H)应分别符合下列尺寸要求:L 为 290 mm、240 mm、190 mm,B 为 240 mm、190 mm、180 mm、175 mm、140 mm、115 mm,H 为 90 mm。其中最常用的尺寸为

190 mm×190 mm×90 mm（M 型）和 240 mm×115 mm×90 mm（P 型），见图 8.1。

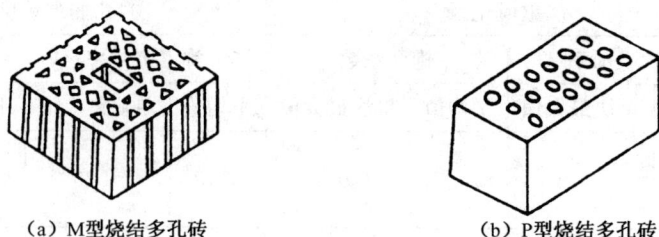

(a) M型烧结多孔砖　　　　　　(b) P型烧结多孔砖

图 8.1　烧结多孔砖

根据抗压强度的大小,烧结多孔砖分为 MU30、MU25、MU20、MU15、MU10 五个强度等级,各强度等级的烧结多孔砖要求与烧结普通砖相同,如表 8.3 所示。在满足强度和抗风化性能的条件下,烧结多孔砖根据尺寸偏差(如表 8.6 所示)、外观质量(如表 8.7 所示)、泛霜和石灰爆裂等性能分为优等品(A)、一等品(B)和合格品(C)3 个等级。

烧结多孔砖的产品标记按产品名称、品种、规格、强度等级、质量等级和标准编号等顺序编写。如:尺寸为 290 mm×140 mm×90 mm、强度等级 MU25、优等品的黏土砖,记为:烧结多孔砖 N 290×140×90 25A GB 13544。

表 8.6　多孔砖尺寸允许偏差(GB 13544—2011)　　　　　　单位:mm

尺　寸	样本平均偏差	样本极差≤
>400	±3.0	10.0
300~400	±2.5	9.0
200~300	±2.5	8.0
100~200	±2.0	7.0
<100	±1.5	6.0

表 8.7　多孔砖外观质量(GB 13544—2011)　　　　　　单位:mm

项　　目		指　　标
1. 完整面不得少于		一条面和一顶面
2. 缺棱掉角的 3 个破坏尺寸不得同时大于(mm)		30
3. 裂纹长度	(1) 大面上深入孔壁 15 mm 以上宽度方向及其延伸到条面的长度不得多于	80
	(2) 大面上深入孔壁 15 mm 以上长度方向及其延伸到顶面的长度不得多于	100
	(3) 条面上的水平裂纹不得多于	100
4. 杂质在砖面上造成的凸出高度不得多于		5

注:凡有下列缺陷之一者,不能称为完整面:

(1) 缺损在条面或顶面上造成的破坏面尺寸同时大于 20 mm×30 mm;

(2) 条面或顶面上裂纹宽度大于 1 mm,其长度超过 70 mm;

(3) 压陷、焦花、粘底在条面或顶面上的凹陷或凸出超过 2 mm,区域最大投影尺寸同时大于 20 mm×30 mm。

（2）烧结空心砖

烧结空心砖是以黏土、页岩、煤矸石为主要原料经焙烧而成的,也称为水平孔空心砖或非承重空心砖。主要用于非承重部位的墙体,其空洞率不小于35%,孔的尺寸大且数量少,孔的方向平行于大面和条面。烧结空心砖为直角六面体,如图 8.2 所示。

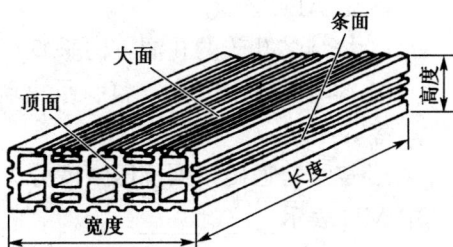

图 8.2　烧结空心砖的外形示意图

烧结空心砖尺寸应满足:长度(L)不大于 390 mm,宽度(B)不大于 240 mm。

烧结空心砖根据其大面和条面的抗压强度分为 MU10.0、MU7.5、MU5.0、MU3.5 四个强度等级,各强度等级如表 8.8 所示。

烧结空心砖一般有两种尺寸,290 mm×190 mm×90 mm 或 240 mm×180 mm×115 mm(长度×宽度×高度)。若长度、宽度、高度有其中一项分别大于 365 mm、240 mm、115 mm,则可称为烧结空心砌块。砖或者砌块的壁厚应大于 10 mm,肋厚应大于 7 mm。

烧结空心砖根据其表观密度分为 800 kg/m³、900 kg/m³、1 000 kg/m³、1 100 kg/m³ 四个密度级别,最大密度不得大于 1 100 kg/m³。按其密度等级要求分为合格品和不合格品。

表 8.8　烧结空心砖的强度等级（GB 13545—2014）　　　　单位:MPa

强度等级	抗压强度平均值 $\bar{f}$	变异系数 $\delta \leqslant 0.21$ 强度标准值 f_k	变异系数 $\delta > 0.21$ 单块最小抗压强度值 f_{min}	密度等级范围 /(kg/m³)
MU10.0	≥10.0	≥7.0	≥8.0	
MU7.5	≥7.5	≥5.0	≥5.8	≤1 100
MU5.0	≥5.0	≥3.5	≥4.0	
MU3.5	≥3.5	≥2.5	≥2.8	

烧结空心砖产品标记按产品名称、类别、规格尺寸(长度×宽度×高度)、密度级别、强度等级和国家标准编号顺序编写标记,如尺寸为 290 mm×190 mm×90 mm、密度等级为 800 级、强度等级 MU7.5 的页岩空心砖,其标记为:烧结空心砖 Y(290×190×90)800　MU7.5 GB 13545—2014。

【学中做】

1. 下列关于烧结砖耐久性指标的说法,错误的是(　　　)。

A. 抗风化性能是烧结砖耐久性的重要指标

B. 泛霜现象会影响砖的外观和耐久性

C. 石灰爆裂不会对砖体造成破坏

D. 冻融试验可检验砖在受冻融循环作用下的耐久性

答案:C

2. 以下选项中可以提高烧结砖的保温隔热性能的措施是(　　　)

A. 增加砖的孔洞率　　　　　　　　　B. 减小砖的孔洞尺寸

C. 采用封闭孔结构　　　　　　　　　D. 提高砖的表观密度

E. 改变砖的原料配比

答案：ABC

3. 烧结多孔砖的孔洞方向垂直于大面，主要用于(　　)。

A. 非承重墙体　　　B. 承重墙　　　　　C. 保温隔热墙体　　　D. 填充墙

答案：B

4. 烧结普通砖根据抗压强度分为 MU30、MU25、MU20、MU15 和 MU10 五个强度等级，其中 MU 表示_____。

答案：抗压强度等级

8.1.2　非烧结砖

无需经过焙烧而制得的砖称为非烧结砖。常用石灰、含硅材料(砂子、粉煤灰、煤矸石、炉渣和页岩等)加水拌合，经压制成型、蒸汽养护或蒸压养护而成。常用的非烧结砖有蒸压灰砂砖、蒸压粉煤灰砖和蒸压炉渣砖等。

1）蒸压灰砂砖

蒸压灰砂砖是以砂和石灰为主要原料，经坯料制备、压制成型、蒸压养护而制成的实心砖或空心砖。灰砂砖的尺寸规格与烧结普通砖一样，为 240 mm×115 mm×53 mm，按抗压强度分为 MU30、MU25、MU20、MU15、MU10 五个强度等级，各强度等级的抗压强度应满足表8.9要求，尺寸偏差与外观质量见表8.10。

表 8.9　蒸压灰砂砖的强度等级和抗冻性指标(GB/T 11945—2019)

强度等级	抗压强度/MPa	
	平均值≥	单块最小值≥
MU30	30.0	25.5
MU25	25.0	21.2
MU20	20.0	17.0
MU15	15.0	12.8
MU10	10.0	8.5

表 8.10　蒸压灰砂砖尺寸允许偏差和外观质量(GB/T 11945—2019)

项　　目		实心砖	实心砌块	大型实心砌块
尺寸允许偏差 /mm	长度	±2	±2	±3
	宽度	±2		±2
	高度	±1	±1,−2	±2
缺棱掉角	3个方向最大投影尺寸/mm	≤10	≤20	≤30
弯曲/mm		≤2		
裂纹延伸的投影尺寸累计/mm		≤20	≤40	≤60

灰砂砖具有强度较高、干缩率和尺寸偏差小、大气稳定性好、耐久性好等优点,常用于工业与民用建筑的基础和墙体中。MU15、MU20、MU25 的砖适用于建筑物的基础和其他基础中;MU10 的砖仅仅适用于防潮层以上的建筑部位使用。另外,灰砂砖的耐热、耐酸和抗流水冲刷能力差,因此不得用于长期受热 200 ℃以上、受急冷急热交替作用或有酸性介质的建筑部位以及有流水冲刷的建筑部位。

2)蒸压粉煤灰砖

蒸压粉煤灰砖是以粉煤灰、石灰为主要原料,加入适量的石膏和骨料,经过坯料制备、成型,在高压或常压下蒸汽养护而成的实心砖。

粉煤灰砖的外观尺寸与烧结普通砖相同,为 240 mm × 115 × 53 mm。根据《蒸压粉煤灰砖》(JC/T 239—2014)规定,按砖的抗压强度和抗折强度将粉煤灰砖分为 MU30、MU25、MU20、MU15、MU10 五个强度等级,如表 8.11 所示。根据尺寸偏差、外观质量、干缩值、强度和抗冻性等性能分为优等品(A)、一等品(B)和合格品(C)三个强度等级。

表 8.11 蒸压粉煤灰砖强度等级指标(JC/T 239—2014)

强度等级	抗压强度/MPa		抗折强度/MPa	
	10 块平均值≥	单块值≥	10 块平均值≥	单块值≥
MU30	30.0	24.0	6.2	5.0
MU25	25.0	20.0	5.0	4.0
MU20	20.0	16.0	4.0	3.2
MU15	15.0	12.0	3.3	2.6
MU10	10.0	8.0	2.5	2.0

蒸压粉煤灰砖的性能与灰砂砖相似,适用于一般的工业与民用建筑的墙体和基础,但用于易受冻融和干湿交替作用的建筑部位必须使用优等品和一等品砖;因砖中含有氢氧化钙,不得用于长期受热 200 ℃以上、受急冷急热交替作用或有酸性介质的建筑部位。用粉煤灰砖砌筑的建筑物,要适当增设圈梁和收缩缝或者其他措施,避免或减少收缩裂缝的产生。

8.2 墙用砌块

砌块是一种轻质多孔、形体大于砌墙砖的人造砌筑块材。砌块是用混凝土或工业废料制成的,是一种新型的墙体材料,能够充分利用地方资源和工业废渣,并可以节省黏土资源、改善环境,具有原料来源广、生产工艺简单、适应性强和使用方便等优点。常用的品种主要有普通混凝土小型砌块、蒸压加气混凝土砌块、粉煤灰砌块等。

1)普通混凝土小型砌块

普通混凝土小型砌块是以水泥、矿物掺合料、砂、石、水等为原材料,经搅拌、振动成型、养护等工艺制成的小型砌块,按空心率分为空心砌块(空心率不小于 25%,代号 H)和实心砌块

（空心率小于 25%，代号 S）；按使用时砌筑墙体的结构和受力情况分为承重砌块和非承重砌块。主块型砌块各部位的名称如图 8.3 所示。

《普通混凝土小型砌块》（GB 8239—2014）规定：普通混凝土小型砌块按抗压强度值分为 MU5.0、MU7.5、MU10、MU15、MU20、MU25、MU30、MU35、MU40 共 9 个强度等级，如表 8.12 所示。

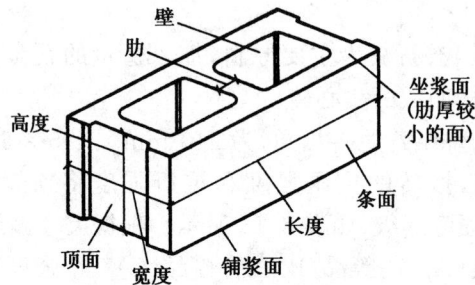

图 8.3　主块型砌块各部位名称

表 8.12　普通混凝土小型空心砌块强度等级（GB 8239—2014）

强度等级	砌块抗压强度/MPa	
	5 块平均值	单块最小值
MU5.0	≥5.0	≥4.0
MU7.5	≥7.5	≥6.0
MU10	≥10.0	≥8.0
MU15	≥15.0	≥12.0
MU20	≥20.0	≥16.0
MU25	≥25.0	≥20.0
MU30	≥30.0	≥24.0
MU35	≥35.0	≥28.0
MU40	≥40.0	≥32.0

普通混凝土小型砌块具有轻质、施工效率高、适应性强、造价低等特点，一般用于地震烈度为 8 度及以下的建筑物墙体；由于其干缩较大，若用于砌筑承重墙和外墙时，要求其干缩值小于 0.5 mm/m，非承重墙和内墙用的砌块，干缩值应小于 0.56 mm/m。

2）蒸压加气混凝土砌块

蒸压加气混凝土砌块是在钙质材料（水泥、石灰等）和硅质材料（砂、粉煤灰、矿渣等）的混合原料中，加入铝粉作为加气剂，经过加水搅拌、浇筑成型、发气膨胀、切割、蒸压养护等工序制成的一种轻质、多孔的建筑墙体材料。蒸压加气混凝土砌块规格尺寸的长度为 600 mm，宽度有 100 mm、120 mm、125 mm、150 mm、180 mm、200 mm、240 mm、250 mm、300 mm 九种规格，高度有 200 mm、240 mm、250 mm、300 mm 四种规格，若需要其他规格尺寸可由供需双方协商确定。

《蒸压加气混凝土砌块》(GB 11968—2020)规定:蒸压加气混凝土砌块按抗压强度分为A1.5、A2.0、A2.5、A3.5、A5.0五个强度等级,强度等级 A1.5、A2.0 适用于建筑保温。按干燥状态下的表观密度分为 B03、B04、B05、B06、B07 五个表观密度级别,干密度级别 B03、B04 适用于建筑保温。抗压强度和干密度应符合表 8.13 的规定。按尺寸偏差、外观质量、表观密度、抗压强度和抗冻性分为优等品(A)、一等品(B)和合格品(C)三个等级。

表 8.13 蒸压加气混凝土砌块抗压强度和干密度要求(GB 11968—2020)

强度等级	立方体抗压强度/MPa		干密度级别	平均干密度/(kg/m³)
	5 块平均值	最小值		
A1.5	≥1.5	≥1.2	B03	≤350
A2.0	≥2.0	≥1.7	B04	≤450
A2.5	≥2.5	≥2.1	B04	≤450
			B05	≤550
A3.5	≥3.5	≥3.0	B04	≤450
			B05	≤550
			B06	≤650
A5.0	≥5.0	≥4.2	B04	≤450
			B05	≤550
			B06	≤650

蒸压加气混凝土砌块具有质量轻、保温隔热、隔声性能好、抗震性强、耐火性好、易于加工和施工效率高等优点,常用于低层建筑的承重墙、多层建筑的隔断墙、高层框架结构的填充墙,也可以用作屋面及墙体的保温隔热性材料。但不能用于建筑物的基础和长期处于水中、有碱性化学物质侵蚀的环境中,也不能用于长期高于80 ℃的建筑部位。

【学中做】

1. 下列选项中属于烧结砖的是(   )。
A. 蒸压灰砂砖   B. 粉煤灰砖   C. 页岩砖   D. 炉渣砖
答案:C

2. 蒸压灰砂砖的主要原料是(   )。
A. 水泥、砂   B. 石灰、砂   C. 粉煤灰、砂   D. 页岩、砂
答案:B

3. 下列关于粉煤灰砖的特点,说法错误的是(   )。
A. 节约黏土资源   B. 保温隔热性能优于烧结普通砖
C. 抗冻性差   D. 可用于基础部位
答案:D

4. 与烧结砖相比,非烧结砖的优势包括(   )。

A. 生产能耗低　　　B. 生产周期短　　　C. 可利用工业废渣

D. 强度更高　　　　E. 耐久性更好

答案:ABC

5. 某建筑墙体采用烧结普通砖砌筑,施工过程中,部分墙体出现了裂缝,后经检查,发现砖质量合格,施工工人严格按照施工工艺流程操作,但砌筑时砖的含水率过高。请分析导致墙体裂缝的原因和预防措施。

答案:砌筑时,烧结普通砖含水率过高,会导致砌筑后,随着水分的蒸发,砖的体积会收缩,导致墙体内部产生应力,当应力超过墙体的承载力时,会使墙体出现裂缝。烧结普通砖一般在砌筑前1~2 d浇水湿润,一般控制烧结普通砖的含水率在10%~15%之间即可。若是雨天施工,要采取防水防雨措施,防止砖过度吸水。

知识拓展

墙体砌块的优势

随着建筑行业加速革新,墙用砌块发展迈向新高度。为满足绿色低碳要求,以工业废料为原料,降低碳排放,生产使用高效隔热砌块,降低建筑能耗。墙用砌块朝着保温、隔音、复合等方向发展,不断涌现出集轻质、高强等优势于一身,且规格多样、装饰性好。在应用方面,预制墙板在装配式建筑越发普及,不仅可以提高施工效率、缩短工期,砌块连接构造的创新,还能保障建筑质量与安全。

8.3 墙用板材

墙用板材作为建筑物的墙体材料,主要起围护和分隔的作用,并具有减轻建筑物的自重、节能、保温隔热、施工方便、效率高等特点。常用的墙用板材有蒸压加气混凝土板、石膏空心板、纸面石膏板、金属面硬质聚氨酯夹芯板和玻璃纤维增强水泥板等。

1)水泥类墙用板材

(1)GRC轻质空心板

GRC轻质空心板是以低碱度水泥作为胶结材料,玻璃纤维无纺布为增强材料,掺入膨胀珍珠岩为骨料,并加入适量的发泡剂和防水剂,经搅拌、振动成型、养护而成的一种轻质空心隔墙板。该隔墙板具有质量轻、强度高、不燃、防潮、保温隔热、隔声等优点,并且加工性能好,可锯、钉、钻等,施工方便,效率高,常用于工业和民用建筑的室内隔墙中。

(2)预应力混凝土空心墙板

预应力混凝土空心墙板是以高强度的预应力钢绞线、高强度52.5R级水泥、砂和石为原料,经过一系列生产工序制成的混凝土空心墙板。该类墙板可用于承重墙或非承重墙的内外墙板、楼板、屋面板、阳台板和雨棚等。实际使用时可按需要增加保温层、防水层和饰面层等。

（3）蒸压加气混凝土板

蒸压加气混凝土板是以钙质原料（水泥、石灰等）、硅质原料（砂、粉煤灰、粒化高炉矿渣等）和水按一定的比例混合，加入少量的外加剂和发泡剂，经过搅拌、浇筑、成型、蒸压养护等制成的轻质板材。蒸压加气混凝土板具有轻质、耐火、防火、保温、隔热和隔声效果好等优点。适用于一般建筑物的内外墙面或屋面，但不可用于长期处于高湿度环境的墙体。

2）石膏类墙用板材

（1）纸面石膏板

纸面石膏板是以建筑石膏为主要原料，加入适量的纤维和外加剂等，混合均匀作为板芯材料，以特质的护面纸作为面板材料，经加工而成的一种轻质板材。按其使用功能不同分为普通纸面石膏板、耐水纸面石膏板、耐火纸面石膏板和耐水耐火纸面石膏板等。纸面石膏板的特点是质量轻、防火、保温、隔热、隔声和加工性能好、施工简易方便，因此常用于各种工业和民用建筑的内墙材料中，特别适用于高层建筑的内墙和装饰材料。

（2）石膏空心条板

石膏空心条板是以熟石膏为胶凝材料，加入适量的轻质骨料（如膨胀珍珠岩、膨胀蛭石等）和改性材料（如石灰、矿渣、粉煤灰和外加剂等），经过搅拌、振动成型、抽芯膜、干燥等工序制成的。它具有轻质、比强度高、隔热、隔声、防火、可加工性能好等特点，并且石膏空心条板在安装时无须龙骨，安装方便，适用于各类建筑物非承重墙内墙，但若用于湿度大于75%的环境中时，板材的表面必须做防水处理。

（3）石膏纤维板

石膏纤维板常用建筑石膏加入适量的无机纤维或有机纤维作为增强材料制成。石膏纤维板是一种无面纸石膏板，可节约护面纸，具有轻质、防火、防潮、隔声、尺寸稳定性和加工性能好等特点，主要用于工业与民用建筑的吊顶和隔墙等。

3）复合墙板

把不同材料组合成多功能的复合墙体，称之为复合墙板。主要是发挥不同材料的特性，扬长避短，从而提高板材的综合性能。常用的复合墙板主要由外层、中间层和面层组成。外层主要为承受外力的结构层，一般为普通混凝土或金属板；中间层为保温、隔音层，为加气混凝土、泡沫塑料和矿棉等；面层则为饰面材料，一般为各种具有装饰效果的轻质薄板。

（1）混凝土夹芯板

混凝土夹芯板是以20～30 mm厚的钢筋混凝土作为内外表面层，中间以矿渣毡或岩棉毡填充作为保温材料，内外两层面板以钢筋件连接。常用作内外墙体。

（2）泰柏板

泰柏板是以钢丝焊接成三维钢丝网骨架与高热阻自熄性聚苯乙烯泡沫塑料组成芯材板，两面喷涂水泥砂浆制成的。泰柏板的标准尺寸为1 220 mm×2 440 mm，厚度为100 mm。由于所用钢丝网骨架结构、夹芯层材料和厚度等不同，该类板材有多种名称，如GY板（岩棉夹芯板）、三维板、3D板、钢丝网节能板等，但性能和基本结构相似。

泰柏板轻质高强、隔热隔声、防火防潮、防震、耐久性好、易加工、施工方便，适用于自承重外墙、内隔墙、屋面板和3 m跨内的楼板等。

8.4 屋面材料

屋面材料是指铺贴在屋顶的覆面材料,主要起到排水、防水、保温、隔热等作用。屋面材料主要为各种瓦制品,按生产原料分为黏土瓦、水泥瓦、石棉水泥瓦、钢丝网水泥大波瓦和沥青瓦等;按形状分为平瓦、波形瓦和脊瓦等。此外,还有各种金属类屋面板材等新型的屋面材料。

1)黏土瓦

黏土瓦的原料和生产工艺与烧结黏土砖相似,但黏土瓦对原料的塑性要求更高。黏土瓦的生产成本低,防水性和耐久性好,施工简单方便,是最传统的坡屋面防水材料。黏土瓦按颜色可分为红瓦和青瓦;按形状可分为平瓦和脊瓦。平瓦的尺寸有 400 mm×240 mm、380 mm×225 mm 和 360 mm×220 mm 等,平瓦根据其外观质量、尺寸偏差和物理力学性质分为优等品、一等品和合格品 3 个等级。

2)琉璃瓦

琉璃瓦是在素烧的瓦坯表面涂刷琉璃釉料后再烧制而成的。琉璃瓦的表面光滑、质地坚硬、色彩艳丽、耐久性好,但生产成本较高,多用于各种园林建筑和防腐建筑中,还常用于古建筑修复中。

3)混凝土瓦

混凝土瓦又称为水泥瓦,是以水泥、细骨料为主要原料,经配料、模压、成型、养护而成的非烧结瓦。混凝土瓦可以是本色的,也可以着色或在其表面覆盖以各种颜料的水泥砂浆,形成色彩丰富的混凝土瓦。混凝土平瓦的规格与黏土瓦相似。

混凝土瓦具有防水性好、装饰效果强、强度高和耐久性好等优点,一般用于坡屋面防水。建筑上常用的混凝土瓦还有石棉水泥波形瓦和玻璃纤维增强水泥波形瓦等。

4)玻璃钢波形瓦

玻璃钢波形瓦是用不饱和树脂和玻璃纤维布为主要原料制成的。此类瓦质量轻、强度高、耐高温、透光性好、耐冲击、有色泽,适用于建筑遮阳板及车站月台、工业厂房的采光带等,但不能用于与明火接触的场合;若使用于有防火要求的建筑物时,应采用难燃树脂。

5)金属屋面板材

金属屋面板材是指采用金属板材作为屋面材料,将结构层和防水层合二为一的屋盖形式,具有结构简洁、质轻、安全、施工安装方便快速等特点。金属板材的种类很多,有锌板、镀铝锌板、铝合金板、铝镁合金板、钛合金板、铜板、不锈钢板等,厚度一般为 0.4～1.5 mm,金属板的表面一般需做涂层处理。

对于无保温隔热要求的场所,如车棚、市场和简易仓库等,一般采用镀锌钢板,其造价低,安装方便。而对于有保温隔热、隔声要求的建筑,则采用各种彩色复合夹芯钢板。一般的大型体育馆或礼堂,常用铝合金波纹板、铝合金压型板、复合铝板平板、铝合金板夹层板等屋面板材。

知识拓展

独特的岭南"蚝宅"

在岭南地区珠三角一带,由蚝壳砌筑而成的蚝壳墙是岭南独特的建筑风景。蚝壳筑墙最早可以追溯到南北朝。所谓靠山吃山、靠海吃海,在珠三角如广州、深圳、中山、江门等沿海地区,生蚝物产丰富,为"蚝宅"墙的建造提供了丰富的原材料。在建造房屋时,就地取材,生蚝壳拌上黄泥、黏土、红糖和蒸熟的糯米,一层层地垒砌起来,形成独特的蚝壳墙。蚝壳墙墙面凹凸不平,有独特的艺术魅力。蚝壳墙还有良好的保温隔热、隔音性能,并且坚固耐用,历经百年屹立不倒。

图片来自网络

复习思考题

1. 填空题

(1) 目前,常用的墙体材料主要有_____、_____和_____三大类。

(2) 烧结普通砖按所用原材料不同分为_____、_____、_____和_____等。

(3) 烧结普通砖按抗压强度分为_____、_____、_____、_____和_____。

(4) 烧结普通砖的外形为直角六面体,其标准尺寸为_____,砌筑 1 m³ 墙体理论上需要砖_____块。

(5) 常用的非烧结砖有_____、_____和_____等。

(6) 墙用板材按原材料的不同分为_____、_____和_____等。

2. 简述题

(1) 简述烧结普通砖的种类、技术性质、强度等级。

(2) 烧结多孔砖、空心砖与烧结普通砖相比,有哪些优点?

(3) 烧结普通砖在砌筑前为什么一定要浇水使其达到一定的含水率?

(4) 常用的建筑砌块有哪些?

(5) 墙体和屋面材料的主要品种有哪些?

9 有机材料

知识点

（1）有机材料的定义与分类。
（2）沥青的分类及主要技术性质。
（3）防水卷材的分类与性能要求。

能力目标

（1）了解有机材料的含义及分类。
（2）掌握沥青的分类、组分及特点，沥青的主要技术性质及测定方法。
（3）了解防水卷材、建筑涂料、建筑胶黏剂和建筑塑料等的分类、性能及其应用。

素质目标

（1）通过对防水材料基本特性的学习，引导学生掌握防水卷材、涂料、密封材料的耐水、柔韧等性能指标，了解防水工程规范与验收标准，培养严谨的工程思维能力，确保学生能依工程环境精准选材。
（2）结合典型实践案例，引导学生关注行业前沿，探索新型防水材料及工艺，提升运用新材料、新技术解决复杂防水问题的实践能力。

有机材料，又称为有机高分子材料，具有溶解性、热塑性、热固性和电绝缘性等特点。有机材料价格相对较低，且便于加工，在建筑工程中的应用越来越广泛，通常可以分成 3 类：植物材料，如木材、竹材等；沥青类材料，如石油沥青、煤沥青和沥青制品等；有机合成高分子材料，如塑料、涂料和胶黏剂等。

木材作为一种天然的有机材料，具有轻质高强、弹性和韧性较好、耐冲击、导热导电性低、易于加工、装饰性好等特点。但木材生长缓慢，并且在使用过程中易腐朽与虫蛀，因此在建筑工程中通常用于装饰装修工程。其内容详见第 7 章。

沥青类材料是一种有机的憎水性胶凝材料，具有良好塑性、黏性、耐化学腐蚀性、防水防潮等性能。主要应用于工程中的防水防潮、防腐处理以及道路工程中。

有机合成高分子材料是由高分子物质组成的材料，土木工程中应用的主要有塑料、橡胶、化学纤维、建筑胶和涂料等。由于这些高分子材料的基本成分是人工合成的，因此简称为高聚物。由高聚物加工或用高聚物对传统材料进行改性所制得的土木工程材料，习惯上称为化学建材。化学建材在土木工程中的应用日益广泛，在装饰、防水、胶黏、防腐等各个方面所起的重要作用是其他土木工程材料所不可替代的。

9.1 防水材料

建筑工程中,建筑防水是建筑物非常重要的一项内容,建筑防水的好坏直接关系到建筑物的质量和寿命,也关系到人们居住的环境。

防水材料是在土木工程中能防止雨水、地下水或其他水渗透的材料。在建筑结构中主要是防水防潮、防止水分和盐分对建筑物的侵蚀,保护建筑物的作用。防水工程质量的好坏,在很大程度上取决于防水材料的质量和使用性能。随着建筑产品的不断变革,对建筑物的防水功能要求也日益提高,并且要求其构造更多样性,随之对防水材料的要求也更高,即使用质量高、使用年限长、施工效率高、无污染,从而促进了建筑防水材料朝着多样化和环保的方向发展。

建筑防水材料品种繁多,功能不尽相同。防水材料按状态可分为沥青、防水卷材、防水涂料、防水密封材料和防水黏结材料。建筑工程防水按其构造做法可分为结构构件自身防水和防水层防水。结构构件自身防水是建筑物自身构件,如楼板、墙、地板等构件,自身材料的密实型和通过做好某些构造措施,如伸缩缝、坡度等,也可以利用嵌缝油膏、埋设止水带等,对结构构件起到自身防水的作用。防水层防水通常的做法是在建筑结构构件的背水面或迎水面、结构构件的接缝处增加防水材料构成防水层,使其具备建筑防水的功能。常用的有刚性防水和柔性防水。刚性防水如涂抹防水砂浆、浇筑预应力混凝土或掺有外加剂(如各类减水剂、防水剂等)的细石混凝土;柔性防水则是涂抹各种防水涂料、铺设防水卷材等。

9.1.1 沥青

沥青是建筑工程中不可或缺的建筑材料之一,是由多种高分子碳氢化合物及其非金属(氧、硫、氮等)衍生物所组成的复杂的混合物。它能溶于二硫化碳等有机溶剂中,在常温下呈黑色或黑褐色的固体、半固体或者黏稠状液体。

沥青是一种有机的憎水性胶凝材料,具有良好塑性、黏性、耐化学腐蚀性、防水防潮等性能。主要应用于工程中的防水防潮,防腐处理以及道路工程中。

沥青根据产源不同分地沥青和焦油沥青两大类。其中地沥青可分为天然沥青和石油沥青,焦油沥青又可分为煤沥青、木沥青和页岩沥青等。目前建筑工程中常用的是石油沥青,另外还使用少量的煤沥青。

1) 石油沥青

石油沥青是石油(原油)经蒸馏等工序提炼出各种轻质油(汽油、煤油、柴油等)和润滑油以后得到的残留物,或者再经过加工得到的残渣。

(1) 石油沥青的组分与结构

① 石油沥青的组分

石油沥青的化学成分复杂,从实际应用的角度出发,将沥青中化学成分和物理性质相近的成

分划分为一个组分,石油沥青可分为三个组分:油分、树脂和地沥青质,各组分主要的性质如下:

a. 油分。油分为淡黄色至红褐色的黏稠状油性液体,密度为 $0.70\sim1.00$ g/cm^3,在石油沥青中的含量为 40%~60%。油分赋予石油沥青良好的流动性,油分含量越高,黏度越小,软化点越低,沥青的流动性越大,但温度稳定性越差。

b. 树脂。又称为脂胶。树脂为黄色至黑褐色半固体黏稠状物质,密度为 $1.0\sim1.1$ g/cm^3,在石油沥青中的含量为 15%~30%。树脂赋予石油沥青良好的塑性和黏结性,树脂含量越高,其塑性和黏结性越好。

c. 地沥青质。地沥青质为深褐色至黑褐色无定形的不溶性超细固体粉末,密度为 $1.1\sim1.5$ g/cm^3,在石油沥青中的含量为 10%~30%。地沥青质决定石油沥青的黏性和温度敏感性。地沥青质的含量越高,其软化点越高,黏性越大,越脆硬。

除以上三种主要组分,石油沥青中还含有一定量的黑色固体粉末,为沥青碳或似碳物,含量为 2%~3%,这些沥青碳或似碳物会降低沥青的黏结力。此外,石油沥青中还含有一定量的石蜡,石蜡会降低沥青的黏性和塑性,同时会使沥青的温度稳定性变差,因此石蜡是沥青中的有害物质。

② 石油沥青的结构

石油沥青中的油分和树脂可以互相溶解,树脂浸润沥青质颗粒并在其表面形成树脂薄膜,从而形成以沥青质为中心,并吸附着部分树脂和油分的互溶物而形成胶团,无数胶团分散在油分中的胶体结构。

石油沥青的各组分比例不同,形成的胶体结构可分为溶胶结构、凝胶结构和溶凝胶结构三种类型。

a. 溶胶结构。当沥青中的油分和树脂含量较多,地沥青质的含量较少时,胶团在胶体中的相对运动较容易,所形成的沥青结构为溶胶结构。该结构的石油沥青黏性较小、流动性大、塑性好、温度稳定性较差。

b. 凝胶结构。当沥青中的油分和树脂含量较少,地沥青质的含量较多时,胶团间的吸引力增大,相对运动较困难,所形成的沥青结构为凝胶结构。该结构的石油沥青弹性和黏结性好、温度稳定性较好但塑性较差。

c. 溶凝胶结构。地沥青质的含量适当,胶团间的距离和引力适中,形成的介于溶胶和凝胶两者之间的结构,称为溶凝胶结构。该结构的石油沥青性能介于溶胶和凝胶结构两者之间,多数优质的石油沥青属于此种结构状态。

(2) 石油沥青的主要技术性质

石油沥青的主要技术性质有黏滞性、塑性、温度敏感性和大气稳定性。

① 黏滞性(黏性)

沥青的黏滞性是指石油沥青在外力的作用下抵抗变形的能力,可以用来反映沥青的流动性大小、软硬程度和稀稠程度等性能。沥青的黏滞性用黏度或者针入度表示。在常温状态下,固体或者半固体状的石油沥青用针入度表示,而液态的石油沥青则用黏度来表示。

针入度是指在规定的温度条件下(25 ℃),以规定质量(100 g)的标准针,经过规定时间(5 s)贯入试样的深度,以 1/10 mm 为 1 度,如图 9.1 所示。针入度值越大,则流动性越大,黏滞性越小,抵抗变形的能力也越差。针入度是石油沥青的重要技术指标。

黏度是指在规定的温度条件下(25 ℃或 60 ℃),规定质量的液态沥青(50 mL)流经规定直径的孔口(3 mm、5 mm 或 10 mm)所需的时间,单位:s。如图 9.2 所示。常用符号 $C_t^d T$ 表示,其中 d 为流孔直径,t 为试样温度,T 为流出 50 mL 沥青所需的时间。沥青流出耗时越长,黏度越大,黏滞性越好。

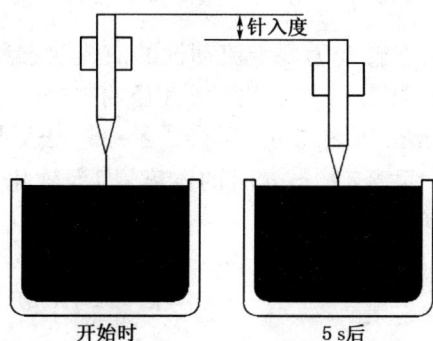

图 9.1 针入度测定示意图

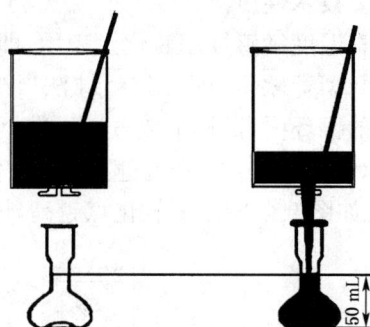

图 9.2 黏度测定示意图

② 塑性

塑性是指石油沥青在一定的外力作用下产生变形而不破坏,当外力卸除后,能保持变形后的形状的性质。塑性是石油沥青的重要技术性质。

沥青的塑性与其组分、周围介质的温度、厚度等有关。当树脂含量较多,且其他组分含量又适当时,塑性较好。温度升高,则塑性增大;膜层越厚,则塑性越好;反之,膜层越薄,塑性越差;当膜层薄至 1 μm 时,塑性近于消失,即接近于弹性。

石油沥青的塑性用延度(延伸度)来表示。延度是在延度仪上测定的,即把沥青试样制成∞形标准试件(中间最薄处的截面积为 1 cm²),在 25 ℃ 的温度下,以 5 cm/s 的速度拉伸,拉断时的伸长度即为延度,以"cm"表示,如图 9.3 所示。延度越大,说明沥青的塑性越好。

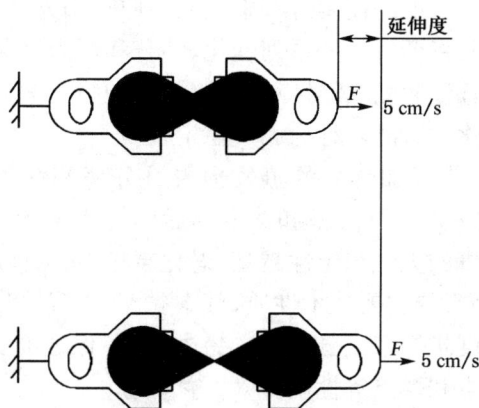

图 9.3 延度测定示意图

③ 温度敏感性

温度敏感性是指石油沥青的黏滞性和塑性随着温度的变化而变化的性能。石油沥青是一种高分子非晶态塑性物质,没有固定的熔点。当温度上升,固态或者半固态的沥青逐渐软化为液态;反之,当温度降低,液态的沥青便会逐渐凝固为固态或者半固态,甚至是变脆变硬。在相同的温度变化区间里,沥青黏滞性和塑性变化幅度是不一样的,一般要求沥青温度敏感性较小,即沥青随温度变化而产生的黏滞性及塑性变化幅度应较小。因此,温度敏感性也是沥青性质的重要技术性质。

沥青温度敏感性用软化点表示,即沥青从固体状态转变为规定流动性的液体状态所需要的温度。沥青软化点采用"环球法"测定。将沥青试样装入规定尺寸(直径约 16 mm,高约 6 mm)的铜环内,试样上放置一标准钢球(直径 9.5 mm,重 3.5 g),再将二者一起浸入水或甘油中,以 5 ℃/min 的升温速度加热,使沥青软化下垂 25.4 mm 时的温度,即为软化点,单位:℃,如图 9.4 所示。软化点越高,说明沥青的温度敏感性越小。

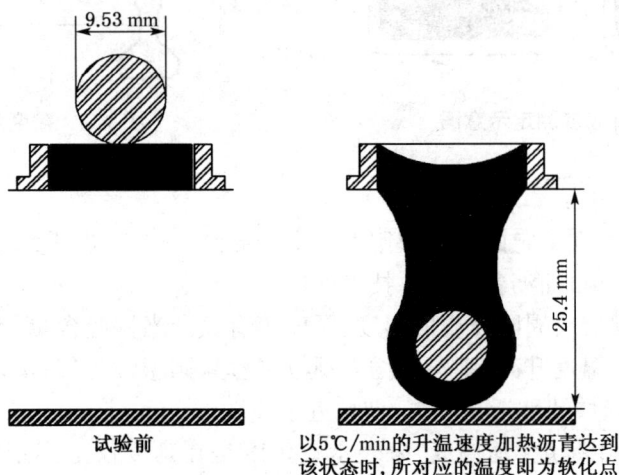

图 9.4 软化点测定示意图

④ 大气稳定性

沥青是一种有机材料,在长期的使用过程中,会受到热、阳光、氧气及水分等大气因素的综合作用,其内部的组分和性质将会发生一系列变化,油分和树脂逐渐减少,地沥青质随之增多。因此,沥青随着时间的发展,流动性、黏结性和塑性减小,硬脆性增大直至脆裂的过程称为沥青的"老化"。而这种抵抗"老化"的性能,称为大气稳定性。

石油沥青的大气稳定性常以加热后的蒸发损失百分率和针入度比来评定,即用试样在 160 ℃时加热蒸发 5 h 的质量损失百分率和蒸发前后的针入度比。蒸发损失百分率越小,蒸发后针入度比越大,表示沥青的大气稳定性越高,老化越慢,耐久性越好。

上述四项性质是石油沥青的主要技术性质,其中黏滞性、塑性和温度敏感性是评定石油沥青牌号的三大指标,以针入度指标来划分牌号。另外,为了保证沥青的品质和施工安全,还应了解石油沥青的溶解度、闪点和燃点等性质。

溶解度是指石油沥青在溶剂(三氯甲烷、苯或四氯化碳等)中溶解的百分率,以确定石油沥青中有效物质的含量。石油沥青中不溶物(如沥青碳或似碳物等),会降低沥青的性能,是有害物质,应加以限制。

沥青在使用时加热至挥发出油分蒸气与周围空气组成油气混合物,并在规定条件下与火焰接触,初次发生有蓝色闪光时的沥青温度即为闪点。若继续加热,油气混合物的浓度增大,与火焰接触能持续燃烧 5 s 以上时的沥青温度即为燃点（又称着火点）。闪点和燃点的高低，表明沥青引起火灾或爆炸的危险性的大小。因此，加热沥青时，其加热温度必须低于闪点，以免发生火灾。

（3）石油沥青的应用

选择石油沥青时，应根据工程性质（道路、房屋、防腐）、当地气候条件及使用的工程部位来选择沥青的品种和牌号。在满足使用要求的前提下，应尽量选择牌号较大的石油沥青，保证沥青具有较长的使用年限。

道路石油沥青主要用于道路路面、车间地面或者有防渗防腐要求的工程部位中，常用来拌制沥青混凝土、沥青砂浆或者沥青拌合料等，还可用作密封材料、黏结剂及沥青涂料等。

建筑石油沥青黏滞性较大、温度敏感性小，但塑性较差，主要用于制造防水卷材、油毡、油纸、防水涂料和沥青胶等，用于建筑防水工程及管道防腐工程中。据统计，夏天高温季节沥青层表面的温度要比当地最高气温高出 25～30 ℃；为避免夏季沥青流淌，一般屋面用沥青材料的软化点应比本地区屋面最高温度高 20 ℃以上。但软化点也不宜选得太高，以免冬季低温时变得硬脆，甚至发生开裂。

普通石油沥青的含蜡量较高，一般含量大于 5%，甚至多达 20% 以上，故又称为多蜡沥青。由于蜡的熔点较低，因此普通石油沥青达到液态时的温度与其软化点几乎相同；与软化点相同的建筑石油沥青相比，其黏滞性较低，塑性较差，故在土木工程中不宜直接使用。

【学中做】

1. 某沥青的针入度值越大，表明该沥青（　　）。

A. 越硬　　　　　　　　　　　　　　　　B. 越软

C. 温度稳定性越好　　　　　　　　　　　D. 黏性越大

答案：B

2. 在夏季高温地区，宜选用（　　）的沥青。

A. 标号较低　　　　B. 标号较高　　　　C. 延度较大　　　　D. 软化点较低

答案：A

9.1.2　防水卷材

在建筑物中能够防止雨水、地下水和其他水分渗透的材料，统称为防水材料。防水卷材是一种可卷曲的片状防水材料，由于其尺寸大，便于施工，防水效果良好，使用年限较长等特点，在建筑工程中得到广泛应用。

为了满足建筑防水工程的要求，防水卷材必须同时具备以下性能：

（1）耐水性，是指在水的作用和被水浸润后其性能基本不变，在压力水作用下具有不透水性，常用不透水性或吸水性等指标表示。

（2）柔韧性，是指在低温条件下，能保持柔韧性的性能，能保证便于施工、不脆裂。常用柔度、低温弯折性等指标表示。

（3）温度稳定性，是指在高温条件下不流淌、不起泡、不滑动，低温条件下不脆裂的性能。即在一定温度变化下保持原有性能的能力。常用耐热度、耐热性等指标表示。

（4）机械强度、延伸性和抗断裂性，是指防水卷材在承受建筑结构允许范围内荷载、应力或条形条件下不断裂的性能。常用拉力、拉伸强度和断裂伸长率等指标表示。

（5）大气稳定性，是指在阳光、热、氧气以及其他化学侵蚀介质等因素的长期综合作用下抵抗侵蚀的能力，常用耐老化性、热老化保持率等指标表示。

根据原材料的组成不同，防水卷材分为沥青卷材、高聚物改性沥青防水卷材和合成高分子防水卷材三大类。选择防水卷材时应充分考虑建筑的特点、所处的地区环境、使用条件等多种因素，结合材料的特性和使用性能来选择。

1）沥青防水卷材

沥青防水卷材是建筑工程中应用最广泛的柔性防水材料。根据制造原料和生产工艺不同，分为浸渍卷材和辊压卷材。凡是用原纸或玻璃布、石棉布、棉麻织品等胎料浸渍石油沥青（或煤沥青）制成的卷状材料，称为浸渍卷材（也称有胎卷材）。将石棉粉、橡胶粉、石灰石粉等直接与沥青材料混合，经混炼、压制而成的卷状材料称为辊压卷材（也称无胎卷材）。

（1）石油沥青纸胎防水卷材

石油沥青纸胎防水卷材是指先用低软化点的沥青浸渍原纸，然后用高软化点的沥青涂敷油纸的两面，最后再涂隔离材料（滑石粉或者云母片）所制成的一种纸胎防水卷材。按《石油沥青纸胎油毡》（GB 326—2007）的规定：此类卷材宽 1 000 mm，卷总面积 $(20 \pm 0.32) m^2$，卷重如表 9.1 所示。石油沥青纸胎防水卷材按油毡卷重和物理性能分为Ⅰ型、Ⅱ型、Ⅲ型，其中Ⅰ型和Ⅱ型油毡适用于简易或辅助性防水、临时性建筑防水、保护隔离层、防潮及包装等。Ⅲ型油毡则适用于建筑物的屋面防水、地下和水利工程等的多层防水。在施工时应做到铺设完成并检验合格后，立即铺设保护层，防止受力破坏。石油沥青纸胎防水卷材的物理性能如表 9.2 所示。

表 9.1 石油沥青纸胎油毡卷重（GB 326—2007）

类型	Ⅰ型	Ⅱ型	Ⅲ型
卷重（kg）	17.5	22.5	28.5

表 9.2 石油沥青纸胎防水卷材的物理性能（GB 326—2007）

项　目		指　标		
		Ⅰ型	Ⅱ型	Ⅲ型
单位面积浸涂材料总量/（g/m²）		≥ 600	≥ 750	≥ 1 000
不透水性	水压力/MPa	≥ 0.02	≥ 0.02	≥ 0.10
	保持时间/min	≥ 20	≥ 30	≥ 30
吸水率/%		≤ 3.0	≤ 2.0	≤ 1.0
耐热度		(85 ± 2)℃，5 h，涂盖层无滑动、流淌和集中性气泡		
拉力，纵向/（N/50 mm）		240	270	340
柔度		(18 ± 2)℃ 绕 $\phi 20$ mm 棒或弯板无裂缝		

石油沥青纸胎防水卷材的抗拉强度低、塑性低、不透水性差及吸水率较大，且胎基原纸的

来源困难,容易腐烂,目前已逐步被玻璃布、玻璃纤维毡等材料作为胎基来生产的石油沥青玻璃布防水卷材、玻璃纤维胎防水卷材所取代。

(2) 石油沥青玻璃布防水卷材、玻璃纤维胎防水卷材

石油沥青玻璃布防水卷材、玻璃纤维胎防水卷材是分别用玻璃布、玻璃纤维毡为胎基,内外两面均浸涂石油沥青,再撒上矿物材料或者隔离材料制成的防水卷材。玻璃布防水卷材的标准规格为幅宽 1 000 mm,每卷面积 $(20\pm0.32)m^2$,按其物理性能可分为一等品和合格品。玻璃纤维胎防水卷材的标准规格幅宽也为 1 000 mm,按其物理力学性能不同分为Ⅰ型和Ⅱ型。

玻璃布油毡和玻璃纤维胎油毡的抗拉强度远远高于纸胎油毡,柔韧性好,耐腐蚀性强,耐久性高于普通油毡 1 倍以上。主要用于地下防水层、防腐层、屋面防水层及金属管道(热管道除外)防腐保护层等。

除此之外,与这两种油毡卷材相类似的还有以麻布、石棉布、合成纤维等作为胎基制成的油毡卷材,制作方法与这两种油毡卷材相同。多用于防水性、耐久性和防腐性要求较高的工程中。

(3) 铝箔面防水卷材

铝箔面防水卷材是以玻璃化纤毡为胎基,浸涂氧化沥青,表面用压纹铝箔贴面,再在地面撒上细颗粒矿物材料或覆盖聚乙烯膜,而制成的具有热反射和美化装饰作用的新型防水卷材。该防水卷材幅宽 1 000 mm,按每卷标称质量分为 30 和 40 两种标号。其中 30 号应用于多层防水工程的面层,40 号应用于单层或多层防水工程中的面层。

2) 高聚物改性沥青防水卷材

高聚物改性沥青防水卷材是以合成高分子聚合物改性沥青为涂盖层,以纤维织物、纤维毡等为胎基,粉状、颗粒状或片状的材料为覆盖层材料制成的防水材料。与传统沥青卷材相比较,此类防水卷材具有高温下不流淌,低温下不脆裂,拉伸强度较大和延伸率高等特点。常用的有 SBS 改性沥青防水卷材、APP 改性沥青防水卷材、PVC 改性焦油沥青防水卷材等。

(1) SBS 改性沥青防水卷材

以沥青或 SBS 改性沥青(即弹性体沥青)为涂盖层,玻纤胎、聚酯胎等作为胎基,表面再撒上细砂或者塑料薄膜作为隔离材料,经加工制成的防水卷材,统称为 SBS 改性沥青防水卷材。

SBS 改性沥青防水卷材按照胎基材料不同分为聚酯胎(PY)、玻纤胎(G)和玻纤增强聚酯胎(PYG);按其上表面隔离材料不同分为聚乙烯膜(PE)、细砂(S)(粒径不超过 0.6 mm)、矿物粒料(M);按其下表面隔离材料不同分为细砂(S)、聚乙烯膜(PE);按其物理力学性能分为Ⅰ型和Ⅱ型。具体品种如表 9.3 所示。SBS 改性沥青防水卷材的技术性能如表 9.4 所示。

表 9.3　SBS 防水卷材品种(GB 18242—2008)

胎　基	上表面材料		
	聚酯胎	玻纤胎	玻纤增强聚酯胎(PYG)
聚乙烯膜(PE)	PY - PE	G - PE	PYG - PE
细砂(S)	PY - S	G - S	PYG - S
矿物粒(片)(M)	PY - M	G - M	PYG - M

表 9.4   SBS 改性沥青防水卷材技术性能（GB 18242—2008）

项　目		指　标				
		Ⅰ型		Ⅱ型		
		PY	G	PY	G	PYG
可溶物含量 /(g/m²)	3 mm	≥2 100				—
	4 mm	≥2 900				—
	5 mm	≥3 500				
	实验现象	胎基不燃		胎基不燃		
耐热性		90 ℃		105 ℃		
	实验现象	≤2 min				
		无滴落、流淌				
不透水性	压力/MPa	≥0.3	≥0.2	≥0.3		
	保持时间/min	≥30				
低温柔度/℃		−20		−25		
		无裂缝				
拉力	最大峰拉力/ (N/50 mm)	≥500	≥350	≥800	≥500	≥900
	实验现象	拉伸过程中,试件中部无沥青涂盖层开裂或胎基分离现象				
延伸率	最大峰时延伸率/%	≥30	—	≥40	—	
浸水后质量 增加/%	PE、S	≤1.0				
	M	≤2.0				
热老化	拉力保持率/%	≥90				
	延伸率保持率/%	≥80				
	低温柔度/℃	−15		−20		
		无裂缝				
	尺寸变化率/%	≤0.7	—	≤0.7	—	≤0.7
	质量损失率/%	≤1.0				

　　SBS 改性沥青防水卷材具有弹性高、延伸率大,耐疲劳性好、低温柔韧性好、耐腐蚀性及耐热性好、施工方便,可叠层施工等特点,广泛应用于工业与民用建筑,如屋面、地下室、卫生间等防水防潮工程,尤其适用于高层建筑的屋面、地下室、卫生间等工程部分的防水防潮工程,还有桥梁、停车场、游泳池、蓄水池、隧道等建筑的防水工程。由于其耐低温性能,在低温条件下柔韧性良好和较高的弹性延伸性,因此适用于北方寒冷地区使用以及易变形的建筑物。

　　（2）APP 改性沥青防水卷材

　　APP 塑性体改性沥青防水卷材是以 APP 改性沥青为涂盖层,聚酯毡或玻纤毡等作为胎基并浸润 APP 改性沥青,上表面撒以隔离材料,下表面覆盖聚乙烯膜所制成的防水卷材,是一种塑性体防水卷材。

APP 改性沥青防水卷材由于沥青中加入了改性剂 APP(无规聚丙烯),使得沥青的软化点大幅提高,改善沥青低温下的柔韧性。其规格、品种与 SBS 卷材相同,用途与 SBS 卷材基本相同,更适合用于高温或者强烈太阳辐射地区的建筑物防水。APP 改性沥青防水卷材的技术性能如表 9.5 所示。APP 改性沥青防水卷材的性能更好,具体表现为:抗拉强度高、耐热性和抗腐蚀性好、韧性和延展性强、抗老化能力好等。一般适用于建筑工程中的屋面和地下防水工程,道路、桥梁等建筑物的防水工程等。与 SBS 改性沥青卷材相比较,由于其耐热性和耐紫外线照射等性能,特别适用于紫外线辐射强烈及炎热地区屋面防水工程的使用。

表 9.5 APP 改性沥青防水卷材技术性能(GB 18243—2008)

项 目		指 标				
		Ⅰ 型		Ⅱ 型		
		PY	G	PY	G	PYG
可溶物含量 /(g/m²)	3 mm	≥2 100				—
	4 mm	≥2 900				—
	5 mm	≥3 500				
	实验现象	胎基不燃		胎基不燃		
耐热性	实验现象	90 ℃		105 ℃		
		≤2 min				
		无滴落、流淌				
不透水性	压力/MPa	≥0.3	≥0.2	≥0.3		
	保持时间/min	≥30				
低温柔度		−7		−15		
		无裂缝				
拉力	最大峰拉力/ (N/50 mm)	≥500	≥350	≥800	≥500	≥900
	实验现象	拉伸过程中,试件中部无沥青涂盖层开裂或胎基分离现象				
延伸率	最大峰时延伸率/%	≥25	—	≥40		
浸水后质量 增加/%	PE、S	≤1.0				
	M	≤2.0				
热老化	拉力保持率/%	≥90				
	延伸率保持率/%	≥80				
	低温柔度/℃	−2		−10		
		无裂缝				
	尺寸变化率/%	≤0.7	—	≤0.7	—	≤0.3
	质量损失率/%	≤1.0				

9.1.3 合成高分子防水卷材

高分子防水卷材是以合成橡胶、合成树脂或者两者混合体为基本防水材料,加入适量的化学助剂和填充剂,经过一系列制作工序加工而成的可卷曲的片状防水材料。目前,合成高分子防水卷材的主要种类有橡胶类防水卷材,如三元乙丙橡胶卷材、聚氯乙烯卷材、丁基橡胶卷材、再生橡胶卷材等;树脂类防水卷材,如聚氯乙烯卷材、聚乙烯卷材、乙烯共聚物卷材等;还有橡胶共混类防水卷材,如氯化聚乙烯—橡胶共混卷材、聚丙烯—乙烯共聚物卷材。合成高分子防水卷材一般按厚度分为 1 mm、1.2 mm、1.5 mm、2.0 mm 等规格,通常做单层铺设,可用自粘法或冷粘法施工。

合成高分子防水卷材与传统的沥青类防水卷材相比,施工更方便、环保等,是目前大力推广的新型防水卷材。其拉伸强度和抗撕裂强度高,断裂伸长率大,耐腐蚀性、耐老化性能、耐热性和低温柔性好,适用于高层建筑、高级宾馆、游泳池等有要求良好防水性的地下、屋面等防水工程。

1) 三元乙丙橡胶防水卷材(EPDM)

三元乙丙橡胶防水卷材(EPDM)是以乙烯、丙烯以及适量的双环戊二烯等 3 种单体聚合成的三元乙丙橡胶为主要原材料,再掺入适量的丁基橡胶以及各类添加剂,经过一系列加工工序制成的一种高弹性防水材料。

三元乙丙橡胶防水卷材具有质量轻、弹性和抗拉强度高、抗化学腐蚀性强、延展性好、化学稳定性好、耐紫外线、耐氧化等特点,并且无论严寒或酷暑均可使用,使用年限长达 30~50 年,且施工成本低。在防水材料中是抗老化性能最好的卷材,属于高档防水材料。适用于工业与民用建筑的屋面及地下工程、贮水池、市政、地铁、隧道等工程防水,尤其适用于耐久性、耐腐蚀性要求高和易变形的工程。

2) 聚氯乙烯(PVC)防水卷材

聚氯乙烯防水卷材是以聚氯乙烯树脂为主要原材料,掺入适量的填充料、增塑剂、改性剂、稳定剂等,经过加工而成的一种防水卷材,是我国目前防水卷材中用量较大的一种。PVC 防水卷材具有抗拉强度高、延伸率较大、耐高低温性能较好、使用寿命长等特点,而且热熔性能好,与三元乙丙橡胶防水卷材相比,综合性能略差,但其原材料丰富,价格便宜,主要应用于屋面、地下室以及水坝、水渠等工程防水抗渗材料。

3) 氯化聚乙烯防水卷材

氯化聚乙烯防水卷材是以含氯量为 30%~40% 的氯化聚乙烯树脂为主要原材料,掺入大量的填充材料和适量的化学助剂等制成的一种防水卷材。此类防水材料的耐气候性、耐臭氧性、耐老化性均有所提高,阻燃效果也比较好,并且氯化聚乙烯可以制成五颜六色,在做防水材料的同时,还可起到隔热和装饰作用。主要应用于各种保护层的防水材料中,还常被用作室内装饰材料,同时起到防水和装饰作用。

4) 氯化聚乙烯—橡胶共混防水材料

氯化聚乙烯—橡胶共混防水材料是以氯化聚乙烯树脂和合成橡胶混合物为主要原材料,掺入适量的填充料和促进剂、稳定剂、硫化剂、软化剂等,经过加工制成的一种高弹性防水卷材。此类防水卷材的抗拉强度高、抗老化性能优异、使用寿命长、弹性和延展性好及低温柔韧性好。常用于屋面保护层、地下室及水池等防水工程中,特别适用于寒冷地区或者变形较大的建筑防水工程。

9.2 建筑涂料

涂料是涂抹在建筑物或者建筑构件表面,并能黏结成完整而坚固的保护膜的液体或固体材料。涂料具有施工方便、自重小、价格低、色彩丰富等特点,在建筑物中能起到装饰、保护、防水、防潮、防火等作用。

9.2.1 涂料的组成

涂料的种类很多,但就每种涂料的组成而言,大致可分为主要成膜物质、次要成膜物质和辅助成膜物质 3 个部分。

主要成膜物质又称为基料,是涂料的主要成分,能独立成膜,能黏结次要成膜物质和辅助成膜物质,使之形成连续的涂抹薄层,对涂料的坚固性、耐水性、耐磨性、化学稳定性和耐气候性等起决定性影响。主要成膜物质一般有沥青、生漆、天然橡胶、聚酯树脂等。

次要成膜物质又称为颜料,是涂料的组成部分,不具备单独成膜的能力,必须在主要成膜物质的基础上使用。加入颜料的涂料不仅更具有装饰性,还能改善涂料的物理和化学性能,提高涂层的机械强度、附着力、抗渗性和防腐蚀性能等,还有防止紫外线穿透的作用,从而增强涂层的耐候性和保护性。颜料有防锈颜料、体质颜料和着色颜料,主要有红丹、云母、氧化铁、滑石粉、硅藻土等。

辅助成膜物质又称化学助剂,是涂料的辅助性材料,一般不能构成涂膜,但对涂料的性能有明显的改善效果,在成膜过程中起到改善涂料耐久性的重要作用。常用助剂有增塑剂、催干剂、表面活性剂、防霉剂、紫外线吸收剂和防污剂等。

9.2.2 建筑涂料的分类

1)按主要成膜物质的化学组成分类

按主要成膜物质的化学组成分可分为有机涂料、无机涂料和无机—有机复合涂料。有机涂料根据其使用的溶剂不同,分为溶剂型涂料、水乳型涂料和水溶型涂料。有机涂料是最常用的涂料。无机涂料是指以碱金属硅酸盐、硅溶胶及无机聚合物等作为主要成膜物质,加入适量的固化剂、颜料、填充料制成的涂料。无机—有机复合涂料可以充分发挥有机材料和无机材料各自的优点,使得涂料的技术经济效益更好。

2)按建筑物的使用部位不同分类

按建筑物的使用部位不同分为内墙涂料、外墙涂料、地面涂料和顶棚涂料等。

3）按使用功能不同分类

按使用功能不同分为普通涂料和特种功能建筑涂料（如防水涂料、防火涂料、防霉涂料等）。

9.2.3 内墙涂料

1）内墙涂料的特点

内墙涂料，也可用作顶棚涂料，主要功能是装饰及保护内墙面和顶棚，使其美观整洁。为了达到良好的装饰效果和保护基层等目的，内墙涂料必须色彩丰富柔和、质地平滑、耐碱性和耐水性好、耐洗刷且不易粉化、施工方便且无毒无污染等。

2）常用的内墙涂料

常用的内墙涂料有水溶性内墙涂料、合成树脂内墙涂料和新型内墙涂料等。

（1）水溶性内墙涂料

水溶型内墙涂料是由水溶型合成树脂聚乙烯醇及其衍生物作为主要成膜物质，再加入适量的填料、颜料、助剂和水等，经过磨细制成的水溶性涂料。水溶性内墙涂料的生产原料丰富、制作工艺简单、价格便宜，且具有一定的装饰效果，是目前比较盛行的内墙涂料，适用于一般民用建筑的内墙装饰装修中。常用水溶性内墙涂料有聚乙烯醇水玻璃内墙涂料（即 106 内墙涂料）和聚乙烯醇缩甲醛内墙涂料（即 803 内墙涂料）。其中 106 内墙涂料无毒、无味、不燃，并且在稍潮湿的墙面也可涂刷，施工方便。803 内墙涂料无味、干燥快、涂刷方便、遮盖力比较强，可在较低温度下施工，但 803 内墙涂料含有少量游离甲醛，对人体有一定的危害。

（2）合成树脂内墙涂料

合成树脂内墙涂料是以合成树脂为基料的薄型内墙涂料。通常以合成树脂乳液来命名。常用的品种有乙丙乳胶漆、聚醋酸乙烯乳胶漆和苯丙乳胶漆等。

乙丙乳胶漆是以聚醋酸乙烯丙烯酸酯共聚物乳液为主要成膜物质，再加入适量的填充料、颜料和助剂，经过研磨制成的半光或者有光的内墙涂料。乙丙乳胶漆的耐碱性、耐水性和耐久性都比较好，保色性强，有光泽感，是常用的中高档内墙装饰涂料。

聚醋酸乙烯乳胶漆是以聚醋酸乙烯乳液为基料，再加入适量的填充料、颜料和助剂，经过加工而成的水乳型涂料，具有施工方便、易干燥、透气性好、附着力强、耐水性好、装饰效果好等特点。一般用于装饰要求较高的内墙面，但不可用于外墙面。

苯丙乳胶漆是以苯乙烯、丙烯酸酯和甲基丙烯酸等共聚乳液为主要成膜物质，再加入适量的填充料、颜料和助剂，经过加工而成的一种哑光内墙涂料，其耐水性、耐碱性、耐磨性和耐久性良好，常用于高档内墙装饰，也可用于外墙装饰。

（3）新型内墙涂料

新型内墙涂料有多彩花纹涂料、多彩立体涂料、仿瓷涂料、仿壁毯涂料、仿绒涂料、纤维涂料、发光涂料等，涂刷在建筑物内墙壁上，既起到保护墙面的作用，又可以起到良好的装饰装修效果。

9.2.4 外墙涂料

1）外墙涂料的特点

外墙涂料主要用来装饰美化和保护建筑物的外墙面。为保证良好的装饰效果和保护作用,要求外墙涂料必须具有良好的装饰性、耐水性和耐久性,能经受日晒及抗雨水冲刷等。

2）常用的外墙涂料

（1）BSA 丙烯酸外墙涂料

丙烯酸外墙涂料是以丙烯酸酯类共聚物为基料,再加入适量的填料和助剂制成的水乳型外墙涂料,具有无味、施工方便、干燥快、不燃等特点。一般用于民用建筑的外墙饰面。

（2）过氯乙烯外墙涂料

过氯乙烯外墙涂料是以过氯乙烯树脂为主要材料,掺加少量的其他树脂共同组成的主要成膜物质,再加入一定量的填料、增塑剂、颜料和助剂等,经加工制成的一种溶剂型外墙涂料,具有色彩丰富、干燥快、表面光滑等特点,且耐候性和化学稳定性好。但过氯乙烯外墙涂料的热分解温度较低,一般应在低于 60 ℃的环境下使用。

（3）彩砂外墙涂料

彩砂外墙涂料又称为彩石漆、仿石型涂料等。是以合成树脂乳液为主要成膜物质,以彩色砂粒或彩色陶瓷颗粒和石粉为骨料,添加填料、助剂等制成的一种砂粒状外墙涂料,其耐磨性、耐水性好、涂膜的保色性佳,且骨料不易脱落,耐久性好,使用寿命长。

9.2.5 地面涂料

地面涂料主要是起到装饰与保护室内地面的作用,涂刷过的地面整洁美观,与室内其他的装饰材料相协调,创造舒适的室内环境。地面涂料应该具有耐碱性强、黏结强度高、耐水性好、耐磨性好、抗冲击性能强、施工维修方便等优点。常用的地面涂料有过氯乙烯地面涂料、聚氨酯地面涂料、聚醋酸乙烯酯水泥地面涂料和环氧树脂厚质地面涂料等。

9.2.6 防水涂料

防水涂料大部分是以液态高分子材料为主体的防水材料,可分为有机防水涂料和无机防水涂料两种。有机防水涂料包括橡胶沥青类、合成橡胶类和合成树脂类等;无机防水涂料包括聚合物水泥基防水涂料和水泥基渗透结晶型防水涂料。按主要成膜物质不同分为沥青类、高聚物改性沥青类和合成高分子类等。

防水涂料涂抹固化后有良好的防水性能,能形成无接缝的完整的防水膜,适用于建筑物的立面、阴阳角、狭窄场所等复杂的、不规则的部位的防水。防水涂料施工便捷,大多采用冷作业,操作简便。在结构层直接涂抹成膜防水,维修方便。但是防水涂膜一般都是人工涂布,施工操作质量比较难保证,很难做到厚度均匀一致,因此施工时,应严格按照操作规程进行多层涂抹,保证单位面积内的最低使用量,确保涂抹防水层的质量。

1）沥青类防水涂料

沥青防水涂料的主要成膜物质为沥青,使用时常加入沥青胶粘贴,在基体表面涂刷一层冷底子油,以提高沥青防水涂料与基体的黏结强度。

（1）冷底子油

将汽油、煤油、柴油、工业苯等与沥青融合后制成的沥青溶液,通常在常温下使用,用于防水工程的底层,故称冷底子油。冷底子油具有良好的流动性,便于喷涂或涂刷,且黏度小,将其涂刷在混凝土、砂浆或木材等基底后,能很快渗透到基面内,使基面具有一定的憎水性,为粘贴其他防水材料做良好的基础。一般不能单独作为防水材料使用。在施工操作中,冷底子油应做到即配即用,配好的冷底子油应放在密封的容器内置于荫凉处存放,以防溶剂挥发。喷涂冷底子油时,应确保基面洁净干燥。

（2）沥青胶

沥青胶又称沥青玛蹄脂,由沥青和适量粉状或纤维状矿物填充料均匀混合而成的胶黏剂。掺入填充料是为了提高沥青的耐热性、黏结性,降低沥青的冷脆性,节约沥青的目的,通常掺量为10%～30%。

沥青胶的特点:黏结性、耐热性、柔韧性和大气稳定性等性能均良好。主要用于粘贴卷材、补漏、嵌缝以及其他防水、防腐涂料的底层等。用于屋面防水时,应根据使用环境、屋面坡度、当地历年室外最高气温等条件来选择,如表9.6所示。

沥青胶分为热熔沥青胶和冷沥青胶两类。

热熔沥青胶是在熔化脱水的沥青中慢慢加入20%～30%的加热至100～110 ℃的矿粉,持续加热并混合搅拌均匀而成。热沥青胶一般加热到180 ℃时使用效果最佳。施工时一般使用热熔沥青胶。

冷沥青胶是在常温下,先将石油沥青熔化脱水,加入25%～30%的溶剂,再加入10%～30%的填充料,混合搅拌均匀即可。

沥青胶的主要技术性能包括耐热度、柔韧性和黏结力。各标号的技术要求应符合《屋面工程质量验收规范》(GB 50207—2012)中石油沥青胶的技术标准的要求,如表9.7所示。

表 9.6　沥青胶选用标号(GB 50207—2012)

屋面坡度/%	历年极端最高气温/℃	沥青胶标号
2～3	＜38	S - 60
	38～41	S - 65
	41～45	S - 70
3～15	＜38	S - 65
	38～41	S - 70
	41～45	S - 75
15～25	＜38	S - 75
	38～41	S - 80
	41～45	S - 85

表 9.7　石油沥青胶的技术性能（GB 50207—2002）

指标名称	石油沥青胶					
	S-60	S-65	S-70	S-75	S-80	S-85
耐热性	用 2 mm 厚的沥青胶粘合两张沥青油纸,以不低于下列温度(℃)、在 100%(45°角)的坡度上,停放 5 h,沥青胶不应流出,油纸不应滑动					
	60	65	70	75	80	85
柔韧性	涂在沥青油纸上的 2 mm 厚的沥青胶层,在 (18±2)℃ 时,围绕下列直径(mm)的圆棒以 5 s 且均衡速度弯曲成半周,沥青胶结材料不应有裂纹					
	10	15	15	20	25	30
黏结力	将两张用沥青胶粘贴在一起的沥青油纸揭开时,若被撕开的面积超过粘贴面积的 1/2 时,则认为黏结力不合格,否则即为合格					

（3）乳化沥青防水涂料

乳化沥青防水涂料是以乳化沥青为基料,加入乳化剂,将溶化后的沥青用机械强力搅拌,沥青以微粒的形式均匀地分散在乳化剂的水中而形成的乳胶体。

乳化沥青可以做基层处理剂喷涂或者涂刷在材料的表面作为防潮或者防水层,也可以与其他材料黏结成多层防水层,或者用来拌制冷用沥青砂浆和沥青混凝土。与其他类型的防水涂料相比,乳化沥青防水涂料使用时不需要加热,因为建筑上使用的乳化沥青是呈棕黑色的乳状液体,常温下可进行施工,安全度更高,加快了施工进度;价格便宜;且可以在潮湿的基层材料上施工,黏结能力强。

乳化沥青防水涂料的稳定性较差,存储期不能过长,一般不超过半年,否则乳化沥青容易发生分层变质;乳化沥青防水涂料必须存储于密闭的容器中,且存储温度不得低于 0 ℃,不宜在 -5 ℃以下施工,避免因水分结冰而破坏防水层。

2）高聚物改性沥青防水涂料

高聚物改性沥青防水涂料是以沥青为基料,加入适当的高分子聚合物进行改性制成的一种水乳型或溶剂型防水涂料。常用的品种有水乳型氯丁橡胶沥青防水涂料、再生橡胶改性沥青防水涂料和 SBS 橡胶改性沥青防水涂料等。

（1）水乳型氯丁橡胶沥青防水涂料

氯丁橡胶沥青防水涂料是以氯丁橡胶和石油沥青作为基料而制成的防水涂料。水乳型氯丁橡胶沥青防水涂料是阳离子氯丁乳胶和阳离子石油沥青乳液相混合组成的,是氯丁橡胶微粒和石油沥青微粒借助阳离子表面活性剂的作用,稳定分散到水中,形成的乳状液态物质。其主要特点是涂膜强度大、延展性好、耐热性和低温柔韧性好、抗腐蚀性和耐燃性好,耐臭氧老化,且安全无毒,是一种性能优良的防水涂料。在建筑工程中广泛应用于建筑物的屋面、墙体、楼地面、地下室和管道设备的防水中。

（2）再生橡胶改性沥青防水涂料

再生橡胶改性沥青防水涂料是以石油沥青为基料,加入改性剂再生橡胶复合而成的水性防水涂料。它是一种双组分(A 液、B 液)材料,其中 A 液为乳化橡胶,B 液为阴离子型乳化沥青,两液分开存储,使用时现场配制。该涂料无毒、无味、不易燃烧,有橡胶的弹性,常温下可进行冷施工,温度稳定性和抗老化性能好,防腐蚀能力强。常用于建筑物的屋面、墙体、楼地面、地下室及冷库的防水防潮工程中。

（3）SBS 橡胶改性沥青防水涂料

SBS 橡胶改性沥青防水涂料是由沥青、橡胶、合成树脂、SBS 及活性剂等高分子材料组成的一种水乳型防水材料。该涂料低温柔韧性好、抗裂能力强、黏结力强、抗老化性能好。可与玻纤布等胎基材料复合成防水材料，适用于复杂的基层防水，如厨房、水池、地下室等。

3）合成高分子类防水涂料

合成高分子防水涂料是以合成树脂（包括无机高分子材料）或合成橡胶为主要成膜物质，加入其他辅助材料配制而成的防水材料，常见的品种有聚氨酯防水涂料、丙烯酸酯防水涂料和聚氯乙烯防水涂料等。

聚氨酯防水涂料具有延伸率大（可达 350%～500%）、抗老化性能好、黏结能力和抗裂能力强，耐碱性、耐酸性、耐磨性、耐臭氧性优异等特点，色彩丰富，装饰效果强，施工简单方便。一般适用于中高级建筑物的防水工程、地下室工程、有保护层的屋面防水工程，是目前我国使用最多的防水涂料。

丙烯酸酯防水涂料具有优异的耐高低温性、不透水性，且无毒无味、无污染、施工简单方便等优点，可用于各类建筑物的复杂基层表面防水工程施工。

聚氯乙烯防水涂料的弹性好、塑性强、抗老化性能和抗腐蚀能力好，且价格便宜，使用时，一般与玻纤布、聚酯无纺布等胎基结合使用，多用于建筑物的屋面、地下室及桥洞、涵洞和金属管道的防水工程中。

9.3 建筑塑料

塑料是以合成树脂或天然树脂为主要成分，再加入各种添加剂（也可不加添加剂）经过一定的生产工序制成的材料。

9.3.1 塑料的组成

1）树脂

树脂是塑料组成材料中的基本成分，在塑料中起胶结作用。塑料中树脂的种类、性质、用量不同，都将直接影响塑料的物理力学性质。因此塑料的主要性质由树脂的性能决定。在塑料中，树脂的用量一般占总量 30%～60%，有时甚至更多。树脂按受热时性能变化不同，分为热塑性树脂和热固性树脂。

热塑性树脂受热时，树脂会逐渐软化、塑化，乃至熔融，冷却时会硬化凝固成型，而且这个过程是可以反复进行的，对其性能和外观都无明显影响。热塑性树脂包括聚乙烯、聚丙烯、聚氯乙烯、氯化聚乙烯、聚甲醛、聚苯乙烯等。热固性树脂在受热时，会软化和塑化，同时伴随着固化反应，冷却后会发生定型，若再次受热，则不会发生塑化变形，不能再次利用。热固性树脂包括氨基树脂、酚醛树脂、不饱和聚酯树脂和环氧树脂等。

2）添加剂

添加剂在塑料中能改善塑料的某些性能,能使塑料更容易成型。在塑料的成分中,除了树脂,加入的其他材料都统称为添加剂。主要的添加剂有填料、增塑剂、固化剂、着色剂、稳定剂和润滑剂等。

（1）填料

填料又称为填充料或填充剂,在塑料中的含量占 $40\%\sim70\%$,是塑料中不可缺少的材料。填料加入塑料中不仅可以改善塑料的某些性能,如提高塑料的硬度、尺寸的稳定性等,还可以节约树脂,降低生产成本。常用的有机填充料有木粉、纸屑和棉布等;常用的无机填充料有滑石粉、石棉、云母、石灰石粉和玻璃纤维等。

（2）增塑剂

增塑剂能提高塑料在加工时的可塑性和流动性,降低塑料达到熔融状态时的温度和黏度,改善塑料的强度和韧性等。添加的增塑剂要求与树脂的相容性好,增塑效率高,效果持久,不易挥发,且热稳定性强,抵抗紫外线,电绝缘性和抗腐蚀性能好,并要求无色、无味、无毒、不燃。常用的增塑剂有邻苯二甲酸二丁酯、邻苯二甲酸二辛酯和樟脑等。

（3）固化剂

固化剂能调节塑料固化的速度,使树脂硬化。调整掺入的固化剂的种类和掺量,可获得需要的固化速度及效果。常用的固化剂有过氧化物、胺类和酸酐等。

（4）着色剂

着色剂的添加是为了让塑料制品色彩丰富。着色剂除了要满足色彩的要求之外,还应具备分散性好、附着力强,在加工及使用过程中不会与塑料的成分发生化学反应等特性。常用的着色剂有有机染料、无机染料或颜料等。

（5）稳定剂

塑料在加工和使用过程中,会受到光、热和氧的作用而发生降解、氧化、颜色变深、性能发生改变等现象,稳定剂可以防止塑料的老化,延长塑料的使用寿命。常用的稳定剂有热稳定剂、抗老化剂及光稳定剂等,如环氧树脂、硬脂酸盐及铅化物等。

（6）润滑剂

润滑剂可以防止塑料在加工过程中对加工设备产生黏附现象,改善塑料制品的表面光洁程度等,是塑料中典型的添加剂,对塑料的成型和成品的质量有重要的影响。常用的润滑剂有硬脂酸、液状石蜡和硬质酸盐等。

除此之外,为了满足建筑塑料的使用要求和各种特殊性能,还需加入其他添加剂,如发泡剂、阻燃剂和抗静电剂等。

9.3.2 常用的建筑塑料

塑料的种类繁多,建筑塑料要求具有良好的力学性能,能承受一定的外力作用,尺寸稳定,在高温和低温下各项物理力学性能维持不变。

1）常用的建筑塑料

（1）聚乙烯（简称 PE）

聚乙烯塑料是以聚乙烯树脂为基材的塑料。聚乙烯按其密度分为高密度聚乙烯（简称 HDPE）和低密度聚乙烯（简称 LDPE），低密度聚乙烯比高密度聚乙烯强度低，但它的伸长率和耐寒性比较好，故用于改性沥青的多选用低密度聚乙烯。聚乙烯的主要特点：强度较高、延伸率较大、抗冻性好。聚乙烯塑料可制成半透明、柔韧、不透气的薄膜，也可加工成建筑用的板材或管材。

（2）聚丙烯（简称 PP）

聚丙烯的密度在塑料中是最小的，约为 $0.850\ g/cm^3$，其强度、硬度、弹性均高于聚乙烯，耐热性良好，电绝缘性和耐腐蚀性能良好，但韧性差，不耐磨，易老化。常用于制成塑料薄膜或建筑板材或管材，性能与聚乙烯塑料相近。

（3）聚氯乙烯（简称 PVC）

聚氯乙烯具有较高力学性能和良好的化学稳定性，耐腐蚀性能和电绝缘性也较好，但变形能力和耐寒性差。常用作建筑用硬塑料管材和板材以及各种日用制品，如管道、装饰板、门窗、壁纸和保温材料等，是建筑工程中应用最广泛的一种塑料。

（4）聚苯乙烯（简称 PS）

聚苯乙烯是无色透明且具有玻璃光泽的塑料。聚苯乙烯的机械强度高，但抗冲击性差、性脆、易裂，耐热性差，主要用来制作灯具平顶板，泡沫隔热材料等。目前主要是通过共聚、共混、添加助剂等方法生产改性聚苯乙烯，即 ABS 改性聚苯乙烯塑料。

（5）环氧树脂（EP）

环氧树脂塑料以环氧树脂为主要成膜物质，添加固化剂、稀释剂、增韧剂、增强材料及其他助剂所制得的塑料，简称环氧塑料，其黏结性和力学性能好，电绝缘性好，固化时收缩率低，并且可以在室温下固化成型。常用于生产涂料、胶黏剂和玻璃钢等。

2）常用的建筑塑料制品

塑料制品在建筑工程中的应用越来越广泛，如建筑装饰材料、各种管材、型材及防水工程等。常见的建筑塑料制品如表 9.8 所示。

表 9.8　常用建筑塑料制品

类　　别	常用塑料制品
塑料地面材料	塑料地板、卷材
	塑料地毯
	塑料涂布地板
塑料墙体材料	塑料壁纸、墙纸
	塑料墙面砖
	三聚氰胺装饰层压板
建筑涂料	有机无机复合涂料
	内外墙有机高分子溶液和乳液涂料
	内外墙有机高分子水性涂料

续表 9.8

类　别	常用塑料制品
塑料门窗	塑料门
	塑料窗
	百叶窗
装饰线材	踢脚线、扶手、踏步等
其他	建筑装饰小五金、灯具、塑料隔断板等

【学中做】

1. 建筑塑料的主要缺点是（　　）。

A. 密度大　　　　　B. 强度低　　　　　C. 耐水性差　　　　　D. 耐热性差

答案：D

2. 塑料门窗具有良好的隔热、隔音性能，且耐候性优于铝合金门窗。（　　）

答案：×

9.4　建筑胶黏剂

建筑胶黏剂是一种能在两个物体的表面间形成薄膜，并能把它们紧密地黏结起来的材料，又称为黏结剂或黏合剂。建筑胶黏剂在建筑工程中常用于室内装饰装修、设备安装、预制构件组装、混凝土裂缝和破损、加固补修，也可用作建筑胶。目前，建筑胶黏剂的用途越来越广，品种和用量日益丰富，已成为土木工程材料中的一个不可缺少的材料。

1）建筑胶黏剂的组成

建筑胶黏剂是由合成高分子材料（即黏料）再加入各种助剂，如填充料、稀释剂、固化剂、增塑剂、防老化剂等组成的。在建筑工程使用中，要求建筑胶黏剂必须具有足够的流动性，能充分润湿材料基层表面，黏结强度高，胀缩变形小，易于调节其黏结性和硬化速度，抗老化性能好。

（1）黏料

黏料亦称为黏结料、黏结物质，是胶黏剂中的主要成分，对胶黏剂胶结强度、耐热性、韧性等起重要作用，且具有良好的黏附性和润湿性。一般建筑工程中常用的黏结物质有热固性树脂、热塑性树脂、合成橡胶类等。

（2）填充料

填充剂亦称为填料，在胶黏剂中一般不会与其他组分产生化学反应。其作用是增加胶黏剂的稠度，提高胶结层的抗冲击韧性和机械强度，降低膨胀系数，减少收缩性等。常用的填充剂有金属及非金属氧化物的粉末，玻璃、石棉纤维制品以及其他植物纤维等，如石棉粉、铁粉、滑石粉及其他矿粉等无机材料。

（3）固化剂

固化剂是促使胶黏剂与材料之间进行化学反应，产生固化作用，并加快胶黏剂产生胶结强度的一种物质，常用的有胺类或酸酐类固化剂等。

（4）稀释剂

稀释剂亦称为溶剂，主要对胶黏剂起稀释分散、降低黏度的作用，使其便于施工，并能增加胶黏剂与材料的润湿度，以及延长胶黏剂的使用寿命。稀释剂分为两大类：一类为非活性稀释剂，俗称为溶剂，不参与胶黏剂的固化反应；另一类为活性稀释剂。常用的有机溶剂有丙酮、乙酸乙酯、苯、甲苯及酒精等。

（5）增塑剂

增塑剂亦称为增韧剂，作用是可以改善胶黏剂的脆性，增加熔融时胶黏剂的流动性，提高胶结接头的抗剥离、抗冲击能力以及耐寒性等。常用的增塑剂主要有邻苯二丁酯和邻苯二甲酸二辛酯等。

2）常用的建筑胶黏剂

建筑胶黏剂品种很多，按照其基料组分不同，可分为天然有机胶黏剂、合成有机胶黏剂和无机胶黏剂。建筑工程中最早作为胶黏剂的是天然有机胶黏剂，如淀粉、骨胶、鱼胶和沥青等。但目前多使用合成高分子材料作为胶黏剂，常用建筑胶黏剂的性能及用途如下。

（1）聚乙酸乙烯建筑胶黏剂（乳白胶）

聚乙酸乙烯建筑胶黏剂具有无毒、无味、黏结力强、快干、耐油性好、施工简单等特点，但价格较贵、耐水性和耐热性较差、易蠕变。常用于粘贴陶瓷饰面材料、墙纸、木质或塑料地板、玻璃等。

（2）丙烯酸酯类建筑胶黏剂（又称 502 胶）

丙烯酸酯类建筑胶黏剂的胶黏强度高、固化速度快、可室温固化、用量少、户外使用时抗老化性能好。常用于金属、非金属材料的黏结。

（3）聚乙烯醇缩甲醛建筑胶黏剂（俗称 107 胶或 801 胶）

聚乙烯醇缩甲醛建筑胶黏剂的胶黏强度高、无毒、无味、耐水、耐油、耐磨、耐老化、价格便宜，在建筑装修工程中应用最广。主要用于粘贴壁纸、墙布和瓷砖等；加入水泥砂浆中可减少地板起尘。

（4）聚氨酯建筑胶黏剂

聚氨酯建筑胶黏剂的黏结力强，耐水、耐酸、耐冻融性能好，干燥速度快，稳定性高，能与多孔材料、金属材料、玻璃、塑料、橡胶等发生优良的化学黏结，特别适合防水、耐酸、耐碱工程。

（5）环氧树脂建筑胶黏剂

环氧树脂建筑胶黏剂，俗称万能胶。其黏结强度高、耐热性和电绝缘性好、柔韧性好，耐化学腐蚀、稳定性好，广泛用于黏结金属、非金属材料及建筑物的修补，还可用于水中作业和耐酸碱场合。

（6）氯丁橡胶建筑胶黏剂

氯丁橡胶建筑胶黏剂的黏结强度较高，对水、油、弱酸、弱碱及有机溶剂有良好的抵抗性，可在室温下固化，但使用过程中易发生老化。可黏结多种金属、非金属材料，常用于水泥砂浆墙面或地面上粘贴橡胶和塑料制品。

在实际工程使用中，建筑胶黏剂与被粘物之间的能否牢固黏结，是多种化学作用的综合效果。为了获得更好的黏结效果，应根据被粘物的种类及使用环境等，合理地选择建筑胶黏剂的品种。

9.5　其他高分子建筑材料

在建筑工程中,常用的高分子材料除了前面讲的材料之外,还有有机保温材料、吸声材料、橡胶和高分子改性水泥混凝土等。

普通混凝土广泛应用于各种路桥工程以及建筑工程中,混凝土具有许多优良的技术性质,但是其抗拉(或抗弯)强度与抗压强度比值较低,延伸率小,是一种典型的脆性材料。高分子材料改性水泥混凝土是借助高分子材料的特性弥补上述缺点,使混凝土具有高强、耐腐蚀、耐磨以及黏结力强等特点。常用的高分子材料改性水泥混凝土主要有聚合物浸渍混凝土、聚合物水泥混凝土和聚合物胶结混凝土。

1) 聚合物浸渍混凝土

聚合物浸渍混凝土是将已硬化的混凝土作为基材,浸渍到高分子材料中,干燥后用加热、辐射或化学等方法使混凝土孔隙内的单体聚合而成的一种混凝土。

由于聚合物填充了混凝土的微裂缝和毛细管孔,改变了混凝土内部的孔结构,使混凝土的物理、力学性能得到明显改善,通常情况下,聚合物浸渍混凝土的抗压强度为普通混凝土的3~4倍;抗拉强度约提高3倍;抗弯强度提高2~3倍;弹性模量约提高1倍;抗冲击强度约提高70%。此外,混凝土的徐变显著减小,抗冻性、抗渗性、耐化学腐蚀性等性能也得到显著提高;但其耐热性较差,高温时聚合物易分解。常用于有腐蚀介质的管道、桩、柱子、海洋构筑物、路桥工程、水利工程中,以及对耐磨性、抗冻性和抗冲击性能要求较高的工程部位中,也可用于混凝土的修补工程中。

2) 聚合物水泥混凝土

聚合物水泥混凝土是在拌合混凝土的过程中掺入聚合物(或单体),以聚合物(或单体)和水泥作为胶凝材料,共同起胶结作用、同时固化而成的混凝土。其制作生产工艺与普通混凝土相似,便于施工现场使用。聚合物混凝土的抗压、抗拉和抗弯强度均有提高,抗冲击性能和耐磨性好,可用于现场灌注路面、桥面的修补以及构筑物等。

3) 聚合物胶结混凝土

聚合物胶结混凝土是全部以聚合物为胶结材料的混凝土,常用的聚合物为各种树脂或单体,一般聚合物的掺量占重量的8%~25%。与普通混凝土相比较,聚合物胶结混凝土具有快硬、高强、抗渗、耐磨、耐腐蚀、抗冻融等优点,可用于混凝土工程中各类抢修工程中。

知识拓展

防水材料如何选择呢?

在建筑工程中,防水工程是保障建筑物的使用功能与耐久性的关键,因此合理选择防水材料至关重要,下面我们从不同的建筑场景出发,介绍防水材料的选择要点。

1. 屋面与地下室防水:优先考虑防水卷材。屋面和地下室需要长期经受雨水、地下水的侵蚀,对防水材料的要求极高。对于此类大面积防水工程,防水卷材是首选。防水卷材的抗渗性和抗紫外线能力都很优秀。

2. 室内与复杂部位防水:防水涂料更有针对性。对于建筑物的卫生间、厨房、阳台等室内空间,以及屋面、外墙的形状复杂部位,防水涂料更有针对性。通常这类区域面积相对较小,并且管道、阴阳角等较多,液态的防水涂料施工更方便,能使防水材料紧密贴合各种复杂表面,形成完整的防水膜。

3. 建筑节点防水:密封材料不可或缺。建筑物的伸缩缝、施工缝、变形缝以及门窗框与墙体的接缝处,这类建筑部位由于频繁承受位移、变形等,通常需要使用密封材料进行密封防水。施工前,需清理接缝内的杂物,填充背衬材料,控制密封材料的嵌填深度,使用密封胶枪均匀注入密封材料,确保密封效果。

除此之外,选择防水材料时还需要结合考虑建筑物的使用功能、预算成本和施工条件等。例如,对环保要求较高的场所,应优先选择环保型防水材料;预算有限时,需综合比较材料价格和性能,选择性价比高的产品。

港珠澳大桥防水工程

港珠澳大桥是连接中国香港、广东珠海和中国澳门的桥隧工程,横跨珠江口伶仃洋海域。港珠澳大桥工程项目总投资额 1 269 亿元。创造了总体跨度最长、钢结构桥体最长、海底沉管隧道最长、公路建设史上技术最复杂、施工难度最高、工程规模最庞大 6 项世界之最。为了保证设计使用寿命 120 年,港珠澳大桥的防水工程占据举足轻重的地位。虽然无法直接得出防水工程的造价占比,但从港珠澳大桥防水工程的一些具体信息来侧面了解其重要性。例如,港珠澳大桥的海底隧道、人工岛、桥梁结构等不同部位都有专门的防水设计和施工,仅桥梁工程CB06 标车行道防水体系面积就达约 27 万 m^2。在沉管隧道施工中,为实现沉降达标和隧道不漏水,中国工程师们实现了多项技术创新,创造出复合地基,使沉管隧道沉降值大大缩小。这些都体现了防水工程在港珠澳大桥建设中的关键作用,虽无具体占比数据,但它是确保大桥长期稳定运行的重要环节。

复习思考题

1. 填空题

(1) 沥青按其源产分为_____和_____两大类。

(2) 石油沥青三大组分包括_____、_____和_____。

(3) 石油沥青的牌号主要根据其_____、_____和_____等质量指标划分,以_____表示。

(4) 涂料一般由_____、_____和_____三部分组成。

2. 简述题

(1) 何谓高分子材料? 怎样分类?

(2) 高分子材料有哪些特征? 应用前景如何?

(3) 常用高分子材料有哪些? 有什么特点? 应用范围如何?

(4) 试述涂料的组成成分及它们所起的作用。

(5) 聚合物浸渍混凝土、聚合物水泥混凝土和聚合物胶结混凝土在组成和工艺上有什么不同? 简述它们在工程中的用途。

10 石 材

（1）石材基本分类。
（2）天然石材的成因类型和技术性质。
（3）装饰用天然石材特性与应用。
（4）人造石材的特点与应用。

能力目标

（1）了解石材的概念和性质。
（2）了解天然石材和人造石材的品种及应用。
（3）掌握石材的技术性质。

素质目标

掌握石材的物理力学性能与规范标准,学会科学选材与应用,培养质量安全意识,提升创新应用石材的实践能力。

石材是历史悠久的建筑材料,具有强度高、耐磨性和耐久性好、装饰效果好等优点,且资源丰富,便于就地取材,因此在现代土木工程中依然应用十分广泛,如砌筑基础、桥涵和护坡,以及作为混凝土拌合的骨料等。

建筑石材是指具有一定的物理力学性能和化学性能且能满足建筑材料条件的岩石。目前,建筑石材分为天然石材和人造石材两种。天然石材是指从天然岩石体中开采的、经过或未经过加工的石料。人造石材是指用有机或无机胶凝材料、矿物质原料以及外加剂按一定的比例配制而成的,如混凝土、人造大理石和人造花岗石等。人造石材的性能、颜色、图案、形状等均可通过改变原料而获得,因此其应用也较为广泛。

10.1 天然石材

10.1.1 天然石材的来源

天然石材开采自天然岩石,各种造岩矿物在不同的地质条件作用下,形成不同的天然岩石类型,通常可分为岩浆岩、沉积岩和变质岩三大类。

1)岩浆岩(火成岩)

岩浆岩是岩浆在活动过程中或地壳内部已熔融的岩浆,经过冷却凝固而成的岩石,是地壳的主要组成岩石。由于岩浆冷却条件不同,所形成的岩石具有不同的结构性质,根据岩浆冷却条件将岩浆岩分为3类:深成岩、喷出岩和火山岩。建筑中常用的花岗岩、玄武岩、辉绿岩、火山灰、浮石等都属于岩浆岩。

2)沉积岩(水成岩)

沉积岩是地表的各种岩石(火成岩、变质岩或早期形成的沉积岩),在外力作用下,经风化、搬运、沉积,在地表及地下不太深的地方沉积形成的岩石,其主要特征是呈层状结构,且各层的成分、结构、颜色和厚度均不相同,还可能含有动、植物化石。沉积岩中含有丰富的矿产资源,有煤、石油、锰、铁、铝、磷、石灰石和盐岩等。沉积岩的特点是表观密度小,孔隙率和吸水率较大,强度较低,耐久性较差。建筑中常用的沉积岩有石灰岩、砂岩和碎屑石等。

3)变质岩

地壳中原有的岩石(岩浆岩、沉积岩及已经生成的变质岩),由于岩浆活动及构造运动的影响(主要是温度和压力的作用),在固体状态下发生再结晶作用,而使它们的矿物成分、结构构造以及化学成分发生部分或全部改变所形成的新岩石称为变质岩。变质后的岩浆岩其结构不如原岩石坚实,性能变差,称为正变质岩;而沉积岩变质后,结构较原岩石致密,性能更好,称为副变质岩。建筑中常用的变质岩有大理岩、石英岩和片麻岩等。

10.1.2　建筑装饰用的天然石材

建筑装饰工程中常用的天然石材有大理石和花岗石。建筑装饰工程常用天然石材的主要产品如表10.1所示。

大理石是一种主要成分为碳酸钙的变质岩,是由石灰岩、白云岩、蛇纹石、方解石等在高温、高压作用下变质而成的。大理石的颗粒细致,表面的纹理分布不规则,色彩和图案丰富,但硬度较低,属于中硬石材,易于加工,吸水率小,耐久性好但抗风化能力差(除少数大理石抗风化能力强,如汉白玉、艾叶青等)。可称之为大理石的岩石有大理岩、白云岩、石灰岩、砂岩和页岩等。云南大理石以品种多样、石质细腻和图案独特闻名,"大理石"就是以云南大理命名的;而著名的汉白玉则是产自北京房山的白云岩。大理石一般适用于室内墙面、柜面、料理台的台面等;由于其硬度不高,耐磨性差,一般不用于地面;其抗风化能力差,故也不可用于室外装饰装修工程中。

花岗石是岩浆岩中分布最广、土木工程中使用最多的一种岩石,属于酸性深成岩。天然花岗石经加工打磨抛光后,会形成色泽深浅不同的斑点花纹,花纹晶粒细小,云母与石英细晶分散其中,具有亮光闪烁的美丽装饰效果。花岗石具有强度高、表观密度大、孔隙率小、吸水率小、耐磨、耐久性好等优点,因此可作为结构材料使用,广泛应用于建筑物的基础、柱子、地面、踏步、桥梁墩台以及挡土墙等。同时花岗岩又是一种名贵的装饰材料,当今仍为许多公共建筑所采用。

表 10.1 装饰工程常用天然石材主要产品

天然石材的用途及制品		主要用途
建筑石材		
建筑辅助石料	块石、毛石、整形石	千基石、基础石、铺路石
	碎石、角石、石米	人造石材、混凝土原料
	河海石、砾石、碎石	建筑混凝土用石
装饰石材		
饰面石材	大理石	建筑墙面、地面的湿贴、干挂;各种异型制品及异型饰面的装饰
	花岗石	
	砂石	
	板石 裂分为平面板、凸面板	墙面、地面的湿贴、盖瓦、蘑菇石
文化石材	大理石	文化墙、背景墙、铺路石、假山、瓦板
	花岗石 毛石、片石、板材等	
	砂石	
	板石 片状板石、异型石	
	砾石 鹅卵石、冲击石、风化石	

10.2 人造石材

人造石材是以大理石、方解石、白云石、硅砂、玻璃粉等无机物粉料为骨料,水泥或不饱和树脂为胶结剂,以及适量的阻燃剂及颜料等,经过混合、浇筑、振捣、压缩挤压等成型固化而成的。人造石材具有结构致密、强度高、比重轻、耐磨、韧性好、坚固耐用、不吸水、耐风化等性能,且有天然石材的花纹和质感,又可制作出色彩丰富、花色繁杂的不同品种和尺寸的制品,是一种绿色环保的建筑材料。按照人造石材所用的原材料不同,分为水泥型、树脂型、复合型和烧结型 4 类。

10.2.1 水泥型人造石材

水泥型人造石材是以普通水泥、白色水泥、彩色水泥或各种硅酸盐、铝酸盐水泥为胶结剂,碎大理石、花岗石或工业废渣等为粗骨料,砂为细骨料,再配以适量的耐碱颜料等,经过配料、搅拌、成型、加压养护硬化后,磨平抛光而成的。水泥型石材的生产取材方便,造价低,但其装饰性和物理力学性能等与天然石材比稍差。各种水磨石制品和各类花阶砖都属于水泥型人造石材。

10.2.2 树脂型人造石材

树脂型人造石材是以不饱和聚酯为胶结剂,加入天然石英砂、大理碎石、方解石、石粉并按一定的比例混合均匀,再加入催化剂、固化剂、颜料等外加剂,经混合搅拌、浇筑成型、脱模、烘干、表面抛光等工序加工而成。其产品颜色丰富、光泽度高、装饰效果好,且树脂的黏度低,易于成型,在常温下即可发生固化,可制成各种形状复杂的成品。树脂型人造石材的密度小、强度高、耐酸碱腐蚀、美观性强,但耐老化性能差,因此常用于室内装饰。

10.2.3 复合型人造石材

复合型人造石材是由有机胶结剂和无机胶结剂组成的。有机胶结料可采用苯乙烯、甲基丙烯酸甲酯、醋酸乙烯、丁二烯等,而无机胶结剂则可采用各种水泥。例如可将水泥型人造石材浸渍在具有聚合性能的有机单体中并加以聚合,来提高制品的性能和档次。

10.2.4 烧结型人造石材

烧结型人造石材的生产与陶瓷的生产工艺相似,即将斜长石、长石、方解石、辉石等石粉,加以赤铁矿粉、高岭土等混合均匀,再加入大约 40% 的黏土混合制成泥浆,经过制坯、成型、高温(1 000 ℃)焙烧而成,具有性能稳定,耐久性和装饰性好等特点,但其高温焙烧过程能耗较大,造价较高,所以工程上应用得较少。

10.3 石材的技术性质、加工及应用

10.3.1 石材的技术性质

天然石材的技术性质包括物理性质、力学性质和工艺性质等。

1) 物理性质

(1) 表观密度

石材表观密度的大小主要与其矿物组成、结构的致密程度等有关,大多数岩石的表观密度较大。致密岩石的表观密度一般为 2 400~3 200 kg/m³,常用致密岩石的表观密度为 2 400~2 850 kg/m³。按表观密度的大小把天然石材分为轻质石材和重质石材,轻质石材的表观密度 ≤1 800 kg/m³,重质石材的表观密度 >1 800 kg/m³。 一般情况下,同种岩石,其表观密度越大,抗压强度越高,孔隙率越小,吸水率越低,导热和耐久性等越好。

(2) 吸水性

岩石按其吸水率的大小分为低吸水性岩石(吸水率小于 1.5%)、中吸水性岩石(吸水率为

1.5%～3.0%)和高吸水性岩石(吸水率大于3.0%)3种。

岩石的吸水率与岩石的致密程度和矿物组成有关。岩石的吸水率越小,则岩石的强度与耐久性越高。深成岩和多数变质岩的吸水率较小,一般不超过1.00%,如花岗岩的吸水率通常小于0.5%,但多孔的贝壳石灰岩吸水率可高达15%。

石材的吸水性直接影响其强度与耐水性。石材吸水后,颗粒之间的黏结力会降低,使强度也随之降低。吸水性强且易溶蚀的岩石,其耐水性较差。

(3)耐水性

石材的耐水性用软化系数表示。根据软化系数大小可分为高耐水性(软化系数大于0.90)、中耐水性(软化系数为0.75～0.9)和低耐水性(软化系数为0.6～0.75)石材。建筑工程中,石材的软化系数小于0.6时,不得用于重要建筑物中。

(4)抗冻性

石材的抗冻性是指石材在饱和水状态下,能经受多次冻融循环而不破坏,同时其强度也不显著降低的性质,用冻融循环次数来表示。如能经受冻融循环次数越多的,则其抗冻性越好。石材的抗冻性与其吸水性密切相关,吸水率大的石材其抗冻性也较差。通常认为吸水率小于0.5%的石材抗冻性能好。

(5)耐热性

石材的耐热性与其化学成分和矿物组成有关。石材在高温下,结构会发生破坏,这是由于热胀冷缩和体积变化而产生的内应力作用,或是组成矿物发生分解、变异等。如含有石膏的石材,在100 ℃以上时开始发生破坏;含有碳酸镁的石材,当温度高于725 ℃时会发生破坏;含有碳酸钙的石材,当温度达到827 ℃时开始发生破坏。而由石英与其他矿物所组成的结晶石材,如花岗岩等,温度高于700 ℃以上时,由于石英受热晶型转变发生膨胀,强度迅速下降。

(6)导热性

石材的导热性主要与其表观密度和结构状态有关。重质石材的导热系数可达2.91～3.49 W/(m·K);轻质石材的导热系数则在0.23～0.70 W/(m·K)。相同成分的石材,玻璃态比结晶态的导热系数小,封闭孔隙多的导热性差。

2)力学性质

(1)抗压强度

石材的抗压强度是取三个边长为70 mm×70 mm×70 mm的立方体试块的极限抗压破坏强度的平均值表示的。石材的强度等级根据抗压强度值的大小分为MU100、MU80、MU60、MU50、MU40、MU30、MU20、MU15和MU10九个等级。若非标准尺寸的试块,应将其试验结果乘以相应的换算系数,如表10.2所示。

表10.2　石材强度等级的换算系数

立方体试块边长/mm	200	150	100	70	50
换算系数	1.43	1.28	1.14	1	0.86

(2)冲击韧性

石材抵抗多次连续重复的冲击荷载作用的性能称为冲击韧性,可用石材冲击值来表示,通常采用石材冲击试验来测定。石材的冲击韧性与岩石的矿物组成成分与构造有关。石英岩和硅质砂岩脆性很大,含暗色矿物较多的辉长岩、辉绿岩等韧性相对比较大。通常,晶体结构的岩石较非晶体结构的岩石具有较高的韧性。

（3）硬度

岩石的硬度用莫氏硬度来表示。它取决于矿物组成的硬度与构造。凡由致密、坚硬矿物组成的石材,其硬度较高。石材的硬度与抗压强度密切相关,一般抗压强度越高,其硬度也越高。

（4）耐磨性

耐磨性是指石材在使用条件下抵抗摩擦、边缘剪切以及冲击等复杂作用的性质。常用磨耗率表示。石材的耐磨性与其矿物的硬度、结构、构造特征以及石材的抗压强度和冲击韧性等有关。矿物越坚硬、构造越致密以及石材的抗压强度和冲击韧性越高,石材的耐磨性越好。凡是可能遭受磨损作用的场所均应采用高耐磨性石材,如楼梯、台阶和人行道等。

3）工艺性质

石材的工艺性质是指其开采及加工过程的难易程度,包括加工性、磨光性与抗钻性等。

（1）加工性

石材的加工性是指岩石在开采、劈解、破碎与凿琢等加工工艺的难易程度。凡是强度、硬度、韧性较高的石材,加工较困难;质脆且粗糙,有颗粒交错的结构,含有层状或片状结构,以及已风化的岩石,都难以满足加工要求。

（2）磨光性

磨光性是指石材能否磨成光滑平整表面的性质。结构均匀致密、细颗粒的岩石一般磨光性比较好,容易打磨成光滑有光泽的表面;而质地疏松、多孔、有鳞片状构造的岩石磨光性则比较差。

（3）抗钻性

抗钻性指岩石钻孔时的难易程度。影响抗钻性的因素很复杂,一般与岩石的强度、硬度等性质有关。石材的强度越高,硬度越高,越不容易钻孔。

10.3.2 石材的加工

建筑工程中常用的天然石材有散粒状的混凝土拌合用石料、块状的砌筑用的石材,还有装饰用的岩石板材等。

1）毛石

毛石是岩石被爆破后直接得到的形状不规则的石块。按照其表面平整程度,可将毛石分为乱毛石和平毛石两种。乱毛石形状不规则;平毛石形状虽然也不规则,但它有大致平行的两个面。土木工程中使用的毛石,一般要求中部高度应不小于 150 mm,长度 300～400 mm,其抗压强度应不低于 10 MPa,软化系数应不小于 0.75。毛石常用来砌筑基础、勒脚、墙身、挡土墙等,还可以用来配制毛石混凝土等。

2）片石

片石也是由岩石爆破得到的,形状不受限制,但薄片者不得使用。一般片石的厚度应不小于 150 mm,体积不小于 0.01 m³,每块质量一般在 30 kg 以上。用于砖石砌体结构或者纯混凝土结构主体的片石,其抗压强度应不低于 30 MPa。片石主要用来砌筑砖石砌体结构、护坡、护岸等。

3）料石

料石由人工或机械开采出具有一定规则的六面体块石,再经过人工稍加凿琢而成。按料石表面加工的平整程度分为毛料石、粗料石、半细料石和细料石四种。而根据其形状不同,还可以分为条石、方石和拱石,其中制成长方形的称为条石,长、宽、高大致相等的称为方石,楔形的称为拱石。料石常用致密的砂岩、石灰岩、花岗岩加工而成,用于土木工程结构物的基础、勒脚、踏步、墙体等部位。

4）石板

石板是采用结构致密的岩石凿平或劈解而成的厚度适中的石材。用于饰面的石板或地板,要求耐磨、无裂缝、耐久、美观,一般采用花岗岩和大理岩制成。花岗岩板材主要用于土木工程的室外饰面;大理石板材只能用于室内装饰,因为大理石的抗风化性能差,当空气中的二氧化硫遇水时会生成亚硫酸,变成硫酸后与大理石中的碳酸钙发生反应,生成易溶于水的石膏,使表面失去光泽,变得粗糙、多孔,降低了使用价值。

10.3.3　石材的应用

石材在建筑工程中不仅可以作为建筑基础材料,还以其独特的色泽、纹路在建筑物内外起到良好装饰效果。从地面、柱面、墙面等到石材艺术装饰品、壁画、石雕、石桌、石凳等,或全部或局部由石材装饰,如万里长城、敦煌石窟、圆明园、古埃及的金字塔、希腊雅典卫城神庙等古代石材建筑。天然石材作为结构材料时,要求其具有较高的强度、硬度、耐磨性和耐久性等;从结构与装饰两个应用领域来讲,天然石材作为装饰材料的发展前景更好。但在建筑设计和施工中,首先要考虑石材的适用性,即选用石材的技术性能能否满足使用要求;其次是综合考虑资源的充分利用,做到就地取材,避免增加材料的成本,即经济性;最后是要考虑石材的安全性,因为石材是构成地壳的基本物质,可能含有放射性元素,长期使用时,会危害人体健康。而近年来逐渐发展起来的人造石材无论从材料、加工生产,还是装饰效果和产品价格等方面都显示了其优越性,成为一种发展前景广阔的建筑装饰材料。

知识拓展 📖

建筑石材在智能建筑中创新发展

建筑石材是传统的建筑材料,随着建筑行业的创新发展,建筑石材智能建筑领域正凭借其独特优势,与前沿科技深度融合,迎来广阔的应用前景。

在装饰美学与功能方面,建筑石材发挥出巨大潜力。在应用中通过借助先进的数控加工技术,可实现个性化定制,以满足智能建筑对独特设计的追求,如定制的石材背景墙、艺术雕塑等。

建筑石材与智能技术的应用,已有许多成功的实际工程案例。如:沪苏湖铁路上海松江站运用智能石材铺贴机器人,完成 6 000 m² 花岗岩石材的铺贴,工效达 90 m²/d,大大地提高了施工效率。深圳某银行总部大楼,也引入该类机器人,其能抓取 150 kg 石材精准铺贴,缩短工期,降低误差。在家居方面,意大利设计师将大理石与科技结合,打造出无线充电板、感应灯等智能产品,实用且美观。

尽管建筑石材在智能建筑应用中面临石材放射性、资源有限性等挑战,但随着技术的不断创新与完善,建筑石材有望在智能建筑领域发挥更大价值。

复习思考题

1. 填空题

(1) 天然石材按其表观密度的大小分为_____和_____。

(2) 天然岩石按其成因可分为_____、_____和_____三大类。

(3) 石材的耐水性用_____表示。按其大小可分为_____、_____和_____。

(4) 石材的强度等级根据抗压强度值的大小分为_____、_____、_____、_____、_____、_____和_____等七个等级。

(5) 毛石按表面平整程度分为_____和_____。

(6) 料石按表面加工的平整程度分为_____、_____、_____和_____。

2. 简述题

(1) 岩石按地质成因可分为哪几类? 其各自的主要特征是什么?

(2) 天然石材具有哪些主要技术性质? 其技术指标是什么?

(3) 土木工程中常用的天然石料有哪几种? 它们各自有什么特点?

(4) 土木工程中常用的石料制品有几种? 它们多用在土木工程中哪些部位?

(5) 人造石材按其原材料不同分为哪些品种? 各自有什么特点?

11 绝热材料和吸声材料

11.1　绝热材料

土木工程中用于保温、隔热的材料统称为绝热材料，通常把导热系数小于 $0.23~\mathrm{W/(m \cdot K)}$ 的材料称为绝热材料。其中，保温材料是指用于控制室内热量外流的材料；隔热材料是指用于防止热量进入室内的材料。绝热材料可以减少建筑物与外部环境之间的热量交换，降低建筑物的能耗，对于保持室内温度稳定具有重要意义。因此，在提倡绿色建筑、节能减排的今天，绝热材料在建筑工程中作用不容小觑。

11.1.1　绝热材料的性质

不同材料的绝热性能不同，材料的绝热性能以导热系数 λ 为主要的技术评定指标。材料的导热系数越小，材料本身传递的热量就越少，导热性越差，因此，该材料的绝热性能就越好。材料的绝热性与 λ 值成反比。材料的导热性会同时受到多种因素的影响。

1）材料的性质

不同的材料的导热系数 λ 值是不一样的,一般情况下,金属类材料导热系数最大,其次是非金属材料,然后是液体,气体最小。而对于同一种材料,若内部的结构不同,导热系数也有一定差别,其导热系数从大到小依次是:结晶结构、微晶体结构、玻璃体结构。在实际应用中,可以通过改变材料的微观结构来降低材料的导热系数。

2）材料的表观密度与孔隙特征

表观密度越小的材料,孔隙率越大,导热系数越小。但在相同孔隙率的情况下,若孔隙的尺寸越大,由于对流作用的影响,使得导热系数也越大;相互连通的孔隙比封闭孔隙的导热性强。因此,对于表观密度很小的材料,正好相对应的是材料导热系数最小的情况下,如纤维状材料,当松散状的纤维被压实至某一个极限时,此时导热系数反而会增大。

3）湿度

绝热材料吸湿受潮后,含水量增大,导热系数也随之增大。因为受潮的材料中内部孔隙含有较多的水分,孔隙中水分子的热传导和蒸汽的蒸发作用起主要的导热作用。而水的导热系数[0.58 W/(m·K)]比空气的导热系数[0.023 W/(m·K)]大 20 多倍。若外界温度降低,孔隙中的水结成冰[2.20 W/(m·K)],将使材料的导热性能更大,绝热性更差。因此,绝热材料使用时必须注意防水防潮。

4）温度

材料的使用环境温度升高时,材料的导热系数值随之增大,因为材料固体分子的热运动增加,孔隙中空气的导热和孔隙壁的辐射作用也随之增加,因此材料的导热性能随着温度的升高而增大。但事实上,当温度在 0～50 ℃范围内,导热系数基本不变。唯有在高温或者负温下的材料,才应考虑温度的影响。

5）材料的热流方向

某些各向异性的材料,如木材等纤维状材料,当热流与材料的纤维方向平行时,热流受到的阻力越小,导热系数越大;相反,当热流与材料的纤维方向垂直时,热流受到的阻力就越大,导热系数就越小,材料的绝热性能就越好。

工程上选用绝热材料时,一般要求其导热系数不大于 0.23 W/(m·K),表观密度小于 600 kg/m³,抗压强度不小于 0.30 MPa。因此,为了保证材料的绝热性能,应尽量选择导热系数较小的材料,另外还要保证材料具有良好的抗冻性、抗渗性、耐热性、耐水性、防火性等。优质的绝热材料要具备大孔隙率,且孔隙以封闭、细小的为主,绝热材料多为有机或无机的非金属材料。

11.1.2 常用的绝热材料

1）纤维状绝热材料

（1）岩矿棉及其制品

岩矿棉是岩棉和矿渣棉的统称,由熔融的天然岩石(白云石、花岗石和玄武岩等)经喷吹制成的纤维材料称为岩棉,由熔融的矿渣(各种工业矿渣,如铜矿渣)经喷吹制成的纤维材料称为矿渣棉。将矿棉与有机胶结剂结合可以制成矿棉板、毡、筒等制品。岩矿棉及其制品的特点：轻质、绝热、不易燃烧、吸声、电绝缘，成本低，常用作建筑物各部位的保温材料及热力管道的保温材料。

（2）石棉及其制品

石棉是一种比较常见的天然矿物纤维，其主要化学成分是含水硅酸镁，常见的石棉保温隔热材料有石棉粉、石棉板、石棉涂料和石棉毡等。石棉的抗拉强度高、耐火、耐高温、耐热、耐酸碱、绝热和电绝缘性好，常用于热表面的绝热工程和防火覆盖等。

（3）玻璃棉及其制品

玻璃棉是用玻璃原料或碎玻璃为主要原料，经高温熔融之后制成的纤维状材料。玻璃棉除可用作围护结构及管道绝热外，还可用作低温保冷工程材料。

（4）植物纤维复合板

植物纤维复合板是以植物纤维为原材料加入胶结料和填料制成的。如木丝板和甘蔗板分别是利用木材的下脚料和甘蔗渣作为原料，经过加工制成的保温隔热性材料。一般用于天花板、隔墙板或护墙板的保温隔热。

2）散粒状绝热材料

（1）膨胀蛭石及其制品

蛭石是一种含镁、铁和水铝硅酸盐的天然矿物，由云母类矿物经风化而成，具有层状结构。将天然蛭石破碎、预热后快速通过煅烧带，可使蛭石膨胀 8～30 倍，煅烧后的膨胀蛭石堆积密度为 80～200 kg/m³，导热系数为 0.046～0.07 W/(m · K)，可在最高温度为 1 000～1 100 ℃的条件下使用。膨胀蛭石是一种良好的保温隔热性材料，可用胶凝材料（如水泥、水玻璃等）将膨胀蛭石胶结在一起制成膨胀蛭石制品，还可直接作松散填充材料，起保温隔热、隔音效果，但使用过程中应注意防水防潮。

（2）膨胀珍珠岩及其制品

膨胀珍珠岩是以天然珍珠岩等为原料，经过高温煅烧后得到的白色或灰白色的蜂窝状松散颗粒。膨胀珍珠岩的堆积密度为 40～300 kg/m³，导热系数为 0.047～0.07 W/(m · K)，最高使用温度可达 800 ℃，最低使用温度为 -200 ℃。膨胀珍珠岩除可用作填充材料外，还可与水泥、水玻璃、沥青、黏土等结合制成膨胀珍珠岩绝热制品。

3）多孔状绝热材料

（1）泡沫玻璃

在玻璃粉中加入 1%～2% 发泡剂（石灰石或碳化钙）配制而成的混合料经煅烧而形成的多孔材料称为泡沫玻璃。它是由大量的尺寸为 0.10～5.00 mm 的封闭孔隙组成的，孔隙体积在泡沫玻璃中占总体积的 85%～95%。泡沫玻璃的导热系数小、抗压强度高、防火、防水、抗冻性、耐久性好，便于进行机械加工，性能稳定，可用作砌筑墙体，天花板、地板、屋顶等保温材料，也可用于冷藏设备的保温材料。

（2）泡沫塑料

泡沫塑料是以各种树脂为基料，加入一定剂量的发泡剂、催化剂、稳定剂等辅助材料，经加热发泡而制成的保温隔热性材料。目前常用的有聚苯乙烯、聚氯乙烯及聚氨酯等泡沫塑料。常用作复合墙板、屋面板的夹心层、冷藏设备的外包层等。

（3）微孔硅酸钙制品

微孔硅酸钙制品是以二氧化硅粉末（硅藻土）、石灰等材料经搅拌、成型、蒸压和干燥等工序制成的。常用于围护结构及管道保温。

4）有机绝热材料

（1）软木板

软木板是以栓皮、栎树皮、黄菠萝树皮为主要原料，破碎后与皮胶溶液拌合均匀，再加工成型制成的。软木板的特点：表观密度小，绝热性能好，抗渗、防腐蚀，常用于粘贴热沥青的裂缝，冷库的绝热处理等。

（2）蜂窝板

蜂窝板是在一层较厚的蜂窝状芯材，两面粘贴两块较薄的面板而制成的蜂窝夹层结构板。蜂窝状芯材是由浸泡过合成树脂的牛皮纸、玻璃布和铝片等经过加工而成的呈六角形蜂窝状的材料，厚度可根据使用要求不同采用不同的规格。而面板则是浸渍过树脂的牛皮纸、玻璃布或者不经树脂浸泡的胶合板、纤维板和石膏板等。在生产过程中，必须使用合适的胶黏剂，确保面板与芯材粘贴牢固，才能保证蜂窝板的保温隔热性能。蜂窝板具有比强度大、导热系数小、抗震性能好等特点。

（3）窗用绝热薄膜

又称为新型防热片，其厚度为 $12\sim50~\mu m$。主要用于建筑物窗户的绝热处理，起遮阳作用，将大部分阳光反射出去，并降低紫外线的穿透率，防止室内陈设物褪色，还能减低冬季热量损失，节约能源，增加美感等。

11.1.3 常用的绝热材料的性能

常用绝热材料的技术性能如表 11.1 所示。

表 11.1 常用绝热材料的技术性能

材料名称	表观密度/ (kg/m³)	导热系数/ [W/(m·K)]	工作温度/ ℃	用 途
岩棉	80～150	0.04～0.052	−260～600	建筑物的墙体、屋面、热力管道设备等
矿渣棉	110～130	0.044	≤600	管道隔热、保温等
膨胀珍珠岩	40～300	0.02～0.17	≤800	高效能高温高冷填充材料
水泥膨胀珍珠岩	300～400	0.05～0.12	≤600	保温隔热材料
水泥膨胀蛭石	300～500	0.076～0.105	≤600	保温隔热材料
泡沫混凝土	300～500	0.081～0.19	≥0.4	围护结构隔热
加气混凝土	400～700	0.093～0.16	≥0.4	围护结构隔热
泡沫玻璃	150～200	0.042	300～400	建筑物墙体、冷库绝热

续表 11.1

材料名称	表观密度/（kg/m³）	导热系数/［W/(m·K)]	工作温度/℃	用　　途
聚苯乙烯泡沫塑料	20～50	0.031～0.047	70	墙面、屋面保温隔热
聚氨酯泡沫塑料	30～40	0.022～0.055	−60～120	墙面、屋面保温隔热,冷库隔热
木丝板	300～600	0.11～0.26	—	天花板、隔墙板、护墙板隔热
软质纤维板	150～400	0.047～0.093	—	天花板、隔墙板、护墙板隔热
软木板	150～350	0.044～0.079	≤130	不易燃烧、防腐蚀,用于绝热结构

11.2　吸声材料

几乎所有的材料对声音都有一定的吸收作用,只是吸收程度不同而已。习惯上把能较强吸收空气中传播的声能的材料称为吸声材料。在会议室、电影院、音乐厅等场所。若采用合适的吸声材料,能有效改善声波在室内的传播质量,减少噪声污染,并能保持良好的音响效果。

11.2.1　材料的吸声原理及影响因素

1）材料的吸声原理

声音的传播源于物质的振动。声源的振动使临近的空气随之振动而成为声波,并利用空气介质向四周传播,声音具有方向性,沿发射的方向最响。声波在传播过程中,若遇到材料表面时,一部分被反射,另一部分穿透材料传递到另一侧,其余部分则传递给材料并转化为其他能量(一般为热能)消耗掉。这些被消耗的能量 E(包括部分穿透材料的声能)与原来传递给材料的全部声能 E_0 之比,称为吸声系数 α,它是评定材料吸声性能优劣的主要指标。即

$$\alpha = \frac{E}{E_0} \tag{11-1}$$

吸声系数 α 的大小与声音的频率及声音的入射方向等有关。因此吸声系数是以声音从各个方向入射的吸收平均值来表示的,而且需指出是对哪一频率的吸收。通常采用常规的 6 个频率,即 125 Hz、250 Hz、500 Hz、1 000 Hz、2 000 Hz、4 000 Hz。实际上,所有材料的吸声系数均介于 0 至 1 之间,即每种材料都有一定的吸声能力,但不可能吸收所有的声能。一般将对上述 6 个频率的平均吸声系数大于 0.20 的材料列为吸声材料。

大部分吸声材料为疏松多孔的材料,如矿渣棉、毯子、玻璃棉等。多孔吸声材料有大量相互连通的开口孔及连续气泡,通气性好,当声波入射到材料表面时,声波能快速进入材料内部的孔隙,引起孔隙或气泡内的空气振动;由于摩擦作用,使相当一部分声能转化为热能并被吸收。多孔材料吸声的首要条件是声波能快速进入孔隙,因此吸声材料的内部和表面都应当是多孔的。

多孔性吸声材料的吸声系数,一般从低频到高频逐渐增大,故对高、中频声音的吸收效果较好。

2）影响多孔性吸声材料吸声效果的因素

（1）材料的表观密度

同一种多孔材料（如泡沫玻璃），当其表观密度增大（即孔隙率减小）时,对低频声音的吸声效果有所提高,但对高频声音的吸声效果则有所降低。

（2）材料的厚度

增加多孔材料的厚度,可以提高材料对低频声音的吸声效果,但对高频声音无多大影响。

（3）材料的孔隙特征

材料的孔隙越细小越多,吸声效果则越好;孔隙粗大的,效果都比较差。如果材料中的孔隙大多为不连通的封闭气泡（如聚氯乙烯泡沫塑料），空气不能进入,则声波也不能进入,从吸声原理上看,已不属于多孔性吸声材料,故其吸声效果大大降低。当多孔材料表面涂刷油漆或受潮吸湿时,材料孔隙被水分或涂料所堵塞,则其吸声效果也将大大降低。

11.2.2 常用的吸声材料

建筑上常用的吸声材料及性能如表 11.2 所示。

表 11.2 常用的吸声材料的性能

材料名称		厚度 /cm	各频率下的吸声系数						装置情况
			125 Hz	250 Hz	500 Hz	1 000 Hz	2 000 Hz	4 000 Hz	
无机材料	水泥蛭石板	4.0	—	0.14	0.46	0.78	0.50	0.60	贴实
	水泥膨胀珍珠岩板	5	0.16	0.46	0.64	0.48	0.56	0.56	
	石膏板（花纹）	—	0.03	0.05	0.06	0.09	0.04	0.06	
	砖（清水墙面）	—	0.02	0.03	0.04	0.04	0.05	0.05	
	石膏砂浆（掺水泥玻纤维）	2.2	0.24	0.12	0.09	0.30	0.32	0.83	粉刷墙面
	水泥砂浆	1.7	0.21	0.16	0.25	0.40	0.42	0.48	
多孔材料	泡沫玻璃	4.4	011	0.32	0.52	0.44	0.52	0.33	贴实
	脲醛泡沫塑料	5.0	02	0.29	0.40	0.68	0.95	0.94	
	吸声蜂窝板	—	0.27	0.12	0.42	0.86	0.48	0.30	
	泡沫塑料	1.0	0.03	0.06	012	041	085	067	
	泡沫水泥（外面粉刷）	2.0	0.18	0.05	0.22	0.48	0.22	0.32	紧贴墙面

续表 11.2

材料名称		厚度 /cm	各频率下的吸声系数						装置情况
			125 Hz	250 Hz	500 Hz	1 000 Hz	2 000 Hz	4 000 Hz	
有机材料	软木板	2.5	0.05	0.11	0.25	0.63	0.70	0.70	贴实
	木丝板	3.0	0.10	0.36	0.62	0.53	0.71	0.90	钉在木龙骨上
	三夹板	0.3	0.21	0.73	0.21	0.19	0.08	0.12	
	穿孔五夹板	0.5	0.01	0.25	0.55	0.30	0.16	0.19	
	木花板	0.8	0.03	0.02	0.03	0.03	0.04	—	钉在木龙骨上,留 5 cm 或 10 cm 空气层两种
	木质纤维板	1.1	0.06	0.15	0.28	0.30	0.33	0.31	
纤维材料	矿棉板	3.13	0.10	0.21	0.60	0.95	0.85	0.72	贴实
	玻璃棉	5.0	0.06	0.08	0.18	0.44	0.72	0.82	
	酚醛玻璃纤维板	8.0	0.25	0.55	0.80	0.92	0.98	0.95	
	工业毛毡	3.0	0.10	0.28	0.55	0.60	0.60	0.56	紧贴墙面

吸声材料通常安装于室内,是室内设计的重要组成部分。在室内采用适当的吸声材料可以抑制噪声,保持良好的音质(声音清晰且不失真),确保音响效果。吸声材料的选用应遵循以下原则:

(1)吸声材料的性能应符合使用要求。例如要降低中高频噪声或降低中高频混响时间,则应选用中高频吸声系数较高的材料;如果要降低低频噪声或降低低频混响时间,则应选用低频吸声系数较高的材料。

(2)吸声材料的性能应长期稳定可靠,不受环境和时间的影响,不易老化。

(3)吸声材料应具有防水、防潮、防蛀、防腐、防霉、防菌等性能,在潮湿环境中使用时要尤为注意。

(4)吸声材料应具有阻燃、难燃或不燃等性能,防火性能良好。

(5)吸声材料应具有一定的力学强度,以便在搬运、安装和使用过程中不易损坏。

(6)吸声材料的可加工性能好,质量轻,便于安装以及维修调换。

(7)吸声材料在安装和使用过程中应不会散落粉尘、挥发有毒气体、辐射有害物质。

(8)吸声材料应安装在最易接触声波和反射次数最多的表面上,并应均匀地分布于室内各个表面上,以充分发挥吸声功能。

(9)使用过程中,应避免吸声材料表面的孔隙被涂料堵塞而降低吸声效果。

11.3 隔声材料

虽然吸声和隔声都是把声音的传播局限在某个范围内,但两者所用的材料却是不一样的。吸声性能好的材料,多是疏松、多孔的轻质材料,但不能把它们简单地当做隔声材料来使用。

人们要隔绝的声音按传播途径可分为空气声（由于空气的振动）和固体声（由于固体的撞击或振动）两种。对空气声,根据声学中的"质量定律",墙或板传声的大小主要取决于其单位体积质量(kg/m^3),质量越大,越不易振动,隔声效果越好。因此,必须选用密实、质量大的材料作为隔声材料,如黏土砖、钢板、混凝土和钢筋混凝土等。对固体声最有效的隔绝措施,是采用不连续的结构处理,即在墙壁和承重梁之间、房屋的框架和隔墙及楼板之间加弹性衬垫,如毛毡、软木、橡皮等材料,或在楼板上加弹性地毯等。

复习思考题

1. 填空题

（1）绝热材料包括＿＿＿＿＿＿＿材料和＿＿＿＿＿＿材料。土木工程中,常把导热系数小于＿＿＿＿＿＿的材料称为绝热材料

（2）优良的绝热材料是具有＿＿＿＿＿孔隙率,并以＿＿＿＿＿＿孔隙为主的吸湿性和吸水率较＿＿＿＿＿的有机或无机非金属材料。

（3）评定材料吸声性能优劣的主要指标是＿＿＿＿＿＿。

（4）建筑工程中,一般选用＿＿＿＿＿、＿＿＿＿＿的材料作为吸声材料。

（5）通常选用质量＿＿＿＿＿的材料作为隔声材料。

2. 简述题

（1）什么是绝热材料？在建筑上使用绝热材料有什么意义？

（2）影响材料导热系数的因素有哪些？

（3）在选用和安装吸声材料时应注意哪些问题？

（4）为什么不能简单地将一些吸声材料用作隔声材料？

12 玻璃

知识点

（1）玻璃的定义、组成与分类方式。
（2）玻璃的基本技术性质。
（3）玻璃的主要品种与应用。

能力目标

（1）了解玻璃的概念。
（2）了解建筑玻璃的品种及应用。

素质目标

掌握玻璃的基本性能特点及其技术标准，能依据工程需求合理选择材料，培养节能环保理念，提升解决创新思维能力。

12.1 玻璃概述

玻璃是一种硅酸盐类非金属材料，玻璃的定义有狭义和广义两种。狭义上的玻璃是指采用无机矿物为原料，经熔融、冷却、固化，生成具有无规则结构的非晶态固体；广义上的玻璃是指呈现玻璃转变现象的非晶态固体。玻璃转变现象是指当物质由固体加热或由熔体冷却时，在相当于晶态物质熔点绝对温度的 $2/3 \sim 1/2$ 温度附近出现热膨胀、比热容等性能的突变，这一温度称为玻璃转变温度。

随着现代科学技术水平和玻璃生产技术的发展及人民生活水平的提高，建筑玻璃不仅需要满足采光要求，还要具有调节光线、保温隔热、隔声、安全（防弹、防火、防辐射、防电磁波干扰）、艺术装饰等作用，是现代建筑中不可或缺的功能性材料。

12.1.1 玻璃的组成

玻璃是以石英砂、纯碱、长石和石灰石等为主要原料，加入部分辅助性原料在 1 550～

1 600 ℃高温下烧至熔融,成型之后急冷而制成的固体材料,其中辅助性原料有助熔剂、着色剂、脱色剂和发泡剂等。辅助性原料可使玻璃具有某种特性或者改良玻璃的某些性质,其品种及掺量可根据生产的玻璃产品作调整。玻璃中主要的化学成分有 SiO_2、Na_2O、CaO 以及少量的 MgO、Al_2O_3、K_2O 等,这些化学成分直接决定玻璃的性能,改变其中的化学成分或含量,可生产出不同的玻璃制品。

12.1.2 玻璃的分类

1)按化学组成不同分类

按化学组成不同,玻璃分为硅酸盐玻璃、磷酸盐玻璃、硼酸盐玻璃和铝酸盐玻璃等。其中以硅酸盐玻璃应用最早、用量最大。

2)按所含化学成分不同分类

按所含化学成分不同,玻璃分为钠钙硅酸盐玻璃、钾钙硅酸盐玻璃、铝镁硅酸盐玻璃、钾铝硅酸盐玻璃、硼硅酸盐玻璃等。钠钙硅酸盐玻璃是最常见且成本最低的玻璃,其力学性质、光学性质、化学稳定性等均比其他玻璃差。

3)按使用功能不同分类

按使用功能不同,玻璃分为普通玻璃、防水玻璃、吸热玻璃、安全玻璃、镜面玻璃、热反射玻璃以及隔热玻璃等。

4)按用途不同分类

按用途不同,玻璃可分为建筑玻璃、化学玻璃、工艺玻璃、电子玻璃、光学玻璃、泡沫玻璃和玻璃纤维等。

12.1.3 玻璃的基本技术性质

1)密度

常用建筑玻璃的密度为 $2.45\sim2.55$ g/cm³,密实度为 1,所以玻璃被视为绝对密实的材料。

2)透光性

透光性好,厚度为 $2\sim6$ mm 的普通清洁玻璃透光率达 82% 以上。

3)热稳定性和脆性

玻璃的热稳定性差。玻璃如果受急冷或急热时,其表面和内部会产生很大的温度应力,则容易发生破裂。此外,玻璃是典型的脆性材料,在冲击力作用下容易破碎。

4)化学稳定性

玻璃具有较好的化学稳定性。其抗盐类和酸类侵蚀的能力强,但不耐碱,若长期受碱液侵蚀,玻璃中的 SiO_2 会溶于碱液中,使玻璃受到侵蚀破坏。

5）导热系数

玻璃的导热系数较大,为 0.40~0.75 W/(m·K)。因此承担保温隔热作用的玻璃窗厚度须为 3~5 mm。

12.2 玻璃的品种及应用

12.2.1 普通平板玻璃

普通平板玻璃是产量最大的一种玻璃,也称为普通窗用玻璃、单光玻璃、镜片玻璃等,通常简称为玻璃。一般使用厚度为 2~12 mm,透光率极高,达 85%~90%,是建筑工程中使用量最大的玻璃,也是生产各种特殊性能玻璃的基料,故又称为原片玻璃。普通平板玻璃具有一定的机械强度以及良好的透光、保温、隔音、挡风雨等功能,但其属于易碎品,且紫外线透过率较低,因此常用于一般建筑的门窗装配。

12.2.2 安全玻璃

安全玻璃是指具有较高力学强度、抗冲击性能好且安全性能较高的玻璃。玻璃是一种脆性材料,受破坏时几乎无塑性变形,当即碎裂成很多大小不一的尖锐棱角的碎片。但安全玻璃被击碎时,碎块不会飞溅伤人,安全性能较高,并有一定的防火的功能。安全玻璃包括钢化玻璃、夹丝玻璃和夹层玻璃。

1）钢化玻璃

钢化玻璃是用普通玻璃作为原材料,进行加热软化后用冷空气喷吹,使其表面迅速冷却,在玻璃表面形成一个均匀的预加压应力,改善其脆性。钢化玻璃受破坏时,预加的压应力将与部分拉应力抵消,而后形成圆钝的小碎片破碎。与普通玻璃相比,其韧性提高 5 倍,抗弯强度提高 5~6 倍,且在温差为 120~130 ℃的条件下不开裂,热稳定较高。钢化玻璃不能现场切割,必须按尺寸向厂家加工定做。钢化玻璃性能优良,常用于有抗震、易受冲击破坏或温度剧变的部位中,如建筑物的门窗、幕墙、隔墙、天窗、车船门窗等。

2）夹丝玻璃

夹丝玻璃是将预热处理的金属丝网压入已加热到红热软状态的玻璃中,制成的一种安全玻璃,其抗弯性、抗冲击性较好,耐热性和防火性优越。夹丝玻璃即使受到冲击破坏或外界温度骤变时,也会保持固定形状,破而不缺、裂而不散,避免了带尖锐棱角的玻璃碎片飞出伤人,因其安全性、防火性和防盗性高。夹丝玻璃一般适用于各种建筑的天窗、楼梯、电梯间、阳台、防火门、厂房门窗等。

3）夹层玻璃

夹层玻璃是在两片或多片平板玻璃之间加入柔软强韧的透明玻璃薄片,经过加热、加压和粘合制成的平面或曲面的复合玻璃制品。夹层玻璃的原片可以采用普通平板玻璃、钢化玻璃、吸热玻璃或热反射玻璃等,常用的塑料胶片为聚乙烯醇缩丁醛。夹层玻璃抗冲击性和抗穿透性好,受破坏时,不会碎成分离的碎片,只有辐射状的裂纹和少量玻璃碎屑,碎片仍粘贴在膜片上,不致伤人。夹层玻璃在建筑上主要用于有特殊安全要求的门窗、隔墙、工业厂房的天窗和某些水下工程。

12.2.3　保温绝热玻璃

保温绝热玻璃在建筑上既具有良好的保温绝热功能,又具有良好的装饰效果,包括吸热玻璃、热反射玻璃、中空玻璃等。除用于一般门窗外,常作为幕墙玻璃。

1）吸热玻璃

吸热玻璃是一种能吸收大量红外线辐射能又能保持良好的可见透光率的平板玻璃。吸热玻璃的生产方法有两种:一是本体着色法,即在普通玻璃的原料中加入有一定吸热性能的着色剂,如氧化铁、氧化钴等;另一种是表面喷涂法,是在普通平板玻璃的表面喷镀一层或多层氧化物薄膜,如氧化锡、氧化锑、氧化钴或氧化铁等。吸热玻璃广泛应用于建筑物门窗、外墙、玻璃幕墙以及车船的挡风玻璃等。

2）热反射玻璃

热反射玻璃是既具有较高的热反射能力,又能保持良好透光性的玻璃,又称镀膜玻璃或镜面玻璃。热反射玻璃是在玻璃表面用热解法、真空法、化学镀膜法等方法喷涂金、银、铜、镍、铬、铁等金属或金属氧化物薄膜而制成的。热反射玻璃主要用于有绝热要求的建筑物门窗、玻璃幕墙、车船的玻璃窗等。

3）中空玻璃

中空玻璃是由两片或两片以上玻璃原片构成,用边框隔开,且四周用密封胶密封,在玻璃原片之间的空腔中填充干燥空气,也可放置干燥剂。中空玻璃具有保温隔热性好、节能、隔音性能好等特点,且能有效防止结露。主要用于采暖、空调、防止噪音的建筑上。中空玻璃的节能效果就冬季采暖的能耗来说,可降低 25%～30%。

12.2.4　墙体和屋面玻璃

1）玻璃幕墙

玻璃幕墙是一种薄而轻的建筑墙体材料,是用功能玻璃嵌入到轻金属边框制成建筑外墙材料,起围护和装饰作用,不承受荷载,质轻如幕,故称为玻璃幕墙。目前常见的玻璃幕墙边框多为铝合金型材,功能玻璃则有中空、夹层、吸热、热反射玻璃等。玻璃幕墙作为墙体材料,代替传统的非透明材料,使建筑物不仅富有现代化气息,更有轻快感,能降低建筑物的自重,具有良好的保温隔热、隔声等效果。

2）玻璃砖

玻璃砖是用玻璃为原材料制成的实心或空心材料,具有透光而不透视的特点。玻璃砖可制成不同的形状和尺寸,砖表面可制成光面或者凹凸的花纹面,形状有正方形、矩形及各种异型产品,尺寸有 115 mm、145 mm、240 mm 和 300 mm 等,而颜色则可以是无色透明的或者彩色的。玻璃砖具有密封性和透光性好、强度高、保温、隔声、防火、化学稳定性好和良好的装饰效果等优点。常用于有透光性要求的墙体或者有保温隔热要求的透光墙体中,如建筑物的隔断墙、淋浴隔断、门厅和通道等,特别适用于有透光要求的高级建筑或体育馆等。

12.2.5 装饰玻璃

1) 压花玻璃

压花玻璃是将已熔融的玻璃在极冷中经过刻有花纹的滚筒滚压而成的玻璃制品,可单面压花,也可双面压花。压花玻璃的特点是透光而不透视,其表面可压制各种图案花纹,有一定的装饰效果,常用于办公室、会议室、浴室、卫生间等的门窗和隔断处。

2) 磨砂玻璃

磨砂玻璃是将普通平板玻璃进行打磨等工艺处理,使其表面变得均匀粗糙,破坏玻璃表面对光线的透射作用,故又称为毛玻璃、暗玻璃或漫射玻璃等。其特点是透光不透视,且光线柔和不刺眼,常用于建筑物的浴室、卫生间、办公室等的门窗和隔断,也可作灯罩等。

3) 釉面玻璃

釉面玻璃是把玻璃釉料均匀涂抹到不透明的彩色饰面玻璃上,在经类似陶瓷釉烧的工艺制成的一种不透明的彩色饰面玻璃。常用于建筑物室内外墙体饰面层。

4) 玻璃马赛克

玻璃马赛克又称为玻璃锦砖、玻璃纸皮砖,是一种含有未熔融的微小晶体(多为石英)的半透明玻璃质材料,呈乳浊状或半乳浊状,属于小规格的彩色饰面玻璃制品,规格有 20 mm × 20 mm、30 mm × 30 mm、40 mm × 40 mm 3 种,厚度为 4~6 mm。正面光滑细腻,背面有粗糙的槽纹,有利于与基面的紧密黏结。一般出厂前将玻璃马赛克按设计图案反贴在牛皮纸上,以便施工。

玻璃马赛克色彩丰富、美观性强、化学稳定性、冷热稳定性好、耐久性强而且成本低,是一种良好的外墙装饰材料。

知识拓展 📖

玻璃为现代建筑展现其独特的艺术魅力,但玻璃的运用是否会受到环境因素的影响呢?

在现代建筑中,玻璃艺术运用会受到多种环境因素的影响。

首先是气候因素,温度变化、风、雨水冲刷等对玻璃都有不同程度的影响。温度变化对玻璃有显著影响。由于地区环境或者使用特点,温差较大可能导致玻璃热胀冷缩不均匀,增加破裂风险。强风可能对玻璃造成压力,尤其是高层建筑中的玻璃幕墙。长期的雨水冲刷会影响玻璃的清洁度和透明度,影响其视觉效果。此外,酸雨还可能对玻璃表面造成腐蚀,破坏玻璃的光泽和质感。

其次是地理因素,如海拔、地质等。高海拔地区空气稀薄,气压较低,与低海拔地区相比,玻璃内外的压力差会有所不同。这就要求玻璃具备更高的强度和密封性,以防止因压力变化而破裂或出现漏气现象,确保玻璃艺术在不同海拔环境下的稳定性和安全性。在地震多发地区,玻璃艺术的运用需要考虑抗震性能。考虑其在地震时能够承受一定的变形,减少破坏的可能性,保护建筑的艺术完整性。

在现代建筑中,玻璃艺术的运用必须充分考虑各种环境因素,才能实现艺术效果与环境适应性的完美结合。

复习思考题

1. 填空题

(1) 生产玻璃的主要原料是_____、_____、_____和_____等。

(2) 玻璃的基本技术性质:密实度_____,透光性_____,热稳定性_____,脆性_____,化学稳定性_____,导热系数_____。

(3) 安全玻璃包括_____、_____和_____3种。

(4) 保温隔热玻璃主要包括_____、_____和_____3种。

2. 简述题

(1) 常用的建筑玻璃有哪些?各有什么特性?

(2) 玻璃具有哪些基本特性?应该如何选用玻璃?

13 陶 瓷

13.1　陶瓷概述

13.1.1　陶瓷的概念

　　陶瓷是以天然黏土及各种其他天然矿物原料为主要原材料,经粉碎、混炼、成型和煅烧而成的各种制品。陶瓷包括陶器和瓷器,统称为陶瓷。

13.1.2　陶瓷的分类

1) 按所用原料及特性不同分类

(1) 陶质制品(陶器)

陶质制品的烧结程度较低,为多孔结构,吸水率较大(5%~22%),断面粗糙无光,敲击时声音粗哑。根据其原料杂质含量的多少,可分为粗陶和精陶两种。粗陶通常表面不施釉,建筑上常用的烧结黏土砖、瓦就是最普通的粗陶制品;精陶一般表面施有釉,建筑饰面用的釉面砖,以及卫生陶瓷和彩陶等均属此类。

（2）瓷质制品（瓷器）

瓷质制品煅烧温度较高,是以含杂质较少的高岭土为主要原料,再制坯焙烧而成的。瓷器的结构紧密,吸水率小,几乎不吸水,有一定的透明性,通常为白色,敲击时声音清脆,表面一般均施釉。瓷器根据其原料的化学成分与制作工艺的不同,分为粗瓷和细瓷两类。瓷质制品多为日用餐具和美术用品等。

（3）炻质制品（炻器）

炻质制品是介于陶质制品和瓷质制品两者间的一类陶瓷制品,也称为半瓷。其结构比陶质制品致密,一般吸水率较小,不如瓷质制品那么洁白,坯体多带有颜色,且不透明。根据其坯体的致密程度不同,分为粗炻器和细炻器两种。建筑饰面用的外墙面砖、地砖和陶瓷锦砖等均属炻器。

2）按用途不同分类

（1）日用陶瓷

根据人们日常生活所需用品而制成的陶瓷制品。如餐具、茶具、盆、缸、坛、罐等。

（2）艺术陶瓷

用于观赏和装饰的各种陶瓷制品。如陶瓷花瓶、雕塑品、园林陶瓷等。

（3）工业陶瓷

满足各种工业要求的陶瓷。

① 建筑—卫生陶瓷,如砖、瓦、排水管、卫生洁具等。

② 化工陶瓷是用于各种化学工业的耐酸容器、管道、塔、泵、阀以及搪砌反应锅的耐酸砖、灰等。

③ 电瓷是用于电力工业高低压输电线路上的绝缘子、电机用套管、支柱绝缘子、低压电器和照明用绝缘子,以及电讯用绝缘子,无线电用绝缘子等。

④ 特种陶瓷是用于各种现代工业和尖端科学技术的特种陶瓷制品,有高铝氧质瓷、镁石质瓷、钛镁石质瓷及金属陶瓷等。

13.2 建筑陶瓷制品

13.2.1 内墙面砖

内墙面砖是用于建筑物室内墙面装饰的薄板型施釉精陶制品,又称为釉面砖、瓷片、瓷砖。成品釉面平滑、光泽度高、色彩丰富,且便于清洗,防水防火,耐酸碱腐蚀等,常用于卫生间、厨房、医院、实验室等的室内墙面、墙裙、工作台的装饰。釉面砖的配体是多孔的陶质胚体,若长期处于潮湿的环境,会吸收大量水分产生膨胀,而其外表面的玻璃质釉层吸湿膨胀性较小,因此胚体膨胀产生的应力会使釉面层处于张拉状态,当应力超过其釉面层的抗拉强度时,釉面层就会发生开裂。所以,釉面砖不能用于室外。

　　釉面砖常用的规格有 108 mm×108 mm×5 mm、152 mm×152 mm×5 mm、152 mm×75 mm×5 mm 等。釉面砖按颜色可分为单色、花色和图案砖等,若是经过专门设计的彩绘面砖,还可以作为装饰壁画,镶拼在墙壁上。

13.2.2　外墙面砖

　　外墙面砖是外墙饰面的一种陶瓷面砖,俗称无光面砖,是用难熔黏土压制成型后焙烧而成。外墙面砖的规格尺寸较多,质感和颜色多种多样,具有强度高、质地坚固、吸水率低(小于 4%)、抗冻、耐用、不易沾污、易清洗等特点。

13.2.3　墙地砖

　　墙地砖包括外墙贴面砖和室内外地面贴砖。因目前该类饰面砖通常既可以用于墙面又可以用于地面,故统称为陶瓷墙地砖,属于粗炻质陶瓷制品。其主要特点是强度高,不燃,耐磨性、耐久性和化学稳定性好,便于清洗和吸水率低等。

　　1）劈离砖

　　劈离砖又称为劈裂砖,是一种新型彩釉陶瓷墙地砖。该砖成型时是双砖背连着坯体,待烧成后再劈离为两块砖而得名的。其既有普通黏土砖的特性,又有彩釉砖的特征,砖体内部结构类似黏土砖,故其强度高,抗冲击性能好,吸水率小,防潮、抗冻,耐磨,防腐蚀等,而且品种、颜色丰富,装饰效果好。

　　2）彩胎砖

　　彩胎砖是一种本色无釉瓷质饰面砖,其表面呈多彩细花纹,富有花岗岩的纹路,色彩丰富,色调柔和细腻、质朴高雅。彩胎砖的吸水率小于 1%,抗折强度大于 27 MPa,耐磨性很好。可用于住宅厅堂的墙面装饰,特别适用于人流量大的商场、剧场、酒楼等公共场所的地面铺设。

　　3）陶瓷锦砖

　　陶瓷锦砖又名马赛克,它是以优质瓷土为原料,经压制烧成的片状小瓷砖,表面一般不上釉。工厂生产时,通常将不同颜色和形状的单块小瓷片按设计的尺寸和图案铺贴在牛皮纸上形成装饰砖,成联使用。陶瓷锦砖具有吸水率极小、抗压强度高、耐磨、耐火、易清洗等特点。广泛应用于建筑物门厅、走廊、卫生间、厨房、化验室等内墙和地面,并可作建筑物的外墙饰面与保护。

13.2.4　建筑琉璃制品

　　建筑琉璃制品是用难熔黏土制坯,经干燥、素烧、表面涂琉璃釉料后,再经焙烧而成,是我国陶瓷宝库中的古老珍品之一,颜色有绿、黄、蓝、青等。按品种可分为 3 类:瓦类(板瓦、滴水瓦、筒瓦、沟头)、脊类和饰件类(花窗、博古、兽)。琉璃制品色彩绚丽、表面光滑、造型古朴、坚固耐用、釉层不易剥落,所装饰的建筑物富有民族特色。主要用于具有民族色彩的房屋和园林中的亭、台、楼阁等。

13.2.5　陶瓷卫生洁具

陶瓷卫生洁具是用于浴室、盥洗室、卫生间等处的卫生洁具,如洗面器、坐便器、浴缸和水槽等。卫生陶瓷多用耐火黏土或难熔黏土经配料制浆、灌浆成型、上釉焙烧而成。卫生陶瓷结构形式多样,颜色清亮,表面光洁、不透水、易于清洗,并耐化学腐蚀。

复习思考题

1. 填空题

(1)陶瓷包括_____和_____两类。

(2)陶瓷按原料和特性不同分为_____、_____和_____3类。

(3)陶瓷按其用途不同分为_____、_____和_____3类。

2. 简述题

(1)陶器、瓷器和炻器各有何特点?通常用在何处?

(2)常用的建筑陶瓷制品有哪些?简述其特点。

14 建筑材料试验指导书

14.1 水泥试验

14.1.1 试验依据和目的

本试验根据国家标准《通用硅酸盐水泥》(GB 175—2023)、《水泥取样方法》(GB/T 12573—2008)、《水泥细度检验方法(筛析法)》(GB/T 1345—2005)、《水泥标准稠度用水量、凝结时间、安定性检验方法》(GB/T 1346—2024)和《水泥胶砂强度检验方法(ISO 法)》(GB/T 17671—2021)等相关规定,测定水泥的相关技术性质和胶砂强度等。

14.1.2 水泥试验的取样方法

以同一水泥厂商、同一品种、同一强度等级、同一批号且同期到场的水泥,按规定的取样单位取样。散装水泥取样时总质量以不超过 500 t 为一批,且取样应具有代表性,可连续取,也可从 20 个以上不同部位取等量样品,总质量不少于 12 kg;袋装水泥取样时总质量以不超过 200 t 为一批,随机抽取不少于 20 袋水泥,取等量样品,总质量不少于 12 kg。

所取得的试样应充分混拌均匀后,通过 0.9 mm 方孔筛,分成两等份,一份进行水泥各项性能实验,另一份密封保存 3 个月,供作仲裁检验时使用。

14.1.3 水泥细度试验

水泥细度是指水泥颗粒的粗细程度,是评定水泥质量的依据之一。水泥细度试验有负压筛析法、水筛法和干筛法 3 种。

1) 负压筛析法

(1) 主要仪器设备

负压筛析仪。由筛座、负压筛、负压源和吸尘器组成,筛座由转速为 (30±2)r/min 的喷气嘴、负压表、控制板、微型电动机及壳体等构成,筛析仪负压可调范围为 4 000～6 000 Pa。

负压筛。负压筛筛框内径为 150 mm,高为 25 mm,采用边长为 0.08 mm 的方孔铜丝筛网制成,并且应附有透明筛盖,筛盖与筛口应有良好的密封性。

天平。量程应大于 10 g,感量不大于 0.05 g。

(2)试验步骤

筛析试验前应把负压筛放在筛座上,盖上筛盖,接通电源,检查控制系统,调节负压至 4 000~6 000 Pa 范围内。

实验时,称取烘干水泥试样 25 g,倒入洁净的负压筛中,盖上筛盖并放在筛座上,开启筛析仪并连续筛析 2 min。在筛析过程中,若有试样黏附在筛盖上,可轻轻敲击筛盖使其落下。筛毕,用天平称量筛余物的质量。

当工作负压小于 4 000 Pa 时,应及时清理吸尘器内的水泥,使负压恢复正常。

2)水筛法

(1)主要仪器设备

水筛及筛座。水筛采用边长为 0.08 mm 的方孔铜丝筛网制成。

喷头。直径为 55 mm,面上均匀分布 90 个孔,孔径 0.5~0.7 mm,喷头安装高度离筛网 35~75 mm。

天平及烘箱等。

(2)试验步骤

筛析实验前,应先检查水中无砂、泥等杂质,调整水压及水筛架的位置,使其能正常运转。喷头底面和筛网之间距离为 35~75 mm。

称取烘干水泥试样 50 g,倒入干净的水筛内,并立即用干净的水冲洗至大部分细粉通过后再将水筛放在筛架上,用水压为 0.03~0.07 MPa 的喷头连续冲洗 3 min。

筛毕,用少量水把筛余物冲到蒸发皿中,待水泥颗粒沉淀后再小心地倒出清水,烘干后用天平称量筛余物的质量。

3)手工筛析法

(1)主要仪器设备

方孔筛。方孔边长为 0.08 mm 的铜布筛。

烘箱、天平等。

(2)试验步骤

称取烘干水泥试样 50 g,倒入 0.08 mm 手工筛内,盖上筛盖。用一只手执筛往复摇动,另一只手轻轻拍打,反复摇动和拍打过程中应保持近乎水平。拍打速度每分钟约 120 次,每 40 次向同一方向转动 60°,使试样均匀分布在筛网上,直至每分钟通过的试样不超过 0.03 g 为止。筛毕,用天平称量筛余物的质量。

4)试验结果计算分析

水泥试样筛余百分率按下式计算(结果精确至 0.1%):

$$F = \frac{R_s}{W} \times 100\% \qquad (14-1)$$

式中:F——水泥试样的筛余百分数,%;

R_s——水泥筛余物的质量,g;

W——水泥试样的质量,g。

该试验应称取两个试样分别筛析,取筛余平均值为最终筛余结果。若两次筛余结果绝对误差大于 0.5%时(筛余值大于 5.0%时可放至 1.0%)应再做一次实验,取两次相近结果的算术平均值作为最终结果。如果三种试验方法的结果发生争议时,以负压筛析法为准。

14.1.4 水泥标准稠度用水量测定

水泥的凝结时间、体积安定性等与水泥净浆的稀稠程度(即加的水量)有关,为了使水泥各项性能的测定结果具有可比性,国家标准规定将水泥加水拌制至标准稠度(统一规定的稠度)进行试验;测定水泥净浆达到标准稠度时的用水量(以占水泥质量的百分比表示),为凝结时间与体积安定性等试验做准备,并能间接评定水泥的质量。

1)主要仪器设备

(1)水泥净浆搅拌机

水泥净浆搅拌机主要由搅拌锅、搅拌叶片、传动结构和控制系统组成。搅拌叶片在搅拌锅内做旋转方向相反的公转和自转,转速为 90 r/min,控制系统可以自动控制,也可以人工控制。

(2)维卡仪

维卡仪是测定水泥标准稠度和凝结时间的仪器,包括试杆、试针和试模。其滑动部分的总质量为(300±1)g,标准稠度测定用试杆,由直径为(10±0.05)mm 的圆柱形耐腐蚀金属制成,有效长度为(50±1)mm。测定凝结时间时取下试杆,用试针代替试杆。试针由钢制成,其有效长度初凝针为(50±1)mm、终凝针为(30±1)mm 和直径为(1.13±0.05)mm 的圆柱体。装水泥净浆的试模也应由耐腐蚀并有足够硬度的金属制成,试模高度为(40±0.2)mm,是一个顶内径为(65±0.5)mm、底内径为(75±0.5)mm 的截顶圆锥体。另外,每只试模应配备一个面积大于试模且厚度不小于 2.5 mm 的平板玻璃板。

(3)量筒

量筒最小刻度为 0.1 mL,精度为 1%。

(4)天平

天平最大称量为 1 000 g,分度值不大于 1 g。

2)试验步骤

(1)标准法

①试验前必须检查维卡仪的金属棒是否能自由滑动,并调整至试杆接触玻璃板时指针对准零点,搅拌机运转正常等。然后用湿布擦拭试模和玻璃板,并将试模放在底板上。

②该试验采用水泥净浆搅拌机搅拌,先用湿布擦拭水泥净浆搅拌机的搅拌锅内壁和搅拌叶。量取拌合用水(根据经验确定)倒入搅拌锅内,然后将称取的 500 g 干燥水泥试样在 5~10 s 内小心地加入水中,防止水泥和水溅出。再将搅拌锅放在搅拌机的锅座上,升至搅拌位置,开启搅拌机,先低速搅拌 120 s,停 15 s,同时将叶片和锅壁上的水泥浆刮入锅内,接着高速搅拌 120 s 后停机。

③拌合完成,立即将适量的水泥净浆一次性装入已置于玻璃板上的试模中,用直边刀在

净浆与试模内壁间切移一圈,抬起玻璃板在橡胶垫上轻轻振动不超过 5 次,避免泌水,刮去多余的净浆并注意不要压实净浆;抹平后迅速将试模和玻璃板移到维卡仪上,如图 14.1 所示,将其中心定在试杆下,将试杆降至与净浆表面刚好接触,拧紧螺钉 1~2 s,突然放松,使试杆垂直自由地沉入水泥净浆中。在试杆停止沉入或释放试杆 30 s 时记录试杆距底部玻璃板的距离。提起试杆后,立即擦净。整个操作须在搅拌后 1 min 内完成。以试杆沉入净浆并距玻璃板(6±1)mm 时的水泥净浆为标准稠度净浆。此时的拌合用水量即为水泥的标准稠度用水量(按水泥质量的百分比计算)。

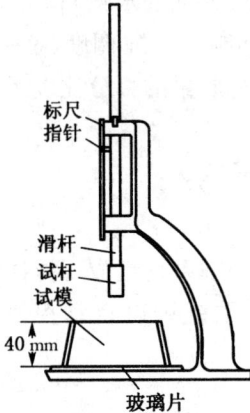

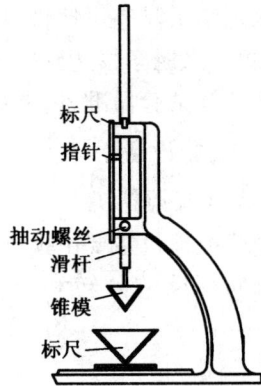

图 14.1 水泥标准稠度测定仪(标准法维卡仪)　　图 14.2 水泥标准稠度测定仪(代用法)

(2)代用法

代用法测定水泥的标准稠度用水量有调整用水量法和固定用水量法两种,可选择任意一种方法测定,当结果存在争议时,以调整用水量法为准。

① 试验前检查仪器的金属滑杆能否自由滑动,试锥降至锥模顶面时,指针应对准标尺零点,搅拌机能正常运转等。

② 水泥净浆搅拌方法与标准法相同。若采用调整用水量法时,按经验确定用水量。拌合完成后立即将拌合好的净浆装入锥模中,如图 14.2 所示,并用小刀插捣,轻轻振动数次,刮掉多余的净浆;抹平后放到试锥下固定的位置,调整金属滑杆使试锥尖接触净浆并拧紧螺钉,然后突然放松,让试锥自由垂直地沉入水泥净浆中。当试锥下沉深度为(30±1)mm 时的水泥净浆即为标准稠度净浆,其拌合用水量即为标准稠度用水量 P,按水泥质量的百分比计算。若采用固定用水量法,拌合用水量为 142.5 mL。拌合完成后,立即将拌合好的净浆装入锥模中并用小刀插捣,轻轻振动数次,刮掉多余的净浆;抹平后放到试锥下固定的位置,调整金属滑杆使试锥尖接触净浆并拧紧螺钉,然后突然放松,让试锥自由垂直地沉入水泥净浆中。在试锥停止沉入或释放试锥 30 s 时记录试锥下沉深度 S。整个操作需在搅拌后 1.5 min 内完成。

3)试验结果计算

(1)标准法

以试杆沉入净浆并距底板(6±1)mm 的水泥净浆为标准稠度净浆,其用水量为该水泥的标准稠度用水量 P,以水泥质量的百分比计算。按下式计算:

$$P = \frac{m_1}{m_0} \times 100\%$$

(14-2)

式中:P——标准稠度用水量,%;

m_1——水泥浆达到标准稠度时所用的拌合用水量,g;

m_2——水泥试样质量,g。

（2）代用法

调整用水量法,以试锥下沉深度为（30±1）mm 时的净浆为标准稠度净浆,其拌合用水量为该水泥的标准稠度用水量,以水泥质量的百分比计算。计算公式与标准法相同。

固定用水量法,根据测得的试锥下沉深度 S（单位为 mm）,可以从仪器上对应的标尺读出标准稠度用水量 P,也可以根据以下经验公式计算标准稠度用水量:

$$P = 33.4 - 0.185S \qquad (14-3)$$

式中:P——标准稠度用水量,%;

S——试锥下沉深度,mm。

当下沉深度小于 13 mm 时,应采用调整用水量方法测定。

14.1.5 水泥凝结时间测定试验

水泥凝结时间指水泥标准稠度水泥浆自加水时起至开始凝结（初凝）及完全凝结（终凝）所经历的时间,用以评定水泥的凝结硬化性能是否符合标准要求。

1）主要仪器设备

（1）凝结时间测定仪

与测定标准稠度用水量所用的标准法维卡仪相同,只是将试杆换成试针（即初凝针、终凝针）。

（2）水泥净浆搅拌机

与标准稠度用水量所用的水泥净浆搅拌机相同。

（3）湿气养护箱

温度控制在（20±2）℃,相对湿度大于90%。

（4）量筒、天平、玻璃板、小刀、计时表等

2）试验步骤

（1）试验前,先调整测定仪的试针（初凝针）接触玻璃板时,指针对准标尺零点。将净浆试模湿润后放在玻璃板上。

（2）试件的制备。以标准稠度用水量加水拌制水泥净浆。按规定拌制成标准稠度的水泥净浆后,立即一次性装满试模,振动数次后刮平,立即放入湿气养护箱中,记录水全部加入水泥中的时刻作为凝结时间的起始时刻。

（3）初凝时间的测定。试件在湿气养护箱中养护至加水 30 min 时测定第一次。测定时,从湿气养护箱中取出试模放到试针下,如图 14.3 所示,降低试针与净浆表面刚好接触,拧紧制动螺丝 1～2 s,突然放松,试针垂直自由地沉入水泥净浆,观察试针停止下沉或释放试针 30 s 时指针的读数。临近初凝时,每隔 5 min 测定一次,直至试针沉至距底板（4±1）mm,即指针读数为 3～5 mm 时,水泥浆达到初凝状态。从水泥全部加入水中至初凝状态的时间即为水泥的初凝时间,用分钟（min）或小时（h）表示。

（4）终凝时间的测定。初凝时间测定完成后,立即将试模连同浆体以平移的方式从玻璃板取下,翻转180°,直径大端向上,小端向下,放在玻璃板上,如图14.4所示,再放入湿气养护箱继续养护,更换试针(终凝针)。临近终凝时,每隔15 min测一次,当试针沉入净浆0.5 mm,即环形附件开始不能在试件上留下痕迹时,水泥浆达到终凝状态。从水泥全部加入水时起至达到终凝状态的时间即为水泥的终凝时间,用分钟(min)或小时(h)表示。

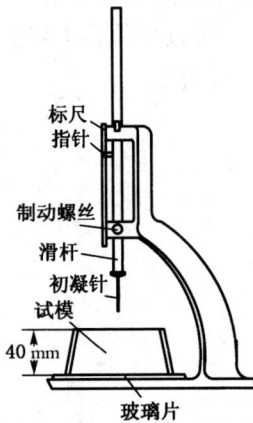

图14.3　初凝时间测定用立式试模侧视图　　　图14.4　终凝时间测定用反转试模前视图

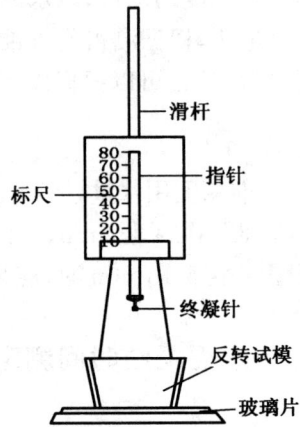

（5）注意事项。在试验过程中,最初测定操作时应轻轻扶着金属滑杆,使其慢慢下降,防止试针(初凝针)撞弯,但初凝时间仍必须以自由降落测得的结果为准;每次测试不得让试针落入原针孔,且距试模内壁至少10 mm;每次测试完毕需将试针擦净并将试模放回湿气养护箱内;到达初凝或终凝时应重复测一次,当两次结论相同时才能定为到达初凝状态或终凝状态。

3）试验结果分析

自水泥全部加入水中的时间起,至试针沉入水泥净浆距底板（4±1）mm时,所需要的时间为初凝时间;至试针沉入净浆0.5 mm时,即环形附件开始不能在净浆表面留下痕迹时所需要的时间为终凝时间。

14.1.6　水泥安定性的测定试验

水泥的安定性是水泥硬化后体积变化是否均匀的性能,体积的不均匀变化会导致水泥出现膨胀、裂缝或翘曲等现象。安定性实验可采用试饼法或雷氏法,当试验结果有争议时以雷氏法为准。

1）主要仪器设备

（1）沸煮箱

沸煮箱的有效容积为410 mm×240 mm×310 mm,内层由不易锈蚀的金属材料制成。沸煮箱内注入的水能保证在（30±5）min之内由室温加热至沸腾状态,并保持沸腾状态3 h以上,且不需要补充水。

（2）雷氏夹

雷氏夹由标准弹性铜质材料制成，如图 14.5 所示。当挂上质量为 300 g 的砝码校正时，两根针的针尖距离应增加，且应在（17.5±2.5）mm 的范围内。当撤掉砝码时，两根指针的针尖距离应能恢复至挂砝码前的状态。

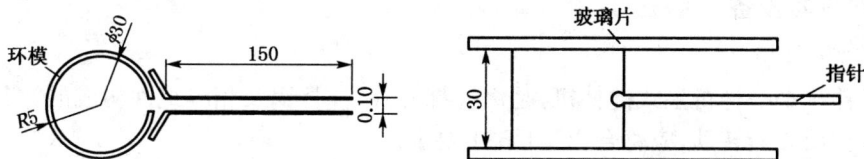

图 14.5 雷氏夹示意图

（3）雷氏夹膨胀测定仪

膨胀测定仪的标尺最小刻度为 0.5 mm。

（4）水泥净浆搅拌机

与标准稠度用水量所用的水泥净浆搅拌机相同。

2）试验步骤

（1）称取水泥试样 500 g，根据标准稠度用水量制成标准稠度净浆。

（2）试饼法。将拌制好的净浆取出一部分，分成两等份，使之呈球形，放在预先涂抹薄层机油的玻璃板上，轻轻振动玻璃板使水泥净浆均匀摊开，并用湿布擦过的小刀由边缘向中央修抹，做成直径 70～80 mm、中心厚约 10 mm、边缘渐薄且表面光滑的试饼。将制作好的试饼放入湿气养护箱中养护（24±2）h。

养护完成后，将试饼从玻璃片上取下，在试饼无缺陷情况下，将试饼放在沸煮箱中沸煮 3 h±5 min。放掉沸煮箱中的水，取出试饼冷却至室温。

若两试饼沸煮后目测未发现裂缝，用钢尺检查也无弯曲等现象，则该水泥体积安定性合格，反之为不合格。若两试饼判别有矛盾时，该水泥体积安定性也认为不合格。体积安定性不合格的水泥为废品，一律不得在工程上使用。

（3）雷氏法。试验前，须检验雷氏夹是否可用。先用雷氏夹膨胀测定仪测定雷氏夹两指针尖端间距 X，再在雷氏夹一指针根部挂 300 g 砝码，用雷氏夹膨胀测定仪测定雷氏夹两指针尖端间距 Y。计算挂砝码后雷氏夹两指针尖端的间距 $Y-X$。若 $Y-X$ 在（17.5±2.5）mm 内，则表示雷氏夹可用。将雷氏夹放在已稍擦机油的玻璃片上，并立即将拌制好的水泥净浆装满雷氏夹试模。装模时一只手轻轻扶持雷氏夹，另一只手用宽约 10 mm 的小刀插捣 15 次，然后抹平，盖上玻璃片。将试件放入水泥湿气养护箱中养护（24±2）h。

养护完毕后，将雷氏夹试件从玻璃片上取下。先测定雷氏夹两指针尖端间距 A，精确到 0.5 mm。再将雷氏夹试件置于沸煮箱中沸煮 3 h±5 min，放掉箱中的水，试件冷却至室温后备用。用雷氏夹膨胀值测定仪测量雷氏夹试件沸煮后两尖端指针间距 C，精确到 0.5 mm。当两个试件煮后增加距离（$C-A$）的平均值不大于 5.0 mm 时，即安定性合格，反之为不合格。当两个试件的（$C-A$）值相差超过 5.0 mm 时，应取同一样品立即重新做一次试验。以复检结果为准。

14.1.7　水泥胶砂强度试验

水泥胶砂强度实验是检验水泥各龄期强度,以确定水泥的强度等级并评定水泥质量。

1）主要仪器设备

（1）胶砂搅拌机

胶砂搅拌机是一种行星式搅拌机,是由搅拌叶片、搅拌锅及相应组件构成的。其搅拌叶片和搅拌锅做相反方向转动,应符合 JC/T 681 要求。

（2）试模

试模为可拆装的三联试模,如图 14.6 所示。由端板、底座和隔板组成。可同时成型 3 个尺寸为 40 mm×40 mm×160 mm 的棱柱体试件。

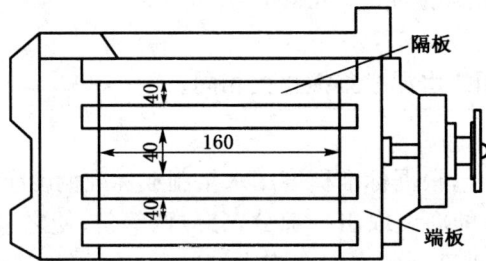

图 14.6　三联试模

（3）胶砂振实台

振实台由电机带动凸轮转动,使可以跳动的台盘上升至一定的高度后自由下落,产生振动,振动频率为 60 次/(60±2)s,振幅为(10±0.3)mm。

（4）抗折强度实验机

整机应符合《水泥胶砂电动抗折实验机》(JC/T 724—2005)的要求。

（5）压力实验机和抗压夹具

压力实验机最大荷载以 200～300 kN 为最佳,加荷速率按(2 400±200)N/s,且在较大的五分之四量程范围内有±1%的荷载记录精度。

抗压夹具由硬质钢材制成,受压面积为 40 mm×40 mm。

（6）下料漏斗、金属刮平直尺、量筒和天平等

2）试验步骤

（1）试件成型

① 成型前,将试模擦净,紧密装配,防止漏浆,并在试模的内壁均匀地刷一薄层机油。

② 材料的称量。本实验采用中国 ISO 标准砂,成型一联三块试件所需材料用量为:水泥(450±2)g,标准砂(1 350±5)g,拌合用水(225±1)mL。

③ 拌制胶砂时,先把水倒入搅拌锅里,再加入水泥,将锅放在胶砂搅拌机的固定架上,上升至固定位置。然后立即开动机器,低速搅拌 30 s,在第二个 30 s 开始的同时均匀地将标准砂加入。当各级砂是分装时,从最粗粒级开始,依次将所需的每级砂加完。把机器转至高速再

搅拌 30 s。停拌 90 s,在第一个 15 s 内用一胶皮刮具将叶片和锅壁上的胶砂刮入锅中间,最后在高速下继续搅拌 60 s。停机,取下搅拌锅。各个搅拌阶段,时间误差应在 ±1 s 内。

④ 成型试件。将空试模和模套固定在振实台上,用勺子直接从搅拌锅里将胶砂分两层装入试模,装第一层时,每个槽里放约 300 g 胶砂,用大播料器垂直架在模套顶部沿每个模槽来回一次将料层播平,接着振实 60 次。再装入第二层胶砂,用小播料器播平,再振实 60 次。移走模套,从振实台上取下试模,用一金属直尺以近似 90°的角度架在试模模顶的一端,然后沿试模长度方向以横向锯割动作慢慢向另一端移动,一次将超过试模部分的胶砂刮去,并用同一直尺以近乎水平的情况下将表面抹平。

(2) 试件的养护

① 脱模前的处理和养护。去掉留在模子四周的胶砂,立即将做好标记的试模放入湿气养护箱中的水平架子上养护,一直养护到规定的脱模时间(24±3)h 取出脱模。脱模前,对试件进行编号。2 个龄期以上的试件,在编号时应将同一试模中的 3 条试件分在 2 个以上龄期内。

② 脱模。将试件小心地从试模中脱出。

③ 水中养护。将试件立即水平(刮平面应朝上)或竖直放在水槽内,水温为 (20±1)℃,保持试件 6 个面与水接触,且各试件之间留有空隙,试件上表面的水深不得小于 5 mm。每个养护池只能养护同类型的水泥试件。

④ 强度试验试件的龄期。试件龄期是从水泥加水搅拌开始试验时算起。不同龄期强度试验必须在表 14.1 规定的时间内进行。而且试件从水中取出后,在进行强度实验前必须用湿布覆盖。

表 14.1　各龄期强度试验时间规定

龄期	24 h	48 h	72 h	7 d	>28 d
时间	24 h±15 min	48 h±30 min	72 h±45 min	7 d±2 h	28 d±8 h

⑤ 强度试验

a. 抗折强度测定。每龄期取出 3 条试件,先做抗折强度测定。试验前,需把试件表面的砂粒、水分和杂质等擦拭干净,清理夹具上圆柱表面黏着的杂物,将试件一个侧面放在抗折实验机支撑圆柱上,试件长轴垂直于支撑圆柱,调节抗折实验机的零点与平衡,以 (50±10)N/s 的速率均匀地将荷载垂直地加在试件相对侧面上,直至试件折断。记下破坏荷载 F_1。

其抗折强度按下式计算(精确至 0.1 MPa):

$$f_1 = \frac{1.5F_1 l}{b^3} \tag{14-4}$$

式中:f_1——水泥的抗折强度,MPa;

F_1——折断时施加于棱柱体中部的荷载,N;

l——支撑圆柱之间的距离,取 100 mm;

b——棱柱体正方形截面的边长,取 40 mm。

以一组 3 条试件抗折强度的平均值作为试验结果。当 3 个强度值中有超出平均值±10% 的,应剔除后再取平均值作为抗折强度值。

b. 抗压强度测定。抗压强度试验利用抗折强度试验后的断块。将半截试件置于抗压夹具里,试件受压面积为 40 mm×40 mm。 实验前,应把试件受压面与承压板之间的砂粒与杂质清理干净,然后将抗压夹具置于压力实验机下承压板上,开动机器,以(2 400±200)N/s 的速率均匀地加荷直至破坏,记下破坏荷载 F_c(N)。

其抗压强度按下式计算(精确至 0.1 MPa):

$$f_c = \frac{F_c}{A} \tag{14-5}$$

式中:f_c——水泥的抗压强度,MPa;

F_c——破坏时的最大荷载,N;

A——受压部分面积,mm^2。

以一组 3 条试件得到的 6 个抗压强度测定值的算术平均值作为试验结果。如 6 个测定值中有一个超出平均值的±10%,应剔除该值,以剩下 5 个的平均值作为结果。如果 5 个测定值中再有超过它们平均数±10%的,则此组试验结果作废。

14.2 混凝土用骨料试验

14.2.1 试验依据和目的

混凝土用骨料试验根据《普通混凝土用砂石质量及检验方法标准》(JGJ 152—2006)、《建设用砂》(GB/T 14684—2022)和《建设用卵石、碎石》(GB/T 14685—2022)等相关规定,对混凝土用砂、石进行试验,评定其质量,为混凝土配合比设计提供原材料参数。

14.2.2 砂石料取样

1)砂的取样

(1)分批

砂应按同产地同规格分批取样。在料堆中一般以 400 m^3 或 600 t 为一批,不足上述数量时,以一批计。

(2)抽样

抽样前,应先将取样部位表层除去,在料堆的较深处开始铲取,从不同的部位、不同的深度抽取大致均匀的 8 份砂,组成一组试样。

(3)取样

① 分料器法:将样品在潮湿状态下拌合均匀,然后通过分料器,取接料斗中的其中一份再次通过分料器。重复上述过程,直至把样品缩分到实验所需量为止。

② 人工四分法:将所取样品放在平整洁净的平板上,在潮湿状态下拌合均匀,并摊成厚度

为 20 mm 的圆饼,然后沿相互垂直的两条直径把圆饼分成大致相等的 4 份,取其对角的两份重新混合均匀,再堆成圆饼。重复上述过程把样品缩分到实验所需数量为止。

2）石子的取样

（1）分批

石子的分批与砂基本相同。石子应按同产地同规格分批取样。在料堆中一般以 400 m³ 或 600 t 为一批,不足上述数量时,以一批计。

（2）抽样

抽样前,应先将取样部位表层除去,从料堆的高、中、低 3 个不同高度、均匀分布的 5 个不同部位取出大致相等的 10 份石子。

（3）取样

采用四分法缩取试样。将所取的石子试样在自然状态下拌合均匀并堆成锥体,在锥体上划十字线,分成大致相等的 4 份,取其对角的两份重新混合均匀,再堆成锥体。重复上述过程把样品缩分到实验所需数量为止。

14.2.3 砂的表观密度试验

测定砂的视密度,评定砂的质量,为计算砂的孔隙率和混凝土配合比设计提供依据。

1）主要仪器设备

鼓风烘箱:能使温度控制在（105±5）℃;

天平:称量 1 000 g,感量 0.1 g;

容量瓶:500 mL;

搪瓷盘、毛刷、滴管、温度计等。

2）试验步骤

（1）试样制备:用四分法缩取约 650 g 试样,在烘箱中烘干至恒重,冷却至室温分为大致相等的两份备用。

（2）称取烘干试样 300 g 2 份,装入盛有半瓶洁净水的容量瓶中。

（3）摇动容量瓶,使试样在水中充分搅动以排除气泡,塞紧瓶塞,静置 24 h。然后用滴管加水至瓶颈刻线处,再塞紧瓶塞,擦干瓶外水分,称其质量。

（4）倒出瓶中的水和试样,清洗瓶内外,再往瓶内注入与前次水温相差不超过 2 ℃的洁净水至瓶颈刻度线,塞紧瓶塞,擦干瓶外水分,称其质量。

3）试验结果计算

砂的表观密度按下式计算,精确至 10 kg/m³:

$$\rho_s = \frac{G_0}{G_0 + G_2 - G_1} \rho_{水} \qquad (14-6)$$

式中:ρ_s——砂的表观密度,kg/m³;

$\rho_{水}$——水的密度,取 1 000 kg/m³;

G_0——烘干试样的质量,g;

G_1——砂、水及容量瓶的总质量,g;

G_2——水及容量瓶的总质量,g。

表观密度取两次试验结果的算术平均值,精确至 10 kg/m³;如两次试验结果之差大于 20 kg/m³,须重新试验。

14.2.4　砂的堆积密度试验

测定砂的堆积密度,为普通混凝土配合比设计和估计运输工具的数量或存放堆场的面积等提供资料。

1）主要仪器设备

鼓风烘箱:能使温度控制在 (105±5)℃;

天平:称量 1 000 g,感量 1 g;

容量筒:圆柱形金属筒,内径 108 mm,净高 109 mm,壁厚 2 mm,筒底厚约 5 mm,容积为 1 L;

方孔筛:孔径为 4.75 mm 的筛 1 只;

垫棒:直径 10 mm、长 500 mm 的圆钢;

直尺、漏斗或料勺、搪瓷盘、毛刷等。

2）试验步骤

(1) 容量筒容积校准。称出容量筒、玻璃片共重 G',再将容量筒装满水,盖上玻璃片,称容量筒、水、玻璃片共重 G'',计算筒的容积 $V=\dfrac{G''-G'}{\rho_水}=G''-G'$。

(2) 按规定制备试样。① 首先用 4.75 mm 方孔筛,筛除大于 4.75 mm 的颗粒,并计算其筛余百分率。若筛余百分率超过 10%,则说明该试样级配不合格,不能用于此试验。②用浅盘装取试样约 3 L,置于烘箱中[温度为(105±5) ℃]烘干至恒重,待冷却至室温后,分为大致相等的两等份备用。

(3) 松散堆积密度。取试样一份,用漏斗或料勺从容量筒中心上方 50 mm 处徐徐倒入,让试样以自由落体的形式落下,当容量筒上部试样呈锥体,且容量筒四周溢满时,即停止加料,如图 14.7 所示。用直尺沿筒口中心线向两边刮平(试验过程应防止触动容量筒),称出试样和容量筒的总质量,精确至 1 g。

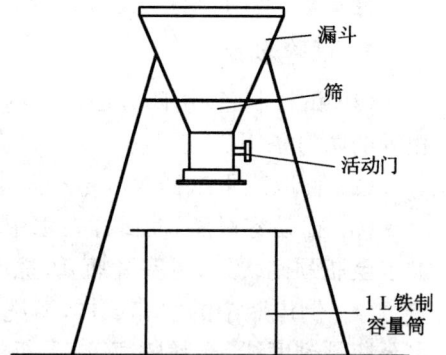

图 14.7　砂的堆积密度实验示意图

(4) 紧密堆积密度。取试样一份分两次装入容量筒。装完第一层后,在筒底垫放一根直径为 10 mm 的圆钢,将筒按住,左右交替击地各 25 次。然后装入第二层,第二层装满后用同样的方法颠实(但筒底所垫钢筋的方向与第一层振实时的方向垂直)后,再加试样直至超过筒口,然后用直尺沿筒口中心向两边刮平,称出试样和容量筒的总质量,精确至 1 g。

3）试验结果分析

松散或紧密堆积密度按下式计算，精确至 10 kg/m³：

$$\rho'_s = \frac{G_1 - G_2}{V} \tag{14-7}$$

式中：ρ'_s——松散堆积密度或紧密堆积密度，kg/m³；

G_1——容量筒和试样总质量，g；

G_2——容量筒质量，g；

V——容量筒的容积，L。

堆积密度取两次试验结果的算术平均值，精确至 10 kg/m³。

14.2.5　砂的筛分析试验

通过试验测定砂的颗粒级配，计算砂的细度模数，评定砂粗细程度。

1）主要仪器设备

鼓风烘箱：能使温度控制在（105±5）℃；

天平：称量 1 000 g，感量 1 g；

标准套筛：孔径为 150 μm、300 μm、600 μm、1.18 mm、2.36 mm、4.75 mm 的方孔筛各 1 只，并附有筛底和筛盖；

摇筛机；

浅盘、毛刷等。

2）试验步骤

（1）按四分法缩取砂样约 1 100 g，置于烘箱（温度为（105±5）℃）中烘干至恒重，冷却至室温。筛除大于 9.50 mm 颗粒并计算其筛余百分率后，分成大致相等的两份备用。

（2）精确称取 500 g 烘干砂倒入按孔径大小从上到下排列的套筛上，盖上筛盖。

（3）过筛。将套筛置于摇筛机上并固定（或直接用手筛），筛分 10 min；取下套筛，按筛孔大小顺序逐个用手筛，筛至每分钟通过量小于试样总量的 0.1% 为止。通过的试样并入下一号筛中，并和下一号筛中的试样一起过筛，按这样顺序进行，直至各号筛全部筛完为止。

（4）称各号筛的筛余量。试样在各号筛上的筛余量不得超过 200 g，若超过，则应将筛余试样分为两等份，再进行筛分，以两次筛余量之和作为该号筛的筛余量。

3）试验结果计算

（1）计算分计筛余百分率。各号筛上的筛余量与试样总质量之比，计算精确至 0.1%；

（2）计算累计筛余百分率。该号筛的筛余百分率加上该号筛以上各筛余百分率之和，计算精确至 0.1%。筛分后，如每号筛的筛余量与筛底的剩余量之和同原试样质量之差超过 1%，须重新试验。

（3）砂的细度模数按下式计算，精确至 0.01：

$$M_x = \frac{(A_2 + A_3 + A_4 + A_5 + A_6) - 5A_1}{100 - A_1} \tag{14-8}$$

式中：M_x——细度模数；

A_1、A_2、A_3、A_4、A_5、A_6——分别为 4.75 mm、2.36 mm、1.18 mm、600 μm、300 μm、150 μm 筛的累积筛余百分率。

（4）砂的粗细程度试验应做两次，平行进行，取两次试验结果的算术平均值，精确至 0.1。若两次试验细度模数之差的绝对值小于 0.2，则取两次试验细度模数的平均值作为结果。否则重新试验。最后根据各号筛的累计筛余百分率评定该试样的颗粒级配。

14.2.6　砂的含水率试验

测定混凝土用砂的含水率，作为混凝土、砂浆施工配合比设计时的计算依据。

1）主要仪器设备

天平：称量 1 000 g，感量 1 g；

鼓风烘箱：能使温度控制在（105±5）℃；

浅盘、小铲等。

2）试验步骤

（1）按四分法缩分砂样，称取试样 2 份，每份约 500 g，分别放入已知质量的浅盘中，称其质量，精确至 0.1 g。

（2）将浅盘连同试样放入烘箱中，在（105±5）℃的温度下烘干至恒重，取出冷却至室温。称其质量，精确至 0.1 g。

3）试验结果计算

砂的含水率按下式计算，结果精确至 0.1%：

$$w = \frac{m_1 - m_2}{m_2} \times 100\% \tag{14-9}$$

式中：w——砂的含水率，%；

m_1——试样烘干前的质量，g；

m_2——试样烘干后的质量，g。

以 2 次试验结果的算术平均值作为测定值，精确至 0.1%；2 次试验结果之差大于 0.2% 时须重新试验。

14.2.7　石子的表观密度测定试验

通过试验测定石子的表观密度，为评定石子质量提供依据，为混凝土配合比设计提供数据。

1）主要仪器设备

鼓风烘箱：能使温度控制在（105±5）℃；

天平：称量 1 000 g，感量 1 g；

广口瓶：1 000 mL，磨口、带玻璃片；

方孔筛:孔径为 4.75 mm 的筛 1 只;

温度计、搪瓷盘、毛巾等。

2)试验步骤

试样制备。按规定取样,并缩分至略大于表 14.2 规定的数量,经烘箱烘干或风干后筛除粒径小于 4.75 mm 的颗粒,然后洗刷干净,分为大致相等的 2 份备用。

表 14.2　表观密度实验所需试样数量

最大粒径/mm	小于 26.5	31.5	37.5	63.0	75.0
最少试样质量/kg	2.0	3.0	4.0	6.0	6.0

将石子试样浸水饱和。然后将浸水饱和后的石子按规定方法装入广口瓶(倾斜放置),注入饮用水,用玻璃片覆盖瓶口,以上下左右摇晃的方法排除气泡。

向瓶中添加饮用水至水面凸出瓶口边缘,用玻璃片沿瓶口迅速滑行,使其贴紧瓶口水面,不要留有气泡。擦干瓶外水分。称广口瓶、试样、水和玻璃片的总质量,精确至 1 g。

将广口瓶中试样倒入浅盘,放在烘箱中于 (105±5)℃ 下烘干至恒重,冷却至室温后称烘干石子的质量,精确至 1 g。

将广口瓶洗干净并重新注入饮用水,用玻璃片紧贴瓶口水面,不要留有气泡,擦干瓶外水分后,称广口瓶、水与玻璃片的总质量,精确至 1 g。

注:试验时各项称量可以在 15～25 ℃ 范围内进行,但从试样加水静止的 2 h 起至试验结束,其温度变化不应超过 2 ℃。

3)试验结果计算

表观密度按下式计算,精确至 10 kg/m³:

$$\rho_g = \frac{G_0}{G_0 + G_2 - G_1} \rho_{水} \tag{14-10}$$

式中:ρ_g——表观密度,kg/m³;

G_0——烘干后试样的质量,g;

G_1——试样、水、瓶和玻璃片的总质量,g;

G_2——水、瓶和玻璃片的总质量,g;

$\rho_{水}$——水的密度,1 000 kg/m³。

表观密度取 2 次试验结果的算术平均值,如 2 次试验结果之差大于 20 kg/m³,须重新试验。对颗粒材质不均匀的试样,如 2 次试验结果之差超过 20 kg/m³,可取 4 次试验结果的算术平均值。

14.2.8　石子堆积密度测定试验

通过试验测定石子在自然堆积状态下单位体积的质量,计算自然松散状态下石子的空隙率,为混凝土配合比设计提供资料。还可以用于估计运输工具的数量或存放堆场的面积等。

1)主要仪器设备

台秤:称量 10 kg,感量 10 g;

磅秤:称量 5 000 g,感量 50 g;

容量筒:容量筒规格如表 14.3 所示;

表 14.3　容量筒的规格要求

最大粒径/mm	容量筒容积/L	容量筒规格/mm		
		内径	净高	壁厚
9.5,16.0,19.0,26.5	10	208	294	2
31.5,37.5	20	294	294	3
53.0,63.0,75.0	30	360	294	4

垫棒:直径 16 mm、长 600 mm 的圆钢;

直尺、小铲等。

2）试验步骤

（1）松散堆积密度

① 试验前先校核铁制容量筒容积。

先称出容量筒和玻璃片的总质量（G'），再将容量筒装满水,称容量筒、玻璃片与水的总质量（G''）,按下式计算容量筒的容积:

$$V = \frac{G'' - G'}{\rho_水} = G'' - G' \qquad (14-11)$$

② 石子的松散堆积密度的测定。

按规定方法取样,烘干或风干后分成大致相等的两份备用。取试样一份,用铁铲将试样从容量筒口中心上方 50 cm 处徐徐倒入,当容量筒装满且上部成锥形时停止装料。除去凸出容量筒表面的颗粒,并以合适的颗粒填充凹陷的部分。称容量筒与试样的总质量,倒出容量筒中的石子,称容量筒重。

（2）紧密堆积密度

试验前同样须先校核铁制容量筒容积,方法同"石子的松散堆积密度"。

石子的紧密堆积密度的测定。取试样 1 份分 3 次装入容量筒。装完第一层后,在筒底垫放一根直径为 16 mm 的圆钢,将筒按住,左右交替击地面各 25 次。再装入第二层,第二层装满后用同样的方法颠实（但筒底所垫钢筋的方向与第一层时的方向垂直）,然后装入第三层如上述方法颠实。试样装填完毕,再加试样直至超过筒口,并用钢尺沿筒口边缘刮去高出的试样,并以合适的颗粒填入凹陷部分,使表面稍凸起部分和凹陷部分的体积大致相等（试验过程应防止触动容量筒）,称出试样和容量筒的总质量。精确至 10 g。

3）试验结果分析

松散或紧密堆积密度按下式计算,精确至 10 kg/m³:

$$\rho'_g = \frac{G_1 - G_2}{V} \qquad (14-12)$$

式中:ρ'_g——松散堆积密度或紧密堆积密度,kg/m³;

　　　G_1——容量筒和石子总质量,g;

G_2——容量筒质量,g；

V——容量筒的容积,L。

14.2.9 石子筛分析试验

通过石子的筛分析试验测定粗骨料的颗粒级配,以便于选择优质的粗骨料,从而达到节约水泥和提高混凝土强度的目的,为混凝土配合比设计提供数据依据。

1）主要仪器设备

鼓风烘箱:能使温度控制在（105±5）℃；

台秤:称量1 000 g,感量1 g；

方孔筛:孔径为2.36 mm、4.75 mm、9.50 mm、16.0 mm、19.0 mm、26.5 mm、31.5 mm、37.5 mm、53.0 mm、63.0 mm、75.0 mm及90 mm的筛各1只,并附有筛底盘及筛盖（筛框内径为300 mm）；

摇筛机；

搪瓷盘,毛刷等。

2）试验步骤

从取回试样中用四分法缩取不少于表14.4规定的试样数量,经烘干或风干后备用。

表14.4　石子筛分析试验所需试样的最少质量

最大公称粒径/mm	9.5	16.0	19.0	26.5	31.5	37.5	53.0	63.0	75.0	90.0
所需试样的最少质量/kg	2.0	3.2	3.8	5.0	6.3	7.5	10.0	12.5	15.0	20.0

称取烘干或风干石子试样5 kg,倒入按孔径大小从上到下排列的套筛上,盖上筛盖。将套筛置于摇筛机上并固定（或直接用手筛）,筛分10 min;取下套筛,按筛孔大小顺序逐个用手筛,筛至每分钟通过量小于试样总量的0.1%为止。通过的试样并入下一号筛中,并和下一号筛中的试样一起过筛,按这样顺序进行,直至各号筛全部筛完为止。（注:也可直接按孔径大小顺序逐个用手筛）

称取各筛筛余的质量,精确至试样总质量的0.1%。筛上的所有分计筛余量和筛底剩余量的总和与筛分前测定的试样总量相比,其相差不得超过1%。

3）试验结果分析

（1）计算分计筛余百分率:各号筛的筛余量与试样总质量之比,计算精确至0.1%。

（2）计算累计筛余百分率:该号筛的筛余百分率与该号筛以上各分计筛余百分率之和,精确至1.0%。筛分后,如每号筛的筛余量与筛底质量之和同原试样质量之差超过1%时,须重新实验。

（3）根据各号筛的累计筛余百分率,评定该试样的颗粒级配。

14.2.10 石子的含水率试验

通过试验测定粗骨料的含水率,以便在混凝土配合比设计时准确计算石子的用量。

1)主要仪器设备

台秤:称量 1 000 g,感量 1 g;

鼓风烘箱:能使温度控制在(105±5)℃;

搪瓷盘、小铲等。

2)试验步骤

称取浅盘的质量,记为 m_1,由样品中取重约 1 000 g 的试样装入浅盘,称浅盘与试样总质量记为 m_2。将浅盘连同试样一并送入烘箱中烘干,取出冷却至室温。称烘干试样与浅盘总质量,记为 m_3。

3)试验结果分析

石子的含水率按下式计算,结果精确至 0.1%:

$$w = \frac{m_2 - m_3}{m_3 - m_1} \times 100\% \tag{14-13}$$

式中:w—— 石子的含水率,%;

m_1—— 浅盘的质量,g;

m_2—— 浅盘与试样的总质量,g;

m_3—— 烘干试样与浅盘的总质量,g。

以两次试验结果的算术平均值作为测定值,精确至 0.1%;两次试验结果之差大于 0.2% 时须重新试验。

14.2.11 石子针、片状颗粒含量试验

通过试验测定石子针、片状颗粒含量,用以评定石子的质量,确保混凝土强度和耐久性。

1)主要仪器设备

(1)针状规准仪和片状规准仪。

(2)试验筛,孔径为 4.75 mm、9.50 mm、16.0 mm、19.0 mm、26.5 mm、31.5 mm、37.5 mm、53.0 mm、63.0 mm、75.0 mm 及 90 mm 的方孔筛。

(3)天平,分度值不大于最少试样质量的 0.1%。

(4)游标卡尺。

2)试验步骤

(1)通过标准方法取样,并将试样缩分至不小于表 14.5 规定的质量,烘干或风干后备用。

表 14.5 针、片状颗粒含量试验所需最少试样质量

最大粒径/mm	9.5	16.0	19.0	26.5	31.5	37.5	≥37.5
最少试样质量/kg	0.3	1.0	2.0	3.0	5.0	7.5	10.0

(2)按表 14.5 的规定称取试样 m_1,然后按颗粒级配试验筛分的方法进行筛分,将试样分成不同粒级。

(3)对表 14.6 规定的粒级分别用规准仪逐粒检验,最大一维尺寸大于针状规准仪上相应

间距者,为针状颗粒;最小一维尺寸小于片状规准仪上相应间距者,为片状颗粒。

表 14.6 针、片状试验的粒级划分及其相应的规准孔宽或间距

石子粒级/mm	4.75～9.50	9.50～16.0	16.0～19.0	19.0～26.5	26.5～31.5	31.5～37.5
片状规准仪相对应孔宽/mm	2.8	5.1	7.0	9.1	11.6	13.8
针状规准仪相对应间距/mm	17.1	30.6	42.0	54.6	69.6	82.8

(4) 对粒径大于 37.5 mm 的石子可用游标卡尺逐粒检验,卡尺卡扣的设定宽度应符合表的规定,最大一维尺寸大于针状卡口相应宽度者,为针状颗粒;最小一维尺寸小于片状卡口相应宽度者,为片状颗粒。

表 14.7 大于 37.5 mm 颗粒的针、片状颗粒含量试验的粒级划分及其相应卡尺卡口设定宽度

石子粒级	37.5～53.0	53.0～63.0	63.0～75.0	75.0～80
检验片状颗粒的卡尺卡口设定宽度	18.1	23.2	27.6	33.0
检验针状颗粒的卡尺卡口设定宽度	108.6	139.2	165.6	198.0

3)试验结果计算及分析

针、片状颗粒含量应按下式计算,精确至1%。

$$Q_c = \frac{m_2}{m_1} \times 100\% \tag{14-14}$$

式中:Q_c——针、片状颗粒含量;

m_2——试样中针、片状颗粒总质量,g;

m_1——试样质量,g。

表 14.8 卵石、碎石的针、片状颗粒含量

类别	Ⅰ类	Ⅱ类	Ⅲ类
针、片状颗粒含量/%	≤5	≤8	≤15

14.2.12 石子的压碎指标试验

通过试验测定粗骨料抵抗压碎的能力,以间接地推测其相应的强度。

1) 主要仪器设备

压力试验机:量程为 300 kN,示值相对误差为 2%;

压碎指标测定仪,如图 14.8 所示;

台称:称量 1 000 g,感量 1 g;

方孔筛(孔径分别为 2.36 mm、9.50 mm 和 19.0 mm);

直径为 10 mm 的圆钢筋。

2) 试验步骤

(1) 试样制备。取孔径为 9.50 mm、19.0 mm 两个方孔筛,

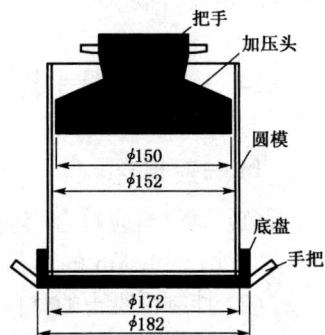

图 14.8 压碎指标测定仪

筛除大于 19.0 mm 和小于 9.50 mm 的颗粒,并剔除其针状和片状颗粒,然后称取 3 份试样备用,每份约重 3 kg。

（2）将石子试样装入测定仪。置圆模于底盘上,取试样 1 份,分两层装入筒内。每装完一层试样后,在底盘下面垫放一直径为 10 mm 的圆钢筋,将筒按住,左右交替颠击地面各 25 次。颠实第二层下垫钢筋的方向与第一层下垫钢筋的方向应垂直。整平筒内试样表面,把加压头装好（应使加压头与圆模顶齐平且正）。

（3）加荷。将压碎指标测定仪放到压力试验机下承压板上,开动机器,以 1 kN/s 的速度均匀地加荷到 200 kN,稳定 5 s 后,卸荷。

（4）称量。从试验机上取下测定仪,倒出石子并称其质量。

（5）过筛并称量。用孔径为 2.36 mm 的筛筛除被压碎的细粒,称其筛余试样质量。

3）试验结果分析

压碎指标值按下式计算,精确至 0.1%：

$$Q_c = \frac{G_1 - G_2}{G_1} \times 100\% \tag{14-15}$$

式中：Q_c—— 压碎指标值,%；

G_1—— 试样的质量,g；

G_2—— 压碎试验后筛余的试样质量,g。

取 3 次平行试验结果的算术平均值作为压碎指标值的试验结果,精确至 1%。

14.3 普通混凝土性能试验

14.3.1 试验依据和目的

普通混凝土性能试验根据国家标准《普通混凝土配合比设计规程》（JGJ/T 55—2011）、《普通混凝土拌合物性能试验方法标准》（GB/T 50080—2016）、《混凝土物理力学性能试验方法标准》（GB/T 50081—2019）、《混凝土长期性能和耐久性能试验方法标准》（GB/T 50082—2024）等相关规定,测定混凝土拌合物的和易性,混凝土规定龄期的抗压强度值,评定其性能是否满足设计要求等。

14.3.2 混凝土拌合物实验室试样取样与拌合方法

1）一般规定

（1）原材料应符合相应的技术标准要求,且与实际工程用料相同。拌合用水泥若有结块现象,应用 0.9 mm 的方孔筛过筛,筛余团块不得使用。

（2）拌制混凝土的材料用量以质量计。称量精确度如下：骨料为 ±1%,水、水泥及外加剂为 ±0.5%。混凝土试拌最小搅拌量：当骨料最大粒径小于 31.5 mm 时,拌制数量为 10 L,当最大粒径为 40 mm 时,拌制 25 L;若采用机械搅拌时,搅拌量不应小于搅拌机额定搅拌量的 1/4。

（3）拌合时,实验室的温度应保持在（20±5）℃。

2）主要仪器设备

搅拌机:容积为 50～100 L,转速为 18～22 r/min。

拌合钢板:1.5 m×2.0 m。

磅秤:称量 50 kg,感量 50 g。

天平:称量 5 kg,感量 1 g。

拌合铲、钢抹子和量筒等。

3）拌合方法

（1）人工拌合

① 先按混凝土配合比备料。以材料干燥状态为基准,称取各材料的用量。

② 人工拌合在拌合钢板上进行,拌合前,应将拌板和铁铲清理干净,并保持表面湿润。将称量好的砂倒在拌合板上,再加入水泥,用铁铲拌合至颜色均匀,再加入称好的石子,至少翻拌 3 次,直至混合均匀为止。

③ 将干混合料堆成锥形,在中间挖一个凹坑,将称量好的水倒入一半左右在凹坑中。然后仔细翻拌,并徐徐加入剩余的水,继续翻拌,每翻拌一次,用铲在混合料上铲切一次,至少翻拌 6 次,直到拌合均匀为止。拌合时间从加水完毕时算起,在 10 min 内完成。

（2）机械搅拌

① 机械搅拌在搅拌机中进行。拌合前应将搅拌机冲洗干净,并预拌少量同配合比混凝土拌合物或与拌合物水灰比相同的砂浆,使搅拌机内挂浆后刮去搅拌机内壁多余的砂浆,以免正式拌合时影响拌合物的配合比。

② 开启搅拌机,向机内依次加入石子、砂和水泥,干拌均匀后,再将水徐徐倒入。自加完水起,继续拌合 2 min。

③ 将搅拌机里的拌合物倒在拌合板上,刮出黏结在搅拌机上的拌合物,用人工拌合 1～2 min。

人工拌合或机械搅拌,根据实验要求,从开始加水时算起,到完成坍落度测定和试件成型的全部操作须在 30 min 内完成。

4）取样方法

混凝土拌合物试验用料应根据不同要求,同一组混凝土拌合物的取样应从同一盘混凝土或同一车运送的混凝土中取样。取样量应多于实验所需量的 1.5 倍,且不得小于 20 L。

混凝土工程施工中取样进行混凝土试验时,取样应具有代表性,采用多次取样的方法。一般在同一盘混凝土或同一车混凝土中大约 1/4、1/2、3/4 处分别取样,从第一次取样至最后一次取样不得超过 15 min,然后再人工搅拌均匀,以保证其质量均匀。

拌合物取样后应尽快进行试验。从取样完毕至开始做各项性能试验不宜超过 5 min。

14.3.3　混凝土拌合物和易性试验

通过试验测定混凝土拌合物的施工和易性,和易性是保证混凝土便于施工并形成质量均匀、成型密实的硬化混凝土的性能,为混凝土拌合物质量评定提供依据。

1）坍落度试验

（1）适用范围

坍落度试验适用于坍落度值不小于 10 mm 且粗骨料粒径不大于 40 mm 的塑性混凝土，如粗骨料粒径超过 40 mm 时，需用孔径为 40 mm 方孔筛筛除。

（2）主要仪器设备

坍落度筒：底部内径为（200±2）mm，顶部内径为（100±2）mm，高度为（300±2）mm 的截顶圆锥形金属筒，筒内壁必须光滑。

捣棒：直径 16 mm，长 650 mm，端部为弹头形金属棒。

孔径为 40 mm 的方孔筛、钢尺、铁铲、抹刀等。

（3）试验步骤

① 测定前，用湿布将坍落度筒内外壁和底板擦净，润湿，并将筒顶部加上漏斗，放在拌合板上，用双脚踩紧两边的踏板，使其在装料时保持位置固定。

② 将拌合物按规定方法装入坍落度筒。将拌好的拌合物用小铲大致分 3 层装入筒内，捣实后每层的高度大致为筒高的 1/3。每装一层分别用捣棒在全面积上由外向中心插捣 25 次。插捣深度为：底层应穿透该层，上层则应插到下层表面以下为止。插捣完毕即卸下漏斗，将筒口多余拌合物刮去并用抹刀抹平，清除筒边和地板上的混凝土。

③ 用手将坍落度筒垂直平稳地提起，坍落度筒的提起过程应在 5～10 s 内完成，开始装料至提起坍落度筒的整个过程应持续进行，并在 150 s 内完成，如图 14.9 所示。

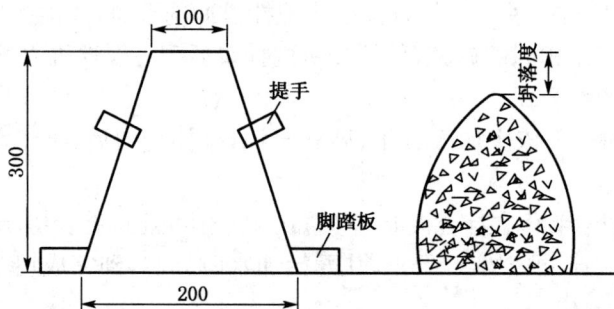

图 14.9　坍落度实验示意图

（4）试验结果分析

① 混凝土拌合物坍落度的测定。提起坍落度筒后，轻放于拌合物试体旁边，立即测量筒高与坍落后拌合物试样之间的距离，即为拌合物的坍落度，单位 mm。若混凝土拌合物试样发生一边塌陷或崩塌，应取另一部分试样重做实验。如第二次实验仍存在此现象，则该混凝土拌合物的和易性不好，应记录备查。

② 混凝土拌合物黏聚性、保水性的评定。黏聚性：用捣棒在已坍落的拌合物锥体侧面轻轻击打，若锥体逐渐下沉，表示黏聚性良好；若突然倒塌、部分崩裂或石子离析，即黏聚性不良。保水性：提起坍落度筒后若有较多的稀浆从底部析出，锥体部分的拌合物也因失浆而骨料外露，则保水性不良。若无这些现象，则保水性良好。

2）维勃稠度法试验

（1）适用范围

维勃稠度法试验适用于最大粒径不大于 40 mm，维勃稠度在 5～30 s 的混凝土拌合物的稠度测定。

（2）主要仪器设备

维勃稠度仪：①容器，内径 240 mm，高 200 mm，可用螺母将其固定在振动台上。②坍落度筒：截顶圆锥筒，筒底部直径 200 mm，顶部直径 100 mm，高 300 mm，筒外有把手。③透明圆盘：圆盘直径 230 mm，圆盘（包括滑杆及荷重）重 2 750 g；圆盘上有刻有刻度的滑杆。④振动台：工作频率 50 Hz，振幅 0.5 mm。⑤下料漏斗。如图 14.10 所示。

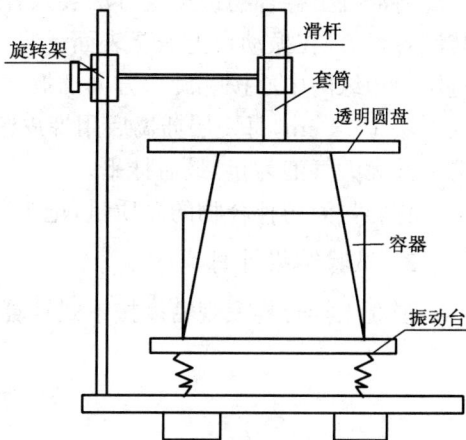

图 14.10　维勃稠度测定仪示意图

混凝土捣棒：直径 16 mm，长 650 mm，端部为弹头形金属棒。

秒表、抹刀等。

（3）试验步骤

将维勃稠度仪放在坚实的水平面上，用湿布把坍落度筒、下料漏斗、捣棒、镘刀等实验器材润湿。

将坍落度筒置于容器内正中央，把漏斗装到坍落度筒上，然后将混凝土分 3 层装入坍落度筒内，每层用捣棒插捣 25 次，捣毕第三层混凝土后，移走漏斗，抹平筒口，随即小心提走坍落度筒，应注意不能使混凝土产生横向的扭动。

将透明圆盘滑杆穿过旋转架的套筒，并将圆盘轻轻地放在混凝土顶面上。将旋转架固定在支柱上，并放松套筒螺丝，以使滑杆可自由滑动。

开启振动台，同时按下秒表。通过透明圆盘观察混凝土的振实情况，当圆盘底面刚好被水泥浆布满时，立即按停秒表和关闭振动台。记下秒表所记时间，即为混凝土的维勃稠度值（秒），精确至 1 s。

14.3.4　混凝土拌合物表观密度试验

通过试验测定拌合物捣实后的单位体积的质量（即表观密度）以换算成达到设计要求和易性的试拌配合比。

1）主要仪器设备

铁制容量筒：容积为 5 L（适用于粗骨料最大粒径不大于 40 mm 的拌合物），其内径和内高均为（186±2）mm，筒壁厚为 3 mm；

台秤：称量 50 kg，感量 50 g；

捣棒、钢尺、小铲、振动台等。

2）试验步骤

用湿布将容量筒的内外壁擦拭干净，称铁制容量筒的质量，记为 G_1，精确至 50 g。

将混凝土拌合物按规定方法装入容量筒。若采用振动台振实时,将混凝土拌合物一次性装满容量筒,在振动台上振至表面泛浆,然后抹平。若采用人工插捣时,将拌合物分 2 层装入,每层由边缘向中心按螺旋形方向插捣 25 次,插捣底层应插透本层,插捣上层应插透本层并深入下层 1~2 cm,每一层插捣后用橡皮锤沿筒外壁轻轻敲打 5~10 次,直至拌合物表面插捣孔消失并无大气泡为止,最后抹平。

称容量筒与拌合物的总质量,记为 G_n,精确至 50 g。

3)试验结果计算

混凝土拌合物表观密度按下式计算,结果精确至 10 kg/m³:

$$\rho_{c't} = \frac{G_n - G_1}{V} \times 1\,000 \tag{14-16}$$

式中:$\rho_{c't}$——表观密度,kg/m³;

G_n——容量筒与拌合物的总质量,kg;

G_1——容量筒的质量,kg;

V——容量筒的容积,L。

14.3.5 混凝土立方体抗压强度试验

测定混凝土规定龄期的抗压强度值,评定混凝土的质量,为控制施工质量提供依据。

1)主要仪器设备

试模:标准试模尺寸为边长 150 mm 的立方体,也可根据粗骨料的最大粒径情况选用非标准试模,如表 14.5 所示。

振动台:频率(3 000±200)次/min,振幅 0.35 mm。

养护室:标准养护室温度应控制在(20±3)℃,相对湿度 90% 以上。无标准养护室,试件可在(20±3)℃ 的静水中养护,pH 应不小于 7。

压力实验机:试件破坏荷载应大于压力机全量程的 20% 且小于压力机全量程的 80%,精度不低于±1%。

捣棒、铁铲、抹刀、钢尺等。

2)试验步骤

(1)制作试件

① 拼装好试模,并在模内刷一薄层矿物油脂。

② 成型试件:混凝土拌合物坍落度小于 70 mm 时,用振动台振实;坍落度大于 70 mm 时,用捣棒人工捣实。

a. 振动台振实成型:将拌合物一次性装入试模,并稍有富余,将试模放在振动台上,开动振动台,振至拌合物表面泛浆为止。振毕,用镘刀将表面抹平。

b. 人工捣实成型:将拌合物分两层装入试模,每层厚度大致相等。每装一层,用捣棒按螺旋方向从边缘向中心插捣 25 次,插捣底层时,捣棒应达到模底;插捣上层时,捣棒应穿透上层并深入下层 20~30 mm(并用镘刀沿四周模壁插捣数次)。然后刮除多余的混凝土,并用镘刀抹平(采用非标准试模,插捣次数有所变化,如表 14.9 所示)。

表 14.9　试件边长与骨料最大粒径的关系以及不同尺寸试件成型时每层插捣次数

试件边长/mm	允许骨料最大粒径/mm	每层插捣次数
100×100×100	30	12
150×150×150	40	25
200×200×200	60	50

试件成型后应覆盖,防止水分蒸发,并在(20±5)℃ 的室内静置至少 1 天,然后拆模。

(2)养护试件

试件拆模后置于标准养护室中或(20±3)℃ 的静水中养护至规定龄期。当无标准养护室,试件可在(20±3)℃的静水中养护,pH 应不小于 7。

(3)抗压强度试验

① 测量试件尺寸。试件从养护地点取出后,擦净表面,测量尺寸,并计算承压面积。

② 安置试件:将试件安放在压力机下承压板中心,试件的承压面与成型时的顶面垂直,开启压力机,当上承压板与试件接近时,调整球座使接触均匀。

③ 试件加荷:加压力荷载时,应持续且均匀。加荷速度为:混凝土强度等级<C30 时,取 0.3~0.5 MPa/s,即 6.75~11.25 kN/s;当混凝土强度等级≥C30 且<C60 时,取 0.5~0.8 MPa/s,即 11.25~18.0 kN/s。当试件接近破坏开始急剧变形时,停止调整试验机油门,直至破坏。记录试件破坏荷载。

3)试验结果计算分析

混凝土立方体试件抗压强度值按下式计算,精确至 0.1 MPa:

$$f_{cu} = F/A \tag{14-17}$$

式中:f_{cu}——混凝土立方体试件抗压强度,MPa;

　　　F——试件破坏荷载,N;

　　　A——试件的承压面积,mm^2。

以一组 3 个试件抗压强度的算术平均值作为该组试件的抗压强度值。若 3 个试件中的最大值或最小值超过中间值的±15%,则把最大值与最小值一并舍去,取中间值作为该组试件的抗压强度值;如最大值和最小值均超过中间值的±15%,则该组试件的试验结果无效。

若采用非标准试件,应将非标准试件的强度值换算成标准试件的强度值,如表 14.10 所示。

表 14.10　混凝土非标准试件强度换算系数

试件边长/mm	换算系数	备　注
100×100×100	0.95	边长为 150 mm×150 mm×150 mm 的试件为标准试件
150×150×150	1.00	
200×200×200	1.05	

14.4 建筑砂浆性能试验

14.4.1 试验依据和目的

建筑砂浆性能试验根据行业标准《建筑砂浆基本性能实验方法》(JGJ/T 70—2009)的相关规定,测定新拌砂浆的和易性,确定砂浆的强度等级,评定砂浆实际强度是否达到设计要求。

14.4.2 砂浆试样的制备与取样

1)取样

建筑砂浆试样取样应根据要求,从同一盘砂浆或同一车砂浆中取样。取样量不少于实验所需量的 4 倍。在施工现场取样时,应按照相应的施工验收规范的规定,在使用地点的砂浆槽、运送车或搅拌机出料口等至少 3 个不同的部位取样,取样完毕后,实验前应人工略加翻拌均匀。从取样完毕至开始进行各项性能实验不宜超过 15 min。

2)试样制备

(1)主要仪器设备

砂浆搅拌机;拌合钢板,约 1.5 mm×2 mm,厚约 3 mm;

磅秤:称量 50 kg,精度 50 g;

台秤:称量 10 kg,精度 5 g;

拌铲、量筒、盛器等。

(2)一般规定

在实验室制备砂浆拌合物时,应提前 24 h 把所有原材料运入实验室,保持与室内温度一致。拌合时,实验室室内温度宜保持在 (20±3)℃,相对湿度大于或等于 50%。实验所用原材料须与现场使用材料一致,材料用量以质量计。称量精度要求:水泥、外加剂和掺合料等为 ±0.5%,砂为 ±1%。

(3)拌合方法

① 人工拌合方法:按初步配合比计算结果称取各材料量,将称量好的砂子倒在拌合板上,然后加入水泥,用拌铲拌合至混合物颜色均匀为止。将混合物堆成堆,在中间挖一个凹坑,将称好的石灰膏(或黏土膏)倒入凹槽中(如为水泥砂浆,则将称好的水倒一半入凹槽中),倒入部分水将石灰膏(或黏土膏)冲入凹坑,再倒入一部分水,将混合料稀释,然后与水泥、砂充分拌合;并逐渐加水,直至拌合物色泽一致。和易性凭经验调整到符合要求为止,一般需拌合 5 min。

② 机械拌合方法:先按配合比拌制适量砂浆倒入搅拌机内,使搅拌机内壁黏附一薄层砂浆,确保正式拌合时的砂浆配合比成分准确,拌合 1~2 min,停机,倒出砂浆。搅拌的用料总量不宜少于搅拌机容量的 20%。称出各材料用量,将砂、水泥装入搅拌机内;开动搅拌机,将

水徐徐加入(混合砂浆需将石膏或黏土膏用水稀释至浆状),搅拌约 3 min;最后将砂浆拌合物倒至拌合板上,用拌铲翻拌两三次,使之混合均匀。

14.4.3 砂浆的和易性试验

通过测定新拌砂浆的和易性,为砌筑砂浆提供配合比。

1)主要仪器设备

砂浆稠度测定仪:由支座、容器和试锥三部分组成。试锥高度为 145 mm,锥底直径为 75 mm,试锥和滑杆的总质量约为(300±2)g,圆锥筒为钢板制成,高为 180 mm,锥底内径为 150 mm;支座分为底座、支架和刻度显示三部分,由铸铁、钢及其他金属制成。如图 14.11 所示。

砂浆分层度测定仪:由上下两层金属圆筒及左右两根连接螺栓组成。圆筒内径为 150 mm,上节筒高度为 200 mm,下节筒带底净高为 100 mm。上下两层连接处需设有橡胶垫圈箍紧。如图 14.12 所示。

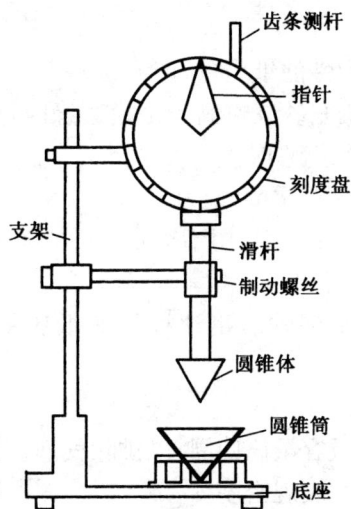

图 14.11 砂浆稠度测定仪示意图

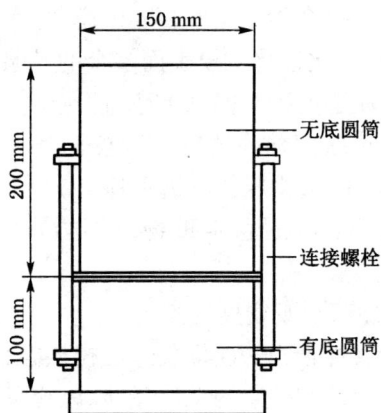

图 14.12 砂浆分层度测定仪示意图

金属或硬塑料圆环试模:内径为 100 mm、内部高度为 25 mm。

医用棉纱:尺寸为 110 mm×110 mm,宜选用纱线稀疏,厚度较薄的棉纱。

超白滤纸:符合《化学分析滤纸》(GB/T 1914—2017)中速定性滤纸。直径为 110 mm,200 g/m²。

金属或玻璃的方形或圆形不透水片:2 片,边长或直径大于 110 mm。

天平:量程 200 g,感量 0.1 g;量程 2 000 g,感量 1 g。

捣棒(直径 10 mm,长 350 mm,端部磨圆)、铁铲、抹刀、量筒、秒表、可密封的取样容器(保持清洁与干燥)、2 kg 的重物、烘箱等。

2)试验步骤

(1)砂浆流动性(稠度)的测定

① 装料。将拌制好的砂浆一次性装入砂浆稠度测定仪的盛浆圆锥筒(盛浆筒)中,用捣棒

插捣 25 次,然后轻轻地摇动容器或在桌上轻轻地振动 5～6 次,使砂浆表面平整(注意应使砂浆表面低于圆锥筒口约 10 mm),然后将容器移至稠度测定仪的底座上。

② 调零。放松圆锥体滑杆的制动螺丝,使试锥(圆锥体)尖端与砂浆表面接触,拧紧制动螺丝,拉下齿条测杆,使齿条测杆下端刚好接触滑杆上端。并将指针对准刻度盘零点。

③ 测定。松开制动螺丝,使试锥自由沉入砂浆中,同时计时,10 s 时立即拧紧制动螺丝。拉下齿条测杆,使齿条测杆下端刚好接触滑杆上端。从刻度盘上读出下沉深度,即为砂浆的稠度(即沉入度值)。盛浆容器内的砂浆,只允许测定一次稠度,重复测定时,应重新取样。

(2) 砂浆分层度的测定

在砂浆稠度测定试验中,满足砂浆稠度要求的沉入度值记为 K_1。

稠度试验后将砂浆重新拌合均匀,一次性装满分层度仪。用木槌在容器周围距离大致相等的 4 个不同地方各轻敲 1～2 次,若砂浆有沉落,随时添加,然后用抹刀抹平。

静置 30 min。然后去掉上节 200 mm 砂浆,取出下节 100 mm 砂浆重新拌合均匀,再测定砂浆稠度,记为 K_2。

(3) 砂浆保水性的测定

先称量下不透水片与干燥试模质量,记为 m_1,8 片中速定性滤纸质量,记为 m_2。

将砂浆拌合物一次性装入试模,并用抹刀插捣数次,当填充砂浆略高于试模边缘时,用抹刀以 45°角一次性将试模表面多余的砂浆刮去,再反方向将砂浆刮平。

将试模边的砂浆擦拭干净,称量试模下不透水片与砂浆的总质量,记为 m_3。

用 2 片医用棉纱覆盖在砂浆表面,再在棉纱表面放上 8 片滤纸,用不透水片盖在滤纸表面,以 2 kg 的重物压住不透水片。

静止 2 min 后移走重物及不透水片,取出滤纸(不包括棉砂),迅速称量滤纸质量,记为 m_4。

(4) 砂浆表观密度的测定

将砂浆拌合物一次性装入已校核容积的容量筒中,并轻敲容量筒四周,以排除气泡。抹平后称取容量筒和砂浆的总质量,除以容量筒的容积即为砂浆的表观密度 $\rho_{m,t}$。

3) 试验结果分析

(1) 砂浆流动性(稠度)

以两次测定结果的平均值作为砂浆稠度测定值,精确至 1 mm;若两次测定值之差大于 10 mm,应重新装料测定。

(2) 砂浆分层度

砂浆的分层度 $\Delta K = K_1 - K_2$。取两次试验结果的算术平均值作为砂浆的分层度值。若两次分层度试验结果之差大于 10 mm,应重新取样测定。

(3) 砂浆保水性

砂浆保水性应按下式计算:

$$W = \left[1 - \frac{m_4 - m_2}{\alpha \times (m_3 - m_1)}\right] \times 100\% \tag{14-18}$$

式中:W——砂浆保水性,%;

m_1——下不透水片与干燥试模质量,g;

m_2——8 片滤纸吸水前的质量,g;

m_3——试模、下不透水片与砂浆总质量,g;

m_4——8 片滤纸吸水后的质量,g;

α——砂浆含水率,%。

取两次试验结果的平均值作为结果,如两个测定值中有 1 个超出平均值的 5%,则此组试验结果无效。

测定砂浆含水率时,应称取(100±10)g 砂浆拌合物试样,置于一干燥并已称重的盘中,在(105±5)℃的烘干箱中烘干至恒重。砂浆含水率应按下式计算。

$$\alpha = \frac{m_6 - m_5}{m_6} \times 100\%$$

式中:m_5——烘干后砂浆样本质量,g,精确至 1 g;

m_6——砂浆样本的总质量,g,精确至 1 g。

取两次试验结果的算术平均值作为砂浆的含水率,精确至 0.01%。当两个测定值之差超过 2% 时,此组数试验结果无效。

14.4.4　砂浆的立方体抗压强度试验

检验砂浆立方体抗压强度能否满足设计要求。

1) 主要仪器设备

压力试验机:精度为 1%,试件破坏荷载应不小于压力机量程的 20%,且不大于全量程的 80%。

试模:尺寸为 70.7 mm×70.7 mm×70.7 mm 的有底试模,应具有足够的刚度并拆装方便。试模的内表面应机械加工,其不平度应为每 100 mm 不超过 0.05 mm,组装后各相邻面的不垂直度不应超过±0.5°。

捣棒:直径 10 mm,长 350 mm,一端磨圆。

镘刀等。

2) 试验步骤

(1) 试件制作与养护

采用立方体试模,制作每组 3 个试件。装试模前,应在试模内壁涂抹薄层机油或脱模剂,在试模的外接缝涂抹黄油等密封材料。将拌制好的砂浆一次性装满砂浆试模,成型方法根据稠度而定。当稠度小于 50 mm 时采用振动台捣实成型,当稠度不小于 50 mm 时采用人工振捣成型。

机械振捣:砂浆一次性装满试模,放置于振动台上,振动时试模不得跳动,振动 5~10 s,或持续至表面出浆即可,不得过振。

人工振捣:用捣棒由外向内按螺旋方向插捣 25 次,并用镘刀沿四周模壁插捣数次,若插捣过程中砂浆低于试模口,应随时添加砂浆,再把试模一边抬高 5~10 mm 各振动 5 次,使砂浆略高出试模口 6~8 mm,待砂浆表面出现麻斑(约 15~30 min 后),用镘刀抹平。

试件制作完毕后,应在室温为(20±5)℃的环境下静置一昼夜(24±2)h,若气温较低时,可适当延长时间,但不能超过两昼夜,然后拆模并编号。拆模后立即放在（20±3）℃、相对湿度为90%以上的潮湿条件下养护,养护至规定龄期。养护期间,试件彼此间隔不小于10 mm,混合砂浆试件表面应覆盖,防止有水滴在试件上。

（2）砂浆立方体抗压强度试验

试件养护至规定龄期后,从养护室取出,将试件表面擦净,测量尺寸,检查其外观;计算试件受压面积。如实测尺寸与公称尺寸之差不超过1 mm,可按公称尺寸进行计算。

将试件放置于压力机的下承压板上的中心点,试件的受压面与成型时的顶面垂直。

开启压力试验机,当上压板与试件接近时,调整球座,使接触面均衡受压。加荷应均匀连续,加荷速度为0.25~1.5 kN/s(强度小于5 MPa时,取下限;强度大于5 MPa时,取上限)。当试件接近破坏并开始发生迅速变形时,应停止调整试验机油门,直至试件破坏,记录试件破坏荷载。

3）试验结果计算分析

砂浆立方体试件的抗压强度按下式计算,精确至0.1 MPa:

$$f_{m,cu} = \frac{N_u}{A} \tag{14-19}$$

式中:$f_{m,cu}$——砂浆立方体试件的抗压强度,MPa;

$\quad N_u$——试件破坏荷载,N;

$\quad A$——试件承压面积,mm^2。

以3个试件抗压强度测定值的算术平均值的1.3倍(f_2)作为该组试件的砂浆立方体试件抗压强度平均值(精确至0.1 MPa)。

当3个抗压强度测度值的最大值或最小值中如有一个与中间值的差值超过中间值的15%时,则把最大值及最小值一并舍除,取中间值作为该组试件的抗压强度值;如2个抗压强度测定值与中间值的差值均超过中间值的15%时,则该组试件的试验结果无效。

14.5　烧结普通砖试验

14.5.1　试验依据和目的

根据《砌墙砖试验方法》(GB/T 2542—2012)和《烧结普通砖》(GB/T 5101—2017)的相关规定,测定烧结普通砖的抗压强度,为评定砖的强度等级提供依据。

14.5.2　主要仪器设备

压力试验机:其下加压板为球铰支座,示值相对误差不大于1%,预期破坏荷载应在量程的20%~80%之间。

锯砖机或切砖机、钢尺、镘刀等。

14.5.3　试验步骤

1）试件制备的与养护

按取样方法随机抽取 10 块普通砖样备用。将砖样切断或锯成两个半截砖,断开的半截砖长度不得小于 100 mm。若半截砖不足 100 mm,应另取砖样补足。

将断开的半截砖浸水 10～20 min 后取出,按断口相反叠放,两者中间抹以厚度不超过 5 mm、稠度适宜的水泥净浆,上下两面用厚度不超过 3 mm 的同种水泥净浆抹平。制成的试件上下两面须相互平行,并垂直于侧面。

将制成的试件置于不低于 10 ℃的不通风室内养护 3 d。

2）烧结砖抗压强度试验

测量每个试件连接面或受压面的长 L(mm)、宽 b(mm)尺寸各 2 个,分别取其平均值,精确至 1 mm。计算受压面积 $A = L \times b$。

将试件平放在压力机承压板中央,垂直于受压面加荷,以(5 ± 0.5)kN/s 的加荷速度均匀平稳的加荷,直至试件破坏,记录最大破坏荷载 P(N)。

14.5.4　试验结果计算分析

计算每块砖的抗压强度

$$f = \frac{P}{S} \tag{14-20}$$

式中:f——抗压强度,MPa;

P——最大破坏荷载,kN;

S——受压面积,mm^2。

以 10 块砖试件抗压强度的算数平均值作为试验结果,精确至 0.1 MPa。同时,记录单块试件的最小抗压强度值,精确至 0.1 MPa。

14.6　钢筋试验

14.6.1　试验依据和目的

本试验根据《金属材料 拉伸试验 第 1 部分:室温试验方法》(GB/T 228.1—2021)和《金属材料 弯曲试验方法》(GB/T 232—2024)的相关规定,测定低碳钢的屈服强度、抗拉强度、断后拉伸率和工艺性能等,以评定钢筋的质量。

14.6.2　钢筋实验的一般规定

钢筋应按批进行检查验收,同一炉罐号、牌号、公称直径组成的钢筋应分批进行检查和验收,每批质量不大于 60 t。

钢筋应有出厂质量证明书或试验报告单,验收内容包括查对标牌、外观质量,并按照有关规定抽取试样做力学性能试验,包括拉伸试验和冷弯试验 2 项。若 2 个项目中有 1 个项目不合格,该批钢筋即为不合格。

在每批钢筋中任取 2 根钢筋,截取拉伸试样,任取 2 根截取冷弯试样。在拉伸试验中,若有其中 1 根试样的屈服点、抗拉强度和伸长率 3 个指标中有 1 个达不到标准中规定的数值,或冷弯试验中有 1 根试件不符合标准要求,则在同一批钢筋中再抽取双倍数量的试件进行复验,若复验结果中有 1 项指标不合格,则该试验项目判定为不合格。

14.6.3　钢筋拉伸试验

检测低碳钢的屈服强度、拉伸强度与伸长率,以评定钢筋的质量。

1）主要仪器设备

万能材料试验机(示值误差不大于 1%)、游标卡尺(精度为 0.1 mm)、千分尺等。

2）试件的制备

拉伸试验用钢筋试件一般不进行车削加工,可以用 2 个或一系列等分小冲点或细划线等标出试件原始标距,测量标距长度 L_0,精确至 0.1 mm。

3）试验步骤

将试样两端分别装入试验机的上、下夹具中,确保试样轴线与试验机的加载轴线重合,避免产生偏心加载。对于大直径钢筋,可能需要使用特殊的夹具或辅助装置来保证试样的正确安装和受力均匀。

开动试验机进行加荷,缓慢施加初始荷载。拉伸速度:试件屈服前,加荷速度为 10 MPa/s;屈服后,夹头在荷载作用下的移动速度应不超过 $0.5 L_c/min$。(注:L_c 为试件全长减去试件被试验机上下夹头夹住的长度)。

拉伸中,测力度盘指针停止转动时的恒定荷载,或第一次回转时的最小荷载,即为所求的屈服点荷载 F_s(N)。继续施荷直至拉断,记录测力度盘指针的最大荷载 F_b(N)。

将拉断的试件在断裂处对齐,并保持在同一直线上,按下法测量拉伸后标距两端点间的长度 L_1。若断裂处到临近标距端点的距离大于 $L_0/3$(即断裂处位于标距中间 $L_0/3$ 处时),可直接测量两端点间的距离作为 L_1。若断裂处到邻近标距端点的距离小于或等于 $L_0/3$ 时,按移位法确定 L_1,如图 14.13 所示。在拉断的长段上,从断裂处 O 取基本等于短段格数,得 B 点。若长段量取 B 点后所余格数为偶数,则接着再从 B 量取该偶数的一半,得 C 点。那么移位后的 $L_1 = AO + OB + 2BC$,若长段量取 B 点后所余格数为奇数,则接着再从 B 量取该奇数减 1 之半得 C 点,以及奇数加 1 之半得 C_1 点。那么位移后的 $L_1 = AO + OB + BC + BC_1$。

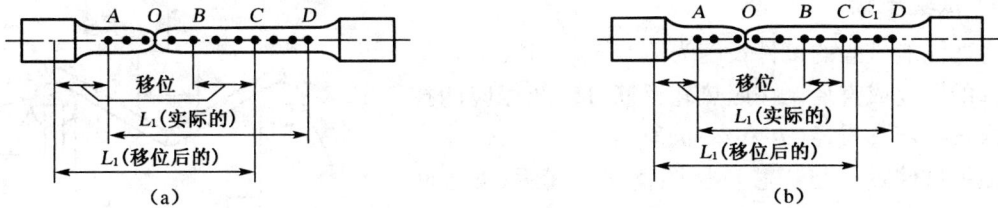

图 14.13 移位法计算标距

4）试验结果计算分析

（1）钢材的屈服强度按下式计算：

$$\sigma_s = \frac{F_s}{A_0} \tag{14-21}$$

式中：σ_s——屈服强度，MPa；

F_s——屈服点的荷载，N；

A_0——试件原横截面面积，mm^2。

（2）钢材的抗拉强度按下式计算：

$$\sigma_b = \frac{F_b}{A_0} \tag{14-22}$$

式中：σ_b——抗拉强度，MPa；

F_b——最大荷载，N；

A_0——试件原横截面面积，mm^2。

（3）断后伸长率按下式计算：

$$\delta_5(\delta_{10}) = \frac{L_1 - L_0}{L_0} \times 100\% \tag{14-23}$$

式中：δ_5——$L_0 = 5d_0$ 时的断后伸长率，%；

δ_{10}——$L_0 = 10d_0$ 时的断后伸长率，%；

L_0——原始标距长度 $5d_0$（或 $10d_0$），mm；

L_1——试件拉断后直接量出或按移位法确定的标距部分长度，精确至 0.1 mm。

当试件结果有任意一项不合格时，应重新取双倍数量的试样做实验，若仍有不合格的，则该批钢材的拉伸性能不合格。

14.6.4 钢筋冷弯性能试验

通过试验检验钢筋承受规定弯曲程度的弯曲变形性能，即检验钢筋的工艺性能，是评定钢筋质量的技术指标。

1）主要仪器设备

压力试验机（或圆口老虎钳等）或万能试验机、冷弯压头等。

2）试验步骤

冷弯性能试验的试件长度为 $L=5a+150$ mm，a 为试件的厚度或直径。按照热轧钢筋分级及相应的技术要求选择弯芯直径（d）和弯曲角度（α）。

根据试件直径与弯芯直径调整支辊间距（支辊间距 $L=d+3a\pm0.5a$），此间距在试验期间保持不变，如图 14.14。将试件放在试验机两支辊上，开动试验机加荷弯曲试件达到规定的弯曲角度（α）。

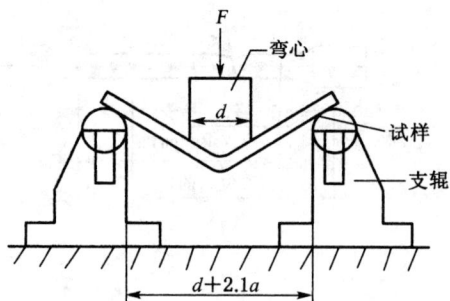

图 14.14　钢筋弯曲实验

3）试验结果分析

试件弯曲后，检查试件弯曲处的外面及侧面，如无裂缝、裂断或起层现象，即认为试件冷弯性能合格。否则为不合格。

14.7　沥青试验

14.7.1　试验依据和目的

本试验根据《沥青软化点测定法　环球法》（GB/T 4507—2014）、《沥青延度测定法》（GB/T 4508—2010）和《沥青针入度测定法》（GB/T 4509—2010）的相关规定，测定沥青的软化点、延伸度和针入度等，以评定沥青的质量。

14.7.2　取样

同一出厂批号、同一规格、同一标号的沥青一般以 20 t 为单位，不足 20 t 的视为一个取样单位。

从每个取样单位中的 5 个不同部位，且距离表面和内壁 5 cm 处，共抽取 4 kg 左右的试样，作为平均试样。而对于个别可能存在混杂物的部位，应注意单独取样进行测定。

14.7.3　沥青软化点试验

通过试验测定沥青的软化点，以了解沥青的温度敏感性。它是在不同环境下选用沥青的最重要指标之一。

1）主要仪器设备

沥青软化点测定仪：实验温度范围为 5～125 ℃；控温速率为（5±0.5）℃/min；钢球重（3.50±0.05）g、直径 9.53 mm；黄铜环 1 副。

筛子、刮刀、金属板（或玻璃片）、金属皿、电炉等。

2）试验步骤

（1）软化点试件的制备

① 将黄铜环置于涂有隔离剂的金属板（或玻璃板）上。

② 将预先脱水的沥青试样加热熔化（加热温度不得高于试样预估软化点 100 ℃），搅拌、脱水过筛后注入黄铜环内，到略高出环面为止。若预计软化点在 120 ℃ 以上时，应将黄铜环和金属板预热至 80～100 ℃。

③ 试样在 10～30 ℃ 的空气中冷却 30 min 后，用热刮刀刮至与环面齐平。将装有试样的黄铜环及板放入盛满水或甘油（预计软化点不高于 80 ℃ 则放入水中，若预计软化点高于 80 ℃ 则放入甘油中）的保温槽中，水温保持在（5±0.5）℃，恒温 5 min，甘油的温度保持在（32±1）℃；或装有试样的黄铜环水平安放在环架中承板的孔内，然后放在盛有水或甘油的烧杯中，时间和温度保持和保温槽一样。烧杯内注入新煮沸并冷却至 5 ℃ 的水，或注入预先加热至 32 ℃ 的甘油中，使水面或甘油略低于环架连杆上的深度标记。

（2）软化点试验

① 从保温槽中取出装有试样的黄铜环放在环架中承板的圆孔中，并套上钢球定位器，把环架整个放入烧杯中，调整水面或者甘油面至深度标记，环架上任何部分均不允许有气泡。将温度计由上承板中心孔垂直插入，使水银球与铜环下面齐平。

② 将烧杯置于有石棉网的电炉上，然后将钢球放在试样上，立即加热，烧杯内水或甘油温度的上升速度保持每分钟（5±0.5）℃，否则试验应重做。试样受热软化下坠至与下承板面相接触时的温度，即为试样的软化点，如图 14.15 所示。

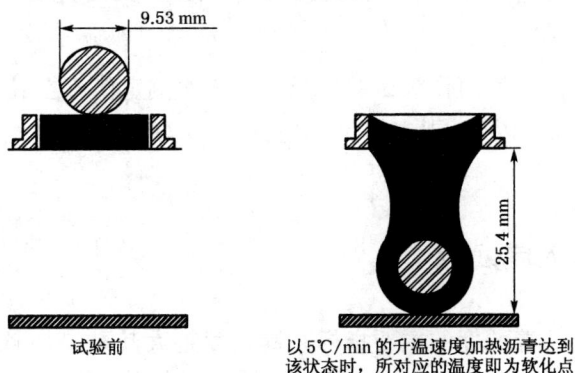

图 14.15　沥青软化点示意图

3）试验结果分析

每次测定试验取 2 个试件的测定结果的算术平均值作为测定结果，精确至 0.1 ℃。若 2 个试件试验结果之差超过 1 ℃，应重新进行试验。

14.7.4　沥青延伸度试验

延伸度是沥青抵抗变形能力的指标，延伸度越大，表明沥青抵抗变形能力越强。通过延伸度的测定，可以了解石油沥青的塑性。

1）主要仪器设备

沥青延伸度仪、沥青延伸度试模（8字试模）、0.3～0.5 mm的筛网片、刮刀、温度计、加热设备、恒温水浴、金属板等。

2）试验步骤

（1）试件的制备

① 将隔离剂均匀涂抹在金属板上及8字试模的内侧面，将试模组装在金属板上卡紧。

② 将加热融化并脱水的沥青试样，用0.3～0.5 mm的筛网片过滤，然后将试样呈细流自试模一端向另一端往返多次缓缓注入，使试样表面略高于试模。

③ 将试模在15～30 ℃的空气中冷却30 min后，用热刀精确刮平表面。然后将刮平后的试模置于（25±0.5）℃的恒温水中，沥青面上水层高度不应小于25 mm，保持85～95 min。制作一组3个试件。

（2）延伸度试验

① 将延伸度仪水槽内加水至右端刻线。按下电源开关与水泵开关，并把温控仪调至（25±0.5）℃。

② 将试件移至延度仪的水槽中，将模具两端的孔分别套在滑板及槽端的金属柱上，然后去掉侧模，水面应高于试件表面25 mm以上。

③ 开动延度仪，观察沥青的拉伸情况。若发现沥青细丝浮于水面或者沉入槽底，则加入乙醇或食盐水调整水的密度（乙醇降低密度、食盐增大密度），到与试样的密度相近后，再进行测定。

④ 试件拉断时，读出指针所指标尺上的读数，即为试样的延伸度（cm）。

3）试验结果分析

以3个试件延伸度的平均值作为试验结果。若3次测定值不在其平均值的±5%以内，其中2个较高值在平均值5%以内，则去掉最低值，取2个较高值的平均值作为测定结果，否则重新测定。

14.7.5　沥青针入度试验

针入度是评定石油沥青稠度的主要指标。针入度越大其黏滞性越小，针入度是划分沥青牌号的主要依据。

1）主要仪器设备

针入度测定仪、标准针、平底金属皿（试样皿）、玻璃水槽（恒温水槽（浴））、三角支架、孔径为0.3～0.5 mm的滤筛、加热用金属皿和秒表等。

2）试验步骤

（1）试件的制备

将沥青加热熔化，脱水加热温度在120～180 ℃之间，并用滤筛过滤后，注入试样皿中，试样厚度应大于预计穿入深度10 mm，然后在15～30 ℃的空气中冷却1 h。再将试样皿置于恒温水槽的三角支架恒温1～1.5 h（也可将试样放置于其他可恒温在（25±0.5）℃的水中）。

（2）针入度试验

① 调节针入度仪的水平，检查针连杆和导轨，将擦拭干净的针插入针连杆中固定，按试验条件放好砝码。

② 从恒温水槽中取出试样皿，放到针入度仪的平台上，慢慢放下针连杆，使针尖刚好与试样表面接触。拉下活杆，使其与针连杆顶端相接触，调节针入度仪的表盘读数为零。

③ 用手压紧按钮，同时启动秒表，使标准针自由下落穿入试样，到规定时间停止按压按钮，使指针停止移动。

④ 拉下活杆，使其与针连杆相接触，表盘指针的读数即为试针的针入度。

⑤ 同一试样至少平行测定 3 次，每次穿入点之间的距离及与试样皿边缘距离都不得少于 10 mm，每次试验后将标准针取下，用浸有煤油、苯或汽油等的布或棉花擦净，再用干净的布擦干。

3）试验结果分析

以 3 次试验针入度的平均值作为试验结果（取整数）。3 次试验的最大值与最小值之差，不得超过表 14.11 中规定的数值。否则，应重新进行实验。

表 14.11 针入度测定最大允许差值

针入度值（度）	0～49	50～149	150～249	250～349	350～500
允许差值（度）	2	4	6	8	20

参 考 文 献

[1] 高琼英.建筑材料[M].4 版.武汉:武汉理工大学出版社,2012.

[2] 郭玉起.建筑材料[M].2 版.北京:中国水利水电出版社,2011.

[3] 危加阳.建筑材料[M].北京:中国水利水电出版社,2013.

[4] 宋岩丽.建筑与装饰材料[M].3 版.北京:中国建筑工业出版社,2012.

[5] 李江华,郭玉珍,李柱凯.建筑材料项目化教程[M].武汉:华中科技大学出版社,2013.

[6] 王转,蔚琪.土木工程材料检测[M].武汉:武汉理工大学出版社,2020.